하버드 문과생의
과학 수업

THE UNITY OF SCIENCE by Irwin Shapiro
ⓒ 2023 by Irwin Shapiro
Originally published by Yale University Press
All rights reserved.
Korean translation rights ⓒ 2025 by Third Moon Publishing
Korean translation rights are arranged with
Yale Representation Limited through AMO Agency, Korea.

이 책의 한국어판 저작권은 AMO에이전시를 통해
저작권자와 독점 계약한 초사흘달에 있습니다.
저작권법에 따라 한국 내에서 보호받는 저작물이므로
무단 전재와 무단 복제를 금합니다.

하버드 문과생의
과학 수업

우주, 지구, 생명을 향한 질문과 탐구

어윈 샤피로 지음
조은영 옮김

초사흘달

서문

    10여 년 전에 나는 하버드대학교 인문·사회 전공 학부생을 대상으로 '과학의 통합: 빅뱅에서 브론토사우루스, 그리고 그 너머'라는 제목의 한 학기짜리 강의를 개설했다. 이 책의 바탕이 된 그 강의에서 나는 학생들에게 과학의 개요를 설명하고, 과학이라는 학문에서 질문하기의 중요성에 초점을 맞춰 우리 삶에서 과학의 의의를 살펴보는 시간을 마련했다.

    원래는 강의 내용으로 책을 쓸 생각까지는 없었다. 하지만 수강생들이 요청하는 바람에 강의 자료를 만들어 수업 후에 온라인에 게시했다. 그러던 어느 날 생각지도 않게 예일대학교 출판부 조지프 칼라미아가 찾아와 출간을 제안했다. 그렇게 이 책이 탄생했다.

    이 책은 인류 역사에서 과학이 자연 세계를 어떻게 이해해 왔는지 궁금한 사람들을 위한 입문서다. 책은 총 3부로 구성되었는데, 1부에서는 우주의 베일을 벗기고, 2부에서는 지구와 화석의 비밀을 밝히며, 3부는 생명을 이야기한다. 몇 군데 수식이 등장하지만 수학을 몰라도 이 책의 내용을 이해하는 데는 사실상 문제가 없다. 그러니 수학이 달갑지 않은 독자도 걱정 말고 읽어 나가길 바란다.

내가 이 책의 모든 주제에 통달하지는 않은 까닭에 스스로 미흡하다고 여긴 부분에 대해서는 전문가의 조언을 요청했고 박식한 분들께 원고를 보내 고견을 구했다. 이 자리를 빌려 내 질문에 답을 주고 유용한 조언을 아끼지 않은 분들께 감사를 전한다. 오언 진저리치(태양계 운동에 대한 고대 그리스인의 지식), 에밀러 크레벨트(빛의 유한한 속도를 발견한 과정), 얼리사 굿맨(지구의 형성), 케이 베렌스마이어(화석의 역사), 스티븐 브루사티(용각류의 특징), 마이클 데믹(용각류 이빨 화석), 월터 앨버레즈(공룡의 멸종), 마크 리처즈(공룡 멸종의 원인으로서 데칸 트랩), 로이 블런트와 조녀선 로소스(유전학 실험), 필립 진저리치(육상 동물에서 바다 포유류로 진화한 우제류 이야기), 밥 골드버그(완보동물), 마이크 매코믹(유스티니아누스 시대의 전염병), 메건 호흐스트라서(복잡한 크리스퍼-카스9 기작을 인내심 있게 설명해 주었다), 더그 로버트슨(그의 깊고 넓은 과학적 식견이 여러 주제에서 유감없이 발휘되었다), 그리고 마이클 폴리는 원고 전체를 세심하게 읽어 주었고, 조슈아 윈은 이 책을 빈틈없고 유용하게 편집했다.

친구인 밥 리젠버그와 우리 가족(손녀 엘리나, 손자 제브, 딸 낸시, 아들 스티븐)은 내게 아주 큰 힘이 되어 주었다. 특히 손자 데이비드 샤피로는 이 책에 실린 그림의 사용 허가를 받고, 다시 그리거나 다듬느라 고생이 많았다. 프랭크 슈를 비롯한 예일대학교 출판부 원고 검토자들은 유용하고 중요한 지적을 아끼지 않았다. 편집장 진 톰슨 블랙, 편집자 엘리자베스 실비아, 교열자 로라 존스 둘리는 이 책이 출간될 수 있게 물심양면으로 애를 썼다.

최선을 다했지만 그래도 미처 잡아내지 못한 오류가 남았을 수 있다. 그물을 워낙 넓고도 멀리 던졌으니 실수가 비집고 들어올 구멍이 났을지도 모른다. 그렇더라도 이 책이 독자에게 흥미롭고 유익했으면 좋겠고, 이 책을 통해 지금까지 과학이 우리 삶에서 도맡아 왔고 앞으로도 변치 않고 담당할 역할에 대한 인식이 높아지길 희망한다. 한 가지 명심할 점이 있다. 과학은 매 순간은 아니더라도 꾸준히 발전한다. 그래서 앞으로도 계속해서 새로운 지식과 발견이 지금 이 책의 정보들을 덮어쓰고 옛것으로 만들며 대체해 나갈 것이다. 이 책은 현재 알려진 지식 이상을 넘어서지 않는다. 내게 천리안이 있는 것은 아닌지라 미래에 대한 구체적인 예측은 생략했다.

아내 메리언에게 무한한 감사를 전하고 싶다. 아내는 늘 현명한 제안으로 나를 더 나은 길로 이끌었고 귀중한 시간을 내어 이 책의 편집을 도왔다. 내 자식과 손주들은 내가 책을 계속 써 나갈 수 있게 힘을 북돋아 주었고, 아버지이자 할아버지인 내가 그들과 함께하지 못하는 시간을 불평하지 않았다.

마지막으로 도서관 사서 마리아 매케컨에게 고마움을 전한다. 내가 이 책의 기반이 된 강의를 시작할 때부터 필요한 모든 자료를 사실상 전 세계의 책과 학술지에서 바로바로 찾아다 준 사람이다. 이 친구의 도움이 없었다면 애초에 책을 쓸 수도 없었고 엄두도 내지 않았을 것이다.

차례

서문   5
들어가는 말: 과학의 통합에 관하여   10

1부. 우주의 베일 벗기기

1장. 하늘에서 움직이는 빛   27
2장. 천체 운동의 모형   41
3장. 망원경과 빛의 속도   62
4장. 뉴턴과 아인슈타인의 우주   76
5장. 우주 거리 사다리   105
6장. 우주 마이크로파 배경 복사   136
7장. 암흑물질과 암흑에너지   150

2부. 지구와 화석

8장. 지구의 모양과 크기   169
9장. 지구 내부 탐색과 지진   178
10장. 지구 표면의 진화   197
11장. 물질의 구조   225

12장. 지구의 나이   244
13장. 화석 기록   261
14장. 지상 최대의 초식동물   273
15장. 소행성 충돌과 대멸종   290

3부. 생명의 이야기

16장. 다윈과 월리스와 멘델   313
17장. 유전의 핵심 분자 찾기   332
18장. DNA의 구조를 밝히다   348
19장. 유전 정보와 생명의 중심원리   362
20장. 생명의 기원과 진화의 경로   373
21장. DNA 연구의 활용   393
22장. 외계 생명체를 찾아서   414

그림 출처   435
참고 문헌   438
찾아보기   455

들어가는 말

과학의 통합에 관하여

일상에서 일부러 과학을 떠올리고 생각하는 사람이 몇이나 될까? 당연히 많지 않다. 그러나 잠깐만 주위를 훑어봐도 과학이 우리 삶에서 얼마나 중요한지 잘 알 수 있다. 아침에 잠을 깨우는 알람부터 잇몸 마사지용 전동 칫솔, 베이글을 굽는 토스터, 이메일과 세상 소식을 전해 주는 컴퓨터와 인터넷, 필수적인 각종 애플리케이션을 무한대로 제공하는 스마트폰, 대중교통을 책임지는 반자율주행까지, 현대인으로 살아가는 데 필요한 거의 모든 기구와 장비가 과학의 힘으로 제작된다.

그 과학을 폭넓게 소개하기 위해 암흑물질과 암흑에너지의 존재, 역사상 지구에서 가장 큰 생물이었던 용각류, 흑사병에 적용된 분자생물학 등 다양한 주제를 이 책에서 다룰 예정이다. 이런 이야기들을 통해 독자에게 꼭 전하고 싶은 메시지가 있으니, 그것은 사물과 현상의 본질을 캐묻는 질문이 과학 발전에 대단히 중요하다는 사실이다. 따라서 나 역시 이 책에서 계속해서 질문을 던지려 한다. 물론 모든 질문이 다 본질을 건드리는 것은 아니지만.

책의 각 소주제를 살피기에 앞서 '과학의 통합'이라는 표현으로 이 책의 기본 철학을 이야기할까 한다. 그러려면 먼저 '과학'이 무엇인지부터 정의하는 게 좋겠다. 과학이란 본질적으로 자연이 행동하는 방식, 즉 자연의 운행 방식을 기술하고 체계적인 모형을 세우는 학문이다. 과학을 크게 둘로 나누면, 하나는 자연이 행동하는 방식을 알아내기 위해 자연을 관찰·자극·재촉하는 과정이고, 다른 하나는 인간의 정신을 활용해 자연현상을 압축된 형태로 표현하고 아직 관찰되지 않은 현상을 예측하는 작업이다.

자연의 행동, 그리고 그 행동을 납득하게 하는 모형. 그럴듯하게 분리된 이 이분법적 그림에 문제가 있을까? 암, 있고말고. 문제는 우리 인간이다. 인간은 저 둘의 중간에 있으면서 양쪽에 모두 개입하기 때문이다. 감각기관의 도움을 받는 우리 뇌는 자연의 행동을 지켜보는 존재이면서 동시에 모형을 창조한다. 그 순환 고리에서 빠져나올 방법은 없다. 물론 우리는 뇌의 작동 방식 자체에도 관심이 아주 많다.

추가로 한 가지 좀 더 미묘한 문제가 있다. 현대에 와서 이루어지는 관찰과 실험 대부분은 자연의 행동을 엄격하게 측정하는 수준에서 그치지 않는다. 거기에는 대체로 아주 잘 정립된 기존 모형을 통해 추론한 내용이 복잡하게 뒤섞인다. 이런 섞임은 어떤 관찰과 실험에서든 반드시 요구된다. 어쨌거나 자에 새겨진 눈금을 읽으려고 해도 필요한 게 모형이니까. 이를 예시하기 딱 좋은 관찰과 실험이 있다. 스위스와 프랑스에 걸쳐 있는 대형 강입자 충돌기로 발견한 입자 이야기다. 강입자 충돌기로 이 입자의 질량을 측정했더니 그 값이 힉스 보손Higgs boson으로 예상되는 범위 안에 있었다. 이 실험은 관찰과 모형이 복잡하게 뒤얽혀 있었지만, 누구 하나 이 발견에 의문을 제기하지 않았다. 이유가 무엇일까? 결과를 분석할 때 사용한 모형이 이미 경험을 통해 철저히 검증된 것이기도 했거니와, 무엇보다 자체적인 검출 장비를 갖춘 별개의 두 연구 집단이 각자 예상된 오차 범위 안에서 동일하게 얻은 결과였기 때문이다.

 이렇듯 측정과 모형을 분리하는 본질적인 문제가 있기는 해도, 나는 과학을 이분법적으로 보는 관점이 대단히 유용하다고 생각한다. 다르게 표현하면 우리는 과학을 증거와 추론이라는 두 부분으로 나눈다. 증거는 자연의 행동 방식이고, 추론은 이 행동에 대해 우리가 세운 과학적 모형이다.

 자, 그럼 자연이 어떻게 작동하는지는 알 수 있다고 치고, 그 원인도 말할 수 있을까? 다른 식으로 말해 보겠다. 우리는 적절한 관찰을 토대로 자연이 어떤 원리를 통해 행동하는지 설명할 수 있다. 그러나 자연이 왜 하필 그런 식으로 운용되는지, 그 이유도 알 수 있을까? 관찰한 자연현상을 적절하게 기술하는 모형은 세울 수 있지만, 이 모형을 두고 그것이 자연이 그렇게 행동하는 이유라고 단정할 수는 없다. 먼저, 그 모형이 해당 현상을 설명하는 유일무이한 답은 아니다. 게다가 특정 모형이 자연의 어떤 현상을 기술하는 유일한 방식이라고 증명할 방법 역시 아직은 마땅치 않다. 그렇다면 애초에 이런 유형의 '왜?'라는 질문을 다룰 수 없다. 물론 해결할 수 있는 유형의 '왜?'도 있다. 우리는 공중에 던진 공이 왜 특정한 경로를 따르는지 물을 수 있고, 포사체 운동 모형의 맥락 안에서는 꽤 그럴듯한 답도 낼 수 있다. 그러나 그것이 자연이 그렇게 행동하는 본질적인 이유는 아니다. 그 역시 자연이 행동하는 방식을 기술하는 또 하나의 방식일 뿐이다. 궁극적으로 우리는 자신이 세운 모형을 두고 그 모형을 시험한 수준 내에서만 '작동한다'고 (또는 잘 작동하지 않으니 더 나은 모형으로 대체해야 한다고) 말할 수 있다.

과학의 통합

과학의 통합이라는 말이 무슨 뜻일까? 다음과 같이 파악해 보자.

1. 우리가 관찰할 수 있는 세계는 하나뿐이다. 우리는 이 세계, 즉 자연의 행동을 이해하려는 노력에 더 집중하기 위해 과학을 세부적인 하위 분야로 나누었다. 그러나 세계의 모든 부분이 어느 정도 상호작용한다는 측면에서 과학은 통합성을 지닌다.
2. 이른바 과학적 방법이란, 관찰 그리고/또는 실험으로 자연의 행동을 측정하고 논리적 사고를 활용해 이 행동을 예측할 수 있는 모형을 개발하는 방식을 말하며, 과학의 모든 분야에서 적용된다는 공통점이 있다.
3. 과학의 한 분야에서 일어나는 현상은 다른 분야에 큰 영향을 미칠 수 있고, 종종 그 반대도 마찬가지다. 예를 들어 대기 중 산소 농도의 장기적인 변화를 생각해 보자. 20억 년에 걸쳐 대기의

산소량이 대폭 증가한 원인으로 생물학적 과정이 지목된다. 이어서 산소의 증가는 생물의 진화에 개입하는 환경에 영향을 주고, 이것이 다시 대기 과학에 영향력을 행사한다.

4. 과학적 문제를 해결할 때는 여러 영역에서 접근하는 것이 중요하다. 고생물학, 개체발생학, 분자생물학이 연합하여 북극곰이나 고래 같은 포유류의 진화 과정을 밝힌 것이 좋은 예다.

5. 과학의 어느 한 분야에서 발견된 사실이나 개발된 도구가 다른 분야의 발전을 이끌 수 있다. 이 책에서 그런 사례를 많이 만날 것이다. 한 가지만 예를 들자면 물리학이 밝혀낸 방사성 원소로 지구과학은 지구의 나이를 알아냈다.

6. 과학의 한 영역에서 훈련한 과학자가 다른 분야에서 연구하는 일이 빈번한데, 예를 들면 20세기 후반부에 많은 물리학자가 천문학계에 진출했다. 또 21세기에는 물리학자, 수학자, 통계학자와 더불어 많은 화학자가 분자생물학자로 전환했다.

위의 항목들은, 특히 3번과 4번은 어느 정도 내용이 겹친다. 그러면서도 서로 미묘하게 다른 의미를 지니므로 과학의 통합성을 폭넓고 온전하게 이해하려면 구분할 필요가 있다.

과학적 모형

자연의 행동을 설명하는 과학적 모형은 아직 관찰되지 않은 행동을 예측할 수 있을 때 비로소 유용하다. 이미 관찰된 현상을 설명하는 것 이상으로 나아가지 못하는 모형은 자연을 활용하는 데 필요한 '통찰'을 주지 못한다. 물론 과학자들은 자연을 대상으로 계속해서 모형을 시험한다. 한 모형에 부족함이 발견되면 좀 더 쓸 만한 것으로 바꾼다. 이 책의 후반부에서 그런 예를 살펴본다.

두 가지 이상의 모형이 한 현상을 똑같이 잘 예측한다고 가정해 보자. 그중에 어느 모형을 선택하겠는가? 자주 있는 일은 아니지만 실제로 그런 상황이 벌어지더라도 해결책은 있다. 이런 경우에 대다수 과학자와 철학자는 '오컴의 면도날'을 들이댄다. 경쟁하는 모형 중에서 가장 단순한 것을 선택한다는 말이다. 물론 '가장 단순한'이란 말의 정의는 여러 가지가 있고 아직 보편적인 합의는 없다.

마지막으로 모형을 기술할 때 과학자들이 사용하는 언어를 짚고 넘어가자. 과학자의 언어를 검열하는 상위 조직 같은 건 없다. 그런데 과학자들이 모형을 기술할 때 사용하는 용어는 그 단어를 우리가 일상에서 사용할 때의 의미와는 딴판인 경우가 많다. 원리, 법칙, 규칙, 이론, 가설, 추측, 짐작이라는 말을 생각해 보자. 아마 지금 저 단어들이 절대 어길 수 없는 '법칙'부터 틀릴 가능성이 큰 '짐작'까지 (대략적인) 신뢰도 순으로 나열되었다고 생각할지도 모르겠다. 이런 가정이 합리적이기는 하지만 전적으로 옳은 것은 아니다. 뒤에서 설명하겠지만, 한때 '법칙'이라고 불리었으나 틀렸다고 증명된 것이 있는가 하면, 법칙보다 훨씬 더 많은 자연현상을 정확하게 예측한 '이론'도 있다. 이 경우 중력을 다루는 한 '이론'이 그에 상응하는 '법칙'보다 훨씬 나은 모형이었다.

자연의 행동

두 가지 구체적인 예로 조금 더 깊이 들어가 보자. 지금 나는 오른쪽 엄지손가락 위에 포크를 올려놓았다(사진 1). 이 상태에서 내가 엄지를 움직인다면 어떻게 될까? 아마 여러분은 "포크가 땅에 떨어집니다"라고 대답할 것이다. 그럼 내가 다시 묻는다. "왜죠?" 왕년에 공부 좀 했던 사람이라면 "중력 때문입니다"라고 답할 것이다. 하지만 이 대답은 내 기준으로는 옳지 않다. 포크가 바닥으로 떨어지는 이유는 어디까지나 그것이 자연이 행동하는 방식이기 때문이다. 그

사진 1. 어윈 샤피로가 포크를 얹은 엄지손가락을 움직이기 직전.

리고 이 현상은 우리가 모형을 만들었든 아니든, 또 그걸 무엇이라고 부르든 상관없이 일어난다. 지금 나는 사소하지만 근본적인 구분이자, 우리가 이 책에서 '왜?'라는 질문을 대체로 배제하는 본질적인 이유를 설명하고 있다. '궁극적 원인'은 최소한 지금은 과학의 영역 밖에 있다. 어떤 원인을 제시하더라도 그것을 시험할 수 없고, 시험할 수 없다는 것은 곧 '오류를 증명할 수 없다'는 뜻이므로 과학자 대부분은 이를 과학이라고 생각하지 않는다. (물론 생각이 다른 사람은 늘 있게 마련이지만.)

두 번째 예로 나는 같은 높이에서 한 손에 골프공을, 다른 손에 소프트볼을 들고 있다. 두 공을 동시에 손에서 놓는다면 어떤 일이 일어날까? 아까의 포크처럼 둘 다 아래로 떨어지고, 또 기적처럼 두 공이 땅에 동시에 닿는다. 즉, 이 둘은 무게와 상관없이 같은 속도로 땅에 떨어지는 것 같다. 이 역시 자연이 행동하는 방식이다.

자연의 일관성과 과학의 심미성

자연의 행동은 반복된다는 것이 통념이다. 내가 손가락을 움직이면 포크는 떨어질 테고, 두 공을 동시에 손에서 놓으면 동시에 땅에 닿는다. 몇 번을 다시 해도, 내가 아닌 다른 사람이 하더라도 결과는 똑같다. 이런 반복성의 원인을 증명할 증거 따위는 없다. 세상은 원래 처음부터 그랬던 것 같다. 그렇지 않았다면 지금의 세상이 어떤 모습일지 상상조차 할 수 없다. 자연이 항상 같은 행동을 반복한다는 사실은 실제로 대단히 중요하며 우리에게 자연을 이해해 볼 수 있겠다는 희망을 준다. "자연의 가장 이해하지 못할 점은 이해할 수 있다는 사실이다"라고 했던 알베르트 아인슈타인Albert Einstein의 덜 알려진 명언은 참으로 의미심장하다. 다시 말하면 인간은 끝없이 반복될 것 같은 자연의 행동을 정확하게 예측하는 비교적 간단한 모형을 만들 수 있다는 뜻이다. 20세기 물리학자 유진 위그너Eugene Wigner를 포함해 많은 이들이 자연의 불합리해 보이는 행동조차 수학식으로 정확하게 기술할 수 있다고 말하며 이런 기이한 면을 수용했다. 자연이 얼마나 미묘하고 복잡한지 잘 아는 과학자들에게는 비교적 간단한 수학으로 자연의 현상을 그토록 잘 예측할 수 있다는 사실이 놀랍기만 하다.

이런 반복성은 자연의 행동을 이루는 모든 부분에 절대적으로 적용되어 포크를 끝없이 집어 들었다가 떨어뜨리는 것처럼 반복되고 반복되고 또 반복된다. 앞에서는 크기가 큰 거시적 물체를 예로 들었지만, 세상에는 그 반대인 미시적 물체도 있다. 이 책에서는 설명하지 않았으나 이런 작은 물체들은 특별한 '양자적quantum' 행동을 한다. 양자까지 들어가면 아마 여러분은 우리 인간이 자연의 얼마나 이상한 구석까지 파악했는지 알게 될 것이다.

자연의 반복성에도 예외는 있다. 지겹게 거듭되기는커녕 딱 한 번만 더 일어나 주길 염원해도 되지 않을 일들이다. 적어도 지금까지는 그렇다. 이를테면 지구의 형성, 생명의 기원, 10억 년 전 금성의 기후 같은 초대형 사건들 말이다. 이런 종류의 사건에 대해서도 우리가 지닌 아주 제한적인 지식으로 모형을 만들 수는 있지만, 사건이 반복되지 않으니 상세히 비교하지도, 그 결과를 검증하지도 못한다. 특히 먼 과거에 일어났던 사건을 다룰 때 이런 문제에 맞닥뜨리게 된다.

과학이라는 방법으로 자연의 행동을 이해하는 과정에 종종 난관이 있긴 하지만 과학에는 심미적인 측면도 있다. 예를 들어 성공적인 모형의 수학 공식은 과학자들에게 더없이 아름답고 우아해 보인다. 즐거운 혼란이 아닐 수 없다.

이 책의 흐름

이 책의 개별 주제들은 대체로 역사적인 순서로 다루어진다. 우주의 베일 벗기기, 지구와 화석, 생명의 이야기로 이어지는 세 가지 대주제 아래, 각각의 소주제는 (거의) 시작점부터 출발하여 인간이 자연 세계의 다양한 측면을 탐구한 과정을 폭넓은 관점으로 제시한다. 이런 역사적인 틀 안에서 독자들은 과거의 시간들 사이를 자유롭게 오가겠지만, 사건의 순서를 헷갈리지 않게끔 그때마다 시간의 이정표를 표시해 두었다.

과학자들에 관한 이야기도 나눌 텐데, 그렇다고 그들의 이름을 모범 답안처럼 떠받들지는 않는다. 나는 여러분이 과학자를 속세와 동떨어진 신적 존재가 아니라 다른 사람과 똑같이 허점과 한계, 약점을 지닌 인간으로 보아 주길 바란다. 과학의 퍼즐을 풀기 위해 덤벼든 과학자 개인이나 연구 집단 사이에는 경쟁이 빈번하게 일어난다. 진리를 추구한다는 대의를 생각하면 다소 모순되어 보이지만 엄연한 사실이다. 과학자들은 서로 경쟁하고 또 협력하며, 많은 경우 이 두 가지는 동시에 일어난다. 과학자들이 잘못된 경로를 선택해 결국 막다른 길에 이르기도 하는데, 그런 이야기도 감추지 않고 소개하려고 한다. 반대로 뜻밖의 우연이 얼마나 자주 결정적인 역할을 해 왔는지도 보여 줄 예정이다.

이렇게 짧은 책에서 다룰 수 있는 과학의 범위는 불완전하고 얕을 수밖에 없다. 그러나 내 목적은 인류 문명에서 과학이 차지하는 중요성과 인류가 상대적으로 짧은 시간에 이루어 낸 놀라운 성과를 개괄하고, 일부 영역에서 적당히 상세한 내용을 제공하는 것까지다. 글머리에서 언급했듯이 여러분의 일상을 잘 들여다본다면 우리의 모든 활동이 과학의 성취와 발전에 얼마나 크게 의존하는지 깨닫고 많이 놀랄 것이다.

인간의 정신적 활동이 최전선에서 이루어지는 영역에 대한 경외심과 더불어 이 책에서 강조하고 싶은 것이 있다면 바로 과학과 기술의 긴밀한 관계다. 과학은 대개 기술을 앞서지만 반대의 경우도 드물지 않다. 신기술은, 특히 현대에 와서는 과학의 발전으로 가능해지며, 반대로 새로운 기술로 자연의 행동을 더 속속들이 탐구하게 되면서 과학이 발전한다. 그 둘 사이의 이런 밀접한 연관성이야말로 우리 삶을 이토록 좌지우지한 변화의 기초가 되었다.

개론의 형태를 띠고 있기는 하지만 이 책에서 나는 자연의 행동을 설명하고 해당 모형을 제시할 뿐 아니라, 우리를 그 모형으로 이끈 기본 증거에도 초점을 맞춘다. 설명과 모형을 제시하는 데서 그치지 않겠다는 말이다. 과학을 가르칠 때 "닥치고 외워" 방식은 내 교육법이 아니다. 모든 것에 증거를 제시하지는 못하겠지만 최대한 노력하겠다. 그러지 못할 때는 그 사실과 이유를 적어 두겠다.

앞에서 말했듯이 수학은 과학에서 중요한 역할을 하는데, 자연의 행동을 수식으로 표현할 때만이 아니라 관찰 데이터를 분석할 때도 사용된다. 하지만 이 책을 읽는 사람들이 그동안 수학에 중점을 두지 않는 교육을 받아 왔을 가능성을 염두에 두어 최대한 수식은 사용하지 않으려고 한다. 또 같은 개념을 설명하는 간단한 수학과 복잡한 수학이 있을 때는 간단한 쪽을 택하겠다. 하지만 무엇보다 이 책에 나오는 수식을 모두 건너뛰더라도 본문의 내용을 이해하는 데는 전혀 문제가 없다.

책을 읽다 보면 여러 지점에서 생소한 과학 개념이 등장할 텐데, 그럴 때는 충분한 배경 설명으로 이해를 돕겠다. 이러한 과정 자체가 과학의 통합성을 예시하며, 적어도 과학의 몇몇 분야에서 이미 (창조적으로) 활용되고 있다.

질문과 탐구

나는 단순히 인류의 발전에 과학이 얼마나 기여했는지 깨닫고 감사하라는 뜻으로 이 책을 쓴 것이 아니다. 그보다는 여러분 각자의 삶과 일에서 '핵심이 무엇인지를 묻는 것'이 얼마나 중요한지 알기를 바라는 마음이 크다. 중요한 질문을 던질 수 있다는 것은 인생의 모든 면에서 꽤 유용한 재주다. 그래서 나는 책을 써 내려가는 내내 질문하기와 그 질문의 의미를 파악하는 사고를 강조할 생각이다.

질문은 우리가 존재하는 모든 영역에서 발전을 자극하는 중요한 도구다. 그렇다면 언젠가 질문이 고갈되는 날이 올까? 과학 발전의 한 가지 인상적인 결과는 배우면 배울수록 더 많이 질문하게 된다는 점이다. 지식의 축적으로 알게 된 내용에서 파생되는 질문이 늘어나면 늘어났지 줄어들지 않는다는 사실이 어찌 보면 역설적이지만, 자연의 비밀을 더 많이 배워 가면서 따라오는 새로운 질문은 까도 까도 끝이 없는 양파처럼 무한하다.

나는 여러분이 추론 뒤의 증거를 탐구하고, 어떤 결론을 마주하든 그 근거를 찾아 왜 저들이 믿으라는 것을 믿어야 하는지 늘 질문하기를 바란다. 그리고 의심하라. 증거가 탄탄한지, 추론이 그 증거를 제대로 따랐는지 확인하라.

현대 사회 어디에나 과학이 있다는 점에서 나는 여러분이 조금이나마 과학에 친숙함을 느꼈으면 좋겠고, 과학이 오랜 시간 특히 상호연결이라는 측면에서 어떻게 발달했는지를 알려 주고 싶다. 여기서 질문 한 가지. 우리가 과학적 배경을 갖추고 있다면 국가와 사회가 제시하는 (과학적 요소가 있는) 다양한 정책 앞에서 좀 더 현명한 선택을 할 수 있을까? 꼭 그렇지는 않을 텐데, 이유는 간단하다. 그렇게 많은 사안에 대해 다만 한 가지라도 전문가가 된다는 것은 대단히 어렵고 또 엄청나게 많은 시간을 들여야 가능한 일이다. 과학적 배경지식이 있을 때 우리가 희망할 수 있는 것이 있다면, 중요한 질문에 답을 구하고 그 답을 비판적으로 조사하여 현명한 선택을 할 수 있게 길을 제시하는 것뿐이다. 여기서 실현 가능성에 좀 더 큰 희망을 걸고 싶다면 과학 사업과 그 강점, 그리고 예상 장애물에 대한 감각을 키우면 된다.

과학자와 마술사의 차이점으로 서론을 조금 가볍게 끝내 볼까 한다. 과학은 종종 마술처럼 보이지만 과학과 마술, 그리고 과학자와 마술사 사이에는 아주 큰 차이가 있다. 과학자는 언제나 자신의 연구나 발견에 대해 기꺼이, 그리고 자세히 얘기하고 싶어 한다. 그래서 아마도 내가 이 책에서 그러듯이 끊임없이 떠들어 댈 것이다. 하지만 마술사는 정반대다. 마술사도 이 책에서의 나처럼 시연을 한다. 자, 방금 나는 여러분 앞에서 서로 묶여 있는 색깔 천 조각 세 개를 주머니에 넣었다. 그런 다음 적절한 주문을 외우고 다시 주머니에서 천 조각을 꺼냈다. 짜잔! 하나로 묶여 있던 천들이 모두 풀렸다. 하지만 나는 아무 설명도 하지 않는다. 마술사는 빠르게 주문을 외우는 데만 제 목소리를 사용한다. 서약에 따라 그들은 같은 마술사끼리가 아니면 자신이 어떤 속임수를 사용했는지 절대 발설하지 않는다. 그들은 무덤까지 이 비밀을 가져갈 것이고, 그래서 결국 우리는 과학으로 돌아온다.

1부

THE UNITY OF SCIENCE

우주의 베일 벗기기

1장
하늘에서 움직이는 빛

눈을 감고 수천 년 전 어느 날로 돌아갔다고 상상해 보자. 고개를 들어 하늘을 본다. 어떤 생각이 드는가? 때가 되면 어김없이 찾아오는 계절의 순환에 더하여 하늘에는 (움직이는) 빛이 있었다. 가장 눈에 띄는 것들은 태양, 달, 별(항성), 행성이다. 행성은 그리스어로 '방랑자'라는 뜻이다. 저 시대에 대해 좀 더 이야기해 볼까. 그곳에는 하늘의 저 물체들이 무엇인지 말해 줄 사람도, 참고할 책도 없다. 저것들은 처음부터 저 자리에 있었고, 하늘에 저것들이 존재하는 진짜 이유는 우주의 비밀이다. 자연은 원래부터 그러했으니, 궁극적인 이유는 알 수 없다.

과학의 일차적인 목적은 그 이유를 캐는 것이 아니라 자연의 행동을 탐구하여 적절한 모형을 세우는 것이다. 무엇을 위해서, 또 어떤 이유로 그렇게 하는 걸까? 여기에는 인류의 타고난 호기심을 채우는 것 말고도 훨씬 더 실질적인 목적이 있었다. 그중의 으뜸이 바로 식량이다. 작물을 심기에 가장 좋은 시기는 언제인가? 사냥에 나설 최적의 시기는 언제인가? 그리고 정확히 언제 이 질문의 답을 알아야 하는가? 이런 질문과 답의 유용성, 개인적 관심, 순수한 호기심을 이끈 동기가 무엇이었을까? 누구도 정답을 알지 못하고 그저 추측할 뿐이다.

사람들은 하늘에서 어떤 패턴이 반복된다는 사실을 아주 오래전에 알아챘다. 북극권의 훨씬 아래, 그리고 남극권의 훨씬 위쪽을 차지하는 위도 지역에서 누가 뭐래도 가장 명백한 패턴은 '하루'다. 대략 하늘에 태양이 보일 때와 보이지 않을 때를 맞춰 밝은 주기와 어두운 주기가 번갈아 나타난다. 저 옛날에는 밤에 사람의 주의를 크게 끄는 것도 없었고 딱히 할 일도 없었다. 대신 경이로운 밤하늘만큼은 오늘날과 비교할 수 없다. 가로등도 스모그도 없던 시절. 구름과 안개가 끼고 눈비 내리는 날이 아니라면 하늘은 밤낮없이 맑고 선명했다. 사람들은 하늘을 올려다보았고 그중에서도 남들보다 호기심 많은 사람은 오늘 밤과 내일 밤, 이번 달과 다음 달, 올해와 내년의 차이를 알아보았다. 직함만 없을 뿐 저들은 그 시대의 과학자였다.

당시에는 망원경 같은 도구가 없어서 오직 육안에 의지해 하늘을 관찰해야 했다. 따라서 측정의 정확성이 현재의 기준으로는 턱없이 부족했을 테지만 그럼에도 놀라운 결론을 도출했다. 이들이 구체적으로 어떤 결과를 어떤 순서로 끌어냈는지는 알 수 없어도 어느 정도 짐작은 해 볼 수 있다. 하루 중 일출이나 일몰 무렵은 잠시나마 태양과 몇몇 별이 동시에 보이는 시간으로, 이때 하늘을 관찰한 사람들은 태양이 매년 특정한 시기마다 같은 별 주위를 지나면서 띠를 그린다는 것을 알아챘으리라. 그리고 매일 자정 무렵에 이런 진행 상황이 더 쉽게 눈에 들어왔을 것이다.

태양이 항성을 기준으로 하늘을 한 바퀴 돌아오는 데 걸리는 시간은 1년을 정의하는 한 방법이다. 그러나 옛날에 북반구나 남반구의 온대 지역에서 1년은 때가 되면 어김없이 돌아오는 계절로 더 확연하게 알 수 있었다. 달의 위상 또한 명확한 패턴을 보였다. 삭(지구-달-태양 순으로 일직선을 이루는 때, 달이 보이지 않는다)으로 시작해 망(태양-지구-달 순으로 일직선을 이루는 때, 보름달)을 거쳐 다시 삭으로 돌아오는 1개월의 패턴이다. 두 패턴 모두 하나는 직접적으로, 하나는 간접적으로 태양에 원인이 있다.

한편 삭일 때 일어나는 한 가지 사건이 고대인들을 혼란과 경악에 빠뜨렸는데, 바로 일식이다. 특히 벌건 대낮에 갑자기 암흑이 천지를 뒤덮는 개기일식이 그러했다. 하지만 눈앞이 깜깜해지는 공포는 태양이 완전히 가려졌을 때만 찾아온다. 태양이 2%만 남아 있어도 사람의 동공은 크게 확장하여 희미한 빛을 보완하므로 크게 문제가 되지 않는다. 그러나 개기일식이 큰 사건인 것은 분명했다. 3장에서 다시 일식을 살펴보겠다.

패턴 인식의 다음번 도약은 주기적인 행성 운동이었다. 행성은 서로에 대해, 그리고 항성을 배경으로 (서서히) 움직였다. 반면에 항성은 서로 간의 상대적 위치가 늘 일정하여 움직이는 것 같지 않았다. 별들은 하나의 무리가 되어 매일 밤 함께 하늘을 돌았다. (이 항성들의 무리는 다양한 별자리로 이름을 얻었다.) 행성은 이 고정된 항성의 배열에 대해서 이동하는 모습을 보였고, 행성끼리도 서로 간에 상대적인 위치가 천천히 달라졌다. 사람들은 역사가 기록되기 전부터 시작되었을 장기적인 관측을 통해 행성이 태양이나 달과 비슷하게 항성 사이에서 (복잡하긴 해도) 일정하게 움직인다는 것을 알게 되었다. 그러니 저들의 눈에 아마 하늘은 혼돈 그 자체였으리라.

하늘에 떠 있는 물체의 위치를 체계적으로 적은 최초의 기록은 바빌로니아인들이 남겼다. 그들은 현재 이라크의 티그리스강과 유프라테스강 사이에서 살았다. 이 기록은 지금으로부터 거의 3,000년 전인 기원전 800년경에 시작되었다. 매체는 점토판이었고, 1850년에 에드워드 힝크스Edward Hincks와 헨리 롤린슨Henry Rawlinson이 각자 독립적으로 해독한 쐐기 형태의 설형문자로 그 위에 기록되었다. 바빌로니아인들이 어떤 체계를 참조하고 어떤 달력과 시계를 사용했는지 궁금해하는 것은 좋은 자세지만 안타깝게도 나는 그 답을 알지 못한다.

항성에 대한 천체의 위치를 적은 기록은 나름 치밀하고 효율적으로 제작되었다. 하지만 그 결과가 문명에 가져다준 또 다른 혜택을 아마 당시에는 깨닫지 못했을 것이다. 그러다가 기원전 150년경에 히파르코스Hipparchus로 추정되는 한 그리스인이 바빌로니아를 방문해 과거 500~1,000년 전까지의 관측 기록을 고대로 베껴서 돌아왔다. 그리고 그 관찰을 바탕으로 그리스 석학들이 천체의 운동에 대한 여러 인상적인 결론을 도출했으니, 그중 하나가 뒤에서 설명할 행성의 공전 주기이다.

달력

 몇몇 인간의 충만한 호기심을 채워 주는 것 말고, 이런 관측 자료를 속세에서 달리 어디에 활용할 수 있을까? 앞에서 언급한 실용적인 부분 외에도 사람들이 정확한 시기를 알아야 치를 수 있는 연례행사들이 있다. 아마 이런 필요 때문에 달력을 만들었을 것이다.
 달력 제작은 곧 하늘에 나타나는 패턴을 집대성한다는 뜻이다. 그렇다면 달력에는 어떤 패턴이 포함되어야 했을까? 가장 중요한 것은 빛과 어둠이 번갈아 나타나는 하루였다. 이 밝음과 어두움의 길이가 매일 일정할까? 그렇지 않다. 고대인들은 이 길이의 변화를 아주 잘 인지했다. 중위도 지역에서 오늘날 우리가 여름이라 부르는 (더 더운) 시기에는 하루 중에 밝을 때의 길이가 더 길고, 겨울이라 부르는 (더 추운) 시기에는 밝을 때의 길이가 더 짧다. 이런 변화의 원인을 납득하기는 어려웠겠지만, 어쨌든 그것이 자연이 운영되는 방식이었다. 고대인들은 낮이 더 길 때는 정오의 태양이 상대적으로 더 높이 떠 있고, 낮이 더 짧을 때는 그 반대라는 상관관계에도 주목했을 것이다. 한편 앞에서 말했듯이 한 달은 달의 변화가 완료되는 주기다. 그리고 1년은 계절의 순환뿐 아니라 항성에 대한 태양의 주기적인 움직임과도 연관이 있는데, 그 바람에 1년의 길이가 정의에 따라 조금씩 달라진다.
 그러면 이런 관측 결과로 어떻게 달력을 만들었을까? 물론 쉽지 않았겠지. 뭐가 가장 어려웠을까? 수학 용어를 빌리자면 문제의 근원은 통약불가능성incommensurability(공약수가 없어서 약분할 수 없다는 뜻

— 옮긴이)에 있다. 자연의 방식을 따르자면 한 해가 정수 개의 달을 가지지 못하고(약 12.5개월), 정수 개의 날을 가지지 못한다(365.24일). 양쪽 모두 날수로 따지면 '365¼'처럼 간단한 분수로는 나타내지지 않는다. (유의할 점이 한 가지 더 있다. 지구와 달과 태양 사이의 조석 상호작용 때문에 시간이 지날수록 하루와 한 달의 길이가 점점 길어진다. 따라서 과거에는 하루와 한 달의 길이가 더 짧았다. 조석 상호작용에 관한 자세한 내용은 22장을 참고하라.)

자연의 이런 속성 때문에 사람들은 단순한 달력을 만들 수 없었다. 가령 태양의 움직임을 중요시하는 문명에서 1년짜리 달력을 만든다고 해 보자. 이때 최선은 1년을 365일로 정하는 것이다. 그런데 이 365일짜리 달력을 사용하면 어떤 일이 벌어질까? 시간이 지나면서 달력의 날짜가 실제 계절과 점점 어긋나게 된다. 예를 들어 이 달력에서 1월 1일은 1년에 대략 하루의 4분의 1만큼씩 후퇴하게 된다. 그렇게 400년이 지나면 달력상 1월 1일은 '실제'보다 약 100일 전의 날짜를 가리키며 가을의 시작을 알리게 된다.

그러니 태양의 움직임에 따른 자연의 1년 속에서 계절과 시간에 묶여 살아가는 인간 세상의 일들은 이 달력을 따랐다가는 크게 낭패를 볼 수밖에 없다. 이런 문제를 어떻게 처리할까? 답은 여러 가지다. 가장 처음 등장한 해결책은 이집트에서 몇천 년 전에 시도된 방법이자 지금도 변형된 형태로 사용되는 방식으로, 윤년을 두는 것이다. 달력에 365일이라는 정수를 사용했을 때 1년이 약 4분의 1일씩 짧아지는 것을 보충하기 위해 윤년에는 달력에 하루를 추가해 1년을 366일로 만든다. 그렇게 4년마다 한 번씩 윤년을 정의하면 달력상 1년은 평균 365.25일이 된다. 그런데 실제로 1년은 365.24일이므로 이번에는 아까와 반대로 달력의 날짜가 실제보다 조금씩 앞서가게 된다. 이 편차를 조정하기 위해 현재 우리가 사용하는 그레고리력(교황 그레고리우스 13세의 이름을 딴 것)은 일부 윤년을 생략한다. 그레고리력에서는 윤년 중에서도 100으로 나누어떨어지는 해는 평년으로 치되, 400으로 나누어떨어지는 해는 그냥 윤년으로 둔다. 이렇게 조정된 달력도 실제와 완벽하게 일치하지는 않지만 3,000년이 지나야 하루의 차이가 나므로 실질적인 걱정은 없다. 다시 말해 현재의 그레고리력을 손봐야 할 필요가 생기더라도 그게 우리는 물론이고 적어도 우리 손주 세대까지는 그리 시급한 우주적 문제를 일으키지 않을 거라는 얘기다.

이번에는 달을 중심으로 한 달력을 생각해 볼까. 위상의 변화가 확연한 달은 일부 종교에서 대단히 중요하게 취급된다. 여기서 통약불가능성은 1년의 날수를 결정하는 문제와는 또 다른 양상을 띤다. 1개월을 구성하는 날수도, 1년을 구성하는 개월 수도, 모두 정수가 아니다. 따라서 달을 중요시하는 일부 문명에서는 다른 방법을 강구했다. 한 예로 1년에 12개월이 있고 각 월은 30일로 구성된 초기 달력이 있었다. 그런데 이 방식은 달력상의 날짜와 실제 계절과의 차이가 앞에서 말한 달력보다 20배나 더 컸다. 그래서 일부 지역에서는 12개월이 지나고 1년이 끝날 때 따로 5일을 추가했지만, 이 방식에도 문제는 있었다. 이렇듯 자연의 방식을 따르는 것만으로는 일정하게 정수로 딱 떨어지는 달력을 만들 수 없었고, 각 사회는 저마다의 방식으로 문제를 해결했다.

전 세계에서 달력이 발달한 역사는 꽤 흥미롭다. 약 2,000년 전에는 3월March이 한 해를 시작하는 달이었다. 그래서 9월September, 10월October, 11월November, 12월December은 원래 3월을 기준으로 일곱 번째, 여덟 번째, 아홉 번째, 열 번째 되는 달이라는 의미였다. 아랍과 무슬림 달력은 달을 기준으로 삼고 있으나 윤달이나 윤년을 도입하지 않는다. 그래서 월이 계절과 상관없이 흘러가므로 이슬람력으로 아홉 번째 달인 라마단은 장기적으로 보면 어느 계절에나 시작될 수 있다. 중국의 달력은 가장 오래 사용된 달력이며, 60년 주기 같은 다양한 주기를 사용한다. 히브리력 또한 달에 기반을 두었는데, 규칙이 아주 복잡하게 조정되어 유월절 같은 특별한 명절이 태양력상 매번 조금씩 날짜가 달라지기는 해도 크게 벗어나지는 않는다. 마야력은 비교적 최근에 상당한 악명을 떨쳤다. 현대의 달력으로 보면 마야력에는 2012년 12월 21일까지 밖에 없어서, 어떤 사람들은 마야 문명이 이 날짜 이후의 달력을 만들지 않은 이유가 이때 세상이 끝나기 때문이라고 믿었다. 지금까지 알려진 가장 오래된 달력은 스톤헨지(거대한 돌덩어리들이 원형으로 배치된 구조물로, 여름의 시작일처럼 중요한 천문학적 사건을 나타내기 위해 조성되었다고 짐작된다)와 유사한 구조물인데, 스코틀랜드에 있으며 약 1만 년 전에 제작되었다고 추정된다.

근대 이후로 세계화가 급속히 이루어지면서 현재는 지구촌이 하나의 달력을 사용한다. 현재 사용되는 그레고리력은 유럽에서 1582년에 도입했고, 이후 유럽인이 세계 곳곳을 점령하고 지배하면서 세계 표준이 되었다. 그레고리력을 마지막으로 받아들인 나라가

1927년의 튀르키예다. 변화의 과정이 순탄하기만 한 것은 아니었다. 중국은 1912년에 공식적으로 그레고리력을 채택했으나 지방 군벌들이 협조하지 않아 1929년 무렵에야 전국에서 사용되었다. 달력을 바꾼다는 것이 처음에는 큰 충격일 수밖에 없다. 날을 세는 체계가 바뀜에 따라 연중 관습이나 관례를 수행하는 날짜가 갑자기 달라지니 당연한 반응이다.

일주일

인류 문명이 만든 달력에서 사용된 시간 단위 중에 지금까지 한 번도 언급하지 않은 것이 있다. 주week다. 주는 어디에서 유래했을까? 일, 월, 년은 모두 천문학적 현상에서 비롯했다. 그렇다면 일주일도 그럴까? 일주일은 이런 현상과는 아무 연관이 없다. 일주일의 개념은 기원전 1400년경에 쓰인 구약성경에 언급되었고, 수메르인이 4,000년 전에 주를 사용했다는 증거가 많이 있다. 그런 만큼 주는 일찌감치 발명되었을 가능성이 크다. 하지만 나는 그 기원, 또는 지금처럼 7일을 주의 단위로 삼게 된 시점에 대해서는 증거를 찾지 못했다. 다만 일주일을 구성하는 7일의 현재 이름과 순서가 고대 바빌로니아에서 시작되었다는 사실은 잘 알려졌다. 미래에는 우리의 과거에 대해 더 많은 것을 알게 되겠지. 이미 더 많이 아는 이들도 있을 테고.

일주일의 길이는 지역마다 달랐던 것 같다. 현재는 한 달의 대략 4분의 1을 한 주로 삼는데, 그렇게 정한 이유는 7일 단위가 초승달에서 반달로, 반달에서 보름달로 넘어가는 달의 위상 변화 기간과 얼추 맞기 때문일 가능성이 크다. 또한, 아래의 요일 목록은 연관성이 불분명하기는 해도 나름 솔깃한 단서를 제공한다.

일요일	Sunday / Dimanche
월요일	Monday / Lundi
화요일	Tuesday / Mardi
수요일	Wednesday / Mercredi
목요일	Thursday / Jeudi
금요일	Friday / Vendredi
토요일	Saturday / Samedi

보다시피 영어(북유럽 신의 이름을 사용한 고대 영어식 이름)와 프랑스어(라틴 기원)로 적은 각 요일의 명칭은 태양, 달, 화성, 수성, 목성, 금성, 토성과 관련이 있다. 이 목록에는 항성과 지구를 제외하고 고대에 알려진 모든 천체가 포함된다. (왜 이 목록에서 지구는 생략되었는지 짐작이 가는가?) 한 주를 시작하는 일요일만 빼고 왜 요일이 이런 순서로 배치되었는지는 명확하지 않다. 다만 어쩌면 이 천체의 개수가 바로 일주일이 7일인 이유일지도 모른다. 한 달도 한 해도, 7일 단위로 나누어떨어지지 않지만, 그걸 크게 신경 쓰는 사람은 없다. 그래도 한 해에서 다음 해로 넘어갈 때 각 날짜의 요일이 하나씩(윤년에는 둘씩) 밀린다는 점은 알아 둘 만하다.

일주일을 구성하는 요일과 하루를 구성하는 24시간 사이의 패턴에 대해서도 오랫동안 많은 사람이 주목해 왔다. 하지만 모두 기원이 불분명하고 명확한 중요성이 없는 숫자 놀음에 불과해 보인다. 하루의 하위 개념도 마찬가지다. 시, 분, 초의 기원은 바빌로니아로 짐작되지만 이들의 수 체계가 우리처럼 10진수가 아닌 60진수에 기반한다는 점을 제외하면 사실 여부가 명확하지 않다.

태양일과 항성일

앞에서는 태양일이 기준인 달력을 이야기했다. 그런데 태양 말고 다른 항성을 기준으로 하루를 정하는 항성일의 개념도 있다. 둘을 비교하면 1년을 구성하는 날수는 항성일로 따졌을 때가 태양일로 따졌을 때보다 하루 더 많다. 왜 그럴까? 그 답은 지구가 태양에 대해 움직이는 방식과 항성에 대해 움직이는 방식을 비교하면 알 수 있다. 지구에서 관찰했을 때, 항성은 (매우 멀리 있어서) 한자리에 붙박인 듯 보이고, (상대적으로 가까운) 태양은 고정된 항성을 배경으로 두고 매일 조금씩 이동하여 정확히 1년에 한 바퀴씩 하늘을 도는 것처럼 보인다(겉보기 운동). 이게 무슨 뜻일까?

항성일은 어느 항성이 측정 지점의 자오선(측정 지점을 지나는 경도의 선 또는 면)을 한 번 통과하고 다음번에 다시 통과할 때까지 걸리는 시간이다. 이렇게 측정한 하루는 태양을 기준으로 측정한 하루인 태양일(태양이 기준 자오선을 통과한 뒤 다시 그 자오선을 통과할 때까지 걸리는 시간)보다 조금 짧다. 하루라는 패턴은 지구가 자전하기 때문에 생긴다. 동시에 지구는 하루에 약 1°의 속도로 태양 주위를 돈다.

그 바람에 태양이 기준 자오선을 다시 통과하려면 지구가 추가로 1°만큼 더 자전해야 하는데, 그 시간이 약 4분이다. 하지만 항성은 태양보다 훨씬 더 멀리 떨어져 있어서 지구가 굳이 1°를 더 돌지 않아도 다시 자오선을 통과한다. 이 4분의 차이가 1년 동안 쌓이면 항성일이 태양일보다 하루 더 많아지게 된다.

그림 1.1이 이 상황을 잘 보여 준다. 지구에 있는 관찰자 시점에서 고정된 항성에 대한 태양의 겉보기 운동을 따라잡으려면 지구가 조금 더 몸을 돌려야 하기 때문에 태양일이 항성일보다 조금 더 길어진다. 그림을 자세히 보자. 왼쪽 그림에서 직선 화살표는 지구 표면의 한 장소에서 머리 위로 특정 항성을 가리킨다. 항성일로 하루가 지난 뒤에도 같은 화살표가 여전히 같은 항성을 가리킨다. 그러나 지구는 그 하루 사이에 공전 궤도에서 태양을 중심으로 대략 1°만큼 더 이동했다. 따라서 화살표가 다시 태양을 가리켜서 태양일로 하루가 되려면 지구는 약 1°를 더 자전해야 한다(오른쪽 그림). 그러므로 태양일은 항성일보다 조금 더 길고, 따라서 1년에 항성일의 날수보다 태양일의 날수가 정확히는 하루 더 적어진다.

양쪽 그림 모두 고정된 항성에 대해 정지해 있는 기준틀에서 그려졌다는 점을 염두에 두자. 또 단순하게 설명하려고 3차원 설정은 무시했지만, 3차원으로 생각해도 똑같은 개념을 적용할 수 있다.

이번에는 (2차원 기준에서) 다른 식으로 설명해 보겠다. 왼쪽 그림의 직선 화살표는 태양과 어떤 별을 가리키고 있다. 항성일로 하루가 지난 후 화살표는 여전히 같은 별을 가리키지만, 태양 주위를 도는 지구의 움직임 때문에 그 화살표가 아직 태양을 가리키지는 않

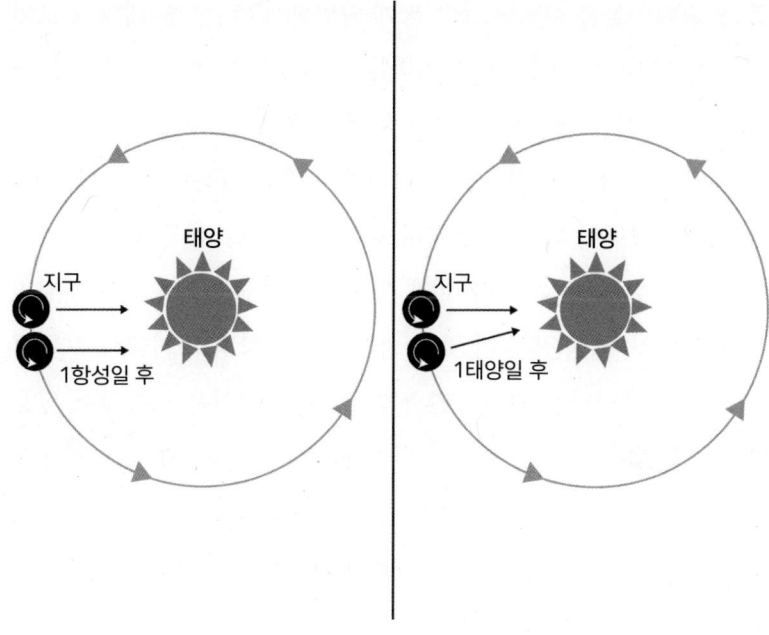

그림 1.1. 지구가 태양을 공전하는 현대적 관점에서 본 항성일과 태양일의 차이.

는다. 지구가 자전하여 태양을 따라잡으려면 시간이 조금 더 걸린다(오른쪽 그림). 따라서 태양일은 항성일보다 그만큼 더 길 수밖에 없고, 태양이 항성을 기준으로 하늘을 완전히 한 바퀴 도는 1년이면 그때까지 항성일의 날수보다 태양일의 날수가 하루 적게 된다.

지금까지 나는 지구가 중심이던 고대인의 관점이 아닌, 태양 중심의 현대적 모형을 기반으로 그린 그림에서 항성일과 태양일의 차이를 해석했다. 그러나 지구는 움직이지 않는다는 고대인의 시각에서도 여전히 같은 결론에 다다를 수 있다.

태양이 항성 사이를 유랑한다는 이 매력적인 개념을 좀 더 살펴볼까. 고대인들은 이 사실을 어떻게 알았을까? 하루 중 태양이 보이지 않는 시간에만 별을 볼 수 있다는 것은 모두가 아는 사실이다. 해가 떠 있을 때는 하늘에서 별, 즉 항성을 볼 수 없다. 그렇다면 어떻게 태양이 항성을 배경으로 움직이고 있다는 결론에 도달했을까? 앞에서 말했듯이 태양이 뜨거나 지는 시간이면 잠시 태양과 함께 일부 밝은 별을 볼 수 있다. 이때 항성을 기준으로 태양의 상대적인 위치를 확인하면 된다. 더 좋은 방법으로는 항성 사이에서 보름달의 연속된 움직임을 관찰하면 된다. 일부 고대인은 보름달이 떴을 때 태양은 정확히 반대편 하늘에 있다는 사실을 일찌감치 알았을지도 모른다. 그들은 달이 햇빛을 반사하기 때문에 모양이 달라진다고 확신했을 것이다. 따라서 항성을 배경으로 보름달이 주기적으로 이동하는 것을 이미 관찰하고서, 태양의 위치도 그 반대편에서 1년 주기로 항성 사이를 비슷하게 이동한다고 유추했을 가능성이 있다. 어쨌거나 이런 움직임의 명확한 결과물은 한 해의 날수가 하루의 정의에 따라 달라진다는 사실이다. 그러면 우리는 태양을 따라 계산할까, 아니면 다른 항성을 따라 계산할까? 우리의 기준은 당연히, 태양이다.

2장
천체 운동의 모형

고대인이 하늘에서 주의 깊게 관찰한 것 중에 별이 아닌 다른 빛을 알아보자. 태양과 달의 운동은 크기와 밝기, 상대적으로 단순한 주기성 때문에 누가 봐도 쉽게 눈에 띄었다. 하지만 고대인들은 움직이는 다른 빛, 특히 당시 다섯 개가 알려진 행성에 대해서도 큰 관심을 기울였다. 행성의 움직임은 좀 복잡해서 정확한 모형을 세우기가 어려웠다. 그러나 고대인이 수천 년 전에 인지했던 한 가지 속성이 있으니, 이 물체들은 모두 거의 동일한 평면에서 움직인다는 점이었다. 즉, 시스템 전체가 상당히 평평했다. (당시 지구는 행성으로 인지되지 않았다. 왜 그랬을까? 지구가 행성이라는 사실에 회의적인 사람들을 확실하게 설득할 답변을 직접 생각해 보시길.)

역사 전반에 걸쳐 인간은 하늘에서 시간에 따른 행성의 위치를 예측하는 데 열심이었다. 이런 열정은 호기심에서도 시작했겠지만, 대개는 당시 점성술에 의존한 사회 분위기가 큰 영향을 미친 것으로 보인다. 그 시대에는 행성의 움직임과 위치가 사람들의 삶을 좌지우지한다고 믿었다. 하지만 이들에게는 행성의 위치를 예측할 틀이 없었다. 그래서 오늘날 우리가 임시 모형ad hoc model(원리에 기반하지 않고 관련 데이터만 다루도록 설계된 모형)이라고 깎아내리는 모형을 설정하고 그 안에서 자신들이 보유한 자료를 최대한 일관되게 설명하려고 했으나 크게 성공하지 못했다. 무엇보다 그 모형들로는 이른바 행성의 '역행 운동'을 예측할 수 없었다. 그림 2.1은 화성의 움직임을 약 일주일 간격으로 나타낸 모식도다. 오른쪽 아래의 흰색 점이 왼쪽 위로(반시계 방향으로) 이동하는데, 처음에는 상대적으로 빠르게 움직이기 시작해(점 사이의 간격이 넓다) 서서히 멈추다가(점들이 뭉쳐 있는 구역) 반대 방향으로 움직이며(궤도의 역행 구역) 속도를 올린다. 그러다가 멈추고는 다시 방향을 틀어 그림의 왼쪽 위를 향해 점차 빠르게 이동한다. 왜 궤도의 역행 구간이 생길까? 또 왜 하필 그 자리에서 역행할까? 그리고 역행이 왜 그렇게 오래 이어질까? 이런 문제들이 모두 하늘에서 행성, 특히 화성의 움직임이 보여주는 수수께끼 같은 특징이었고, 도무지 이해할 수 없는 자연의 또 다른 변덕이었다.

    고대 그리스인들은 앞선 문명의 지식을 바탕으로 하늘에서 일어나는 일들, 즉 천체의 경로에 대한 초기 모형을 세웠다. 아리스토텔레스Aristoteles(기원전 384~322년), 그리고 그의 스승인 플라톤과 여러 선배 학자들은 중심에 떡하니 지구가 자리 잡은 우주를 상상했다. 이 우주에서 별들은 하루에 한 번씩 지구 주위를 일정한 속도로 회전하는 투명한 크리스딜 구체 위에 부착되었다. 이런 설정이 아리

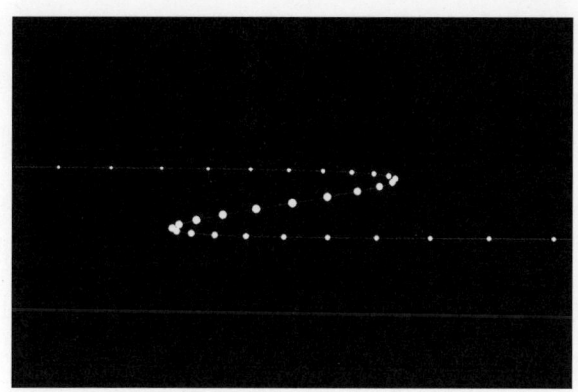

그림 2.1. 화성의 역행 운동.

스토텔레스와 동시대 사람들에게는 완벽함 그 자체였다. 그들의 모형에는 일정하게 회전하는 다른 크리스털 구체들도 있어서 저마다 태양과 달, 각 행성에 배정되었다. 지구에서 공중의 물체가 땅에 떨어지는 것은 '당연히' 중심, 즉 지구의 중심으로 떨어지려는 행동이었다. 또 지구는 움직이지 않는다는 것이 자명한 진리였다. 당시에는 지구가 움직인다고 느끼는 사람도, 지구가 제 축을 중심으로 초당 0.5km의 속도로 회전하고, 동시에 태양 주위를 초당 30km 속도로 이동한다는 증거를 내놓는 사람도 없었다.

잠시 상기시키자면, 지금 굳이 (이미 옳지 않다고 증명된) 과거의 모형을 다루는 이유는 눈에 보이는 자연의 행동, 즉 천체의 운동 및 경로를 완벽하게 설명하는 모형을 세우기가 얼마나 어려운 일이었는지 알려 주기 위함이다. 현재의 관점에서 보면 그들이 소위 삽질하던 모습과 그 결과물을 비웃기 쉽지만, 실제로는 당대 최고의 지성들이 구상하고 발전시킨 혁혁한 승리였다.

페르게의 아폴로니오스Apollonius of Perga(기원전 240~190년경)와 히파르코스(기원전 190~120년경), 이 두 그리스인은 오늘날 우리가 태양계라고 부르는 시스템의 종합적인 모형에 첫발을 내디딘 사람들이다. 이 모형은 처음에 전적으로 관측을 바탕으로 세워졌고, 이어서 다른 새로운 개념의 바탕이 되었다. 아폴로니오스와 달리 히파르코스는, 모형이란 그저 일반적으로 개념을 설명하기보다 구체적으로 관찰 결과와 일치해야 한다는 새로운 주장을 펼쳤다. 이런 신념은 과학적 사고의 중요한 진전이었다. 당시에도 아리스토텔레스의 모형이 실제 관측된 자료와는, 특히 행성에 대해서는 전혀 맞지 않는다는 사실이 공공연하게 알려져 있던 터였다.

무엇보다 히파르코스는 태양이 별들 사이에서 1년 내내 일정한 속도로 움직이지는 않는다는 사실을 발견했다. (북반구에서) 겨울에는 태양이 하늘을 가로지르는 속도가 여름보다 눈에 띄게 빨랐다. 당시에 겨울은 약 88일, 여름은 약 93일로 관찰되었다. 이런 현상을 어떻게 해석해야 할까? 히파르코스는(또는 그 전의 아폴로니오스, 혹은 다른 누구였는지는 모르겠지만) 앞선 아리스토텔레스의 모형에서 '일정한 각속도'라는 부분을 유지하면서 이 현상을 설명할 뛰어난 아이디어를 고안했다. 태양은 지구를 중심으로 원을 그리며 돌지만, 지구에서 계절의 길이가 서로 다른 현상을 납득하기 위해 그는 태양이 그리는 원의 중심을 지구의 중심에서 조금 비켜나게 설정했다. 원의 둘레를 일정한 속도로 움직이는 물체를 관찰할 때, 물체에 가까울수록 그 물체의 각속도가 더 빨라 보이고, 물체에서 멀리 떨어져 있을수록 각속도가 더 느려 보인다는 사실에 착안한 발상이다.

아리스토텔레스의 모형이 비록 관찰된 사실과 어긋나기는 하지만, 히파르코스는 태양이 그리는 원의 중심을 지구에서 조금 비껴나게 설정하여 물체가 일정한 속도로 원을 그리며 운동한다는 기본 개념에서 벗어나지 않은 상태로 이 모형을 보존하려고 했다. 기존 모형을 조금씩 개선하여 거기에서 서서히 벗어나는 시도는 과학사에서 자주 나타나는 중요한 현상이다. 과거와의 극단적인 단절은 너무 급진적이라 쉽게 받아들여지지 않기 때문이다. 그러나 이 책에서 여러 차례 보겠지만, 그런 흔치 않은 극적인 결별이야말로 가장 큰 보상이 따르는 지점이다.

프톨레마이오스의 모형

이제 역사는 클라우디오스 프톨레마이오스Claudius Ptolemy 시대로 흘러간다(기원후 90~160년경). 이집트 알렉산드리아 출신이지만 이름이 라틴식인 것은 당시 중동과 유럽 대부분은 물론이고 이집트까지 손을 뻗은 로마의 영향력을 보여 준다.

프톨레마이오스는 자신이 《수학의 집대성Syntaxis》이라고 부른 책을 만드는 데 평생을 바쳤다. 이 책은 프톨레마이오스의 시대 이후에 과학 발전을 담당했던 아랍 학자들에 의해 재명명되어 '최고'라는 뜻의 《알마게스트Almagest》로 전 세계에 알려졌다. 《알마게스트》는 사람들이 원하는 시간에 특정 행성을 하늘의 어느 지점에서 볼 수 있는지 나타낸 천문학 표의 형태로 예측을 실었다. 날짜는 기원전 45년에 율리우스 카이사르가 도입한 율리우스력을 사용했다. 예

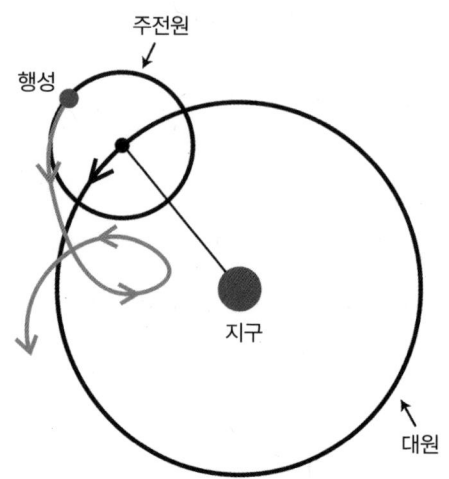

그림 2.2. 주전원과 역행 운동.

측의 기반이 될 모형이 필요했던 프톨레마이오스는 먼저 히파르코스의 모형을 선택했다. 이 모형에서는 행성의 역행 운동을 설명하기 위해 주전원epicycle(더 큰 원의 둘레를 따라 원의 중심이 일정한 속도로 굴러가는 작은 원)을 도입했다(그림 2.2).

이 모형에서 행성은 주전원의 둘레 위를 일정한 속도로 움직인다. 그리고 주전원의 중심은 더 큰 대원deferent의 둘레를 따라 역시 일정하게 움직인다. 대원의 중심은 지구의 중심에서 조금 비켜나 있다. 앞에서 말했듯이 대원의 중심을 지구에서 조금 떨어뜨린 이유는 지구에서 관찰한 불균일한 태양 운동을 설명하기 위해서였다. 이런 설정에서는 완벽한 원과 균일한 운동(일정한 속도)이라는 아리스토텔레스식 핵심을 유지하면서도 여름과 겨울의 길이가 서로 다른 현상을 설명할 수 있었다. 그림 2.2에서 볼 수 있듯이, 행성이 연회색 곡선의 아래쪽 절반을 따라가는 동안에는 지구에 있는 관찰자의 눈에 행성이 반대 방향으로 가는 것처럼 보인다. (단계적인 이해를 돕기 위해 그림 2.2에서는 지구를 대원의 중심에 두었고, 그림 2.3에서 대원의 중심이 지구에서 한 발 떨어진 것으로 그렸다.)

　주전원을 도입했어도 이 모형은 여전히 궤도의 역행 부분을 잘 예측하지 못했다. 기본적으로 히파르코스는 궤도가 역행하는 부분의 각도 범위와 그때 하늘에서의 위치가 모두 맞아떨어지는 모형을 만들려고 했다. 이 두 속성이 일치해야만 다음번 역행 운동을 예측할 수 있기 때문이다. 하지만 히파르코스는 두 가지 모두 충족하는 배열을 찾지 못했다. 이에 프톨레마이오스는 행성 중에서도 특히 화

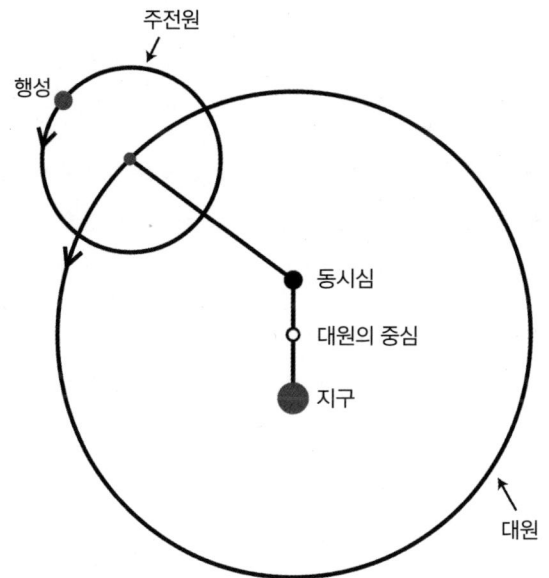

그림 2.3. 프톨레마이오스는 행성의 역행 운동을 더 잘 설명하기 위해 동시심을 도입했다.

성이 역행하는 범위와 하늘에서의 위치를 동시에 만족하는 과제를 해결할 새롭고 기발한 방법을 생각해 냈으니, 바로 동시심equant의 도입이었다.

잠깐, 동시심이 프톨레마이오스의 발상인 것을 어떻게 알까? 사실은 모른다. 다만 그가 책에서 다른 개념에 대한 외부 출처는 밝혔으면서도 동시심에 대해서는 달리 언급하지 않았기에 그의 생각이라고 믿을 뿐이다. 그럼 과연 프톨레마이오스는 무엇을 원했던 것일까? 그가 새로운 중심을 도입한 것은 주전원의 중심이 일정한 각속도로 움직여 아리스토텔레스의 등속 운동을 보존하면서도 관찰된 역행 운동에 좀 더 일치하게 하기 위함이었다. 동시심은 대원의 중심과 지구의 중심을 잇는 선의 연장선에 있는 점으로, 대원의 중심을 기준으로 지구와 반대쪽에 같은 거리만큼 떨어져 있다(그림 2.3). (이 배열은 타원 궤도와 유사하다. 여기서 타원의 초점은 지구와 동시심에 있다.)

동시심의 도입으로 프톨레마이오스의 모형은 예측력이 향상되었다. 그 이유를 몇 마디 말로 간단히 설명할 수는 없지만, 결과적으로 그는 모형에 새로운 요소를 추가함으로써 화성의 공전 궤도에서 역행이 일어나는 구간의 너비와 하늘에서 그 현상이 나타나는 위치, 이 두 가지를 비교적 잘 예측할 수 있었다. 만약 프톨레마이오스가 동시심을 다른 곳에 놓았다면 모형의 예측과 실제 관측이 더 일치했을까? 그럴 것 같지는 않지만 어쨌든 가능성은 있다. (나도 따로 시도해 보지는 않았다.) 프톨레마이오스가 이 모형을 개선하려고 노력했는지, 그렇다면 어떤 모형으로 대체하려고 했는지, 그리고 무엇을 발견했는지는 알 수 없다.

　아무튼, 동시심을 도입함으로써 프톨레마이오스의 모형은 정성적으로 완성되었다. 그러나 그의 진짜 목표는 모형을 바탕으로 특정 시간에 하늘에서 태양, 달, 행성의 위치를 쉽게 알 수 있는 표를 만드는 것이었다. 정성적 모형을 정량적으로 전환함으로써 마침내 그는 사용자가 원하는 시기에 특정 행성을 어느 별 근처에서 볼 수 있는지 알려 주는 간결한 표를 만들었다. 프톨레마이오스는 기원전 800년경에 바빌로니아인들이 행성의 위치를 관찰한 기록을 사용했으므로 예측의 정확도는 시간이 지나도 크게 나빠지지 않았고, 《알마게스트》에 실린 천문학 표는 그 후 약 1,500년 동안 일상적으로 사용되었다.

　이후 중세 아랍 천문학자들이 프톨레마이오스의 모형을 크게 개선했다. 특히 이들은 항성에 대한 지구 자전축의 운동 속도를 바로잡았다. 지구의 자전축은 약 2만 6,000년의 주기에 따라 지구의 공전 면에 수직인 선을 중심으로 원운동을 하는데, 이것이 이른바 지구의 세차운동이다(지구의 자전축과 이 수직선이 이루는 각도는 약 23.5°다. 우리가 계절을 경험하는 것도 이 각도가 상대적으로 크기 때문이다). 이 원운동은 달과 태양이 타원체인 지구에 미치는 중력 효과로 인해 발생한다. 프톨레마이오스는 히파르코스가 제시한 각속도를 사용했고, 13세기까지는 그 값이 1년에 총 50″(각초, 1″는 아주 작은 각도로, 1′의 1/60이고, 1′은 1°의 1/60이다)로 실제보다 약 30% 작게 알려져 있었다. 바로 이 30%의 차이를 보정하자 오차가 감소하면서 당시의 측정 오차와 엇비슷해졌다.

프톨레마이오스는 아리스토텔레스가 주장한 천체의 완벽성을 고수하려고 애썼으나 자연은 협조하지 않았다. 울며 겨자 먹기로 아리스토텔레스의 완벽한 그림에 어긋나는 항목까지 도입했음에도 그 이론은 일부 세부적인 내용이 잘 들어맞지 않았다. 특히 화성의 역행 운동은 예측과 관측 결과가 눈에 띄게 다른 한계가 있었다.

코페르니쿠스의 모형

행성 운동 모형의 다음 혁신은 16세기나 되어서 나타났다. 그 무렵 폴란드에서 성직자가 되고자 준비 중이던 한 청년이 있었는데 마침 천문학에 관심이 아주 많았다. 그는 행성 운동을 설명하는 색다른 모형을 고안했다. 니콜라우스 코페르니쿠스Nicolaus Copernicus(1473~1543년)는 이 모형에서 지구는 자전축을 중심으로 회전하고, 지구를 포함한 모든 행성이 태양 주위를 돈다고 가정했다. 프톨레마이오스의 이론이 거의 지구 중심적 이론이었다면 코페르니쿠스의 이론은 딱 그만큼 태양 중심적이었다. 또 코페르니쿠스의 모형은 프톨레마이오스의 모형과 닮은 점이 있었다. 태양이 대원의 중심에서 조금 비켜나 있고(이런 측면에서 코페르니쿠스의 모형은 태양 중심이 아니라 '거의' 태양 중심이다), 프톨레마이오스의 모형 때보다 훨씬 작기는 하지만 이 모형에도 주전원이 있었다. 여기에 각 행성의 운동을 결정하는 방식이 전반적으로 비슷했다.

알다시피 실제로 행성은 태양 주위를 원형이 아닌 타원형 궤도로 돈다. 이 때문에 코페르니쿠스는 중심이 살짝 비켜난 원과 훨씬 작은 주전원을 결합해 모형으로 예측한 행성의 위치와 실제 관측 위치를 합리적인 수준에서 일치하게 만들 수 있었다. 코페르니쿠스도 율리우스력을 바탕으로 시간에 따라 태양, 달, 행성의 위치를 결정하는 표를 제작했다. 항성 간의 고정된 위치는 행성의 위치를 기술하는 참조 체계가 되었다. 코페르니쿠스는 동시심을 좋아하지 않았던 것 같다. 아마 동시심을 도입하면 대원의 중심을 기준으로 하는 등속 원운동을 위배하게 되는 게 싫었던 모양이다. 어쨌거나 그는 동시심 없이도 이론을 잘 만들어 냈다.

그런데 (거의) 태양 중심으로 돌아가는 모형이 이룬 도약에도 불구하고 코페르니쿠스의 이론으로 행성의 위치를 계산하는 것이 프톨레마이오스의 방법보다 그다지 쉽지는 않았다. 게다가 결과의 정확도도 크게 차이 나지 않았다. 그렇다면 굳이 번거롭게 코페르니쿠스의 이론을 사용할 이유가 있을까? 우주의 중심을 지구 근처에서 태양 근처로 옮겨 수천 년 내려온 믿음에 어깃장을 놓고, 그 때문에 코페르니쿠스 자신이 규범으로 삼던 가톨릭 교리에 저촉해 골치를 썩이는 것 말고 이 모형에 어떤 이점이 있는 걸까?

'거의' 태양 중심 모형은 '거의' 지구 중심 모형과 비교해 개념적인 면에서 큰 이점이 세 가지 있었다. 첫째, 행성의 역행 운동을 잘 다루었다. 프톨레마이오스의 모형에서는 화성, 목성, 토성의 역행 운동이 일어날 때마다 태양이 지구 뒤쪽, 즉 해당 행성의 반대편에 있는 것이 이상한 우연처럼 보였다. 하지만 코페르니쿠스 모형에서는 이 배치가 자연스럽게 설명된다. 화성을 예로 들어 보자(그림 2.4). 공전 주기가 짧은 지구는 화성보다 더 빠르게 태양 주위를 돈다. 화성과 지구가 태양에 대해 같은 방향으로 배열되었을 때, 빠르게 공전하는 지구가 화성을 따라잡아 앞질러 가는 시점이 있다. 이때 지구에서는 화성이 역행 운동을 하는 것처럼 보인다. 지구와 화성을 잇는 선을 별들이 투영돼 보이는 천구(지구의 관측자를 중심으로, 모든 천체가 거기에 투영된다고 가상한, 무한한 반지름을 가진 큰 구면 — 옮긴이)까지 연장하면, 화성의 움직임이 처음에는 반시계 방향을 향하다가 (그림의 1, 2, 3번), 회전을 멈추고(3), 시계 방향으로 이동하며(3, 4, 5), 그러다가 또 회전을 멈추고(5), 다시 반시계 방향으로 이동하는(5, 6, 7) 것처럼 보인다.

거의 태양 중심인 모형의 두 번째 이점은 태양에서 행성까지의 상대적인 거리를 고려했다는 점이다. 프톨레마이오스 체계에서는 하늘에 보이는 행성 운동의 규칙성과 지구에서 행성까지의 거리 사이에 특정한 관계가 없었다. 코페르니쿠스 체계에서는 명확한 대응성이 있어서 공전 주기가 길수록 태양에서 행성까지의 거리가 더 멀어진다.

세 번째 이점은 수성과 금성이 항상 태양에 가깝게 보이는 이유를 설명할 수 있다는 것이다. 프톨레마이오스 체계에서는 이 사실을 영 설명할 수 없었다. 코페르니쿠스 체계에서 이 현상은 지구와 비교해 두 행성의 공전 궤도가 태양에 더 가깝기에 나타나는 결과였다. 그러므로 코페르니쿠스 이론에서는 이 행성들의 빠른 운동과 태양에서 가깝다는 서로 무관해 보였던 두 사실이 연결된다.

여기에 더해 코페르니쿠스의 이론으로 설명되는 행성의 특성이 또 있다. 지구에서 보이는 행성의 상대적인 밝기 차이다. 프톨레마

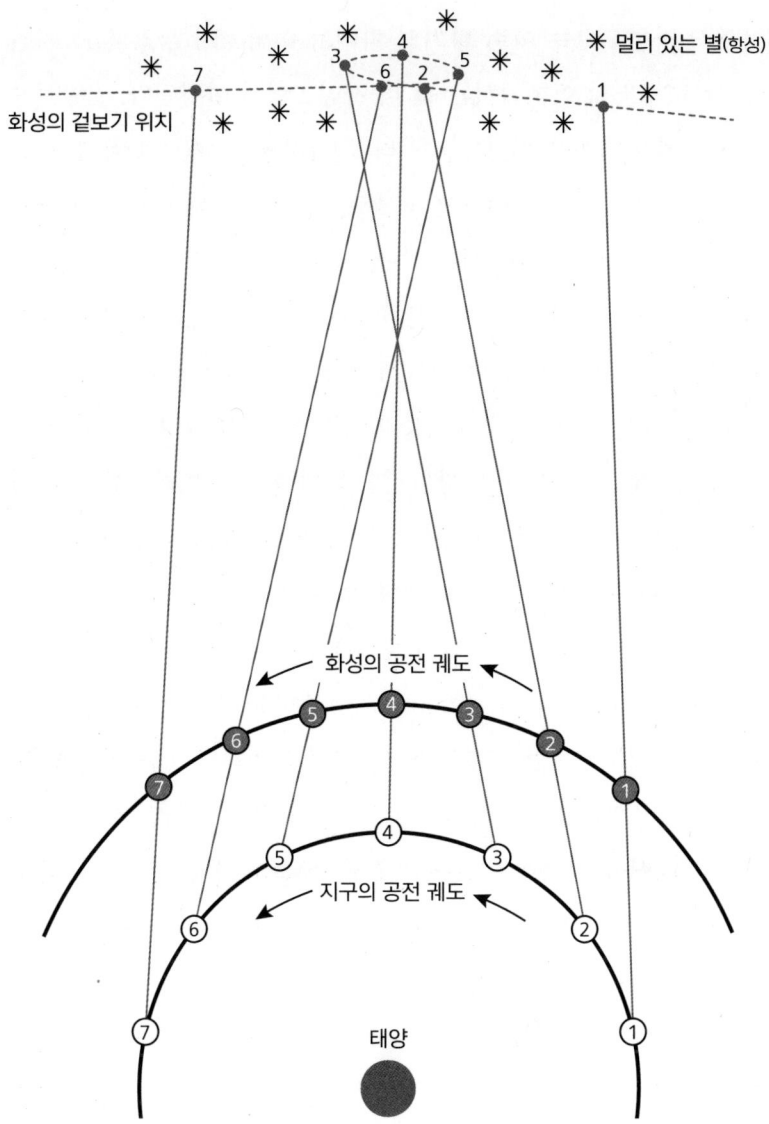

그림 2.4. 다양한 시간대(1~7)에 지구에서 본 화성의 겉보기 위치. 지구가 화성을 추월할 때 화성이 역행하는 것처럼 보인다. 두 행성의 (거의) 공통된 궤도면의 위에서 내려다보는 모습을 나타냈다. 단, 이 그림은 축척을 따르지 않았다. 배경의 항성은 당연히 실제로는 훨씬 더 멀리 있고, 화성의 공전 궤도는 지구의 공전 궤도보다 50% 이상 더 멀리 떨어져 있다.

이오스 이론으로는 이런 밝기의 차이가 설명되지 않았다. 하지만 코페르니쿠스의 이론에서는 좀 더 자연스럽게 설명된다. 일반적으로 지구에서 가까운 행성일수록 더 밝아 보인다. (당연히 예외는 있다. 생각나는 게 있는가?) 이 문제는 코페르니쿠스의 시대에는 별로 중요하지 않았는데, 어차피 하늘의 여러 위치에서 여러 시간에 행성의 밝기를 옳게 비교할 기술이 없었기 때문이다. 광원의 겉보기 밝기가 관찰자로부터의 거리에 따라 달라진다는 역제곱 법칙(4장 참조) 또한 당시에는 알려지지 않았을 가능성이 크다. 그러나 모든 조건이 똑같을 때, 멀리 떨어진 광원일수록 더 희미해 보인다는 것은 잘 알려진 사실이었다. 코페르니쿠스의 모형은 이 지식과 일치하지만, 프톨레마이오스의 모형은 그렇지 않았다.

우리는 코페르니쿠스가 1543년, 죽음이 임박해서 출간한 걸작 《천구의 회전에 관하여》(엠아이디, 2024)를 통해 그의 연구를 알게 되었다. 그런데 그는 정말로 로마 가톨릭교회의 반응이 두려워서 출간을 미뤘을까? 이 통념과 달리, 코페르니쿠스의 친구 중에는 주교와 추기경이 있었는데 이들이 출간을 독려했다는 기록이 있다. 또 1600년에 이단으로 화형당한 조르다노 브루노Giordano Bruno는 코페르니쿠스 이론을 지지했으나 태양 중심적 우주론이 자신의 죽음과는 상관이 없다고 주장한 것으로 보인다. 물론 《천구의 회전에 관하여》 서문의 방어적인 어조로 미루어 천동설에 반대하는 세력이 있었다는 것도 짐작할 수 있다. 이 문제의 최종 결론은 역사가들에게 맡기자. 어쨌든 교회는 코페르니쿠스의 이 대작을 1616년에야 뒤늦게 금서로 지정했고, 1835년에 해제했다.

이런 급진적 이론이 서구 사회에서는 어떻게 받아들여졌을까? 당연하게도 이에 대한 반응으로 '이단' 또는 '불경'이라는 단어가 난무했다. 코페르니쿠스는 당시의 세계관에 진정으로 근본적인 변화를 제안했다. 지구를 최고의 위치에서 끌어내려 태양이 주재하고 통제하는 체계의 일개 참가자로 전락시킨 것이다. 그러나 앞에서 말한 이점에도 불구하고 코페르니쿠스 체계에도 오류가 없지는 않았다. 현재의 우리는 이미 어느 모형이 옳은지 확실히 알고 있고 강등된 지구의 위상에도 아주 익숙하다. 그러니 과거 학자들이 발끈한 까닭을 이해하기가 어려울 수밖에.

개선된 관측법: 튀코 브라헤

16세기 후반에 활기와 카리스마가 넘치는 한 인물이 평생을 바쳐 천체, 특히 행성, 그중에서도 화성을 열정적으로 관측했다. 튀코 브라헤Tycho Brahe(1546~1601년)는 덴마크 국왕의 후원을 받아 당시 벤 섬에 우라니보르크 천문대를 설립하고 그곳에 자신이 설계한 장비들을 설치했다. 여전히 육안 관측에서 벗어나지 못했지만, 그걸로도 그는 선배 천문학자들보다 훨씬 정확하게 측정하고 기록했다. 그가 측정한 각의 불확도(오차의 크기)는 $1'$(각분)에 불과했다. 지칠 줄 모르는 관찰자였던 튀코는 20여 년 동안 전 세계 기록을 모두 합친 것보다도 네 배나 많은 천문 관측 기록을 남겼다. 특히 그는 화성 관찰 기록을 축적했고 그중에서도 역행 운동 시기 또는 그 가까운 시기의 기록을 많이 남겼다.

또 튀코는 태양계의 새로운 모형을 개발했는데, 프톨레마이오스와 코페르니쿠스의 모형을 적절히 뒤섞은 것이었다. 행성이 태양 주위를 돌지만, 태양과 달은 지구 주위를 돈다는 설정이 가장 큰 특징이었다. 튀코의 모형에서 지구는 아직 우주의 중심으로 남아 있었다. 부분적으로 이 모형은 지구가 태양을 공전한다고 했을 때 예상되는 항성의 연간 운동을 관찰한 사람이 없다는 사실에 착안했다. (그렇게 예상된 연간 운동이 실제로 관찰되지 않은 이유는 5장에서 '시차'를 논의한 부분을 참조하라.) 그러나 이 모형은 문제가 많았던 탓에 지구 중심의 우주를 구원하려는 동기에서 시작된 접근법임에도 다른 과학자들의 인정을 받지 못했다.

튀코는 천문대를 설립하고 뛰어난 장비를 설계하고 장기간에 걸쳐 엄청난 노력을 기울여 많은 행성의 위치를 극도로 정확하게 관찰했지만, 정작 그렇게 얻은 자료를 분석하는 데는 힘을 쏟지 않았다. 대신 그는 분석을 담당할 사람을 구했는데, 그 사람이 바로 독일의 젊은 수학자 요하네스 케플러Johannes Kepler(1571~1630년)였다. 이런 면에서 튀코는 과학의 빠른 발전을 위해 각 분야의 전문가가 협동하는 체제의 선구자였는지도 모르겠다.

개선된 모형: 요하네스 케플러

케플러는 1600년에 튀코가 프라하로 거처를 옮기고 루돌프 2세 밑에서 일하기 시작한 무렵에 튀코의 조수로 임명되었다(튀코의 덴마크 후원자가 사망하자 그는 다른 후원자를 찾아냈다). 케플러는 행성의 예측 위치와 관측 위치의 차이, 특히 화성의 역행 운동을 집요하게 파고들었다. 또 행성의 운동을 설명하는 물리학적 원인이 있어야 한다는 생각에도 똑같이 집착했다.

어째서 케플러는 코페르니쿠스의 모형에는 그런 요인이 없다고 생각한 걸까? 코페르니쿠스 모형에서도 태양은 중심이 '아니었기' 때문이다. 대원의 중심은 태양에서 살짝 비켜났고, 주전원 역시 상대적으로 작아지기는 했으나 전체적으로 태양이 중심이 아니기는 마찬가지였다. 케플러는 이 작용의 물리학적 근원에 태양이 있어야 한다고 생각했다. 그는 이 점을 만족하면서 관측 결과에도 가깝게 들어맞는 모형을 개발하려고 애썼지만, 그 과정이 순탄치는 않았다. 우선 그는 튀코의 자료에 접근할 수 있는 권한부터 되찾아야 했다. 케플러가 전임 조수가 된 지 1년도 안 되어 튀코가 54세로 때 이른 죽음을 맞이했기 때문이다. 튀코가 남긴 관측 자료를 케플러가 사용하기까지, 튀코의 상속인들과 길고 지난한 다툼이 이어졌다. 여담이지만 최근까지도 튀코는 젊었을 때 수학 문제를 두고 먼 친척과 벌인 결투에서 코가 베이는 사고로 보철물을 장착하게 됐고, 그 때문에 수은 중독으로 사망했다고 알려졌었다. 그러나 그의 유해를 발굴하여 분석한 결과 보철물은 청동으로 만든 것이며 수은이 들어 있지 않았다. 그 후에 튀코는 방광에 문제가 생겨 사망했다고 밝혀졌는데, 그가 중요한 저녁 만찬에서 화장실을 가지 않고 참았던 것이 원인이었다고 한다. 이 또한 사실이 아닐지도 모르지만, 과학 발전에 영향을 준 역사 속 에피소드 중 하나다.

우여곡절 끝에 케플러는 튀코의 자료를 사용할 수 있게 되었고,

명백히 태양의 작용에 기인한 행성 운동 모형을 개발하기 시작했다. 이렇게 그는 중심이 비켜난 원의 전통을 깨 버렸다. 탁월하고 철저한(그리고 처절한) 시행착오를 거쳐 케플러는 대단히 뛰어나고도 단순한 모형을 세웠다. 이 모형에는 중심이 비켜난 원도, 주전원도, 동시심도 없었다. 물론 행성의 역행 운동에 대한 예측과 관측 사이의 편차도 없었다. 케플러의 모형은 오늘날 '행성 운동의 세 가지 법칙'이라고 불리는 것으로 요약할 수 있다. 케플러의 행성 운동 법칙은 그 시대의 심대한 통찰이었다. 게다가 태양이 중심인 설명을 찾겠다는 목적도 충족했다. 다만 모형이 작동하는 원인에 대해서는 케플러가 완전히 잘못짚었다. 그는 그 원인이 자기력이라고 생각했는데, 아마 동시대 사람 윌리엄 길버트William Gilbert가 1600년에 지구는 커다란 막대자석과 같다고 했던 말에 영향을 받은 듯하다. 하지만 지금은 말할 것도 없고 당시에도 자기력이 행성 운동과 연관되었다고 생각할 근거는 없었다. 그건 아마 케플러의 잘못된 직감이었으리라. 그러나 자기력은 원거리에서도 작용하는 힘이니, 이런 사실이 케플러의 선택에 영향을 주었을지도 모른다.

마침내 공식화한 케플러의 법칙은 단순하면서도 행성 운동을 예측하는 정확성이 탁월해 '더 심오한' 이론을 원하는 많은 과학자의 입맛에 잘 맞았다. (따옴표를 친 이유는 '더 심오하다'는 개념은 어느 정도 개인의 취향 문제이지 합의된 원리에 기반한 수학적 증명의 문제가 아니기 때문이다.) 케플러는 처음 두 법칙을 1609년에 발표했다. 그리고 거의 10년이 지나 세 번째 법칙을 완성했다. 지금부터 그 세 가지 법칙을 설명할 텐데, 케플러가 쓴 표현이 아니라 150년 뒤에 프랑스 천문학자

J. J. 랄랑드J. J. Lalande(1732~1807년)가 쓴 현대식 표현을 따랐다.

케플러의 첫 번째 법칙은 행성이 원형이 아닌 타원형의 궤도를 돌고 있으며, 그 타원 궤도의 한 초점이 태양이라고 서술한다. 타원은 한 평면에 고정된 두 점에서의 거리의 합이 두 점 사이의 거리보다 크면서 일정한 값을 지닌 점들의 집합이다. 이 정의를 좀 더 쉽게 이해하기 위해 타원을 직접 그려 보자. 적당한 길이의 끈을 준비해 종이 위의 두 지점에 각각 양 끝을 고정한다. 느슨한 상태의 끈에 연필 끝을 걸어 팽팽해질 때까지 잡아당긴 다음, 그 상태로 연필을 움직이며 종이에 (닫힌) 곡선을 그린다. 이 곡선이 타원이고, 실을 고정했던 두 점은 타원의 초점이다. 타원을 가로지르는 가장 긴 직선이 장축이고, 그 절반이 긴반지름이다.

케플러의 두 번째 법칙은 행성이 공전할 때 같은 시간에 동일한 면적을 쓸고 간다고 말한다(그림 2.5). 즉, 행성이 궤도 위에서 움직일 때, 태양과 행성을 잇는 직선이 같은 시간 동안 훑고 지나간 면적

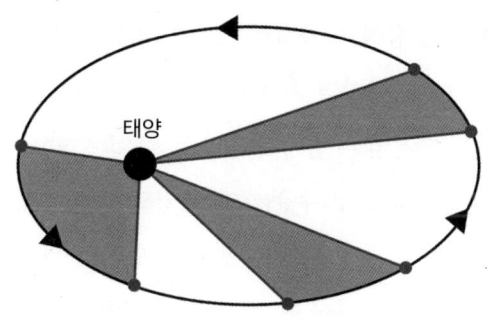

그림 2.5. 케플러의 행성 운동 제2법칙에 따르면 행성은 궤도 위에서 동일한 시간에 동일한 면적을 쓸고 간다. 태양은 행성의 타원 궤도에서 한 초점이다. 그림 속 타원에서 세 곳의 회색 영역은 같은 시간 동안 행성이 쓸고 간 자리이며 그 면적이 모두 같다.

은 항상 일정하다는 얘기다. 그림 2.5에서 진한 회색으로 표시된 세 영역은 동일한 시간 동안 행성이 지나간(태양과 행성을 잇는 직선이 쓸고 간) 자리이며, 면적은 모두 같다.

'조화의 법칙'이라고 불리는 세 번째 법칙은 행성이 태양 주위를 한 바퀴 도는 데 걸리는 시간인 공전 주기와 그 타원 궤도의 긴반지름 간의 관계를 나타낸 것으로, 공전 주기의 제곱은 긴반지름의 세제곱에 비례한다고 말한다(식 2.1).

엄밀히 말해 케플러의 법칙은 어길 수 없다는 의미에서의 법칙은 아니다. 그러나 자연의 행동에 대해, 더구나 1600년대 초에 가능했던 관측 수준에서는 상당히 훌륭한 근사치를 제공했다. 특히 행성의 위치를 관측한 튀코의 기록에 제법 잘 일치하게 예측한다. 한 가지 중요한 예를 들자면, 지구와 화성에 동시에 적용했을 때, 과거 모형이 골치를 썩였던 역행 운동에 대한 예측 오류가 흔적도 없이 사라졌다.

케플러가 일으킨 혁신은 현대 과학 발전에서 아주 중요한 이정표가 되었다. 그의 법칙은 독립적으로 상정되었고, 다른 단순한 원리를 따른 것도 아니었지만 커다란 일 보 전진이었다. 현대적 관점에서는 이 법칙이 어설픈 임시 모형으로 보일 수밖에 없지만, 앞에서 말한 대로 당시의 측정 수준까지 모형의 수준을 끌어올린 눈부신 도약으로, 인간이 행성 운동의 정량적 모형을 만들기 위해 애쓴 1,500년의 노력 끝에 나타난 최초의 발전이었다.

케플러의 제3법칙

$$P^2 = constant \times a^3 \tag{식 2.1}$$

여기서 P는 행성의 공전 주기, a는 타원 궤도의 긴반지름이다. 이 식에서 태양을 공전하는 모든 행성에 적용되는 비례 상수constant는 같다. 만약 행성마다 상수가 다르다면 어떤 결과가 나올까? 이 식은 무의미해진다. 왜 그럴까? 임의의 P와 a에 대해서 그 방정식을 만족시키는 상수가 언제나 존재하기 때문이다.

식 2.1에서 상수의 단위는 시간의 제곱을 거리의 세제곱으로 나눈 값이다. 대개 이 상수에 대해서 시간 단위로는 '년', 거리 단위로는 '천문단위(AU, 1AU는 대략 지구에서 태양 사이의 평균 거리다)'가 사용된다. 천문학자들은 킬로미터 같은 지상의 단위로 행성 사이의 거리를 재지 않는다. 년과 천문단위를 사용하면 식이 깔끔해진다. 지구의 공전 주기는 1년이고($P = 1$), 지구의 공전 궤도 긴반지름은 약 1AU이므로($a = 1$), 식이 성립하려면 상수는 1이 되어야 한다. 이 상수는 태양계의 모든 행성에 대해 같은 단윗값 1을 가진다. 따라서 식 2.1은 다음과 같이 쓸 수 있다.

$$P^2 = a^3 \tag{식 2.2}$$

3장

망원경과 빛의 속도

튀코가 수집한 관측 자료를 케플러가 집요하게 분석하는 동안 800km 남쪽에서는 천문학계를 뒤흔들 엄청난 혁명이 일어나고 있었다. 그 주역은 갈릴레오 갈릴레이Galileo Galilei로, 그는 파도바에서 맨 처음 천체망원경을 사용해 하늘을 관측했다. 망원경은 1500년대 말 또는 1600년대 초에 네덜란드에서 처음 사용되었다. 이 놀라운 발명의 공을 누구에게 돌려야 할까. 알버트 판 헬든Albert van Helden 이 《망원경의 발명The Invention of the Telescope》에서 기술한 대로 한 편의 추리소설 같은 이 이야기의 끝은 열린 결말이지만, 지금 우리에게는 어쨌든 망원경이 발명되었고 잘 사용되었다는 점이 중요하다. 원래 망원경은 북유럽에서 전시에 적군을 염탐하는 등 지상 세계의 사건에 사용되었다. 하지만 갈릴레오는 망원경이 발명되었다는 소식을 듣고 안경상의 도움을 받아 직접 자신의 망원경을 제작했으며, 남들과 다른 세계를 보기 위해 그것을 사용했으니, 바로 하늘이었다. 갈릴레오가 만든 첫 번째 천체망원경은 당시로서는 첨단 기술이었겠지만 현대의 기준으로는 턱없이 부족한 원시적 장비였다. 렌즈의 지름이 고작 3.7cm였고, 광학 기능도 형편없어서 이미지가 왜곡되고 해상도도 매우 낮았다. 또 처음에는 망원경을 고정할 받침대가 없어서 원하는 지점을 가리키기조차 쉽지 않았다. 그럼에도 이 최신식 장비는 적절히 넓은 시야를 제공했고, 갈릴레오는 자신이 '오키알레occhiale'라고 부른 이 도구로 새로운 세상을 열었다.

1610년 초, 갈릴레오가 천체망원경을 겨눈 표적에는 목성이 있었다. 갈릴레오는 행성이 단지 빛을 내는 점이 아니라 크기가 있으며, 명확히 구분할 수 있는 (거의) 둥근 원반이라는 것을 처음 확인한 인물이다. 정말 짜릿하지 않았을까. 한편 목성 근처에는 별이 있었다. 그는 이 별들의 상대적 위치도 매번 일지에 정확하게 표시했는데, 그 자료를 살펴보다가 예상치 못한 것을 발견했다. 항성과 달리 이 빛들이 매일 서로에 대해 움직이는 것처럼 보이는 게 아닌가. 게다가 목성 가까이에 '붙어' 있었고, 가장 놀라운 것은 간격이 달라질지언정 거의 직선을 유지했으며, 최대 네 개까지 밤마다 보이는 개수가 달랐다는 점이다.

유능한 탐정 갈릴레오가 이 관측 사실을 적절히 해석하는 데는 얼마나 걸렸을까? 그가 처음 목성을 관찰한 지 약 일주일 만이었다. 하버드대학교 명예교수이자 내 동료인 오언 진저리치Owen Gingerich는 갈릴레오가 남긴 모든 기록을 조사하고, 1610년의 밤하늘을 컴퓨터로 재구성하여 유레카의 날짜를 추정했는데, 바로 1월 13일, 갈릴레오가 이 네 개의 물체가 일직선을 그리지 않는 것을 본 날이었다. 그렇다면 저것들은 별이 아니다. 저건 목성의 위성이 틀림없다. 이런 깨달음이 무엇을 의미하는지 알겠는가? 당시 코페르니쿠스 체계는 학계에서 정식으로 받아들여지지 않았다는 점을 상기하자. 이런 상황에서 갈릴레오가 목성 주위를 도는 네 개의 위성을 발견한 것이다. 미니 태양계다! 적어도 코페르니쿠스의 세계관에서는 목성이 태양 역할을 맡고 있었다. 갈릴레오는 또한 목성의 위성이 항상 일직선으로 나타나지 않은 이유가, 그것을 관찰하는 우리가 위성이 움직이는 평면 위에 있지 않기 때문이라고 생각했다. 우리는 그 평면의 위나 아래에서 보고 있다. 위성은 공전 궤도를 따라 계속해서 위치를 바꾸므로 항상 직선을 그리지는 않았고, 가끔 한두 개씩 목성에 의해 가리는 바람에 늘 네 개가 다 보이는 것도 아니었다.

갈릴레오의 천체망원경은 비록 성능은 보잘것없어도 최초로 천체를 관측하려는 목적으로 사용된 도구였다. 이어서 갈릴레오는 다른 놀라운 사실도 발견했는데, 그중 하나가 금성의 위상 변화다(그림 3.1). 공전하는 금성이 태양 뒤에서 막 빠져나오는 날, 일몰 직후의 이른 저녁에 보름달처럼 차오른 금성이 나타나고, 그 이후로 지구에 점점 가까워지면서 연속적인 위상 변화를 보인다. 여기서 금성이 거의 지구와 태양 사이에 있을 때(마지막 그림)는 하현달처럼 보인다는 점에 주목하자. 또 이때는 금성이 보름달에 가까울 때보다 지름이 더 커 보인다는 점도 유념하자. 금성이 보름달처럼 보일 때 더 작아지는 이유는 공전 궤도에서 상대적으로 지구와 멀리 떨어져 있기 때문이다(이것은 지동설과 일치하는 관측 결과지만 증거가 될 수는 없다).

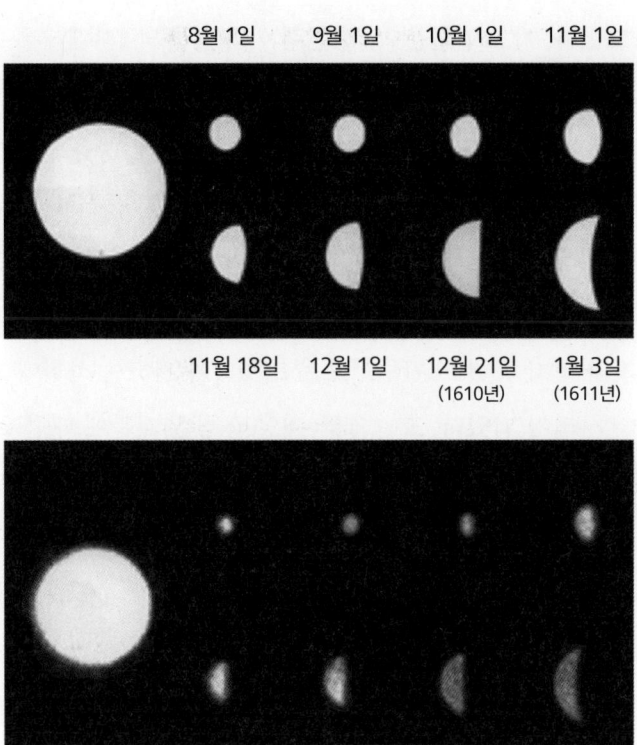

그림 3.1. 오언 진저리치가 시뮬레이션한 금성의 이미지(위)와 1610년 중반에서 1611년 초반 사이에 갈릴레오가 보았을 이미지(아래). 크기 비교를 위해 그림의 왼쪽에 지구에 가장 가까웠을 때의 목성 이미지를 실었다.

또한, 갈릴레오는 은하수가 사실은 흩어진 구름이 아니라 수많은 별들이 어느 정도 빽빽하게 모여 있는 것임을 발견했다. 갈릴레오는 맨눈으로는 볼 수 없는 달의 충돌구를 발견한 사람으로도 유명하다. 주기에 따라 일관되게 나타나는 달의 음영이 지형의 영향으로 생긴다는 사실을 과거에는 몰랐다. 이 천체망원경과 함께 갈릴레오는 오랜 시간 달을 들여다보았고, 지금까지 전해지는 많은 그림을 그렸다. 이 그림들은 '별의 전령'이라는 뜻의《시데레우스 눈치우스Sidereus Nuncius》라는 소책자로 출간되었다.

이렇듯 천체망원경만 있으면 누구나 목성의 위성을 볼 수 있고, 금성의 위상 변화도 발견했으니, 이쯤 하면 태양 중심 세계관을 반대하는 세상의 목소리는 모조리 사라졌어야 마땅하다. 정말 그랬을까? 아니, 그렇지 않다! 세상은 그때까지 긴 시간 유지해 온 관점을 쉽사리 버리지 못했고, 갈릴레오는 그렇게 주저하는 사회에 희생된 불운한 사례가 되었다. 그는 결국 태양 중심 세계관에 대한 글과 신념을 거두지 않았다는 이유로 로마 가톨릭 종교재판에서 이단으로 기소되어 감옥에서 하루를 보낸 후, 삶의 마지막 10년 동안 자택에 감금되어 살았다. 교회는 거의 400년 뒤에야 공식적으로 그에게 무죄를 선고했다.

해피엔딩은 아니었지만 참으로 놀라운 이야기다. 새로운 성능을 갖춘 도구의 등장은 대개 중대한 과학적 발견으로 이어진다. 천체망원경은 서론에서 언급한 것처럼 과학과 기술의 연관성을 보여 주는 좋은 사례다. 이 경우 기본적인 광학 원리의 발전이 망원경을 낳았고, 그것이 다시 새로운 과학으로 이어져, 자연계의 작동 방식에 대한 지식이 비약적으로 늘게 되었다.

빛의 속도

빛의 속도는 근대 과학, 특히 천문학에서 아주 중요한 역할을 한다. 지금부터 빛의 속도에 관한 지식의 역사, 그리고 그 정확한 값을 찾아내는 과정에서 갈릴레오와 행운의 역할을 살펴보자.

전등 스위치를 누르자마자 백열전구가 켜지는 것만 봐도 알 수 있듯이 현대를 사는 우리는 빛이 아주 빠르게 이동한다는 사실에 익숙하다(형광등과 LED 전구에서는 빛의 속도와 상관없는 지연이 있다). 전등 스위치를 켤 일은 없었어도 고대인들 역시 이런 현상에 꽤 익숙했다. 사실 아리스토텔레스는 빛이 한 장소에서 다른 장소로 즉시 이동한다고 생각했다. 속도가 무한대라는 말이다. 빛의 속도를 측정하려는 초기 시도는 약 400년 전에 다름 아닌 갈릴레오가 《새로운 두 과학》(사이언스북스, 2016)에서 제안했다. 두 사람이 각각 등불을 들고 서로 10km쯤 떨어진 높은 언덕이나 산 위에 각각 올라가 맨눈 또는 작은 망원경으로 서로를 바라보며 선다. 둘 중 한 사람은 시간을 잴 수 있는 기구도 갖고 있다. 다음 과정은 간단하다. 양쪽 모두 천으로 등불을 덮어 상대가 보지 못하게 한다. 시계를 가진 사람이 먼저 천을 벗겨 불빛을 노출하면서 최대한 동시에 시간을 재기 시작한다. 반대쪽에 있는 사람은 상대방의 등불을 보자마자 자기가 들고 있던 등불의 천을 걷는다. 이번에는 시계를 가진 사람이 그 불빛을 보자마자 시간을 확인한다. 하지만 간단해 보이는 이 실험은 처참하게 실패했다. 왜일까? 수많은 이유 중 하나만 대자면 사람의 반응 속도가 충분히 빠르지 못하다는 점이다. 그 바람에 시간이 지연되어 빛의 왕복 이동 시간이 대략 1만 배나 길어졌다.

직접 관여한 것은 아니었어도 맨 처음 빛의 실제 속도에 가깝게 다가가는 데 갈릴레오가 한몫하기는 했다. 일단 배경지식으로 당시 선원들이 항해 중에 어떤 어려움을 겪었는지 알아보자.

15세기 후반, 바야흐로 발견의 시대가 열리면서 원양선을 이용한 장거리 무역이 잦아지자 바다 위에서 길을 찾아야 할 필요가 절실해졌다. 육지의 지도 따위는 일말의 도움이 되지 않는 망망대해에서 선원들은 어떻게 위치를 파악했을까? 바다에서 자기 위치를 알려면 전통적으로 위도와 경도라는 두 좌푯값을 알아야 했다. 그러면 위도와 경도를 어떻게 측정할까? 위도는 밤에 수평선 위에 떠 있는 북극성의 고도각(시선과 수평선이 이루는 각도)을 재면 알 수 있다. (이건 북반구의 경우이고, 남반구에서는 남십자자리를 기준으로 삼는다.) 낮에는 정오까지 기다렸다가 태양이 있는 자오선에서 수평선 위에 떠 있는 태양의 각도를 측정한다. 선원들은 적도를 포함하는 평면에서 정오에 태양이 이루는 각도의 수치 정보를 늘 지니고 다녔는데, 현장에서 측정한 값을 이 정보에 대입하면 측정 장소의 위도를 알 수 있다. 물론 밤이든 낮이든 기상 악화로 별이나 태양을 볼 수 없는 날이면 천체를 이용한 길잡이는 무용지물이 된다.

그렇다면 경도는 어떨까? 지구에서 자기가 서 있는 위치의 경도가 0°라면 그건 영국의 그리니치 천문대를 지나는 본초자오선 위에 있다는 뜻이다. 지구가 자전하면서 서로 다른 별들이 24시간 동안 당신이 있는 곳의 자오선을 지나간다. 예를 들어 자정이면 어느 특정한 별 하나가 머리 위를 지나갈 것이다. 마찬가지로 다른 별들도 매일 특정한 시간에 각각 머리 위를 지나가거나 자오선을 통과한다. 따라서 시간과 경도는 상호보완적 관계에 있고, 이것이 핵심이다. 바다에 있을 때, 특정 시간에 머리 위에 떠 있는 별을 알면 정확하게 경도를 유추할 수 있다는 뜻이다. 그러나 시간을 잘못 알고 있다면 유추된 경도값도 달라질 수밖에 없다. 한 시간이 어긋나면 경도에 15° 오차가 발생한다. (왜 그런지 알겠는가? 힌트: 360 = 24 × 15)

수개월에 걸친 항해에서는 배 위의 시계가 사실상 쓸모가 없게 되는데, 이때는 길 찾기 문제를 어떻게 해결할 수 있을까? 최종 목적지가 속한 위도까지 이동한 다음 목표 지점이 나올 때까지 계속 그 위도를 따라가는 것도 한 가지 방법이다. 하지만 이런 방식으로는 항해 기간이 지나치게 길어지므로 그동안 버틸 식량까지 싣다 보면 정작 상품을 실을 자리가 부족해져서 효율이 떨어진다. 또 악천후와 해류를 잘못 만나면 항로 변경이 불가피하다. 게다가 항로를 심하게 이탈하면 다시 복귀하기도 어렵다. 그래서 모두가 좋은 시계를 애타게 찾았다.

16세기 말에 이런 목적으로 사용할 만한 천체 시계로는 무엇이 있었을까? 먼저, 달이 있다. 그러나 달은 한 달 주기로 움직이므로 하루의 시간을 정하기에는 그 주기가 너무 길다. 갈릴레오는 목성의 위성 중에서 궤도가 가장 안쪽이라 달보다 공전 주기가 훨씬 짧은 이오를 유용한 표적으로 보았다. 이오는 공전 주기가 42시간이고, 목성의 그림자로 들어가거나 나올 때 관찰되기 때문에 시간을 훨씬 더 정확히 측정할 수 있었다. 다만 이 발상에는 두 가지 문제가 있었는데, 달은 날씨가 맑은 날이면 밤이든 낮이든 쉽게 볼 수 있는 반면에 이오는 그렇지 않았다. 늘 천체망원경을 동원해야 하고 그게 아니더라도 밤에만 볼 수 있었다. 게다가 망원경은 이미지를 확대하는 기능이 있는 동시에 배가 파도를 타고 오르락내리락하는 움직임까지 증폭시켰다.

결과만 얘기하자면 이 문제는 1700년대 중반에 존 해리슨John Harrison에 의해 해결되었다. 그는 1714년에 영국 정부가 해상에서의 시간 측정 문제를 맨 처음으로 해결하는 사람에게 주겠다고 내건 상금 2만 파운드를 받은 사람이다. 그가 발명한 '크로노미터'라는 태엽 시계는 네 번째 버전에서 마침내 한 달에 5초 이내의 오차로 정확한 시간을 가리켰다.

항해 중 시간 측정 문제를 해결한 이 이야기는 천문학(이오의 궤도)이 공학(시계의 개발)과 결합한 과학적 통합의 사례라 할 수 있다. 그런데 과학자들이 정확한 항해 시계를 찾고자 애쓰던 과정에서 발견한 뜻밖의 놀라운 결과가 있다!

이오를 항해 시계로 사용하려면 이오의 일식 시기를 정확히 예측해야 했다. 이오의 일식이란 이오가 목성의 그림자로 들어갔다가 다시 나오는 현상을 말한다. 이 시기를 정확하게 예측하려면 이오의 일식을 장기간 여러 번 관측해야 했다. 1600년대 말, 당시 이탈리아 사람 도메니코 카시니Domenico Cassini가 수장으로 있던 파리 천문대에서 이오의 일식을 관측하는 프로젝트가 시작되었다. 이 작업을 위해 천문학자 장 피카르Jean Picard는 당시 20대 중반이었던 과학자 올레 뢰메르Ole Rømer를 덴마크에서 데려왔다. 피카르는 마침 파리 천문대와 튀코 브라헤가 덴마크에 세운 천문대 사이의 상대 경도를 정확하게 측정하려는 목적으로 덴마크에 방문 중이었다. (이 측정의 목적은 행성에 대한 튀코의 뛰어난 관측 결과를 파리 천문대를 비롯한 다른 곳에서의 측정치와 결합하여 행성의 공전 궤도 값을 개선하는 것이었다. 저 자료들을 결합하려면 관측 장소의 상대적 위치를 정확하게 측정해야 했다.)

올레 뢰메르는 이오의 일식 시기를 알아내는 임무에 누구보다 진지하게 임했다. 영민하고 관찰력도 뛰어났던 그는 관측 자료에서 뜻밖의 사실을 알아챘다. 그 내용을 설명하기 전에 먼저 뢰메르가 관측한 내용을 기하학적으로 살펴보자(그림 3.2). 지구와 이오는 둘 다 각각의 모천체인 태양(점 A)과 목성(점 B)을 반시계 방향으로 공전한다(지구의 북극 위에서 내려다보는 모습). 현재 지구가 공전 궤도 위의 점 F에 있다고 해 보자. 이 점을 비롯해 태양과 목성을 잇는 선(그림에서는 A-B)의 오른쪽에 있는 모든 지점에서는 이오가 일식에 들어서는 시점(점 C)은 관측할 수 있으나 일식이 끝나는 시점(점 D)은 볼 수 없다. 이오가 점 D에 있을 때는 목성에 가리기 때문이다. 반대로 지구가 태양과 목성을 잇는 선의 왼쪽에 있을 때, 예를 들어 점 K에 있을 때는 관측자인 뢰메르가 오직 이오가 일식에서 벗어나는 것(점 D)만 볼 수 있고, 일식이 시작되는 것(점 C)은 볼 수 없다. 그렇

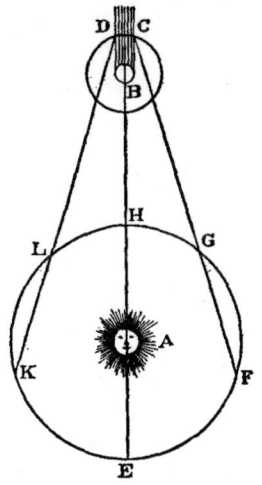

그림 3.2. 태양 주위를 공전하는 지구의 다양한 위치에서 본 이오의 일식에 대한 기하학적 스케치. 간단하게 설명하기 위해 목성은 한곳에 고정되어 있다.

지만 이런 차이가, 연달아 일어나는 각 일식 사이에서 일식이 시작되고 끝나는 시간의 간격에 딱히 영향을 주지는 않는다.

하지만 당시 최고의 정확도를 자랑하는 시계로 측정한 자료를 조사하면서 뢰메르는 이상한 현상을 발견했다. 한 일식과 수십 번 뒤에 일어난 일식의 시작 시기가 달랐다. 또 일식이 끝나는 시간에도 차이가 있었다. 그런데 일식이 시작되는 시간의 차이가 끝나는 시간의 차이보다 약 20분 더 짧은 게 아닌가. 그는 이런 일이 일어나는 이유를 스스로 되물었고, 아마 고민 끝에 이렇게 답했을 것이다. "빛의 속도가 유한하기 때문인지도 몰라!" 빛의 속도가 유한하다면, 지구가 목성에 접근할 때, 즉 태양-목성 선의 오른쪽에 있을 때 빛은 지구와 목성의 사이가 점차 벌어지는 왼쪽에 있을 때보다 더 짧은 거리를 이동하게 된다. 그래서 지구가 목성에 접근할 때 각 일식 사이의 시간 간격은 지구가 목성에서 멀어질 때보다 더 짧아지는 것이다.

이오의 일식이 시작되고 끝나는 시간의 차이가 모두 빛의 유한한 속도로 설명된다면, 그 속도는 약 11분에 1AU(태양에서 지구까지의 평균 거리)가 되어야 한다. 이 값은 현재 인정되는 빛의 속도와 비교하면 대략 65~75% 사이에 있다. 그토록 알아내기 어려운 값을 측정한 첫 시도치고는 나쁘지 않았다! 뢰메르가 지구 안에서 통용되는 거리나 시간 단위로 빛의 속도를 계산했다는 기록은 없다. 아마도 그건 그다지 큰 관심거리가 아니었던 모양으로, 그는 빛의 속도가 유한하고 측정할 수 있다는 것을 보여 주는 데 더 집중했다.

뢰메르는 항법에 쓸 목적으로 이오의 일식 자료를 축적하는 과정에서 우연히 최초로 빛의 속도를 알아내는 행운을 잡게 되었다. 거의 2세기 뒤, 루이 파스퇴르Louis Pasteur가 "기회는 준비된 자에게 찾아간다"고 한 명언이 뢰메르에게 딱 들어맞는다.

그런데 카시니가 뢰메르보다 훨씬 앞서 1674년 8월에 동일한 추론을 시도했다는 소문이 있었다. 카시니는 갈릴레오가 발견한 목성의 다른 위성을 대상으로 빛의 속도에 관한 추론을 시험했다. 하지만 이오와 달리 그 위성의 일식 시간 측정치로는 추론이 뒷받침되지 않았다. 그 자료가 같은 효과를 일관되게 보여 주지 못한 탓에 적어도 처음에 카시니는 빛의 속도를 측정했다는 뢰메르의 주장을 받아들이지 않았던 것 같다. 현재 과학사에서 이 이야기는 좀 더 믿을 만한 근거에 의해 대부분 인정되지 않고 있다.

과거에는 많은 사람이 빛의 속도가 무한하다고 믿었다. 대표적인 인물이 2,000년 전의 아리스토텔레스로, 그 시대에는 흔한 통념이었다. 그렇다면 뢰메르의 상반된 결과를 다른 과학자들이 수월하게 받아들였을까? 사실 그랬다. 왜일까? 그건 1676년 11월 9일, 뢰메르가 두 달 전 예측한 바로 그 시각에 정말로 이오의 일식이 일어났기 때문이다. 뢰메르가 예측한 시간은 그의 상사인 카시니가 예측한 것보다 10분 더 늦었다. 당시 카시니는 최신 방식을 이용한 자신의 예측이 더 정확할 거라고 확신했지만 결과는 그렇지 않았다. 1676년 11월 26일에 프랑스 왕립과학원 학회에서 뢰메르는 비회원 자격으로 이오의 관측 결과와 빛의 유한한 속도에 대한 자신의 이론을 보고했다. 참석한 회원들은 11월 초 뢰메르의 예측이 정확하게 맞아떨어진 것을 이미 보았기에 감탄해 마지않았다. 프랑스 왕립과학원은 1676년 12월 초에 뢰메르의 발표 내용을 출판했고, 7개월 뒤에는 런던의 영국 왕립학회에서도 영어로 번역된 논문을 출판했다.

나는 이 일식 예측 대결 결과, 윗사람인 카시니가 아랫사람인 뢰메르에게 패배한 상황에서 카시니와 뢰메르 사이가 껄끄러워지지는 않았는지 궁금했다. 관련 자료를 수집하던 중 마침 네덜란드 아마추어 과학사학자 에밀러 판 크레벨트Emile van Kreveld가 이 주제에 정통하다는 얘기를 듣고 그에게 편지를 보내 물었다. 판 크레벨트에 따르면 카시니가 뢰메르보다 광속의 유한성을 먼저 발견했다는 증거는 없고, 대신 뢰메르의 발견 직후 급여(아니면 보너스?)가 60% 인상되었다는 증거만 있는데, 이는 뢰메르의 상사로서 급여 결정권을 가졌을 카시니가 뢰메르의 성과를 인정했고 또 높이 평가했음을 시사한다.

뢰메르는 말년까지 많은 것을 이루었다. 1681년에 덴마크로 돌아온 그는 고국에서 크게 인정받아 코펜하겐 대학교수, 덴마크 왕립 천문학자, 조폐국 감독관, 선박 검사관, 코펜하겐 최고 행정관, 경찰청장, 코펜하겐 시장, 국왕의 자문 위원 등 권위 있는 자리에 두루 임명되었다. 또 뢰메르는 특별한 천문대를 새로 설계하여 튀코보다 행성을 더 많이 관측했고, 새로운 천문 기기를 설계했으며, 기어·온도계·마이크로미터 등의 우수한 디자인을 내놓았다. 잠을 잘 시간이나 있었을까. 뢰메르는 진정으로 다재다능한 사람이었고, 성품도 훌륭했던 것으로 보인다.

그 이후 기술이 발달하면서 빛의 속도를 실험실에서 정확하게 측정할 수 있게 되었다. 20세기 중반 직후, 빛의 속도는 세계 공통으로 'c'로 표시하며 다음과 같은 아홉 개의 유효 숫자로 정의되었다.

$$c = 299,792.458 \text{km/s} \qquad (식\ 3.1)$$

광속 c는 일정하고 보편적인 값으로 취급되어 이제는 길이의 단위를 정의하는 데 사용된다. 참고로 오늘날 시간의 단위는 원자의 성질에 의해 정의된다. 1983년에 국제적으로 합의된 이 단위들은 물체를 이용해 정의했던 기존 단위를 대체했다. 내가 어렸을 때는 길이의 단위가 파리의 어느 금고 안에서 물리적 조건이 철저하게 통제된 상태로 보관된 미터원기의 길이로 정의되었다. 이제는 진공에서 빛의 속도에 따라 정의된다(1m는 빛이 진공 속에서 299,792,458분의 1초 동안 이동한 거리다 — 옮긴이). 세상을 정의하는 방식은 시대에 따라 달라진다.

4장

뉴턴과 아인슈타인의 우주

이제 전설의 아이작 뉴턴Isaac Newton이 무대에 오를 차례다. 케플러로 인한 비약적인 발전 이후로 17세기 말 과학자들은 행성 운동 모형의 기초가 될 근본적인 진리를 찾아 나섰다. 케플러는 행성 운동의 원동력이 자기력이며 자석에서 멀어지면 효과도 줄어든다고 말한 바 있다. 그 힘이 무엇이든 일단 접촉력은 아니었다. (접촉력은 힘을 발휘하는 물체가 그 힘의 영향을 받는 물체와 직접 닿아서 작용하는 힘으로, 태양과 행성 사이의 힘과 달리 원격으로 작용하지 않는다.)

17세기 말에 박학다식하기로 유명한 로버트 훅Robert Hooke을 비롯해 많은 사람이 그 힘은 역제곱 법칙을 따른다고 가정했다. 역제곱 법칙은 힘이 거리의 제곱에 반비례한다고 말하는데(식 4.1), 이에 따라 태양계의 각 행성은, (태양의 질량에 비례하고) 행성과 태양 사이의 거리를 제곱한 값에 반비례하는 힘의 영향을 받아서 움직인다. 즉, 행성이 태양에서 멀어질수록 그 힘은 약해진다.

전하는 이야기에 따르면 1680년대 중반, 런던의 왕립학회 지식인들이 학회가 끝난 후 근처 선술집에서 저녁을 먹으며 이 발상을 논의했다고 한다. 혜성으로 유명한 에드먼드 핼리Edmund Halley, 뛰어난 수학자이자 런던 성베드로대성당의 건축가인 크리스토퍼 렌Christopher Wren, 감히 그의 천재성을 능가할 사람은 뉴턴밖에 없다는 로버트 훅 등이 이 자리에 참석했을 것이다. 방금 이야기했듯 행성에 작용하는 힘이 역제곱 법칙을 따른다고 가정하기는 했는데, 그런 힘이 작용한 결과로 행성은 어떤 운동을 하게 됐을까? 핼리는 친구인 뉴턴에게 의견을 구해 보겠다고 했다. 그런데 핼리가 뉴턴에게 이 문제를 던지자마자 그는 곧바로 이렇게 대답했다. "행성이 타원형 궤도를 따라 운동하겠지." 분명 핼리는 아주 놀랐을 것이다. 어떻게 뉴턴은 그렇게 빨리, 또 단호하게 대답한 걸까? 이유는 간단했다. 그는 중력에 대한 역제곱 법칙의 결과를 이미 20년 전에 계산했지만 출판을 미루고 있었다. 핼리는 이 중력 이론을 한시바삐 출간하라고 다그쳤을 테고, 두 달 뒤에 뉴턴은 중력 법칙에서 케플러의 법칙을 도출하는 과정을 서술한 9쪽짜리 논문을 보냈다. 그리고 18개월을 매진한 끝에 1687년, 그 유명한 《자연철학의 수학적 원리 Philosophiae Naturalis Principia Mathematica》를 세상에 내놓았다. 보통 줄여서 《프린키피아》(휴머니스트, 2023)라고 부르는 이 책은 중력 이론을 넘어서는 훨씬 많은 내용을 다루고 있으며, 놀랍게도 수식을 사용하지 않는다. 그는 오직 말로만 서술하고, 적절한 기하학적 추론을 사용한다. 솔직히 고백하면 나는 《프린키피아》를 읽은 적이 없다. 여기에 쓴 정보는 모두 다른 출처에서 간접적으로 접한 것이다.

역제곱 법칙

완벽한 구체의 풍선이 있다고 가정해 보자. 구의 기하학적 속성에 따라 이 풍선의 면적 A는 반지름 r의 제곱에 비례한다.

$$A \propto r^2 \tag{식 4.1}$$

여기서 $\propto$ 기호는 '비례한다'는 뜻이다. 이때 풍선의 질량은 어떻게 될까? 풍선에 바람을 불어 넣어 부피가 점점 커지면, 풍선의 단위면적당 질량은 줄어든다. 풍선의 면적은 늘어나지만 크기만 커졌을 뿐 풍선을 이루는 재료를 추가하지는 않았기 때문이다(단, 들어간 공기의 질량은 제외). 따라서 동일한 질량이 풍선 반지름의 제곱에 비례하여 더 넓은 면적을 도맡게 되는데, 이런 효과를 수식으로 나타내면 다음과 같다.

$$m \times r^2 = m_0 \times r_0^2 \tag{식 4.2}$$

여기서 m은 단위면적당 질량을 나타내고, 우변의 아래첨자는 단위면적당 질량 m과 반지름 r의 초깃값, 즉 시작 값을 나타낸다. 이 식의 양쪽을 r^2으로 나누어 보자.

$$m = \frac{m_0 \times r_0^2}{r^2} \tag{식 4.3}$$

즉, 풍선의 단위면적당 질량은 $m_0 \times r_0^2$이라는 상수를 반지름의 제곱으로 나눈 값과 같다. 이 말은, 풍선의 반지름이 늘어나면 그 표면의 단위면적당 질량은 반지름의 제곱에 반비례하여 줄어든다는 뜻이다.

이번에는 이 풍선의 표면에 작용하는 힘이 있다고 해 보자. 이 힘은 풍선의 표면에 균일하게 퍼지며 작용한다. 질량과 마찬가지로, 풍선 표면이 더 넓어져도 힘의 총량은 일정하게 유지된다고 가정하면, 단위면적당 힘은 풍선 반지름의 역제곱만큼 약해져야 한다. 전체적인 힘이 일정하려면 그럴 수밖에 없다. 풍선의 표면적은 반지름의 제곱인 r^2에 비례하고, 단위면적당 힘은 풍선 반지름을 제곱한 값의 역수인 r^{-2}에 비례하는데, 이 둘을 곱하면 $r^2 \times r^{-2} = 1$이 되므로, 힘의 총량은 반지름과 상관없이 일정함을 알 수 있다.

풍선에 작용하는 단위면적당 힘이 풍선 반지름의 제곱에 반비례한다는 말을 태양계 행성에 적용하면, 각 행성에 작용하는 힘은 태양으로부터 거리의 제곱에 반비례하여 줄어들게 된다.

한편 내가 들은 바로는 뉴턴의 출판이 지연된 이유가 또 있었다. 이 일화에 따르면 뉴턴은 힘의 역제곱 법칙을 적용하여 달이 지구를 공전하는 가속도와 지구의 표면 가까이에서 낙하하는 물체의 가속도(서두에서 보여 준 포크 실험을 떠올려 보라)를 비교했다. 지나친 단순화이긴 하지만 이렇게 설명해 보겠다. 달은 지구 주위를 공전한다. 이때 달은 지구를 향해 계속해서 낙하하지만(즉, 가속된다) 앞으로 나아가는 속도가 빨라 지구로부터 거의 같은 거리를 유지하며 궤도를 돌게 된다. 좀 더 익숙한 비유를 들어 볼까. 땅에서 지면에 평행하게 공을 던지면 그 공은 던진 사람으로부터 멀어지다가 결국 바닥에 떨어진다. 공을 빠른 속도로 던질수록 더 멀리 이동한 다음에 땅, 즉 지구로 떨어진다. 위성은 속도가 너무 빨라서 미처 땅에 떨어지지 못하고 어느 정도 거리를 두고 계속해서 지구 둘레를 도는 물체다. 여기서 핵심은 지구의 중력으로 인한 가속도가 달에 대해서든 앞에서 말한 포크에 대해서든 똑같이 역제곱 법칙을 따른다는 점이다. 같은 지구가 달과 포크에 똑같이 작용한다.

아무튼, 뉴턴이 달의 가속도와 지구상에서 낙하하는 물체의 가속도를 계산했더니 예상치와 달리 약 10%의 큰 편차를 보였다. 이것은 두 가속도의 계산값에 대한 오차를 합친 것보다도 컸다. 이후 1669~1670년에 장 피카르(3장 참조)가 프랑스에서 위도 1°의 길이를 정확하게 측정하여 지구의 반지름을 다시 세심하게 추정했더니 과거에 알려진 값보다 약 5% 더 큰 것으로 나타났다. 몇 년 후 뉴턴이 피카르가 수정한 새로운 반지름값으로 지구 표면에서의 가속도를 다시 계산했더니 전보다 10% 작은 값이 나왔다(가속도는 반지름의 역제곱에 영향을 받는다). 이제 뉴턴은 자신이 제안한 중력의 역제곱 법칙에 따라 지구에 의한 달의 가속도 예상값과 지구상에서 낙하하는 물체의 가속도 예상값을 일치시킬 수 있었다. 그제야 그는《프린키피아》를 마무리하고 출판했다.

《프린키피아》는 중력 법칙을 제안하고 있을 뿐 아니라 뉴턴의 다른 연구와 더불어 운동 법칙도 함께 싣고 있다. 뉴턴의 운동 제2법칙에 나오는 그 유명한 식을 보자.

$$F = ma \qquad \text{(식 4.4)}$$

여기서 F는 질량이 m인 물체에 가하는 힘이고, 그 결과 물체는 가속도 a를 지니게 된다. (여기서 a는 공전 궤도의 긴반지름이 아니다. 대다수 과학자가 타원의 긴반지름과 가속도를 같은 기호로 표시한다. 하지만 문맥을 보면 둘 중 어느 값을 말하는지 알 수 있다.) 식 4.4는 물체의 가속도가 물체에 작용하는 힘에 비례한다는 관계를 나타내는 것으로, 여기서 비례 상수는 식에 간단하게 표기된 대로 물체의 질량 m이다. 이 식은 아주 단순해 보이지만, 저 몇 개의 기호 안에는 자연의 물리적 상태에 대해 사실상 거의 어디서나 적용할 수 있는 중요한 세부 요소가 잔뜩 숨어 있다. 여기서 '질량이란 무엇인가?'라는 아주 근본적인 질문도 할 수 있다. 한마디로 질량은 물체가 얼마나 많은 물질을 포함하는지를 나타내는 속성이며, 무엇보다 식 4.4가 올바로 작동하게 해 주는 양이라는 사실을 알아 두자.

이번에는 이 식을 볼까.

$$F = \frac{GMm}{r^2} \qquad \text{(식 4.5)}$$

여기서 F는 '점 같은 두 물체(질점이라고 한다)'의 질량 M과 m 사이의 중력이고, r은 둘 사이의 거리이며, G는 현재 보편적으로 중력 상수(또는 만유인력상수)라고 부른다. 이 식을 말로 풀면 "두 질점point mass(질량만 있고 부피나 모양이 없다고 가정하는 물체)은 두 질량의 곱에 비례하고 둘 사이 거리의 제곱에 반비례하는 힘으로 서로를 끌어당긴다"라고 할 수 있다. 여기서 그 힘은 확실히 접촉힘이 아니며 원거리에서 작용한다. 이런 맥락에서 태양은 멀리 떨어진 행성에 힘을 발휘한다.

이때 행성 역시 태양에, 또는 다른 행성에 대해 같은 유형의 힘을 가한다는 중요한 사실에 주목하자. 단순해 보이는 이 법칙에서 서로 쌍방으로 힘을 가한다는 상호성이 야기하는 수학적 문제는 극도로 복잡하다. 뉴턴이 이 법칙들을 발표한 뒤로 수 세기 동안 응용수학 분야에서 이에 자극받은 인상적인 연구가 많이 이루어졌다 (이 또한 과학 통합의 한 사례다). 마지막으로, 뉴턴의 중력 법칙에 나오는 이 상호성의 개념이 케플러의 법칙에서는 아예 빠져 있었다는 점에 주목하자. 태양의 질량은 그 어떤 행성과도 비교할 수 없을 만큼 크다. 이 때문에 태양이 각 행성에 미치는 일방적인 효과만 고려해도 케플러의 법칙으로 행성의 공전에 대하여 꽤 훌륭한 근사치를 얻을 수 있다. 태양계의 가장 큰 행성인 목성만 해도 질량이 태양의 1,000분의 1밖에 되지 않으니까. 케플러의 시대에는 행성이 서로의 궤도에 미치는 영향을 쉽게 관측할 수 없었지만, 현재는 측정 불확도가 크게 낮아져 상호 영향력이 뚜렷이 드러난다. 이제 이런 편차는 단기간에도 확인되고, 이미 200년 이상 관측되고 있다.

뉴턴의 법칙은 위에서 설명한 두 식을 결합하여 식 4.4와 식 4.5의 우변을 서로 같다고 놓을 때 놀라운 결과를 보여 준다. 두 식에서 좌변이 F(힘)라는 같은 값을 가지므로 다음과 같은 식이 성립한다.

$$ma = \frac{GMm}{r^2} \qquad\qquad (식\ 4.6)$$

여기서 좌변의 m은 우변의 m과 같으므로 양쪽을 m으로 나누어 제거할 수 있다. 그 결과가 놀랍다. 뉴턴의 운동 법칙과 중력 법칙에서 놀랍게도 물체의 중력가속도 a는 자신의 질량과는 무관한 값이 아닌가. 그렇기에 서로 다른 질량을 가진 두 물체가 지구를 향해 똑같은 속도로 떨어지게 된다. 놀랍지 않은가!

'등가 원리Principle of Equivalence'라고 불리고 아인슈타인이 숭배했다고 하는 이 원리는 종종 갈릴레오가 피사의 사탑에서 시도했다고 알려진 실험으로 예시된다. 그는 탑 꼭대기에서 질량이 서로 다른 두 물체를 동시에 떨어뜨리면 둘이 같은 속도로 낙하하므로 땅에 동시에 닿을 거라고 했다. 실제로 아폴로호 우주비행사들이 달에서 깃털과 망치를 동시에 떨어뜨리는 실험을 했더니, 정말로 둘은 땅에 동시에 떨어졌다. 자연의 이 놀라운 특성은 갈릴레오보다 훨씬 이전인 약 1,500년 전부터 점점 더 높은 정확도로 검증되었다. 가장 최근의 결과에 따르면 이 원리는 적어도 1조분의 몇 수준의 오차 범위 안에서 유지된다. 그런데 왜 과학자들은 자꾸 더 정확한 측정을 시도하는 걸까? 왜냐면 다른 모든 모형과 마찬가지로 훨씬 더 높은 수준의 정확도에서는 이 등가 원리가 무너지면서 자연현상의 또 다른 속내가 드러날 수도 있기 때문이다. 뉴턴의 뒤를 잇는 모형이 바로 그런 경우인데, 이 장의 뒷부분에서 소개한다.

자, 그러면 어떻게 뉴턴의 법칙으로 행성의 공전 운동을 계산할까? 여기에 필요한 수학은 이 책에서 소개할 수 있는 수준을 훨씬 넘어선다. 그러나 한 가지 중요한 문제는 짚고 넘어가자. 뉴턴의 법칙에서는 두 질점이 서로를 끌어당긴다고 말한다. 하지만 행성이 질점인가? 또 태양이 질점인가? 점에 대한 어떤 합리적인 정의를 들이대도 그렇다고 답할 수는 없다. 태양이든 행성이든 모두 (거의) 구체다. 물론 누군가는 행성과 행성 간 거리, 행성과 태양 간 거리를 고려하면 행성의 크기는 보잘것없으므로, 공전 궤도를 계산할 때 행성의 크기가 미치는 영향쯤은 무시해도 좋다고 주장할 수 있다. 실제로도 현재의 측정 정확도에서는 사실이다. 그러나 지구와 달의 관계에서는 지구 반지름과 지구-달 사이 거리의 비율이 고작 1:60밖에 되지 않으므로 관측과 계산을 정밀하게(1% 미만의 오차) 비교하고 싶다면 아예 무시할 수는 없다.

구의 균일한 구대칭성을 전제로 하면, 뉴턴의 법칙에 따라 중력은 모든 질량이 구체의 중심에 집중된 것처럼 작용한다고 추측할 수 있다. 이 추측은 옳지만, 당시의 수학적 도구로 증명하기는 결코 쉽지 않았다. 그러나 뛰어난 기하학자였던 뉴턴은 질량이 구대칭으로 분포할 경우, 이 질량이 외부 질점에 가하는 중력은 구대칭인 구의 모든 질량이 중심에 집중된 것처럼, 즉 질점과 똑같이 작용한다는 놀라운 정리를 증명해 냈다. 크나큰 골칫거리를 해결한 인상적인 결과였다.

그런데 실제로 행성의 질량 분포가 구대칭을 이룰까? 실은 그렇지 않다. 그러나 이런 조건에서의 편차는 지극히 작아서 간단히 해결할 수 있다. 여기서는 자세한 수학적 설명을 생략하지만, 어쨌든 어렵기는 해도 뉴턴 덕분에 달·행성·위성의 궤도를 지구에서 실제 관측한 값과 일치하는 수준으로 계산할 수 있게 되었다. 이 계산은 뉴턴이 동시대를 넘어 후대의 많은 천문학자 및 수학자와 함께 수행했고, 이를 통해 태양계 천체의 운동을 이해하는 것은 물론이고 응용수학에서도 큰 발전을 이끌었다.

잠깐, 그런데 이 과학자들은 행성이 서로에게 미치는 힘의 복잡한 효과를 도대체 어떻게 계산해 낸 걸까? 식을 적용하려면 행성의 질량도 알아야 하고, 한 시점에 두 천체의 위치도 알아야 하는데 말이다. 물론 이 중요한 값들을 그들이 처음부터 손에 쥐고 있었던 것은 아니다. 그럼 어떻게 한 걸까? 간단하게 답하면, 처음에는 이 미지의 것들에 대한 구체적인 값 없이 이론상으로 식을 세운다. 그런 다음 관측값과 이론을 비교해 검증한다. 이것은 완벽한 직선 도로에서 일정한 속도로 달리는 자동차의 이동 거리와 시간에 대한 직선관계로 간단히 비유할 수 있다. 처음에는 자동차의 속도를 모른다. 하지만 몇몇 지점에 대해 출발점에서의 상대적인 거리와 그 지점에 차가 도달한 시간을 토대로 평균속도를 추론할 수 있다. 즉, 몰랐던 속도를 이 측정값들로부터 구하는 것이다. 이와 비슷하게, 그러나 훨씬 복잡한 방식으로, 고정된 별에 대한 행성의 위치와 시간을 관측한 값으로 행성의 궤도와 질량을 결정할 수 있다. 이는 프톨레마이오스의 경우와도 아주 비슷한데, (대원·동시심·주전원이 있던) 그의 모형에서는 각 행성의 공전 궤도를 결정하려면 일곱 가지 값이 필요했다.

새로운 행성의 발견

1781년 3월, 지금은 물론이고 당시에도 유명했던 천문학자 윌리엄 허셜William Herschel이 깜짝 놀랄 발견을 했다. 토성보다 더 멀리 있어서 맨눈으로는 볼 수 없었던 행성의 존재였다. 이는 고대 이후로 처음 발견된 새로운 행성이었다. 원래 허셜은 자신이 새로운 혜성을 발견한 줄 알았다. 과학자들 사이에서 그것이 행성이라고 밝혀지기까지는 몇 개월이 더 걸렸다. 새로 발견된 천체인 만큼 이 미지의 존재는 대대적인 관심을 불러일으켰고 수시로 관측되었다. 그리고 그 결과를 토대로 공전 궤도가 밝혀졌는데 토성의 궤도에서 한참 멀리 떨어져 대략 원형을 그리며 돌고 있었다. 이와 비교해 혜성은 대체로 태양에 가까이 접근하는 길쭉한 궤도를 그린다. 꼬리가 보이지 않는다는 사실과 공전 궤도의 특징으로 미루어 이 천체는 혜성이 아닌 행성이라는 '냄새'를 풍겼다.

당시의 지식수준과 과학의 한계를 고려할 때, 곧 천왕성이라는 이름이 붙게 될 새 행성을 발견한 것은 참으로 대단한 뉴스였다. 늦게나마 벤저민 프랭클린Benjamin Franklin까지 허셜에게 축하 인사를 보냈으니까. (천왕성이라는 공식 명칭이 결정되기까지의 뒷이야기도 재미있으니 궁금한 독자들은 웹에서 찾아보길 바란다.)

사실 천왕성은 1690년대에도 관측된 적 있었지만 그때는 새로운 행성으로 인정받지 못했다. 그저 일개 항성 관측 자료로 기록되어 훗날 공식적으로 인정되기까지 다시 관심을 받지도, 검토되지도 않았다. 과거에 관측 일지에 기록된 항목은 천체가 관측된 시기와 하늘에서의 좌표뿐, 사진도 필름도, 당연히 어떤 전자 디지털 기록 장치 같은 것도 없었다. 그래도 행성의 궤도를 일정 부분 관측하고 나면 그 행성이 과거 어느 시점에 하늘 어디에 있었고 미래에는 언제 어디를 봐야 하는지 높은 정확도로 맞힐 수 있었다. 그래서 좋은 시력과 끈기, 관측 일지에 대한 접근권, 탐색에 대한 투지와 관심만 있다면 누구나 그 천체의 예상 위치 기록을 찾아보고 확인하는 것이 가능했다.

그런 초기 목격담을 찾는 것이 왜 중요할까? 한 천체를 오래 관측할수록 그 행성의 위치를 더 정확하게 결정할 수 있기 때문이다. 천문학자들은 천왕성을 관측한 과거 기록을 집대성하여 천왕성 공전 주기의 정확도를 세 배나 높일 수 있었다. 그러면 시간이 지나면서 과거 관측의 중요성은 더해질까, 덜해질까? 새롭고 더 정확한 관측 자료가 쌓이면서 아무래도 과거의 자료는 궤도 측정에 있어서 중요성이 낮아지지만, 그래도 여전히 유용하다.

이와 관련하여 반전에 반전을 거듭한 흥미로운 뒷이야기가 있다. 시간은 1820년으로 훌쩍 건너뛴다. 이 무렵 천문학자들은 행성계의 신참을 거의 반세기 동안 부지런히 관측해 오고 있었다. 그러다가 1820년에 이들은 과거 관측을 토대로 예측한 천왕성의 궤도가 당시의 실제 관측과 일치하지 않는다는 것을 알게 되었다. 하지만 이 차이에는 일관성이 있었다. 관측 위치가 예상 궤도에서 무작위적으로 벗어나지 않고 확실한 경향성을 보였다는 뜻이다. 이에 대해 처음에는 천문학계가 그다지 염려할 문제가 아닌 것처럼 반응했다. 그러나 1840년대 초가 되자 그 차이가 아주 크게 벌어져서 제대로 된 천문학자라면 그냥 넘길 수 없는 지경이 되었다.

무슨 일이 일어난 걸까? 뉴턴의 법칙이 천왕성에는 적용되지 않는 걸까? 이 법칙으로 자연의 행동을 설명할 수 있는 한계가 여기까지인 걸까? 이 무렵 영국의 존 쿠치 애덤스John Couch Adams와 프랑스의 위르뱅 J. J. 르베리에Urbain J. J. Le Verrier는 각자 독자적으로 같은 발상에 도달했다. 만약 천왕성보다 더 멀리 떨어진 곳에 또 다른 행성이 있는데, 그 크기가 아주 커서 천왕성의 궤도를 틀어 버린 거라면? 이런 가능성은 어떻게 확인할 수 있을까? 행성 A의 질량과 공전 궤도를 잘 알고 있다고 해도 이 행성이 행성 B에 미치는 영향을 계산하기는 쉽지 않다. 하물며 일말의 정보도 없는 상황이라면 어떻게 계산을 할까?

두 과학자의 접근법은 서로 달랐지만, 이 질문에는 같은 전제가 필요했다. 가장 중요한 것은 궤도에 대한 가정이었다. 그때까지 알려진 모든 행성의 궤도는 대부분 평면 위에 있었고, 수성을 제외하면 거의 원형에 가까운 궤도로 움직였다. 그래서 애덤스와 르베리에는 각각 이에 상응하는 두 가지 가정을 설정했다. 첫째, 이 잠재적 행성의 궤도는 실질적으로 지구와 같은 평면에 있다. 둘째, 그것의 궤도는 원형이다. 그러나 이 두 가정으로는 충분하지 않았다. 두 천문학자는 이미 공식화된 경험적 법칙에 따라 이 잠재적 행성의 궤도에서 긴반지름 a의 값을 밝혀낼 합리적인 방법을 찾았다.

그 법칙은 주창자인 두 과학자의 이름을 따서 티티우스-보데의 법칙이라고 불리고 있었다. 티티우스-보데의 법칙은 천왕성의 궤도 긴반지름을 약 2% 오차 내에서 예측했기에 애덤스와 르베리에는 이 법칙으로 잠재적 새 행성의 궤도 긴반지름도 찾아낼 수 있다고 자신했다. 사실 그들의 발상은 완전히 틀렸지만, 운이 좋게도 이 실수는 새로운 행성이 발견될 당시의 위치 때문에 별로 중요하지 않게 되었다.

아무튼, 이런 가정들을 바탕으로, 또 서로 다른 수학적 절차를 거쳐, 그리고 1년이 넘는 고된 작업(당시에는 컴퓨터가 없어서 로그표로 수작업해야 했다) 끝에, 두 천문학자는 각각 이 잠재적 행성이 언제 어디서 대략 어떤 밝기로 빛날지 알아냈다. 이런 상황에서 호기심 많은 천문학자라면 그 천체를 볼 수 있는 성능 좋은 장비를 찾아 예측된 시기에 관측을 시도해야 직성이 풀리지 않았을까.

예측값을 손에 쥔 르베리에는 프랑스 천문학자들에게 이 행성을 찾아보라고 설득했으나 누구 하나 일개 이론가의 말만 믿고 시도하려 들지 않았다. 영국에서는 상황이 조금 달랐다. 1845년 여름이 끝날 무렵, 애덤스는 이 새로운 행성의 예상 위치를 케임브리지 천문대의 제임스 챌리스James Challis에게 보냈다. 1846년 7월, 챌리스는 애덤스가 알려 준 위치 근방에서 별들의 자리를 관측하기 시작했다. 그러나 그간에 쌓인 혜성 관측 자료를 정리하느라 바빴던 챌리스는 관측 내용을 기록만 했을 뿐, 자신이 무엇을 발견했는지 더 확인하지 않았다. 사실 챌리스는 이 잠재적 행성을 두 번이나 기록했으면서도 훗날 그것의 존재가 식별될 때까지 모르고 있었다. 챌리스가 무엇을 했는지 알 길이 없었던 애덤스는 1846년 여름, 또 다른 관측 기회를 찾아 여기저기 전전했고 급기야 한 왕실 천문학자의 집으로 찾아가 뒷문을 두드렸다. 애덤스는 메시지를 남겼고, 아마

4장 뉴턴과 아인슈타인의 우주

도 무사히 전달되어 그 왕실 천문학자는 몇 번의 관측을 시도하긴 했던 모양이나 그 역시 무엇이 발견되었는지 확인할 시간은 없었던 것 같다.

한편 동료 천문학자들에게 실망한 르베리에는 독일로 눈을 돌렸다. 베를린 천문대의 요한 갈레Johann Galle가 마침 한 해 전에 자신의 박사학위 논문을 르베리에에게 보내 의견을 청한 일이 있었다. 이때다, 하고 르베리에는 1846년 9월에 그에게 서신을 보내 이 새로운 행성을 찾아봐 달라고 부탁했다. 르베리에는 예측한 위치가 실제 위치의 약 1° 범위 이내일 것이며, 실제 밝기는 예측값의 절반에서 두 배 사이일 거라고 예상했다. 갈레는 9월 23일에 르베리에의 요청을 받았고, 약간의 수고 끝에 혜성으로 유명한 천문대 소장 요한 엥케Johann Encke의 허락을 받아 관측을 시도했다. 갈레는 적극적인 조수 하인리히 루트비히 다레스트Heinrich Louis d'Arrest에게 당시 최고 사양의 망원경(지름 23cm짜리 굴절망원경)을 사용해서 그날 밤에 바로 새로운 천체를 찾으라고 지시했다.

다레스트는 예측과 거의 맞는 위치에서 예측과 거의 비슷한 밝기의 물체를 찾았다. 관측 범위의 위도는 $-12°$에서 $-15°$ 사이였는데, 관측된 위도와 예측된 위도의 차이는 1°보다 훨씬 작았다(그림 4.1). 또한, 그림 4.1에서 가로 방향으로 표시된 경도 간격은 4분(′)인데, 경도 한 시간은 15°에 해당하므로 4분(1/15시간)은 1°에 해당한다. 이것이 관측된 경도와 예측된 경도의 차이였다.

이 발견으로 갈레는 즉각 유명해졌고 엥케의 명성도 더해졌다. 안타깝지만 다레스트는 당시 지위가 너무 낮아 별다른 인지도를 얻지

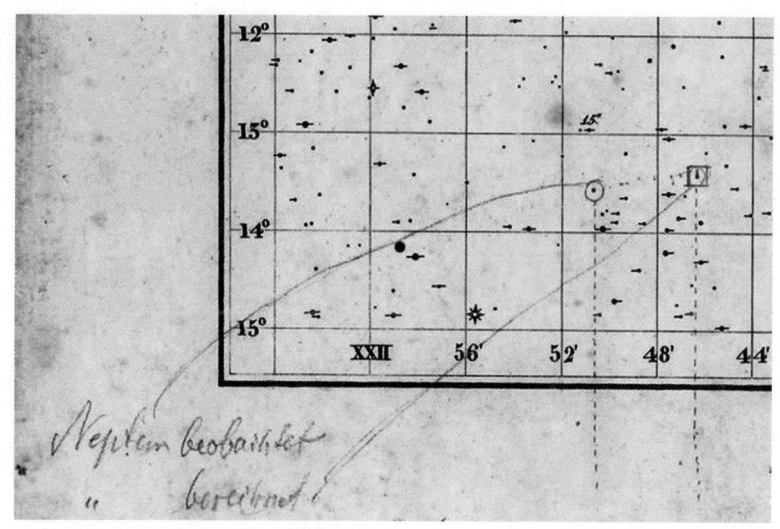

그림 4.1. 해왕성의 관측 위치와 예측 위치의 비교. 독일어로 'beobachtet'는 '관측된'이라는 뜻이고, 'berechnet'는 '계산된'이라는 뜻이다.

못했다. 새로운 소식으로 전 세계가 들썩였다. 예측한 장소에서 새로운 행성이 발견된 것이 아닌가. 이 발표 후에 영국인들은 자신들의 과거 관측 자료에도 이 행성이 있는 것을 알게 됐다. (챌리스는 굴욕의 순간을 맞이해야 했다.) 이때부터 발견의 우선권을 두고 쟁탈전이 벌어졌다. 영국 쪽은 애덤스가 이 새로운 행성의 위치를 먼저 예측했으므로 공을 가져가야 한다고 주장했다. 프랑스인들은 명백한 자신들의 우선권을 영국인들이 훔치려 든다고 반발했다(그림 4.2).

격렬한 공방전 끝에 마침내 프랑스는 영국과 발견의 공을 절반씩 나눠 갖기로 합의했다. 영국은 르베리에에게 권위 있는 상을 주었지만 애덤스에게는 주지 않았다. 만약 학위 논문에 의견을 달라는 갈레의 요청을 르베리에가 무시했다면, 또는 챌리스가 관측 결과를

그림 4.2. 프랑스 주간지 《일뤼스트라시옹》 1846년 11월 7일 자에 실린 그림. 애덤스가 망원경으로 해왕성을 찾고 있지만 실패하다가(왼쪽 그림), 르베리에의 노트를 훔쳐보고서야 성공한다(오른쪽 그림).

제때 확인했다면 역사가 어떻게 달라졌을까. 불과 몇십 년 전에 밝혀진 사실이지만, 사실 해왕성은 이미 200여 년 전에 다름 아닌 갈릴레오가 관측한 적이 있었다. 그는 이 천체가 별을 배경으로 움직이는 것을 인지할 뻔했으나 목성 관측에 몰입하는 바람에 시야에서 제외되고 말았다.

이어서 이름을 두고도 싸움이 벌어졌다. 천왕성의 이름을 지을 때처럼 이 뒷이야기 역시 흥미진진하다. (궁금한 사람들이여, 언제나 위키피디아가 있다!) 한편 그림 4.1의 왼쪽 하단에 독일어로 쓴 메모는 해왕성을 발견한 이후에 적은 것임을 짐작할 수 있다.

이 이야기는 새로운 발견에 대한 예측과 실제 발견이라는 사실의 근본적인 차이를 설명한다. 영국인도 프랑스인도 오직 예측값으로만 발견을 시도하는 것이 얼마나 중요한지 모르고 있었다. 그러나 일단 발견되자 전 세계가 완전히 빠져들었다. 태양계에 또 다른 행성이 있었다는 감동적인 사실 말고도, 해왕성은 이론을 통해 예측했고 예측대로 발견된 최초의 사례였기에 과학계와 과학자들에게 깊은 인상을 남기고 또 매우 큰 자극을 주었다. 뉴턴이 고안한 법칙들은 전에 알려지지 않은 행성을 찾아낼 정도로 훌륭했다. 당시로서 이는 극적인 발전이었고 과학자들에게는 실로 자랑스러운 업적이었다.

천문학자, 응용수학자, 물리학자는 과학의 힘을 보여 주는 이 사례에 짜릿함을 느끼고 흥분했다. 이는 지식인들만이 아니라, 교육의 기회를 얻지 못한 이들에게도 확실한 자극이 되었다. 그렇다면 과학은 즉시 세상을 장악하여 모두가 과학을 배우고 공헌하게 부추겼을까? 이에 관해 연구한 결과가 있는지는 모르겠지만, 해왕성 발견 이후로도 과학 발전이나 과학에 대한 지원 속도에 특별히 눈에 띄는 변화가 있었던 것 같지는 않다.

수성의 궤도에서 근일점의 전진

해왕성의 존재·위치·겉보기 밝기를 성공적으로 예측한 지 불과 10년 만인 1859년에 위르뱅 J. J. 르베리에는 태양계의 가장 안쪽 행성인 수성이 태양 앞을 통과할 때 관측한 연구를 발표했다. 그는 수성의 궤도가 뉴턴의 법칙으로 예측한 값과 일치하지 않는다는 놀라운 자료를 보여 주었다. 이 결과는 어딘지 익숙한 느낌이 들었다. 전에 천왕성의 궤도도 예측에서 벗어나지 않았던가. 그래서 한때는 뉴턴의 이론이 천왕성 너머에서 제대로 작동하지 않는다는 제안도 있었다. 하지만 해왕성의 존재가 밝혀지면서 뉴턴의 이론은 여전히 잘 작동한다는 것이 증명되었다. 이번에도 같은 결말에 이를 수 있을까?

그 문제를 파헤치기 전에 행성의 '통과transit'가 무엇인지부터 설명하는 게 좋겠다. 통과는 지구에서 보았을 때 행성(이 경우에는 수성)이 태양 앞을 지나가는 현상을 말한다. 행성이 태양 앞을 지나갈 때면 지구에서는 검은 점처럼 보인다. 그 점이 태양의 원반으로 들어가고 나오는 시각은 아주 정확하게 측정할 수 있다. 그리고 그 결과로 행성의 공전 궤도에 대한 정확도를 높일 수 있다.

르베리에는 1687년부터 근 200년간 수집된 자료를 뒤져 수성이 태양을 통과하는 약 20회의 사건을 조사했다. 그리고 뉴턴의 이론을 바탕으로 예측된 수성의 궤도와 실제 관측으로 계산된 수성의 궤도를 비교하다가 두 값에 차이가 있음을 발견했다. 특히 수성의 타원형 궤도에서 근일점(궤도에서 천체가 태양에 가장 가까울 때의 위치)이 예상보다 좀 더 앞서 있었다. 수성의 근일점은 매번 공전할 때마다 진행 방향으로 조금씩 전진했다(그림 4.3).

수성의 근일점은 르베리에가 계산으로 예측한 수치보다 한 세기에 40″씩 더 앞서가고 있었다. 18, 19세기 과학자들은 뉴턴의 운동과 중력 모형의 방정식을 통해 다른 행성이 미치는 중력 효과를 계산했는데, 특히 수성의 근일점은 가장 가까운 행성인 금성과 가장 무거운 행성인 목성의 영향으로 한 세기당 500″씩 전진한다고 계산했다. 그러나 르베리에가 수성의 통과를 분석한 결과는 계산값보다 거의 10% 더 빠르게, 사실상 한 세기당 540″의 속도로 전진했다.

무엇이 관측과 이론의 차이를 유발했을까? 과학자들은 빠르게 네

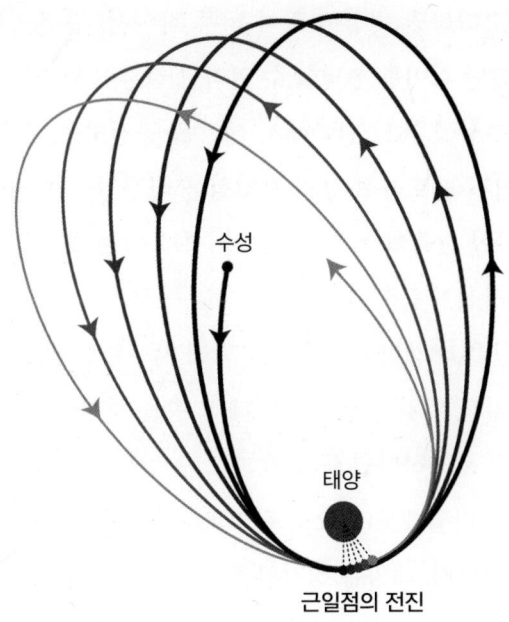

그림 4.3. 공전할 때마다 수성의 근일점이 전진하는 과정을 과장하여 나타낸 그림.

가지 가설을 내놓았다. 첫 번째는 르베리에가 제안한 것으로, 그는 수성보다 태양에 더 가까운 미지의 행성이 있다고 제시했다. 천왕성보다 태양에서 더 멀리 떨어진 행성의 예측과 발견이 천왕성 궤도의 차이를 설명했던 것처럼, 수성보다 태양에 더 가까이 있는 행성이 이 새로운 차이를 설명할 수 있다고 말이다. 과학자들은 태양에 가까이 있는 만큼 아주 뜨거울 거라는 생각에서 벌컨(불과 대장장이의 신 헤파이스토스의 영어식 이름 — 옮긴이)이라고 이름 붙인 이 가상의 행성을 수색했으나 찾을 수 없었다. 몇 년 후, 관측 결과로부터 벌컨의 크기에 대한 상한선이 제시되었는데, 단위부피당 질량의 합리적인 값을 고려하면 예상 질량이 너무 작아서, 벌컨으로는 수성의 궤도에 나타난 차이를 설명할 수 없다고 결론이 났다.

두 번째는 수성의 궤도 안쪽에서 태양을 공전하는 작은 개별 천체들로 이루어진 벨트가 수성의 근일점을 바꾸었다는 제안이었다. 이번에도 정확한 관측과 계산의 조합을 통해 그런 벨트는 해결책이 될 수 없다는 사실이 증명되었다.

세 번째 발상은 태양이 자전하는 바람에 지구처럼 적도 쪽이 불룩한 상태라 근일점 위치가 전진하는 데 영향을 준다는 것이었다. 만약 태양이 아주 불룩하다면 중력 효과로 수성의 근일점을 전진시킬 수 있겠지만, 안타깝게도 최고의 관측과 계산에 따르면 이 가설 역시 적용할 수 없었다. 태양은 생각만큼 불룩하지 않았다.

마지막으로, 뉴턴의 법칙이 다 옳지는 않으며 수성의 근일점 차이를 설명할 좀 더 정확한 모형이 필요하다는 제안이 있었다. 가령 현재의 역제곱 법칙이 완벽하지 않고 어쩌면 지수가 2가 아닐지도 모른다. 이에 누군가는 뉴턴의 법칙을 수정해 보았으나 역시 효과가 없었다. 관측과 예측 사이에는 이론을 아무리 수정해도 태양계의 모든 관측값을 일치시킬 수 없는 다른 차이가 늘 있었다.

혹시 르베리에가 분석 과정에서 실수를 한 건 아닐까? 이 가능성은 19세기 말에 미국 해군천문대 소장 사이먼 뉴콤Simon Newcomb이 좀 더 정확한 40년 치 기록을 포함해 자료를 재분석한 결과 제외되었다. 그는 한 세기당 43″의 차이를 구했는데, 그건 르베리에가 발견한 것과 거의 같은 차이였다. 다만 그가 분석한 자료의 양이 좀 더 많고 정확했다는 이유로 불확도가 더 작았을 뿐이다.

이론과 관측 사이의 이 불일치는 반세기 이상 미해결 상태로 남아 있었다. 이 문제는 결국 어떻게 해결되었을까? 그러려면 기존의 중력 이론 모형에 엄청난 변혁이 일어나야 했다.

특수상대성이론

마침내 아인슈타인이다. 20세기 초, 그는 공간과 시간에 대한 이론과 전기와 자기에 대한 이론의 기초를 연구했다. 앞엣것은 주로 아이작 뉴턴이 발전시켰고, 뒤의 두 가지는 19세기 중반에 마이클 패러데이Michael Faraday가 실험으로, 제임스 클러크 맥스웰James Clerk Maxwell이 이론으로 발전시켰다. 그 후 아인슈타인은 대담하게 자연의 행동에 대한 새로운 모형을 제안했다. 특수상대성이론이라는, 시공간에 대한 새로운 해석이다. 늘 그랬듯이 그는 아주 단순하지만 놀라운 지점에서 시작했다. 이 경우에는 다음 두 개념을 기초로 삼았다.

1. 진공에서 빛의 속도 c는 빛을 보내는 물체나 받는 물체의 속도와 무관하다. 아인슈타인이 빛에 부여한 이 특성은 맥스웰의 전자기 이론과도 일치하지만, 우리의 일상 경험과는 상당히 다르다. 예를 들어 일상에서는 달리는 차 안에서 운동 방향으로 공을 던지면, 공을 던진 속도에 차의 속도까지 더해야 차 앞에서 그 공을 받는 사람이 측정하는 공의 속도가 된다. (이때 공을 받는 사람과 차의 충돌은 고려하지 않는다.)

2. 진공 상태에서 빛의 속도보다 빠르게 이동하는 것은 없다. 이 한계 또한 맥스웰의 전자기 이론과 일치한다.

여기서 한 가지 의문이 든다. 저 두 개념은 서로 독립적인가, 아니면 불가분하게 연결되어 있는가? 만약 두 번째 개념만 사실이고 첫 번째는 사실이 아니라고 가정하면 어떻게 될까? 움직이는 플랫폼에서 빛을 보내면 플랫폼의 속도에 빛의 속도를 더하게 되는데, 그럼 빛보다 빠른 것은 없다는 두 번째 기본 원리를 어기게 되거나 적어도 자기 모순적인 곤란한 상황이 된다. 그 외에 다른 상황들도 고려되었지만, 모두 특수상대성이론의 이 두 핵심은 늘 함께한다는 결론에 억지스럽지 않게 이르렀다.

이 단순해 보이는 가정에서 시작해 아인슈타인은 시간과 공간에 대한 과거의 개념을 완전히 뒤엎어 버렸다. 시간과 공간은 분리되거나 별개의 것으로 여겨질 수 없고, 위의 두 가지 핵심 개념처럼 불가분하게 연결되어 있다고 말이다.

아인슈타인의 이론을 바탕으로 온갖 이상한 결과들이 예측되었고, 그중 시험할 수 있는 것들은 실제로 검증되었다. 그러나 사람들의 보편적인 경험과는 다른 이런 결과는 상대 속도가 빛의 속도에 아주 가까울 때만 확인할 수 있다. 예를 들어 어떤 물체의 수명을 실험실에서 정확히 측정했다고 치자. 그 물체가 거의 빛의 속도로 우리 옆에서 이동하고 있다면, 우리 기준으로 정지 상태인 동일 유형의 물체보다 광속으로 이동하고 있는 저 물체가 훨씬 더 오래 사는 것으로 관측될 것이다.

특수상대성이론의 우아한 논리는 거의 즉시 유럽 최고 물리학자들에게 인정받았다. 비록 당시에는 몰랐지만, 이 이론은 수성의 궤도가 보였던 이상한 근일점 이동을 설명하는 첫 단추가 되었다. 여러분은 이 단계에서 질량, 그리고 한 질량이 다른 질량과 상호작용하는 방식 같은 것은 전혀 언급되지 않았음을 알아챘을지도 모르겠다. 물론 아인슈타인도 그런 한계를 잘 인지하고 있었기에(그래서 '특수'라는 수식어를 붙이기도 했다) 그것을 극복하고자 했다. 질량과 질량의 상호작용을 포함하려면 그의 특수 이론을 일반화할 필요가 있었다. 즉, 중력에 관한 모형을 이론에 포함해야 했다.

일반상대성이론

먼저, 왜 아인슈타인은 뉴턴의 중력 법칙을 바꿔야 한다고 생각하게 되었을까? 이 질문에 답하기 위해 뉴턴의 이론을 다시 분석해보자. 모든 질량은 다른 질량을 끌어당기며, 이때 그 힘은 두 질량의 곱에 비례하고 두 질량의 거리를 제곱한 값에 반비례한다(식 4.5). 이 문장에는 어떤 암묵적인 속성이 들어 있을까? 바로 이 힘이 원거리에서 작용한다는 점이다. 즉, 한 물체가 다른 물체에 작용하는 힘은 그 힘을 발휘하는 시점(순간)에 그 물체의 위치(거리)에 따라서만 좌우되며, 먼 거리에서 발휘된 힘이 그 힘을 받는 물체까지 가는 데 걸리는 시간은 고려되지 않는다. 한 물체가 움직일 때, 그 물체가 뉴턴의 이론에 따라 다른 물체에 미친 효과는 두 물체가 아무리 멀리 떨어져 있어도 즉시 나타난다.

그러나 우주의 그 어떤 것도 광속 c보다 빠른 속도로 이동할 수 없다면, 원격 상태에서 즉시 작용한다는 것은 앞서 아인슈타인의 특수상대성이론에서 두 번째 공준을 위배한다. 그럼 어떻게 해야 할까? 아인슈타인은 원거리에서 작용하는 힘이라는 결격 사유가 없는 새로운 중력 이론을 찾았다. 과연 그런 이론을 고안하는 것이 간단한 문제였을까? 전혀 그렇지 않다. 아인슈타인이 이런 제약과 그 밖의 조건을 만족시키는 이론을 완성하기까지는 거의 10년을 매진해야 했다. 이 이론은 앞에서 말한 등가 원리를 기반으로 했는데, 한 물체가 다른 물체를 끌어당기는 중력의 효과는, 그 물체가 없는 상태에서 다른 물체에 가해진 동일한 크기의 가속도와 구분할 수 없다는 논리다. 이렇게 해서 아인슈타인이 일반상대성이론이라고 부른 지적 창조물이 완성되었다. 이는 실로 눈부신 이론적 성취였다. 때는 바야흐로 제1차 세계대전이 한창이던 1915년 말이었는데, 전시임에도 중립국을 중심으로 연결된 과학자 네트워크를 통해 이 소식이 널리 퍼졌다.

앞에서 나는 뉴턴의 중력 이론을 몇 마디 말과 상대적으로 단순한 공식만으로 표현했다. 아인슈타인의 일반상대성이론은 어떨까? 이건 뉴턴 때와는 차원이 전혀 다르게 복잡하여 몇 문장으로는 일반 독자가 쉽게 이해할 수준으로 설명할 수 없다. 따라서 이 책에서는 아인슈타인의 일반상대성이론이란, 좌변은 시공간의 기하학을, 우변은 우주의 질량·에너지·운동량을 포함하는 복잡한 방정식들로 표현된다고만 말해 두겠다. 어쨌든 이 식들에 따르면 우주에서는 질량, 에너지, 운동량(여기서는 한 물체의 운동량은 질량과 속도의 곱으로 나타낸다는 정도만 알면 된다)이 시공간의 구조를 결정한다. 이 방정식들은 물리적 상황이 비교적 단순한 극소수의 경우에 대해서만 해가 알려졌지만, 이제는 수치 계산법을 사용해 훨씬 복잡한 방정식도 풀 수 있게 되었다.

이렇듯 이 이론의 수학이 이 책에서 다루는 수준을 훨씬 넘어서는데도 굳이 여기서 언급한 이유가 있을까? 그건 뉴턴에서 아인슈타인으로 가는 동안 기본적인 중력 이론이 얼마나 복잡해졌는지를 조금이나마 알려 주고 싶었기 때문이다. 또 언젠가 더 자세한 내용을 배우고 싶은 누군가에게는 좋은 맛보기가 될 거라고 믿는다. 자연은 지금껏 상상해 왔던 것보다 훨씬 더 미묘하며, 중력 모형 역시 간단해지기는커녕 훨씬 더 복잡해졌다. 그러나 한 가지 면에서는 단순해졌다. 뉴턴에게는 운동 법칙과 중력 법칙이 따로 필요했다. 하지만 아인슈타인의 이론에서 둘은 (비록 훨씬 복잡해지기는 했지만) 하나의 방정식 세트 안에 포함된다.

다시 아인슈타인과 일반상대성이론으로 돌아가 보자. 이론을 확립한 후 아인슈타인이 맨 처음 무엇을 했을까? 그는 이 이론으로 태양을 도는 수성의 궤도를 예측했다. 뉴턴의 이론이 단일 행성에 대해 고정된 타원 궤도를 제시한 것과 달리, 일반상대성이론은 수성의 근일점 위치가 한 세기당 43″씩 전진한다는 예측을 내놓았다. 이것은 사이먼 뉴콤이 구한 값과 정확하게 일치한다. 10년이라는 시간을 들여 작업한 새로운 이론과 반세기 가까이 수수께끼처럼 남아 있던 의문의 관측 결과가 이렇게 마법처럼 일치한 순간, 아인슈타인의 기분이 어땠을지!

그러면 다른 행성의 궤도는 어떨까? 왜 다른 행성은 수성처럼 뉴턴의 이론으로 예측한 값과 차이 나는 근일점 전진을 보여 주지 않았을까? 간단히 말하면 다른 행성에 대해서는 일반상대성이론의 이 효과가 당시 기술로 관찰하기에 너무 작았다. 이론상 그 효과는 궤도의 긴반지름이 작을수록 커진다고 예측되었고, 당연히 근일점의 위치를 측정하는 기술의 정확도에 의존한다. 궤도 이심률(타원의 이심률은 0에서 1 사이의 값이며, 이심률이 클수록 타원이 길쭉하다 — 옮긴이)의 값이 작을수록 궤도는 원에 더 가깝고 근일점을 찾아내기가 어려워진다. 예를 들면 금성의 궤도 이심률은 수성보다 50배는 더 작은 탓에 1915년의 기술로는 일반상대성이론에 따른 금성의 근일점 전진을 관찰할 기회가 없었다.

아인슈타인의 이론이 뉴턴의 이론과 다르게 예측한 것 중에 검증할 수 있는 또 다른 효과는 어떤 것들이 있을까? 아인슈타인은 두 가지를 더 찾았다. 첫째, 스펙트럼선의 주파수(5장 참조)는 물체의 고유한 성질인데도, 그 물체가 다른 무거운 물체 근처에 있고 검출기는 멀리 있다면 주파수가 다르게 관측된다. 둘째, 빛이 무거운 물체 근처를 지나갈 때는 파동의 진행 방향이 바뀐다. 두 가지 예측 모두 결국 확인되었고, 특히 두 번째 것은 내가 제안한 VLBI(10장 참조)라는 방법으로 가장 정확히 검증되었다. 그전에 이 두 번째 예측은 1919년 5월, 태양의 개기일식 중에 광학 관측으로 처음 검증되었는데, 이 일은 아인슈타인이 천재의 대명사까지는 아니더라도 세계적인 과학자로 명성을 얻는 계기가 되었다. 별빛의 방향이 태양에 의해 구부러진다는 독일인 아인슈타인의 예측이 영국인에 의해 검증되었을 때, 그 결과는 언론사의 주요 기사가 되었고 제1차 세계대전 이후 대중의 큰 관심을 받았다.

나는 아인슈타인의 이론으로 예측해 볼 수 있는 또 다른 효과(아인슈타인이 직접 구상한 것은 아니다)를 제안하여, 재능 있고 뛰어난 여러 동료와 함께 그것을 시험했다. 빛의 경로가 거대한 천체를 지나갈 때는 목표 지점까지 왕복하는 시간이 더 걸린다는 가설이었다. 태양계에서는 이 효과가 아주 미미하다. 예컨대 지구에서 보는 수성이 태양 뒤에 있을 때, 레이더 신호가 지구에서 수성까지 가면서 태양의 가장자리를 지난다면, 그 신호가 왕복하는 시간은 $200\mu s$(마이크로초, 1초의 100만분의 1) 증가한다고 예측할 수 있다. 이 예측은 처음에 행성 간 레이더 측정으로 성공적으로 검증되었고, 이후에 태양 뒤를 지나는 행성 간 우주선으로 더욱 정확하게 검증되었다. 이 효과는 내 이름을 따서 '샤피로 시차 효과Shapiro time delay'라고 불리며, 관찰과 이론적 계산의 차이가 1만분의 1 이내로 일치한다.

이 역시 과학 통합의 사례로, 과거 뉴턴의 법칙이 그랬던 것처럼, 새로 제안된 기본 물리 법칙을 천문학에서 시험할 수 있음을 보여 준다. 동시에 어떻게 과학 연구가 놀랍고도 예상하지 못한 결과를 낳는지도 보여 준다. 외태양계에 있는 행성의 위치를 관측한 값과 예측한 값의 차이는 새로운 행성의 발견으로 직접 이어져 과학의 힘을 극적으로 보여 주었다. 또 내태양계에서 발견한 비슷한 현상은 중력 이론에 대한 전혀 새로운 접근법을 유도하는 데 일부 단서가 되었고, 이는 지금 우리가 우주의 구조를 보는 관점의 기반이 되었다(7장 참조).

기본적인 이론 물리학은 일단 여기까지 다룬다. 하지만 1부가 끝날 즈음에 우리가 맞닥뜨릴 또 다른 문제가 거시적 세계의 물리학과 미시적 세계의 물리학을 하나로 통합하려는 더 깊은 이해로 나아가게끔 자극할지도 모른다. 7장까지 읽고 나면 이 말이 무슨 뜻인지 알 것이다.

5장

우주 거리 사다리

우주를 설명하는 모형을 정확하게 개발하려면 무엇보다도 거리를 손에 쥐고 있어야 한다. 달과 해와 행성과 별과 은하가 지구에서 얼마나 멀리 떨어져 있는지 알아야 한다는 말이다. 멀리 있는 줄은 알겠는데 도대체 얼마나 멀다는 것인가? 우리가 이 지구에서 마주치는 것들과 비교하면 천문학적 세계에서의 거리는 상상을 초월하게 방대하다. 그렇다 보니 그 수치를 다루는 일은 인간이 우주에 관해 궁금해하기 시작한 때부터 늘 성가신 문제였다. 결국, 규모에 따라 각기 다른 도구가 동원되었고, 재치 있는 비유에 능한 천문학자들이 이런 도구들을 모두 합쳐서 '우주 거리 사다리cosmic distance ladder(CDL)'라는 이름을 붙였다. 각각의 도구 또는 그 도구로 잴 수 있는 거리의 범위는 이 (비유적) 사다리의 발판이 된다. 그중 제일 아래에 있는 첫 번째 발판은 태양계 안에서 적용된다.

이 사다리에 오르기 전에 한 가지 말해 둘 것이 있다. 이 장의 일부는 이 책에서 가장 어려운 부분이다. 하지만 이 장을 이해한다면 나머지는(아마도 11장에서 한 번 더 고비가 있겠지만) 식은 죽 먹기가 될 거라고 장담한다.

첫 번째 발판: 태양계 내에서의 거리

달은 상대적으로 지구와 가까워서 시차(두 번째 발판에서 설명한다) 또는 삼각측량법을 통해 지구에서의 거리를 어림할 수 있다. 지구에서 달까지의 거리는 지구 반지름의 약 60배다. 그럼 태양과 행성은 어떤가? 이 경우에는 케플러의 제3법칙을 빌린다. 행성에 대해서는 공전 주기를 비교적 쉽고 정확하게 측정할 수 있어서 공전 주기를 이용해 궤도의 긴반지름을 계산한다. 긴반지름은 천문단위(AU)로 나타내며, 1AU는 대략 태양과 지구 사이의 평균 거리다. 그런데 이 단위는 이름에서도 알 수 있듯이 천문학자들한테나 유용한 것이지 태양계에 우주선을 보낼 때는 별로 쓸모가 없다. 그런 목적이라면 지구에서 사용하는 거리 단위로 환산해야 한다. 우리는 지상에서 쓰는 다른 단위(미터 체계)를 사용해 로켓의 추진력을 계산한다. 그러면 이런 단위와 천문단위는 어떤 관계가 있을까? 이를 정확히 알아내기란 쉬운 일이 아니다. 20세기 중반 이전에는 상대적으로 가까이 있는 소행성의 거리를 삼각측량법으로 재는 것이 가장 좋은 방법이었지만, 그다지 정확하지 않았다.

20세기 중반까지 천문학자들은 이 관계의 불확도가 1만분의 1 정도라고 생각했다. 그러나 좀 더 정확한 측정이 가능해지면서 사실은 불확도가 1,000분의 1이었다는 것이 밝혀졌다. 즉, 10배 더 부정확했다. 이 차이의 영향을 살펴볼까. 지금 금성으로 우주탐사선을 보낼 생각이고, 금성까지의 거리를 1,000분의 1의 불확도로 알고 있다면, 얼마만큼 오류가 발생할까? 간단한 계산으로 대략 유추할 수 있다. 먼저, 1AU를 킬로미터로 환산하면 약 1.5×10^8 km가 된다. 여기에 1,000분의 1이라는 비례 오차를 곱한다. 계산하면 $1.5 \times 10^8 \times 1 \times 10^{-3} = 1.5 \times 10^5$ km가 나오며, 이것이 1AU에 대한 오차값이다. 한편 금성으로 가는 우주선은 지구에서 1AU의 3분의 1 정도 거리를 가야 한다. 그러므로 지구에서 금성까지의 거리인 1/3AU에 대한 오차는 $1/3 \times 1.5 \times 10^5$ = 5만 km가 발생하는데, 이는 꽤 심각한 수준이다. (진짜 불확도는 이렇게 단순하게 결정할 수 없지만, 이 책에서 논의하기에는 적절한 근사치다.) 이 정도 거리에서는 우주선에 장착한 근접 촬영 카메라 등의 장비들이 제 기능을 못 한다. 이것이 1962년, 인류가 다른 행성에 보낸 최초의 우주선인 마리너 2호의 상황이었다. 하지만 이런 길 찾기 문제에는 원론적으로 여러 해결책이 있다. 어떻게 했을까?

이 문제를 풀기 위해 사용된 것이 레이더다. 그리고 이 해결책이 우주 거리 사다리의 첫 번째 발판이 되었다. 레이더radar가 무엇일까? 이제는 흔한 단어이기는 하지만 radar는 'radio detection and ranging(전파를 이용한 탐지 및 거리 측정)'의 약자다. 제2차 세계대전 때 영국 본토에서 벌어진 항공전 중에 독일 전투기의 공격으로부터 영국 해협을 방어하는 데 레이더가 도움이 되었다. 전파 신호를 하늘에 전송하고 탐지된 반향을 통해 전투기의 위치를 파악하여 적절하게 방어할 수 있었기 때문이다(2014년 BBC 드라마 〈캐슬스 인 더 스카이〉에 잘 표현되었다). 실제 레이더는 더 일찍 발명되었지만, 송신기와 민감한 수신기를 포함해 모든 측면에서 개발이 적극적으로 이루어진 것은 제2차 세계대전 때였다. 그리고 전쟁이 끝난 직후인 1946년에 헝가리, 그리고 미국 뉴저지주 미국 육군 통신대 소속 과학자들은 서로에 대해 알지 못한 채 각자 전파 신호를 달에 보내고 되돌아온 반사파를 감지했다.

하늘에 떠 있는 달과 태양은 거의 같은 크기로 보인다. 그러니 태양으로 보낸 레이더 신호도 달에 보낸 것과 똑같이 쉽게 돌려받을 것으로 기대할 수 있다. 정말 그럴까? 아니, 그렇지 않다. 이유는 두 가지다. 첫째, 되돌아오는 전파의 에너지는 대상까지 거리의 몇 제곱에 반비례한다. 몇 제곱이냐고? 그 답을 찾기는 쉽지 않은데, 이것이 태양까지의 거리에 있는 태양만 한 물체와 달까지의 거리에 있는 달만 한 물체에 대한 레이더 반향을 감지할 때의 차이를 설명하는 열쇠다.

레이더 신호가 우주로 나가면 사실상 그 레이더를 중심으로 하는 구의 표면(일부분)에 신호가 퍼지게 된다. 이 구의 표면적은 구의 반지름의 제곱에 비례해서 증가한다. 따라서 목표에 이르는 신호의 단위면적당 세기는 지구의 송신기에서 목표물까지 거리의 제곱에 반비례해서 줄어든다(역제곱 법칙). 즉, 송신기에서 목표물까지의 거리를 r이라고 했을 때 신호의 강도가 줄어드는 비율은 r^{-2}이다. 이제 목표물에 도달한 레이더 신호의 일부가 목표물에서 반사되어 수신기로 돌아온다. 이 복귀 과정에서 레이더 신호는 또 한 번 구의 (일부) 표면에 퍼진다. 마찬가지로 돌아오는 신호(반향)의 단위면적당 세기 또한 거리의 제곱에 반비례하여 줄어든다. 즉, 이번에도 r^{-2}이다. 둘을 합치면 결국 목표물까지 거리의 네제곱만큼 에너지를 잃는 꼴이 된다. $r^{-2} \times r^{-2} = r^{-4}$. 그러므로 다른 조건이 같다고 했을 때 목표물까지의 거리가 두 배로 늘어나면 16분의 1로 약해진 신호를 돌려받게 되는 셈이다.

반사파의 세기는 목표물의 크기, 특히 면적(반지름의 제곱)에도 좌우된다. 하지만 목표물의 면적과 지구까지의 거리라는 두 요인을 수학적으로 정리하면 결국 두 천체의 반사파 세기의 비율은 지구까지 거리의 제곱에 반비례한다는 결론에 이른다(식 5.2).

태양과 달에 대하여 반사파 관련 수치들을 종합해 보면, 태양이 달과 동일하게 전파 신호를 반사한다고 했을 때 태양에서 오는 반사파는 달의 반사파보다 신호의 강도가 약 15만분의 1 수준으로 약하다는 계산이 나온다. 다시 말해 달에서 온 반사파를 겨우 감지할 수 있는 레이더로 태양의 반사파를 쥐꼬리만큼이라도 포착하려면 감도를 15만 배 이상 개선해야 한다는 뜻이다.

반사파의 세기

다른 조건이 같고 반지름이 두 배인 구체는 네 배 더 강한 레이더 신호를 반사한다. 반사파의 세기 P가 목표물의 면적 A와 거리 r이라는 두 요인에 좌우되는 관계는 수학적 언어로 다음과 같이 표현할 수 있다.

$$P \propto \frac{A}{r^2} \qquad \text{(식 5.1)}$$

만약 태양과 달처럼 (거의) 구체인 두 물체가 하늘에서 보이는 각 크기 angular size (겉보기 크기)가 동일하다면, 각각의 표면적을 지구까지 거리의 제곱으로 나눈 값은 같다는 결론을 내릴 수 있다. 따라서 식 5.1과 관련하여 두 천체의 반사파의 세기 P_1과 P_2의 비율은 지구까지 거리의 제곱에 반비례한다.

$$\frac{P_1}{P_2} \propto \frac{r_2^2}{r_1^2} \qquad \text{(식 5.2)}$$

이제 레이더로 태양까지의 거리를 측정하기 어려운 두 번째 이유를 알아보자. 태양의 표면은 고체가 아니다. 이 때문에 그곳까지 보낸 전파 신호는 파장(또는 주파수)에 따라 어떤 것은 흡수되고 어떤 것은 고체가 아닌 표면에서 반사된다. 그처럼 모호한 표면에서 반사된 신호는 지구의 단위로 천문단위 값을 계산할 때 정확도를 떨어뜨리지 않을까? 당연히 그렇다.

그러나 태양을 향해 레이더를 쏘지 않고도 지구에서 사용하는 단위로 천문단위의 값을 얻을 수 있다. 어떻게? 케플러의 제3법칙을 한 번 더 소환해 보자. 우리는 행성의 공전 주기를 아주 높은 정확도로 측정할 수 있기 때문에 똑같은 정확도로 각 행성의 궤도 긴반지름을 천문단위로 구할 수 있다. 행성의 궤도를 천문단위로 정확히 알면 언제라도 두 행성 사이의 정확한 거리를 천문단위로 쉽게 산출할 수 있다는 말이다. 지구와 다른 행성 사이의 거리를 지구의 단위로 한 번만 측정하면 간단한 산수를 거쳐 천문단위로 거리를 알아낼 수 있다. 그러므로 지구와 태양 사이의 거리를 직접 측정하지 않아도 된다. (하지만 실제로 또 그렇게까지 쉬운 것은 아니다. 먼저, 지구와 목표 행성의 궤도를 알아야 하고, 추가로 행성의 반지름과 모양을 어느 정도 정확하게 파악해야 한다.)

    태양계 천체 중에서 금성은 공전 궤도상 지구에 가장 가까이 왔을 때 달 다음으로 쉽게 레이더로 탐지할 수 있는 표적이다. 이 경우는 달을 탐지할 때보다 민감도가 100만 배 정도 더 높아야 한다. 그렇다면 이만큼 개선하는 데 얼마나 걸렸을까? 약 15년이다. 이후 안테나 크기, 송신기 출력 세기, 수신기 민감도 등 모든 면에서 놀라운 발전이 이루어지면서 레이더는 내가 아는 어떤 장비보다 가장 크게 성능이 향상되었다. 거의 50년 동안 해마다 평균 두 배 이상으로 감도가 증가한 셈이다!

    1961년 4월 초, 지구와 금성이 근접했을 때, 당시 MIT 링컨연구소에서 고든 페튼길Gordon Pettengill이 이끌던 우리 연구팀은 금성에서 돌아온 레이더 반사파의 시간 지연을 안정적으로 감지하는 데 성공했다. 일주일이 채 안 되는 기간에 매일 관측을 수행한 결과, 지구의 단위로 천문단위를 결정하는 정확도가 1,000배 이상 크게 향상되었다. 이 얼마나 대단한 승리인가. 천문단위와 지구의 거리 단위 사이의 불확도가 과거에 가정했던 것보다 10배 더 컸다는 사실을 알게 된 것도 이때였다. 지름 25m짜리 안테나를 장착한 이 레이더 시스템은 소련에서 1957년 10월 4일에 쏘아 올린 인공위성 스푸트니크 1호를 처음부터 추적한 레이더이며, 여전히 사용된다.

그보다 며칠 전에는 제트추진연구소의 리처드 골드스타인Richard Goldstein이 이끄는 연구팀이 골드스톤 레이더와 다소 정확도가 떨어지는 기법(레이더 신호로 도플러 효과를 측정한 방식인데 이 장의 뒤쪽에서 살펴볼 것이다)을 이용해 거의 동일한 정확도를 자랑하는 천문단위 측정 결과를 얻었다. 이 계산으로 마리너 2호가 금성과 마주할 때까지 추측항법dead reckoning(이미 알고 있는 정보를 이용해 위치, 속도, 시간 등을 계산하고 추정하여 비행하는 방법 — 옮긴이)을 사용할 수 있었다. 이렇게 우리는 태양계 내에서의 모든 거리를 천문단위만이 아니라 킬로미터 단위로도 우주에서 길잡이로 쓸 수 있을 만큼 정확하게 알게 되었다.

우주 거리 사다리의 두 번째 발판으로 넘어가기 전에 잠시 다음과 같이 상상해 보자. 지구가 후추 그라인더 안에 든 통후추 한 알만 하다고 말이다. 태양도 같은 비율로 줄어든다면 농구공만 하고, 이때 태양과 지구의 거리는 축구장의 이쪽 끝에서 저쪽 끝까지의 길이쯤 된다. 지구의 크기와 비교해 태양계가 얼마나 큰지 감이 오는가? 또 태양계가 얼마나 텅 비어 있는지도 말이다. 태양계 내에서 물체 사이의 공간은 그 안에 있는 물체의 크기와 비교하면 극도로 방대하다. 물론 우리 자신과 비교해 지구의 크기도 크다. 지구의 지름은 내 키보다 약 700만 배 더 크다. 이와 비교하면 지구에서 태양까지의 거리는 지구의 지름보다 고작 1만 2,000배 정도 더 크다.

두 번째 발판: 별까지의 거리

이제 태양계 내에서의 거리는 지구에서 사용하는 단위로 잘 환산할 수 있게 되었다. 그럼 태양계 밖에서는 어떻게 될까? 우주 거리 사다리의 두 번째 발판은 가까운 별까지의 거리를 측정한다. 이 경우에는 지구의 공전 궤도를 활용해 삼각측량법을 쓴다. 구체적으로 어떻게 이 기술을 적용할까? 시차視差, parallax라는 개념을 사용한다. 시차란 아주 멀리 있는 고정된 물체를 배경으로 하여, 상대적으로 가까이 있는 물체를 두 방향에서 각각 보았을 때 관찰되는 (겉보기) 위치의 변화를 말한다.

삼각형에서 밑변의 길이를 알면 기초적인 삼각법에 따라 밑변의 양 끝에서 꼭짓점까지의 각도를 측정해 삼각형의 밑변에서 꼭대기까지의 거리를 계산할 수 있다. 별에 대해서도 마찬가지다. 이 경우에 지구의 공전 궤도 지름이 삼각형의 밑변이 되며, 밑변의 양 끝에서 삼각형의 꼭대기에 해당하는 별까지의 각도를 잰다. 그 각도는 거리를 측정하고 싶은 대상보다 훨씬 더 멀리 있는 배경의 별을 기준으로 측정한다. 그런데 한 가지 본질적인 문제가 있다. 어떤 별은 가까이 있고 어떤 별은 멀리 있는지를 어떻게 알 수 있을까? 더 밝은 별이 가까이 있고 희미한 별이 멀리 있는 것 아닐까? 안타깝지만 그런 식의 어림짐작은 통하지 않는다. 애초에 별들의 고유 밝기가 다르기 때문이다. 그래서 여러 별을 기준 항성으로 삼아 목표 항성이 기준 항성 전체에 대해 움직이는 것처럼 보이는지 일부에 대해서만 움직이는지를 확인한다. 만약 후자라면 목표 항성 근처에서 서로에 대해 움직이지 않는 별을 발견할 때까지 찾아서 기준 항성으로 삼는다. 그러면 그 별들은 자체적으로 관측되는 시차가 없을 만큼 멀리 떨어져 있다고 확신할 수 있다.

시차를 이용해 별까지의 거리를 측정하는 이런 방식은 1729년 영국에서 제임스 브래들리James Bradley가 가장 먼저 시도했다. 당시로서 가장 정확하게 측정할 수 있는 각도는 오차 범위 10" 이내였는데, 그걸로는 연중 별의 위치 변화를 감지할 수 없었다. 즉, 별의 시차를 찾지 못했다는 말이다. 하지만 그는 광행차光行差, aberration를 발견했다. 광행차란 이를테면 한 별에서 오는 빛의 방향이 지구의 운동 속도에 따라 다르게 보이는 자연의 속성이다. 이는 빗속을 걸어갈 때의 경험과 비슷하다. 바람이 불지 않을 때 비가 당신에게 내리는 방향은 당신이 걷는 속도와 걸어가는 방향에 따라 달라진다. 브래들리가 내놓은 결과가 천동설 대 지동설의 대립에서 무엇을 암시하는지, 그리고 그 이유를 알겠는가?

별까지의 거리를 재는 시차 측정은 지구가 태양 주위를 돌고 있는지 아니면 그 반대인지를 확인하는 수단으로도 쓰였다. 만약 지구가 정지해 있고 우주 전체가 지구 주위를 계속해서 돌고 있다면 한 별에 대한 다른 별의 겉보기 방향은 1년 내내 똑같을 것이다. 그러나 지구가 별들을 기준으로 움직이고 그 별들이 지구에서 서로 다른 거리에 있다면, 훨씬 멀리 있는 별에 대해 상대적으로 가까운 별의 위치는 연중 다른 지점에서 관측될 것이다. 만약 이 기법으로 별의 연주시차가 확인되고, 또 매년 반복된다면, 이는 지구가 나머지 우주에 대해 정지해 있지 않고 태양 주위를 공전한다는 반박할 수 없는 증거가 된다. 브래들리가 광행차를 발견하면서 지구가 별을 기준으로 움직인다는 사실은 (거의) 모두가 만족하도록 아주 잘 증명되었다.

만약 어느 별에 대해서도 시차가 탐지되지 않는다면 어떤 결론을 내릴 수 있을까? 두 가지 명백한 해석이 있다. 지구가 정말로 우주의 중심에 박혀 정지해 있거나, 아니면 별이 너무 멀리 떨어져 있어서 현재의 정밀도로는 시차 측정에서 예상되는 움직임을 감지할 수 없다는 뜻이다. 시차를 측정할 장비와 방법이 유의미한 결과를 얻을 만큼 개선된 것은 브래들리의 첫 시도 후 한 세기가 지난 1836년이 되어서였다. 유명한 수학자이자 천문학자인 프리드리히 빌헬름 베셀Friedrich Wilhelm Bessel은 밝은 별인 백조자리 61의 시차를 0.3″의 오차 이내로 측정하는 데 성공했다.

그렇다면 이 시차 측정값을 어떻게 거리로 환산할까? 이런 목적으로 새로운 거리 단위인 파섹parsec(기호는 pc)이 도입되었다. 파섹은 시차parallax와 각초arc second의 합성어로 1913년에 허버트 홀 터너 Herbert Hall Turner가 만들었고, 지구 공전 궤도의 반지름, 더 정확하게는 1AU가 1″의 각도를 이루는 거리를 말한다(그림 5.1). 여기서 주의할 점이 있다. 파섹은 지구가 태양을 도는 공전 궤도의 반지름을 사용하여 정의한다. 그러나 시차를 측정할 때는, 정확도를 높이기 위해 공전 궤도의 지름을 사용하는데, 당연히 반지름의 두 배다.

오늘날 천문학에서 널리 사용하는 거리 단위는 파섹이다. 하지만 파섹이 유일한 거리 단위는 아니고 광년(1pc = 3.26광년)과 함께 쓰인다. 짐작했겠지만 광년은 빛이 진공 상태에서 1년 동안 이동하는

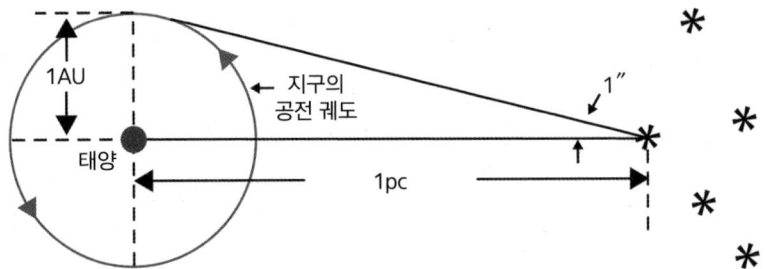

그림 5.1. 시차를 이용해 정의한 거리 단위 파섹을 그림으로 나타냈다. 단, 이 그림은 실제 비율과는 다르다. 그림에서는 기준 항성이 파섹을 정의할 때 사용된 삼각형 꼭대기 자리의 별에서 그다지 멀리 떨어지지 않았다. 하지만 실제로는 시차가 거의 관찰되지 않는 먼 배경으로 나타나야 한다. 이 멀리 있는 별들은 지구 공전 궤도의 지름을 삼각형의 밑변으로 했을 때 양쪽 끝에서 꼭짓점에 있는 별까지의 각도를 측정하는 데 이용된다.

거리다. 둘 다 조금 허술한 면이 있는데, 예를 들면 '1년'의 정의가 명확하지 않은 점이 그렇다. 하지만 태양계 바깥에서의 거리 측정은 아직 정확도가 낮은 편이라 이 정도로 느슨하게 사용해도 결과에 큰 영향을 미치지 않는다.

지표면에서 관측할 때는 지구 대기에 의해 별빛이 흔들리거나 깜빡거리는 현상 때문에 시차 방식으로 신뢰성 있는 결과를 얻을 수 있는 거리의 한계가 100pc 정도에 불과하다. 그러나 2013년 12월에 유럽우주국이 발사한 우주망원경 가이아 덕분에 이제는 시차 방식으로 약 1만 pc까지 항성의 거리를 측정할 수 있고, 정확도 역시 혁신적으로 발전해 최상일 때의 $10\mu as$(마이크로각초, $1\mu as$ = 100만분의 1")에서 거리가 멀어질수록 아주 서서히 떨어진다.

한 가지 참고할 정보가 있다. 가이아가 별까지의 거리를 측정하는데 이용한 방법에 의문이 제기된 적이 있다. 과거에 유럽 인공위성

히파르코스가 가이아와 같은 방식으로 플레이아데스성단까지의 거리를 측정했는데, 그 결과가 더 신뢰도 높은 VLBI(10장 참조)의 측정 결과와 일치하지 않았기 때문이다. 조사해 보니 VLBI의 결과는 정확했고, 히파르코스의 결과는 오류였다. 히파르코스의 결과가 다르게 나온 이유는 아직 설명되지 못하고 있다. 이런 이야기는 과학이 항상 쉽고 순탄하게 진행되지는 않으며 예상치 못한 경로로 가는 경우가 많음을 예시한다. 그러나 결국에는 진리가 이기게 마련이다.

세 번째 발판: 주기-광도 관계

시차를 측정할 수 없을 만큼 멀리 있는 천체까지의 거리는 어떻게 알 수 있을까? 지혜와 행운이 조합되어 영리한 방식이 탄생했다. 지금으로부터 100여 년 전, 하버드대학교 천문대는 남반구에서만 볼 수 있는 별들을 관측하기 위해 페루에 천체망원경을 설치했다. 그 남쪽 하늘에는 소마젤란은하Small Magellanic Cloud라는 구역이 있는데, 중력으로 서로 묶여 있다고 추정되는 별들이 밀집되어 있으며 지구까지의 거리는 모두 대략 비슷하다고 보았다. 페루의 관측자들은 이 은하의 별들을 계속 관찰했다. 그리고 그곳 하늘의 이미지가 담긴 커다란 사진 건판(유리로 만들어졌다)을 하버드대학교 천문대로 보내 상세한 분석을 요청했다.

애플, 삼성, 델, IBM이 존재하지 않던 시절이었지만 당시 하버드대학교 천문대에는 이런 분석을 수행할 뛰어난 컴퓨터가 있었으니, 바로 인간 여성들이다. 이들이 계산compute을 담당했기에 컴퓨터computer라고 불렸다(그림 5.2). 그 시대 과학계에는 여성이 진출할 기회가 드물거나 아예 없었지만, 당시 하버드대학교 천문대 소장이었던 에드워드 C. 피커링Edward C. Pickering은 똑똑하고 실력도 뛰어난 최고의 여성들을 고용했고, 그들은 훌륭한 연구를 했다. (2016년에 이 '컴퓨터'들을 다룬 《유리 우주》(알마, 2019)가 출간되어 베스트셀러에 올랐다.) 그중에서도 헨리에타 레빗Henrietta Leavitt은 다양한 별들의 관측 자료를 조사하다가 시간에 따라 주기적으로 밝기가 달라지는 별들을 발견했다(그림 5.3). 게다가 전혀 예상하지 못한 연관성까지 알아냈다. '세페이드 변광성Cepheid variable'이라고 하는 이 별들의 변광 주

그림 5.2. 하버드대학교 천문대에서 작업 중인 컴퓨터들. 1900년경.

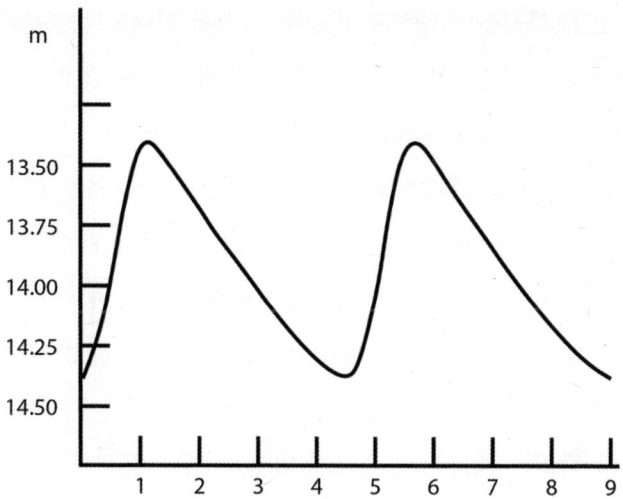

그림 5.3. 헨리에타 레빗이 발견한 세페이드 변광성의 한 유형. 9일 동안의 밝기 변화를 겉보기 등급으로 표시했다. 겉보기 등급(세로축의 m)은 밝기의 로그값이다. 겉보기 등급의 값이 작을수록 더 밝은 별이며, 이 표에서 겉보기 등급 13.50은 14.50보다 2.5배 정도 더 밝다.

기는 밝기와 관련이 있었다. 특히 (한 주기 동안의) 평균 밝기가 밝을수록 밝기의 변동 주기가 더 길었다.

어떻게 이런 관계를 파악했을까? 그건 이 세페이드 변광성들이 모두 태양계에서 비슷한 거리에 있었기에 가능한 일이었다. 별의 겉보기 밝기는 별까지 거리의 제곱에 반비례한다. (겉보기 밝기는 지구에 있는 우리 눈에 보이는 밝기이고, 광도는 별이 단위 시간당 방출하는 에너지의 측정값으로, 거리와 무관한 고유 밝기다. 이 차이를 기억하기 바란다.) 따라서 임의의 거리에 제각각 흩어져 있는 별들에 대해서는 관측된 밝기 차이가 거리 때문인지 고유 밝기(광도) 때문인지 구분할 수 없다. 하지만 헨리에타 레빗은 소마젤란은하의 별들을 조사하는 중이었기에 그 변광성들이 대체로 비슷한 거리에 있다고 볼 수 있었다. 이 덕분에 겉보기 밝기를 곧 고유 밝기로 해석할 수 있었고, 주기-광도 관계period-luminosity relation를 파악할 수 있었다.

세페이드의 변광 주기는 (우리가 감지할 수 있는 밝기라면) 지구에서의 거리를 몰라도 관측할 수 있다(그림 5.3). 따라서 관측한 주기를 이용해 주기-광도 관계를 바탕으로 계산하면 별까지의 거리를 추정할 수 있다. 어떻게? 두 세페이드의 변광 주기가 같고 이들이 주기-광도 관계를 따른다면, 둘의 고유 밝기는 같다. 그러나 대개 지구에서의 거리가 다르므로 겉보기 밝기는 서로 다르다. 하지만 겉보기 밝기는 지구까지 거리의 역제곱에 비례한다. 바로 이 관계들을 바탕으로 거리를 알고 싶은 세페이드의 평균(또는 최대/최소) 밝기를, 그것과 변광 주기가 같고 거리를 아는 다른 세페이드의 밝기와 비교하면 된다(식 5.3).

주기-광도 관계를 바탕으로 거리를 추정하는 이 방법은 '상대적인' 거리를 결정하는 '간접적인' 방법이다. '절대적인' 거리를 구하려면, 즉 파섹이나 광년으로 거리를 나타내려면 이 관계를 보정해야 한다. 이는 곧 특정한 평균 밝기를 가진 세페이드 변광성의 거리를 알아야 한다는 뜻이다. 이런 보정은 어떻게 할 수 있을까? 한 가지 확실한 방법은 평균 밝기를 알고 있으며 시차 측정을 통해 거리를 계산할 수 있을 만큼 가까이 있는 세페이드 변광성을 찾는 것이다. 사실 이미 보정은 이루어졌다. 다만 이 경우에도 보정의 불확도 때문에 정확한 거리를 알아내는 데 한계가 있다. 이는 헨리에타 레빗이 처음 주기-광도 관계를 밝힌 지 한 세기가 넘은 현재도 마찬가지다. 물론 지금은 그때보다 정확도가 훨씬 높아지긴 했다. 앞으로 가이아 우주망원경이 몇 년에 걸쳐 시차 측정의 정확도를 높이고, 적용 범위를 최대 100배 이상 더 먼 거리까지 확장하면 과거의 보정 정확도가 10배 이상 획기적으로 개선될 것이다.

시차를 측정할 수 있는 범위보다 더 먼 거리에 대해서는 이처럼 대리변수proxy(직접 측정하기 어려운 양을 간접적으로 추정하기 위해 사용하는 관측 가능한 다른 지표 — 옮긴이)를 사용하는 방식으로 거리를 추정해야 한다. 주기-광도 관계에 기반을 둔 이 방식은 우주 거리 사다리의 세 번째 발판을 구성한다.

한편 시간이 너무 오래 지났지만, 내 생각에는 주기-광도 관계의 명칭에 발견자인 헨리에타 레빗의 이름을 넣어 공식적으로 '레빗 주기-광도 관계'로 바꾸는 것이 옳을 듯하다.

주기-광도 관계를 이용해 거리 구하기

변광 주기가 같은 두 별의 밝기의 비율이 지구에서 각 별까지 거리의 역제곱의 비율과 같다고 하면, 다음과 같은 식이 나온다.

$$\frac{B_1}{B_0} = \frac{r_0^2}{r_1^2} \qquad (식\ 5.3)$$

여기서 B_0은 기준 세페이드의 평균 밝기, B_1은 거리를 구하려는 세페이드의 평균 밝기, r_0은 지구에서 기준 세페이드까지의 거리다.

(이때 밝기의 단위는 등급이 아니라 물체가 밝을수록 B값이 커지는 정비례 관계라는 점에 유의하자.) 식 5.3에서 약간의 계산을 거치면 거리를 알고 싶은 세페이드까지의 거리 r_1을 구할 수 있다.

$$r_1 = r_0 \sqrt{\frac{B_0}{B_1}} \tag{식 5.4}$$

네 번째 발판: 적색편이-거리 관계

우주 거리 사다리의 네 번째 발판은 무엇이고 왜 필요할까? 두 번째 질문부터 대답하자면, 세페이드 변광성은 아주 먼 은하에서도 찾을 수 있을 만큼 밝지가 않다. 다음 발판을 위한 무대를 마련하기 위해 지금까지 그랬듯이 역사의 경로를 따라가 보자.

약 한 세기 전 우리는 우주의 크기에 대해 얼마만큼 알고 있었을까? 아는 게 거의 없었다. 당시 천문학자들은 우주에 우리은하가 전부인지 아니면 여러 은하가 있는지를 두고 논쟁했다. 그 시절의 천체망원경은 지구의 다양한 방향에서 관찰되는 흐릿한 빛의 얼룩(성운)을 보여 줄 만큼 크고 성능이 괜찮았다. 이 얼룩들은 하늘에 제멋대로 흩어져 있었다. 반면에 별들은 은하수라는 띠 안에 밀집해 있었는데, 그건 곧 우리은하의 모양이 납작한 팬케이크 형태라는 뜻이었다. 그렇다면 만약 이 흐릿한 빛의 얼룩, 일명 섬우주island universe라고도 하는 그것들이 우리은하의 일부라면 왜 팬케이크를 벗어나 하늘 전체에 분포해 있을까? 또 지구와 태양은 우리은하의 어디쯤 자리 잡았을까? 그리고 그것을 어떻게 알아낼 수 있을까?

우주 전체의 구조라는 근본적인 문제를 다루는 큰 논쟁이었던 만큼, 저명한 천문학자 조지 엘러리 헤일George Ellery Hale은 미국 국립과학원에서 토론회를 열고 각 관점을 명확하게 대변할 두 천문학자를 내세워 논쟁을 시켜 보자고 제안했다. 토론자로는 에드워드 C. 피커링의 뒤를 이어 하버드대학교 천문대 소장으로 임명된 할로 섀플리Harlow Shapley와 샌프란시스코의 릭 천문대 소속인 나이 많고 노련한 연설가 히버 커티스Heber Curtis가 선정되었다. 토론은 1920년 4월 26일에 열렸고 서면 기록이나 녹취록은 없었지만 (아마도, 아니 분명 상당히 변형되었을) 토론 내용이 약 1년 후에 출판되었다. 두 가지 질문에 대한 양쪽의 의견이 이 인쇄물에 실렸다.

먼저, 은하가 하나인가 아니면 여러 개인가, 하는 논제에 대해서는 커티스의 주장이 더 설득력 있었다. 커티스는 무작위로 분포된 섬우주는 전체적으로 팬케이크 모양인 우주 안에 존재한다고 볼 수 없다고 주장했다. 반대로 우주가 오직 하나밖에 없다는 섀플리의 의견은, 하늘에서 어떤 섬우주의 위치가 각도 변화를 크게 보이며 이동한 것이 관측되고, 만약 그것이 당시에 가장 넉넉하게 추정한 은하수의 범위보다도 멀리 있다면, 그 정도로 이동하기 위해서는 빛의 속도보다 빨라야 하는데, 그렇게 되면 특수상대성이론과 충돌한다는 (나중에 틀렸다고 밝혀진) 주장에 부분적으로 근거했다. 하지만 섀플리는 섬우주가 하늘에 고루 분포해 있는 현상에 관해서는 설명하지 못했다.

두 번째로, 지구가 은하의 중심에서 얼마나 떨어져 있는가, 하는 질문에 대해 섀플리는 커티스보다 몇 배 더 가까운 1만 pc이라는 좀 더 설득력 있는 수치를 제안했다. 여기서 주목할 점은 누가 옳든 간에 우주에서 특별하다고 믿었던 우리의 자리가 밀려나고 있다는 사실이다. 우리은하가 우주에서 유일하든 여러 은하 중 하나든, 우리는 이제 우리가 속한 은하의 중심에서도 제외되었다.

이런 근본적인 질문에 대한 대논쟁이 이어지는 동안 그 밑바탕에는 우주가 (팽창하지 않고) 정적이라는 가정이 깔려 있었다. 자신이 세운 일반상대성이론이 우주를 설명하는 모형이 될 거라고 믿었던 아인슈타인은 당혹스러웠다. 어떻게 해서 우주가 정적인 상태를 유지하는 걸까? 모든 물질은 다른 물질을 끌어당기기 마련이므로, 정적인 우주는 결국 붕괴할 수밖에 없다. 당시 많은 천문학자가 주장했던 것처럼 우주가 정말로 정적이라면 아인슈타인의 일반상대성이론은 우주 전체를 다루는 좋은 모형이 될 수 없다. 하지만 그렇다고 하기에 그의 이론은 태양계처럼 상대적으로 가까운 거리의 우주에서는 꽤 잘 작동했다.

그럼 어떻게 해야 할까? 아인슈타인은 전에도 자신의 이론 때문에 난관에 봉착한 적이 있었다. 그때 그는 뛰어난 해결책을 제시했다. 방정식에서 시공간의 기하학 쪽 변(좌변)에 항 하나를 추가한 것이다. 이 새로운 항은 가까운 거리의 우주에서는 눈에 띄는 효과가 없었지만, 먼 거리의 우주에서는 중력에 대한 반발력으로 작용했다. 적당한 크기의 반중력으로 작용하는 이 새로운 항은 우리 우주의 특정한 속성에 따라 값이 달라지는 상수에 의해 결정되었다. 아인슈타인이 이 항을 추가한 것은 자신의 방정식에 임의의 상수는 없다고 자부하던 최초 이론에서의 급격한 이탈이었다. 그는 새롭게 제시된 상수, 즉 이 새로운 항의 계수를 '우주상수cosmological constant'라고 불렀다.

한편에서는 아인슈타인의 일반상대성이론을 우주론(우주의 구조와 진화를 다루는 학문)에 적용하려는 시도가 활발하게 일어났다. 1920년대 초에 소련의 뛰어난 젊은 과학자 알렉산드르 프리드만Alexandre Friedmann은 '팽창하는' 우주야말로 아인슈타인의 일반상대성이론 방정식을 푸는 해법이 될 수 있다고 추론했다. 아울러 벨기에 사제 조르주 르메트르Georges Lemaître도 1927년에 독자적으로 비슷한 결론에 도달했다. 그리고 그 직후에는 현재 허블 망원경으로 잘 알려진 에드윈 허블Edwin Hubble이 당시로서 가장 민감한 장비인 지름 100인치(거울 지름이 2.54m)짜리 후커 반사망원경을 사용해 캘리포니아주 패서디나 바로 북쪽에 있는 윌슨산 천문대에서 일부 섬우주까지의 거리 측정을 시도했다. 그는 1920년대 후반에 세페이드 변광성을 이용해 섬우주까지의 거리를 측정하는 데 성공했고, 이를 통해 섬우주가 지구에서 수백만 광년 떨어진 별개의 은하임을 증명했다.

허블은 자기가 관측하는 은하의 빛을 분석할 때 그 빛에 대한 스펙트럼 자료도 조사했는데, 대부분 10여 년 전에 미국 천문학자 베스토 슬라이퍼Vesto Slipher가 얻은 자료였다. 스펙트럼이 무엇인가? 이어질 내용에서 스펙트럼이 상당한 역할을 하므로 잠시 광학 스펙트럼에 대해 간략한 배경 설명을 하겠다.

이번에도 시작은 실험의 역사다. 태양의 스펙트럼은 1813년에 독일 물리학자 요제프 프라운호퍼Joseph Fraunhofer가 관찰했는데, 영국 물리학자 W. H. 울러스턴W. H. Wollaston이 1802년에 관찰한 것을 검증하고 확장한 것이다. 프라운호퍼가 햇빛을 투명한 프리즘에 통과시켜 스크린에 비치는 색깔, 즉 스펙트럼(주파수에 따른 빛의 세기 또는 색깔)을 관찰했더니 군데군데 가늘고 검은 선이 있었다. 그는 이 선의 의미를 알지 못했다. 훗날 과학자들은 순수한 산소나 수소처럼 특정 원소로 이루어진 기체에 전류를 흘렸을 때 방출되는 빛을 프리즘에 통과시키면 아주 특정한 주파수 또는 색상에 해당하는 선들이 나타나는 것을 발견했다. 이 스펙트럼선들의 패턴은 원소마다 다 다르고 고유해서, 특정 원소의 선들은 늘 같은 자리에 나타났다. 다시 말해 항상 같은 주파수 또는 색깔에 해당하는 선이 생긴다는 뜻이다. 모든 원소는 각각 고유한 방출 스펙트럼을 가지고 있으며, 이것은 그 원소를 식별하는 지문처럼 활용할 수 있다. 그런데 원소들의 밝은 방출선은 태양 스펙트럼의 검은 선(흡수선)과 일치했다. 이는 태양의 표면 쪽에 있는 원소들이 내부의 더 뜨거운 영역에서 나오는 빛을 흡수하고 있기 때문인데, 이 사실을 몰랐던 당시로서는 당혹스러운 결과였다.

자, 그러면 먼 은하에서 온 빛에 대하여 슬라이퍼가 얻은 스펙트럼을 분석한 허블은 무엇을 알아냈을까? 이 스펙트럼에는 특정 원소라고 식별할 수 있는 고유한 선들이 있었지만, 한 가지 큰 차이점이 있었다. 실험실에서 관찰한 태양 스펙트럼의 선들과 비교했을 때 이 선들의 주파수 위치가 조금씩 이동해 있었다. 이 선들은 왜 이동했을까? 그리고 어느 방향으로, 얼마만큼 이동했을까? 답을 알아내기 위해 잠시 주제에서 벗어나 파동의 속도와 도플러 효과에 대해 알아보자.

배경지식: 파동의 속도

1844년의 오스트리아 빈으로 가 보자. 크리스티안 도플러Christian Doppler는 망원경으로 이중성double star을 관측하다가 빛의 주파수 패턴이 앞뒤로 변동하는 것을 보았다. 그는 이 현상이 이중성의 정의 그대로 두 별이 서로가 서로를 공전하기 때문이라고 추론했다. 빛의 이런 특성은 우리가 소리에 대해 익히 알고 있는 한 효과와 아주 비슷하다. 관찰자를 향해 달려오는 기차의 기적 소리는 기차가 관찰자를 지나쳐서 멀어질 때보다 음높이가 더 높다. 음높이(또는 진동수)의 이러한 변화를 '도플러 편이Doppler shift'라고 한다. 누구의 이름을 딴 효과인지는 바로 알았겠지. 하지만 누군가는 '뢰메르 효과'라고 불러야 한다고 생각할지도 모르겠다. 거의 200년이나 앞서 처음으로 이런 차이를 발견하고, 이것을 빛이 유한한 속도로 이동한다는 증거로 본 사람이 올레 뢰메르니까 말이다.

그러면 이런 편이를 어떻게 광원의 속도 함수로 나타낼 수 있을까? 먼저, 빛에 대한 모형이 필요하다. 이럴 때 잘 작동하는 모형이 파동 모형이다(그림 5.4). 파도를 생각해 보자. 파도의 최고점을 마루라고 하고 마루와 마루 사이의 거리를 파장(λ), 최저점인 골에서 마루까지 수직 거리의 절반을 진폭(a)이라고 한다. 파도가 수평으로

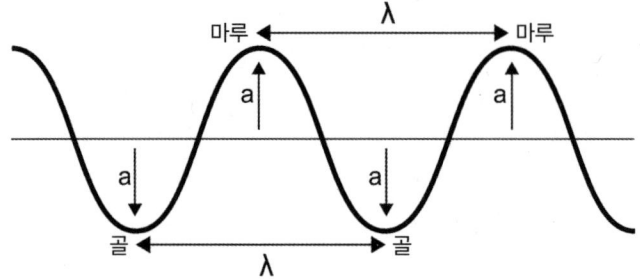

그림 5.4. 파동의 움직임.

이동한다면, 그것이 공간의 어느 지점을 지나가든 그곳의 물질은 주기적으로 위아래로 움직인다.

물결이 단위 시간당 한 파장을 통과하는 횟수를 주파수(또는 진동수, f로 표시)라고 한다. 이것을 빛의 파동으로 생각해 보면 빛의 속도 c는 파장과 주파수의 곱과 같다.

$$c = \lambda \times f \qquad \text{(식 5.5)}$$

간단한 예를 들어 보면 이 관계를 좀 더 명확히 이해할 수 있다. 만약 당신이 한곳에 멈춰 서서 파도를 바라보고 있는데 마루에서 다음 마루까지 1초에 한 번씩 물결이 지나간다고 해 보자. 그러면 이 파도의 속도는 1초 동안 물결이 지나가는 횟수(이 경우에는 1)와 파장을 곱한 값이 된다. 파장이 같다고 가정할 때, 만약 1초에 물결이 두 번씩 지나간다면 파도의 속도는 두 배가 된다.

도플러 편이는 어떨까? 그 전개는 다소 복잡하므로 여기서는 결과만 보여 주겠다. 신호의 원천(예컨대 광원)이 관찰자를 향해 다가오고 있을 때 관찰자가 받아들이는 주파수는 다음과 같다.

$$f \approx f_0(1+\frac{v}{c}) \qquad \text{(식 5.6)}$$

이 식에서 f_0은 광원에서 방출된 빛의 고유 주파수다. v는 광원이 관찰자에게 다가오는 속도를 나타내며, 빛의 속도 c보다 훨씬 작다. 좌변과 우변 사이의 $\approx$ 기호는 대략 같다는 뜻이다. 같은 속도로 광원이 관찰자에게서 멀어질 때는 식 5.6에서 플러스(+) 기호를 마이너스(-) 기호로 바꾸면 된다.

하지만 잠깐. 아인슈타인은 빛의 속도 c가 관찰자와 광원의 상대 속도와 상관없이 늘 똑같다고 했으며, 관측 결과도 이를 뒷받침했다고 하지 않았던가? 맞다. 바로 여기에서 중요한 사실을 알 수 있다. 빛의 속도가 일정하므로, 관찰자가 받아들이는 주파수가 증가할 때 그 파장은 줄어들어야 $f \times \lambda = c$라는 관계가 유지된다는 점이다. 광원에서도 $f_0 \times \lambda_0 = c$이듯이 말이다.

지구에서 발견한 물리 법칙은 우주 어디에서나 적용된다고 가정된다. 이것은 아주 근본적인 전제다. 따라서 멀리 떨어진 물체의 스펙트럼에 나타난 선이 실험실에서 관측한 것과 같은데, 다만 일괄적으로 같은 비율만큼 이동했다면, 이런 이동(편이)은 빛을 방출하는 물체와 우리 사이에 시선속도 line-of-sight velocity(관측자 쪽으로 일직선으로 다가오거나 멀어지는 속도 — 옮긴이)가 다르기 때문이라는 결론을 내릴 수 있다. 다른 원인도 생각할 수는 있지만, 지금까지 이 설명만큼 정밀한 검증을 통과한 것은 없다.

허블의 관측 결과

에드윈 허블로 돌아오면, 그는 멀리 떨어진 은하에 있는 세페이드 변광성을 관측한 결과를 바탕으로 수백만 광년이라는 거리를 추정했다. 과거보다 훨씬 더 강력한 망원경을 사용한 덕분에 가능한 일이었다. 허블이 내놓은 결과는 섬우주가 당시 우리은하의 경계라고 믿었던 영역보다 훨씬 멀리 떨어져 있음을 보여 주었고, 우리은하와는 다른 별개의 은하라는 결론으로 이어져 천문학계의 흐름을 바꾸었다. 이렇게 해서 우리가 우주에서 특권을 누리는 자리에 있다는 우월감은 또 한풀 꺾였고, 일개 은하의 중심에서조차 멀리 떨어진 존재임을 확인하게 되었다. 이제 우주 어딘가에 지적 생명체가 존재한다는 확실한 증거를 찾는 것은(22장 참조) 우리가 우주에서 특권적인 지위를 차지한다는 과거의 믿음을 무너뜨리는 다음 단계이자 마지막 단계가 될 것이다.

허블은 은하들의 거리를 추정하면서 조사한 슬라이퍼의 스펙트럼 자료를 통해 놀라운 관계를 알게 되었다. 지구에서 이 은하들까지의 거리는 스펙트럼에서 확인된 적색편이redshift와 대략 비례했다. 이는 곧 은하들이 우리에게서 멀어지고 있으며, 그 속도는 지구에서 은하까지의 거리에 비례한다는 뜻이다(그림 5.5). 왜 그런지 볼까. 각 은하의 스펙트럼은 붉은색 쪽으로 이동해 있었다(이 현상을 적

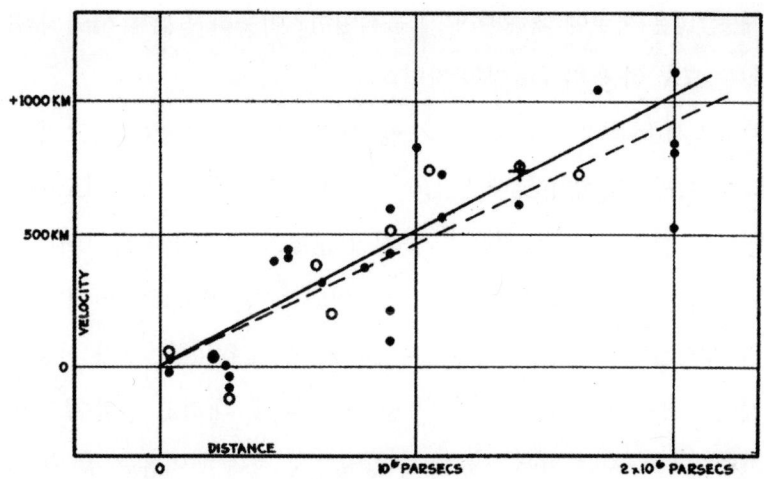

그림 5.5. 에드윈 허블이 1929년에 발표한 기념비적 결과. 가까운 은하들의 속도와 거리를 10^6 pc 단위로 나타냈다. 흰색 원과 검은색 원, 점선과 실선의 차이는 무시하라. 참고로 그래프의 세로축은 초속을 보여 주므로 KM/s라고 표기해야 하지만 KM만 적혀 있다. 즉, 실수다.

색편이라고 한다). 즉, 스펙트럼에서 저마다 특징적인 패턴으로 나타나는 원소의 흡수선들이 모두 원래 위치보다 붉은색 쪽(파장이 긴 쪽)으로 특정 비율만큼씩 옮겨졌다는 뜻이다. 그 위치의 주파수는 실험실에서 측정한 원래 주파수보다 낮다. 앞에서 설명한 도플러 편이를 떠올려 보라. 관찰자가 받아들인 주파수가 낮아졌다는 것은 이 광원이 멀어지고 있다는 뜻이다. 그리고 적색편이의 정도가 은하까지의 거리와 비례한다는 것은 은하들이 멀어지는 속도가 거리와 비례함을 나타낸다. 이 놀라운 관찰 결과를 어떻게 해석해야 할까? 고무줄을 균일하게 늘이거나 풍선에 균일하게 바람을 불어 넣는다고 가정해 보자. 고무줄이나 풍선 위에는 일정한 간격으로 점이 찍혀 있다. 고무줄의 길이나 풍선의 반지름이 균일하게 증가할 때, 점들은 서로에 대해 어떻게 움직일까? 이웃하는 점들 사이의 거리는 그 간격에 비례하여 증가한다.

따라서 허블의 관측은 우주가 팽창하고 있음을 증명한다. 그의 관측이 프리드만이나 르메트르의 연구와 무관하든 아니면 최소한의 영감만 받았든 간에, 적색편이-거리 관계가 일반적인 사실이라면 팽창하는 우주는 피할 수 없는 결론이었다. 하지만 1929년에 결과를 발표하면서 허블은 이런 결론을 내세우지 않았다. 그가 신중한 사람이기는 했으나 왜 다른 (잠정적인) 결론을 내리고 정작 우주의 팽창에 대해서는 아무것도 쓰지 않았는지 정확한 이유는 알 수 없다. 당시에는 이런 가능성을 인식하지 못했던 것일까?

단일 세페이드 변광성의 빛을 관측해서 적색편이를 알아내는 것보다 은하 전체에 고루 퍼져 있는, 즉 흔히 존재하는 어떤 원소의 빛에서 적색편이를 알아내는 편이 더 쉽다. 세페이드 하나가 내는 빛보다 은하 전체에서 오는 빛의 총량이 더 많기 때문이다. 그리고 이 덕분에 관측 가능한 거리의 세페이드보다 훨씬 멀리 떨어진 은하라 해도 적색편이를 측정할 수 있고 이를 통해 거리를 추정할 수 있다. 그렇기에 적색편이-거리 관계redshift-distance relation(RDR)는 우주 거리 사다리의 네 번째 발판이 된다. 이 관계는 다음의 식으로 나타낼 수 있다.

$$v = Hd \qquad (\text{식 5.7})$$

여기서 v는 은하가 우리에게서 멀어지는 속도, d는 지구까지의 거리, 그리고 H는 비례 상수다. 거리 d가 아주 멀어져도 상수 H가 일정하게 유지되는지는 7장에서 알아보자. 짐작했겠지만 이 상수 이름은 허블에게서 왔다. 하지만 실제로는 르메트르가 허블보다 2년 먼저 이 상숫값을 발표했다. 그래서 많은 천문학자가 이 상수를 르메트르의 'L'로 표기하고 르메트르상수라고 불러야 한다고 생각한다. 그러나 내가 알기로 허블은 자기를 알리는 능력이 뛰어난 사람이었던 반면, 르메트르에게는 그런 재능이 없었던 것 같다.

우주 거리 사다리의 네 번째 발판에도 어려움은 있다. 은하 안에서 별들이 운동함에 따라 속도가 분산되어 은하의 전체적인 운동을 정확히 파악할 수 없다는 점이다. 게다가 소위 은하의 특이속도 peculiar velocity라는 것이 있는데, 한 은하의 전체적인 속도가 우주의 일반적이고 균일한 팽창 속도와 다른 것을 말한다. 이 특이속도는 불타는 건물에서 사람들이 동시에 탈출할 때 그 속도가 제각각 다른 것에 비유할 수 있다. 물론 이 비유는 적색편이-거리 관계에서 나타나는 작은 변화를 설명하는 데는 도움이 되지만, 이 관계의 핵심적인 부분에서는 곧바로 한계에 부딪힌다.

네 번째 발판에서 지쳐 나가떨어지기 전에 서둘러 다음 발판으로 넘어가자.

다섯 번째 발판: 1a형 초신성

다섯 번째이자 마지막 발판은 적색편이-거리 관계를 넘어서서 더 높은 정확도를 얻는 방식이다. 일례로 이 방식에는 은하 전체에서 오는 빛을 혼합해서 관찰할 때 개별 항성의 상대적인 운동 때문에 생기는 번짐 효과가 없다. 다섯 번째 발판은 거리 측정 지표로 초신성supernova(SN)을 사용한다.

초신성이 무엇인가? 초신성은 밤하늘에 불현듯 강렬하게 밝은 빛을 내며 나타나는 천체다. 점처럼 보이지만 짧은 시간이나마 그것이 속한 은하 전체의 밝기와 같거나 더 밝다. 처음 며칠 동안 점점 밝아지다가 한두 달에 걸쳐 서서히 사그라들고, 먼 은하에서 일어난 일이라면 마침내 구분할 수 없게 된다. 초신성을 분류하는 방법은 여러 가지인데 각각의 스펙트럼과 시간에 따른 밝기 변화를 관찰하여 구별한다. 그러나 현재 어떤 부류의 초신성에 대해서도 완전히 만족스러운 모형은 없다.

과학자들은 많은 초신성이 내부의 핵연료를 모두 태우고 자체 중력에 의해 붕괴하여 엄청난 폭발을 일으키는 별의 마지막 단계라고 생각한다. 초신성을 자세히 연구한 결과, 1a형 초신성(SN1a)으로 분류되는 유형이 '표준촛불standard candle'로서 꽤 잘 보정되었다.

표준촛불이란 무엇인가? 고유 밝기가 알려져 있고, 같은 유형의 천체들 사이에서 그 밝기가 아주 일정하게 유지되는 천체를 말한다. 그 일정함에 대한 신뢰를 바탕으로, 그것과 같은 유형에 속하는 다른 천체 역시 겉보기 밝기를 이용해 역제곱의 법칙으로 지구까지의 거리를 추정할 수 있다. (단, 중간에 다른 물질이 있어서 밝기에 영향을 줄 가능성은 제외한다. 이 문제는 7장에서 간단히 논의하겠다.) 물론 거리 측정에 사용할 수 있으려면 그런 초신성 중 적어도 하나는 먼저 다른 방법으로 거리를 알아내야 한다. 즉, 해당 유형의 초신성 중 하나가 가까운 은하에서 발견되어 우주 거리 사다리의 더 낮은 발판을 사용해 그 거리를 정확히 측정할 수 있을 때 초신성의 거리를 보정할 수 있다.

이 같은 초신성 표준촛불은 몇십억 파섹이나 떨어진 거리까지도 믿음직하게 알려 주는 척도가 된다. 자세한 얘기는 7장에서 하기로 하자.

우주 거리 사다리의 기본 특징

우주 거리 사다리에는 일반적인 사다리와는 전혀 다른 특징이 있다. 우주 거리 사다리를 타고 위로 올라갈수록, 즉 더 먼 거리를 내다볼수록 더 오래된 과거의 모습을 보게 된다는 점이다. 우리가 지금 보는 빛은 그 빛을 낸 천체를 이미 한참 전에 떠났다. 얼마나 한참 전인가 하면, 빛이 그 천체를 떠나 우리한테 오는 데까지 걸린 시간만큼을 말한다. 그러니까 1,000광년 떨어진 천체를 본다는 말은 그 천체에서 1,000년 전에 떠난 빛을 지금 보고 있다는 뜻이다. 간단히 말해 우주를 멀리 바라본다는 것은 그만큼 먼 과거를 들여다보는 것과 같다.

자, 우주 거리 투어와 사다리 건설을 마쳤으니, 이제부터 이 사다리를 이용해 현대 우주론을 다방면으로 깊이 있게 탐구해 보자.

6장

우주 마이크로파 배경 복사

　1927년, 천부적인 과학자이자 벨기에 사제였던 조르주 르메트르 신부는 적색편이-거리 관계를 밝혀내고 그것이 팽창하는 우주를 암시한다고 최초로 주목한 사람이었다. 실제로 이 발견의 공은 자기 홍보에 뛰어났던 에드윈 허블이 대부분 차지했지만, 논문이 발표된 시점을 보면 확실히 르메트르가 먼저였다. 팽창률을 맨 처음 추정한 사람도 르메트르였지만 현재 그 상수는 르메트르상수가 아니라 허블상수라고 불린다. 이게 역사가 쓰여지는 방식이다. 하지만 이제 르메트르도 일부나마 인정을 받게 되었다. 국제천문연맹은 적색편이-거리 관계의 명칭을 공식적으로 '허블-르메트르 법칙'이라고 바꾸었다.

　복습하면, 적색편이-거리 관계는 우리은하에서 멀리 떨어진 은하일수록 그 은하까지의 거리에 비례하여 더 빠른 속도로 우리은하에서 멀어진다고 말한다. 이 사실이 우주의 팽창을 의미한다는 것은 쉽게 알 수 있다. 그리고 '팽창하는 우주'는 대단히 중요한 사실을 암시한다. 지금까지 우주가 계속해서 팽창해 왔다면, 과거의 우주는 지금보다 훨씬 작았다고 추정할 수 있다. 그렇다면 르메트르의 생각처럼 원칙적으로는 우주가 아주 작았던 때로 거슬러 갈 수 있다. 하지만 그는 처음 팽창하기 시작한 우주가 (원자 하나보다 작은) 하나의 점이었다기보다는 아주 작지만 그래도 '거대한 원자' 정도 크기는 됐을 거라는 생각을 더 지지했다. 현재는 하나의 점 쪽을 택한 이론이 우세하며, 이것이 이른바 빅뱅 이론이다. 과학자 프레드 호일Fred Hoyle은 20세기 중반에 빅뱅 이론의 경쟁 가설이자 현재는 폐기된 정상우주론Steady State theory의 주요 지지자였는데, 1940년대 후반에 그가 비아냥거리는 의미로 사용한 '빅뱅Big Bang'이라는 표현이 이제 그 이론의 훌륭한 공식 명칭으로 자리 잡았다.

빅뱅이라는 개념의 기본적인 특성을 볼 때, 이 이론을 검증하려면 어떤 관측 결과가 있어야 할까? 이 장에서 그 질문에 답하고자 한다. 먼저, 빅뱅의 시점으로 거슬러 올라가는 과정이 우주의 나이를 추정하는 일과 다르지 않다는 점을 유념하자. 꽤 들뜨는 일 아닌가! 그러나 관측할 수 있는 빅뱅의 결과물을 찾으려는 본격적인 시도는 르메트르의 연구가 발표되고도 거의 20년이나 지나서야 시작되었다. 팽창하는 우주에 대해 현재 통용되는 수학적 모형이 있긴 하지만 여기서는 자세히 파헤치지 않고 대략 훑어보기만 하겠다.

태초의 빅뱅에서 나온 빛, 즉 복사선radiation은 극도로 뜨겁고 강했다. 그렇다, 곧 설명하겠지만 이 복사선에는 온도가 있었다(더 자세한 내용은 스티븐 와인버그의 《최초의 3분》(양문, 2005)을 참조하기 바란다).

참고로 이 복사선에는 우리 눈에 보이는 가시광선만이 아니라 전파와 엑스선, 그리고 그 이상까지 스펙트럼상 모든 파장(또는 주파수)의 전자기선이 포함된다. 최초의 대폭발에서 나온 복사의 강도는 모든 방향에서 똑같다고 짐작되는데, 이는 (거의) 구체에 가까운 대칭의 점 상태에서 폭발이 일어났다고 추정되기 때문이다. 폭발 직후 빛의 일부에서 기본입자(11장 참조)가 만들어지면서 상태가 진화하기 시작했다. 현재의 모형에 따르면 그 불투명한 수프는 약 38만 년간 팽창을 거듭하며 온도가 내려갔고, 그 후에 원자가 형성되고, 빛은 여전히 방해받지 않고 확장과 냉각을 이어 갔다. (왜 온도가 낮아지는 걸까? 간단하게 설명하자면, 온도는 물질의 에너지 밀도와 직접 연관되는데, 물질이 팽창하면 밀도가 감소하기 때문이다.)

현재 이 복사선의 온도는 어느 정도일까? 최초의 우주에서 기원하여 식어 가고 있는 이 복사선의 현재 예상 온도는 1940년대 후반에야 계산되었다. 랠프 앨퍼Ralph Alpher, 로버트 허먼Robert Herman, 조지 가모프George Gamow는 빅뱅으로 방출된 복사선의 현재 온도가 약 5K(켈빈)이라고 추정했다. 5K란, 절대온도 체계에서 가장 낮은 온도인 절대영도(-273.15℃)보다 5℃ 높은 온도다. (참고로 절대온도 체계는 절대영도를 기준으로 섭씨온도와 같은 눈금으로 온도를 잰다. 따라서 켈빈 단위로 1K의 차이는 섭씨 단위로 1℃의 차이와 같다. 즉, 섭씨온도와 절대온도는 시작점만 다르다. 섭씨온도에서 0℃는 물이 어는 온도이고, 절대온도에서 0K은 절대영도로 설정된다.)

그렇다면 이런 예측 결과가 실험주의자들의 구미를 당겨 복사의 증거를 찾게 했을까? 아니, 그런 사람은 거의 없었고 시도했더라도 성공하지 못했다. 왜냐고? 5K의 온도에서 가장 강하게 방출되는 복사선(아래의 흑체 복사 참조)의 파장은 0.6mm이고 그에 해당하는 주파수는 500GHz(기가헤르츠)로, 전자기 스펙트럼에서 '전파' 부분에 해당하는데, 진폭이 너무 작아서 당시의 장비로는 구별하기가 몹시 어려웠다. 그런데 측정의 어려움도 물론 있었겠지만, 내 생각에 실패의 진짜 이유는 당시 천문학자들 사이에서, 더 구체적으로 말하면 이 마이크로파를 측정해야 할 전파천문학자들 사이에서 우주론이 별로 유행하지 않았던 탓이 크다. 전파천문학자는 대부분 전기공학이나 전파물리학 배경을 가졌는데 그 수가 별로 많지 않았다. 물리학자가 천문학에 본격적으로 침투한 시점은 1950년대 말에서 1960년대 초로, 이때는 1957년에 소련이 스푸트니크 1호를 발사하면서 우주 시대가 시작되고, 그러면서 탐색해야 할 흥미로운 문제들이 많이 생겼으며, 미국이 소련을 따라잡으려고 많은 일자리와 연구 지원금을 제공하던 기회의 시기였다. 그러나 빅뱅으로 방출된 복사선의 현재 온도가 5K이라는 예측은 딱히 주의를 끌지 못했다. 영국과 프랑스 천문학자들이 해왕성의 존재를 예측한 애덤스와 르베리에를 (거의) 무시했던 때와 일면 비슷한 상황이었다.

흑체 복사

한 세기 이상 물리학자들은 용광로에서 나오는 빛 또는 복사선이 이른바 '흑체'에서 방출되는 빛과 비슷한 스펙트럼 특성을 보인다는 사실을 알고 있었다. 흑체란 자기에게 닿는 모든 빛을 흡수하기만 하고 어떤 파장의 빛도 반사하지 않는 물체를 말한다. (그렇다고 흑체가 블랙홀은 아니다.) 모순처럼 들릴지 모르겠으나 흑체는 외부에서 오는 빛은 모조리 흡수하면서 자체적으로 빛을 방출한다. 특히 흑체가 방출하는 빛의 고유 스펙트럼은 오직 한 가지 매개변수, 즉 그 물체의 온도에 의해서만 좌우되고, 물체의 조성·밀도·모양 등 다른 어떤 것과도 무관하다. 이런 사실은 흑체 스펙트럼에 대한 만족스러운 모형이 개발되기 훨씬 전에 관측을 통해 밝혀졌다.

모든 흑체의 스펙트럼에는 또 다른 특징이 있다. 빛이 방출되는 세기, 즉 복사의 강도가 파장이 0일 때 0이고 최댓값까지 단조롭게 주욱 올라가다가 다시 단조롭게 주욱 떨어져서 무한히 긴 파장에서 0이 된다(그림 6.1). 파장 대신 주파수의 관점에서 스펙트럼을 보아도 같은 패턴이 나타난다. 즉, 복사의 강도는 0에서 시작해서 다시 0에서 끝난다. 온도가 T인 흑체의 스펙트럼에서 복사 강도가 최고에 이르는 파장을 λ_{max}라 할 때, λ_{max}는 '빈의 변위 법칙'이라고 부르는 방정식을 만족한다. 이 법칙은 1893년에 T와 λ_{max}의 관계를 발견한 빌헬름 빈Wilhelm Wien의 이름을 딴 것이며, 식으로 표현하면 다음과 같다.

$$\lambda_{max} T = 0.3 \text{cm-K} \qquad (식\ 6.1)$$

이 식의 우변에 쓰인 하이픈(-)은 마이너스 부호가 아니라 0.3이라는 값의 단위가 'cm-K(센티미터-켈빈)'임을 나타낸다. 예를 들어 온도 T가 5K이면 흑체 복사의 세기가 최대일 때의 파장은 식 6.1에 따라 0.06cm가 된다. 바로 이 장의 앞부분에서 언급한 온도와 파장이다. 그림 6.1은 흑체 복사 스펙트럼인데, 여기서 가로축의 단위는 나노미터(nm), 그러니까 10^{-9} m이다. 따라서 파장 0.06cm를 나노미터 단위로 환산하면 $0.06 \times 10^7 =$ 60만 nm이고, 그림 6.1에서 가로축을 따라 오른쪽으로 한참을 가야 나온다.

많은 사람이 흑체 복사의 개념을 어렵게 생각한다. 실제로 그 모형을 이해하기는 어렵지만 실험을 통해 확인한바, 그저 자연의 한 행동 방식임을 인정하기는 그다지 어렵지 않다. 손에 들고 있던 포

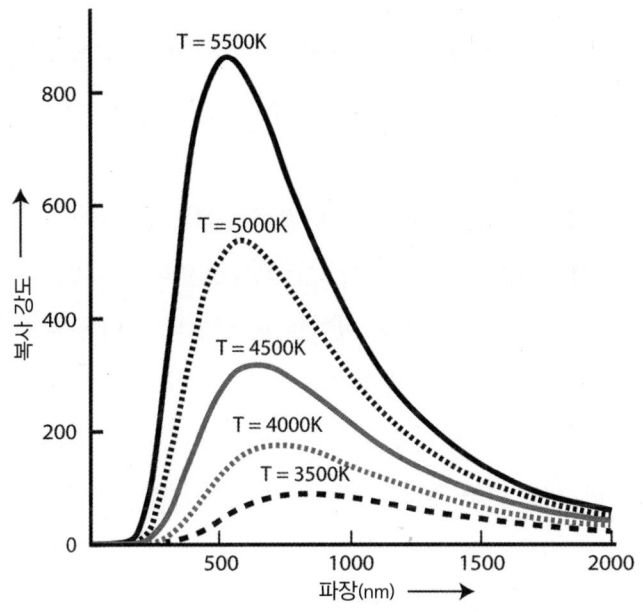

그림 6.1. 흑체 스펙트럼. 서로 다른 온도에 해당하는 흑체의 복사 강도를 보여 준다. 각 곡선은 서로 겹치지 않으며, 최대 복사 강도(곡선의 피크)는 흑체의 온도가 감소할수록 낮은 값으로 이동하고 파장이 길어진다.

크를 놓으면 포크가 땅에 떨어지는 현상보다 더 기이한 현상은 아닙니다. 우리는 어린 시절, 말을 배우기도 전부터 이미 물건을 떨어뜨리는 데 능숙했으므로 그런 자연의 행동에 좀 더 편안함을 느낄 뿐이다. 하지만 어디까지나 내 생각이고, 뒷받침할 증거는 없다.

대기를 통과해 들어오는 빛 중에서 인간의 눈이 인지할 수 있는 가시광선의 파장 범위는 태양이 대부분의 빛을 방출하는 영역이기도 하다. 태양의 표면 온도가 약 6,000K이다. 우연이라고? 글쎄다!

우주 마이크로파 배경 복사의 발견

빅뱅으로 방출된 마이크로파 복사, 즉 우주 마이크로파 배경 복사cosmic microwave background radiation(CMBR 또는 짧게 CMB)라는 이름의 이 복사선을 탐지하려는 시도는 1960년대 중반에야 본격적으로 시작되었다. 쉽게 성공한 실험은 아니었다. CMB를 예측하는 논문이 등장한 이후로 15년 넘게 기술이 발전했지만 이렇게 약한 복사선을 찾아내기란 여전히 어려웠다. 실험에 방해가 되는 다른 모든 복사원, 즉 '잡음'의 세기가 CMB 신호로 예상되는 5K보다 훨씬 낮아야만 원하는 신호를 식별할 수 있었기 때문이다. 어쨌든 프린스턴대학교 물리학자 로버트 헨리 디키Robert H. Dicke가 이끄는 연구팀이 나서서 실험에 필요한 장비를 구성하기 시작했다.

프린스턴 연구팀이 CMB를 감지할 전반적인 장비를 개발하는 동안, 뉴저지 근처 홈델에서는 갓 박사학위를 받은 젊은 물리학자 아노 펜지어스Arno Penzias와 로버트 윌슨Robert Wilson이 미국의 AT&T 산하 벨연구소에서 아주 민감한 혼horn 안테나(그림 6.2)로 작업에 열중하고 있었다. 통신회사인 AT&T사는 당시에 공공기관이었고 미국에서 전화 통신을 독점하고 있었다. (딴 이야기지만 나는 살면서 로버트 윌슨보다 더 예리하고 신중하고 자기 일에 충실한 사람을 본 적이 없다.) 그들은 혼 안테나를 이용한 위성 통신의 효율을 높이기 위해 하늘에서 발생하는 모든 잡음의 근원을 식별해 이를 피하려고 했다. (참고로 혼 안테나는 원치 않는 지상 신호를 차폐하는 효과가 뛰어나다.) 수신율이 높을수록 AT&T사의 수익이 올라가기 때문이다. 그런 만큼 이 프로젝트는 벨연구소에서도 중요하게 여겼다.

그림 6.2. 1965년에 우주 마이크로파 배경 복사의 발견을 이끈 벨연구소의 혼 안테나.

그들의 관심사인 마이크로파의 주파수가 4GHz(1초당 40억 번 진동한다는 뜻. 파장으로 따지면 약 7.5cm)인 까닭에, 두 물리학자는 밤낮없이 신중하게 하늘의 신호를 측정하면서 주파수 대역이 4GHz에 가까운 모든 신호원의 위치를 파악했다. 그런데 도무지 원천을 알 수 없는 신호가 하나 있었다. 그것의 온도는 약 3K이었고 하늘 전체에 균일하게 퍼져 있었다. 이 복사선은 무엇일까? 그들은 모든 가능성을 조사했고, 심지어 안테나에 떨어진 비둘기 배설물이 원인인가 싶어 발견할 때마다 부지런히 닦아 냈다. 그래도 이 배경 잡음은 사라지지 않았다. 두 사람은 혼란스러웠다. 그러던 중 아노 펜지어스가 MIT 물리학자 버나드 버크Bernard Burke를 만나, 혼이 가리키는 모든 방향에 존재하는 이 의문의 잡음에 관해 이야기했다. 버크는 프린스턴대학교 연구팀의 CMB 탐지 프로젝트에 대해 말해 주었고, 펜지어스가 프린스턴 연구팀과 접촉한 결과, 두 팀은 서로 연이어 논문을 내기로 했다. 벨 연구팀은 약 3K 온도에서 CMB로 보이는 복사선을 탐지했다는 결과를 발표했고, 프린스턴 연구팀은 이 탐지의 배경과 그것이 '뜨거운 빅뱅'의 증거임을 설명했다.

이로써 사건은 종결됐을까? 저 결과로 모든 의문이 해소된 것은 아니다. 고작 하나의 주파수에서 복사 강도를 측정했다고 해서 이 복사선이 CMB로 예측된 흑체의 스펙트럼을 지녔다고 단정할 수는 없다(그림 6.1 참조). 또 벨연구소 과학자들이 신중에 신중을 기했다고 하더라도 당시의 가장 최신 기술이 사용되었던 만큼 오히려 미처 구별하지 못한 미묘한 오차가 있을 수 있었다.

벨연구소의 CMB 탐지는, 빅뱅 이론을 뒷받침하는 최초의 직접적인 관찰 증거가 되었고 드디어 전파천문학계에 불을 댕겼다. 관련 전문 지식과 장비를 가진 사람들은 너도나도 서둘러 측정에 나섰다. 그러나 이때의 측정은 대부분 CMB로 가정되는 흑체 스펙트럼의 피크(최대 복사 강도의 주파수)보다 주파수가 낮은(파장이 긴) 영역에 집중되었고, 피크보다 주파수가 높은 영역은 전혀 관측이 이루어지지 않았다. 따라서 이 관측만으로는 결정적인 증거를 찾을 수 없었다. 그러다가 조지 필드George Field, 그리고 그보다 조금 늦게 패트릭 태디어스Patrick Thaddeus까지 두 천문학자가 과거의 관측 기록에서 결정적인 단서를 찾아냈다. 1930년대 말에 비교적 가까운 성간 공간에서 사이안화물(탄소와 질소로 이루어진 분자) 분자가 발견됐는데, 마침 이 분자들이 온도 2.7K의 환경에 있었다. 어떻게 그런 일이 일어났는지 전에는 아무도 몰랐다. 무엇이 성간 공간에 에너지를 제공해 사이안화물 분자가 2.7K이라는 온도에 도달하게 했을까? 이제는 확실하다. CMB 때문이다. 비록 완벽한 결론에 이른 것은 아니었지만, 이 가설은 상당히 설득력 있었다. CMB는 존재한다. 그리고 CMB의 존재는 빅뱅 이론을 강하게 뒷받침한다. 펜지어스와 윌슨은 1978년에 노벨물리학상을 받았다.

CMB 온도의 공간적 불균일성

CMB의 존재를 확인하고도 우주에서 이 복사선을 관측하려는 관심은 여전히 남아 있었다. 왜일까? CMB가 모든 방향에서 완벽하게 균일하다면, 즉 이 흑체가 완벽하게 등방성isotropic을 띠어서 어떤 편차도 없었다면(양자 효과는 제외하고) 지금 우리가 이렇게 CMB를 관측하는 존재가 되는 일은 있을 수 없기 때문이다. 우주의 구조가 형성되려면 초기 폭발 당시 미미하게나마 불균일성이 있어야 했다. 물론 현재의 빅뱅 이론이 옳다는 가정하에 말이다. 그러나 그런 불균일성은 극히 미세한 수준이었을 것이다. 사실 지구 표면에서는 CMB를 탐지하려는 시도 자체가 터무니없는 도전이었다. 그 정도의 기술로 등방성의 미세한 일탈을 탐지하려면 우주로 나가야만 했다. 지구 대기 밀도의 변동이 CMB 신호에 영향을 미치는 탓에 빅뱅의 극도로 미세한 불균일이 남긴 흔적을 지표면에서 관측하기란 사실상 불가능했기 때문이다.

벨연구소가 CMB를 처음 탐지하고 약 25년 뒤인 1989년에 최초의 후속 실험이 우주에서 시작되었다. 그 주인공은 우주배경탐사선 Cosmic Background Explorer(COBE)이었다. COBE가 측정한 CMB는 그때까지 관측된 가장 완벽한 흑체 스펙트럼이었다. 그리고 두 가지 중대한 발견이 뒤를 이었다.

첫째, COBE는 태양계가 CMB에 대해 운동하고 있다는 사실을 탐지했다. 이런 탐지는 어떻게 이루어졌을까? CMB는 하나의 기준 좌표계가 된다. CMB의 온도는 모든 방향에서 일정한데, 앞에서 말한 것처럼 우주의 구조를 형성하고 궁극적으로 우리 인간을 만든 미세한 불균일을 제외하면 방향에 따른 차이가 없다. 그런데 만약 이동 중인 플랫폼에서 CMB를 관측하면 어떤 현상이 나타날까? 5장에서 이야기한 도플러 편이를 생각해 보자. 우리가 받는 복사선의 주파수는 우리가 이동하는 방향으로 증가하고 반대 방향으로는 감소하며 그 외의 방향에서는 중간값으로 탐지되어야 한다. 따라서 CMB 스펙트럼의 피크가 우리(태양계)가 이동하는 방향에서는 더 높은 주파수 쪽으로 이동하고(푸른색 쪽으로 이동, 청색편이), 반대 방향으로는 더 낮은 주파수 쪽으로 이동(적색편이)해야 한다. 그리고 이에 따라 흑체의 온도도 다르게 나타난다. 즉, CMB의 흑체 복사 온도가 한 방향에서는 가장 높게 측정되고, 그 반대 방향에서는 가장 낮게 측정되며, 이 사이의 방향에서는 중간값을 가진다고 예상할 수 있다. 지상에서는 앞에서 말한 대기 효과 때문에 이런 차이를 거의 탐지하지 못하겠지만, 대기권 밖에 있는 COBE는 이 운동을 성공적으로 탐지할 수 있었다.

관측 결과 태양은 CMB를 배경으로 초당 370km의 속도로 운동하고 있으며, 방향은 사자자리(대략 북두칠성 근처) 쪽을 향하는 것으로 나타났다. 태양의 이동 속도를 빛의 속도에 대한 비율로 단순 변환하면 0.001234배가 된다. 이렇듯 CMB는 우리 자신을 포함해 천체의 운동을 결정하는 보편적인 기준 좌표계 역할을 한다. (CMB에 대한 태양의 운동 속도를 계산할 때 지구에 대한 우주선의 움직임이나 태양에 대한 지구의 움직임은 제거했다. 제거한 움직임을 합쳐도 전체의 10%를 넘지 않는다.)

두 번째로, 훨씬 더 중요한 발견은 CMB의 변동, 즉 방향에 따른 온도의 불균일성을 확인한 것이다. 그 값은 기껏해야 CMB 온도의 1만분의 1 이내지만 초기 우주에서 구조가 형성된 과정을 추론하는 기초가 된다. 이러한 COBE의 관측 결과는 이제 감도와 주파수 범위 면에서 윌킨슨 마이크로파 비등방성 탐색기Wilkinson Microwave

Anisotropy Probe(WMAP)와 플랑크우주망원경에 추월당했다. 2001년에 미국 항공우주국이 쏘아 올린 WMAP는 이 분야에서 이름난 전문가이자 2002년에 암으로 세상을 떠날 때까지 이 우주망원경 연구에 참여했던 데이브 윌킨슨Dave Wilkinson의 이름을 따왔다. 플랑크우주망원경은 20세기 초에 최초로 흑체 복사의 특징을 정확하게 추론한 물리학자 막스 플랑크Max Planck를 기리는 이름이다. 플랑크우주망원경은 2009년에 유럽우주국이 쏘아 올렸다. 이 두 우주망원경이 측정한 결과는 COBE보다 공간적 해상도가 훨씬 높을 뿐 아니라 감도도 증가해 여러 방향에서 온도의 차이를 100만분의 1에 가까운 정확도로 알아냈다. 하늘에서 가장 차가운 구역은 평균 CMB 온도보다 $200\mu K$(마이크로켈빈, $1\mu K$은 1K의 100만분의 1이다) 더 낮고, 가장 뜨거운 구역은 평균 CMB 온도보다 $200\mu K$ 더 높다.

이렇게 미세한 측정값은 우주의 기하학적 구조와 팽창을 설명하는 데 사용되는 매개변수의 값을 더욱 정확하고 좁은 범위로 제한한다. 아직 황금기가 되려면 한참 멀었지만, 이 분야는 오늘날 천체물리학 연구의 선두를 달린다. 앞으로 더 민감하고 특화된 장비를 사용한 연구가 진행되면 우주의 더 미묘한 특성을 밝히는 데 일조할 것으로 예상된다. 초기 우주의 특성에 중력파가 어떤 역할을 했는지 밝히는 일도 이런 연구에 포함된다. 중력파는 특정한 조건에서 움직이는 질량에 의해 방출된다고 알려졌으며, 아인슈타인의 일반상대성이론으로 정확히 예측된다. 현재까지 초기 우주와 연관된 중력파는 탐지되지 않았다. 그러나 지난 4년여 동안 초기 우주보다는 훨씬 가까운 지역에서 블랙홀 쌍이나 중성자별 쌍이 충돌하고 합쳐지면서 방출된 중력파가 여러 차례 탐지되었다. 참고로 중성자별은 반지름이 고작 10km 정도인 아주 작은 별이지만 밀도가 상상을 초월할 정도로 높고(티스푼 한 숟갈 정도의 질량이 지구의 커다란 산 하나와 맞먹는다) 주로 중성자로 구성되었다고 추정된다. 새로운 장비가 건설 중이고 또 사용되고 있는 지금, 과학자들은 향후 10년 안에 초기 우주에서 발생한 중력파를 탐지하여 우주 역사의 새로운 사실을 알게 될 거로 기대한다. 이런 중력파의 증거는 이른바 밀리초 펄서Millisecond pulsar에서 오는 신호의 미세한 시간 변화를 탐지해서 얻을 수도 있다. 밀리초 펄서는 자전 주기가 밀리초 수준인, 즉 1초에 1,000번 정도 자전하는 중성자별이다.

CMB의 발견은 과거에는 순전히 추측에 가까웠던 우주론 분야에 탄탄한 관측 기반을 마련했다는 점에서 가치가 크다. 사실상 우주론은 우주의 기원과 이후의 발달 과정을 가장 거대한 공간 및 시간 규모에서 연구하여 궁극적인 '큰 그림'을 그리는 분야다. 더 나아가 CMB에 대한 많은 후속 관측과 이론 연구는 우주론을 데이터 중심의 최첨단 천문학 분야로, 그리고 실제로도 가장 큰 규모에서 우리의 기원에 관해 생각하게 하는 분야로 바꾸어 놓았다.

7장

암흑물질과 암흑에너지

지금까지 알게 된 사실들로 우주의 완전한 그림을 그릴 수 있었을까? 답은 '아니올시다'이다. 외행성, 항성, 우주의 형성과 진화, 퀘이사와 펄서의 수수께끼, 우주선cosmic ray, 감마선 폭발, 고속전파폭발 Fast Radio Burst(FRB), 허블상수를 측정하는 방식과 그 결과의 차이 등 매력적인 퍼즐이 여전히 잔뜩 남아 있다. 그러나 이 책에서 모두 다룰 수는 없으니, 대부분은 건너뛰고 대단히 중요한 두 가지를 1부의 마지막 주제로 살펴보려고 한다. 암흑물질과 암흑에너지다.

암흑물질

1930년대 초, 스위스 출신의 영민하고 미래지향적인 젊은 천체물리학자가 두각을 나타내기 시작했다. 프리츠 츠비키Fritz Zwicky는 한 은하단에서 나오는 빛의 스펙트럼을 연구하던 중 이상한 점을 발견했다. 은하단의 개별 은하에서 나오는 스펙트럼의 도플러 편이가 예상보다 넓은 범위에 퍼져 있었다. 이는 은하가 서로에 대해 매우 빠르게 움직이고 있다는 뜻인데, 은하들이 그렇게 빠른 속도로 움직이면서도 흩어지지 않고 한 은하단으로 묶이려면 그 움직임을 붙잡아 둘 만큼 큰 중력이 있어야 한다. 하지만 은하에서 나온 빛의 밝기로 질량을 추정한 결과, 츠비키는 이 은하들이 서로 중력에 의해 묶일 수 없다는 결론을 내렸다. 그러기에는 은하들의 전체 질량이 10분의 1밖에 되지 않았기 때문이다. 물론 저 은하들은 어쩌다가 한데 모이게 되었고, 사실은 우연히 일시적으로 가까워진 것에 불과하다고 생각할 수도 있다. 츠비키는 합리적인 가정하에 그런 우연이 일어날 가능성을 계산해 보았으나 그렇다고 하기에는 확률이 너무 작았다. 그러면 츠비키는 이 상황을 설명하기 위해 무엇을 제안했을까? 바로 암흑물질이다. 그는 모종의 이유로 우리에게 감지되지 않지만, 은하들을 중력으로 한데 묶을 만큼 충분히 거대한 물질이 존재한다고 제안했다. 츠비키의 논문을 읽은 천문학계의 반응은 어땠을까? 침묵, 무심한 침묵이었다. 천문학자들은 그 가설이 대체로 흥미롭다고는 생각했으나 특별히 더 주목하지는 않았다.

츠비키의 연구는 40년이 지나서야 주목받기 시작했다. 1970년대에 베라 루빈 Vera Rubin과 켄트 포드 Kent Ford는 은하 내 수소 원자에서 나오는 빛을 측정하고 있었다(당시 여성 과학자들은 이미 이 분야에서 크게 활약하고 있었다). 당시 기술로도 은하의 중심에서 서로 다른 거리만큼 떨어진 수소 원자들의 시선속도(우리 쪽을 향한 속도)를 계산하는 게 가능했다. 과학자들은 한 은하 안에서 중심까지의 거리가 서로 다른 원자들에 대해 망원경 방향(우리의 시선 방향)으로 그 원자의 시선속도를 구했다. 바로 5장에서 소개한 도플러 편이 방정식을 활용한 것이다. 루빈과 포드는 은하의 중심에서 가장자리까지 다양한 거리에 있는 원자들의 속도를 계산했는데, 이때 빛이 몹시 약해져서 유의미한 측정이 어려워지는 지점을 은하의 가장자리로 보았다.

그들은 (팬케이크 모양의) 은하 내에서 중심으로부터 거리가 멀어질수록 원자의 밀도가 어떻게 달라지는지를 밝기 변화를 통해 유추했고, 이를 바탕으로 원자들의 속도가 은하의 중심에서 멀어질수록 줄어들 것으로 예측했다(식 7.2).

또한, 뉴턴(또는 아인슈타인)의 법칙에 따라 속도 감소에 관한 식을 세울 때 정확한 수식은 은하 내 질량이 구체적으로 어떻게 분포하는지에 따라 달라진다. 그러나 기본적으로 모든 은하는 주로 중심 쪽에 물질이 집중된 것처럼 보인다. 그래서 나머지 물질에 대해서는 은하 중심에서 거리가 멀어질수록 우리 쪽을 향한 속도, 즉 시선속도가 줄어든다고 예상할 수 있다.

왜 은하 중심에 멀어질수록 속도가 감소한다고 예측했을까?

먼저, 케플러의 세 번째 법칙을 다시 떠올려 보자. 그 법칙에 따르면, 공전 주기 P의 제곱은 긴반지름 a의 세제곱에 비례한다.

$$P^2 = constant \times a^3$$

그리고 은하의 중심을 기준으로 (거의) 원형으로 공전하는 한 원자의 평균 공전 속도는 공전 궤도의 둘레(거리)를 공전 주기(시간)로 나눈 것과 같다(속도 = 거리 / 시간). 이것을 수식으로 나타내면,

$$v_{avg} = \frac{2\pi a}{P} \tag{식 7.1}$$

이제 케플러의 세 번째 법칙에서 식의 양쪽에 루트를 씌워서 나온 공전 주기 P의 값을 평균속도 식의 P에 대입해 보자. 그런 다음 식을 간단하게 정리하면, 평균속도는 $a^{-1/2}$에 비례하게 된다.

$$v_{avg} \propto a^{-1/2} \tag{식 7.2}$$

그러므로 은하의 중심에서부터 원자까지의 거리 a가 늘어날수록 평균속도는 줄어든다고 예상할 수 있다.

복잡한 설명은 집어치우고, 그래서 실제로 루빈과 포드와 그 시대의 과학자들이 무엇을 발견했다는 말인가? 실제로 관측해 보니 물질의 시선속도는 은하의 중심에서 거리가 멀어져도 감소하지 않았다. 빛이 충분해 유의미한 측정이 가능할 때까지는, 은하의 중심에서 멀리 떨어져 있어도 이 속도가 대략 일정하게 나타났다(그림 7.1). 그래프에서, 은하 중심에서부터의 반지름(거리)이 작을 때는 거리가 멀어질수록 회전속도(공전 속도, 이 속도는 시선속도와 거의 같다)가 증가하는 것에 주목하자. 이는 은하의 질량이 중심 쪽에 집중된 만큼, 어느 정도까지는 반지름이 증가하는 동안 그 영역에 포함되는 질량도

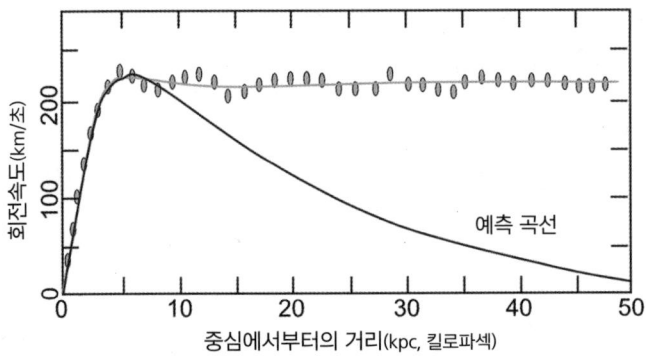

그림 7.1. 은하의 회전 곡선. 관측 속도와 예측 속도의 비교.

증가하기 때문이다. 하지만 은하의 중심에서 일정 거리를 넘어서게 되면, 반지름이 증가해도 질량은 그만큼 늘지 않게 되면서 공전 속도가 느려지는 예측 곡선이 나타난다. 그러나 실제 관측 결과(그래프에서 회색 타원형 점들)는 예상치에 가까이 가지 못했다. (단, 은하에서 나오는 '가시광선'은 은하 중심에서 관측 지점의 거리가 멀어짐에 따라 밝기가 감소했다.)

이런 결과를 두고 은하의 중심에서 멀리 떨어진 곳에 암흑물질이 대량으로 존재하기 때문에 은하 중심에서의 거리가 증가해도 물질의 시선속도가 줄어들지 않는다는 해석이 나왔다. 왜 은하의 중심에서 멀어져도 물질의 시선속도가 (거의) 일정하게 유지되게끔 암흑물질이 분포하는지는 알 수 없다. 이 결과는 츠비키가 40년 전 추론했던 결과와 짝을 지어 천문학자들의 관심을 끌었다. 이런 형태의 회전 곡선rotation curve은 다른 천문학 연구팀이 다양한 은하를 조사했을 때도 나타났고 결과도 모두 비슷했다. 한 은하 안에서 물질의 공전 속도는 은하의 중심에서부터 거리가 멀어져도 줄어들지 않았다.

이에 대하여 세 가지 유형의 설명 또는 가능성이 제기되었다. 첫째, 암흑물질은 크기가 작은 보통 물질ordinary matter이 많이 모여서 이루어졌다. 예를 들면 모항성 주위를 공전하지 않는 떠돌이 행성들은 자체적으로 빛을 내지 않고 반사할 별빛도 없어서 일반적인 빛으로는 따로따로 관측할 수 없다. 따라서 이런 물체는 어둠 속에 감춰져 있다. 더 멀리 있는 천체에서 오는 빛에 미치는 영향을 관측해 이런 물체들을 탐지할 가능성도 있지만, 지금까지 전혀 발견되지 않았다. 이런 결과를 바탕으로 천문학자들은 떠돌이 행성 같은 물체는 은하의 암흑물질이 아니라고 확신하게 되었다.

다음은 암흑물질이 특별한 종류의 물질이라는 가설인데, 질량은 있지만 우리가 일반적으로 관찰하는 물질과는 다르다. 지금까지 여러 종류의 물질이 후보로 제안되었다. 그중 한 가지가 '약하게 상호작용하는 무거운 입자weakly interacting massive particles(WIMP)'라는 희한한 이름의 가상 입자다. WIMP는 현재 입자물리학에서 기본입자에 관한 표준모형을 확장한 가설에 따라 특정한 성질을 지녔다고 가정된다. 과학자들은 WIMP의 존재를 입증할 증거를 땅속과 깊은 광산에서 추적 중이다. 그곳에 초고순도의 물질을 두고 지구 바깥의 고에너지 보통 물질 등 현재까지 알려진 다른 물질로부터 차단한 채 WIMP를 탐지하려고 한다. 지금까지 대단히 정교하고 기발한 계획이 시도되었고, 더 많은 방법이 시도되고 있으며, 아직 개발 중이거나 개선되고 있는 방법도 있다. 현재까지의 결과는? 감지된 바 없음. WIMP의 흔적은 아직 없다.

세 번째는 현재의 중력 이론에 문제가 있으므로 수정할 필요가 있다는 주장이다. 이와 관련해 여러 이론이 제안되었다. 그중 한 가지가 수정 뉴턴 역학modified Newtonian dynamics(MOND)인데, 예를 들면 은하의 외곽, 아주 멀리 떨어진 거리에서 미치는 중력의 효과를 강화해 눈에 보이는 물질만으로도 관측된 결과가 나오도록 중력 모형을 수정해야 한다는 주장이다. 하지만 지금까지 그런 제안들은 다른 관측 결과와 예측을 비교했을 때 다양한 문제를 일으켰다.

현재 상태는 이렇다. 대다수 과학자는 암흑물질의 존재를 받아들이고 있으며, 빅뱅 직후의 아주 초기부터 오늘날까지, 지금 우리에게 관측되는 우주의 구조를 설명하는 모형에 필요한 만큼의 양과 분포로 시뮬레이션에 적용하고 있다. 우주의 진화에 대한 이런 수치 시뮬레이션은 대량의 개별 입자를 투입하여 근사적으로 우주를 이해한다. 현재 컴퓨터가 처리할 수 있는 최대 입자 수는 10^{12} 또는 그보다 조금 많은 정도이며, 성능은 하루가 다르게 개선되고 있다. 이 수는 대단히 커 보이지만 우주에 존재하는 전체 입자 수와 비교하면 새 발의 피만큼도 못 된다. 그럼에도 시뮬레이션의 결과는 우주의 발달 과정을 어느 정도 그럴듯하게 설명한다.

그럼 구체적으로 어떻게 시뮬레이션이 이루어질까? 현재 통용되는 물리학 법칙이 과거에도 똑같이 작용했다는 전제하에 입자들이 그 법칙에 따라 알아서 서로 작용하게 둔다. 빅뱅 직후의 상황으로 추정되는 초기 구성에서 시작해 이런 법칙이 규정하는 상호작용 아래에서 시스템이 스스로 진화하게 하는 것이다. 물론 그런 시도에도 여러 어려움이 있다. 예를 들면 초기 상태의 조건이라는 것이 명확하지 않다. 또 잠재적으로 관련된 모든 물리학을 시뮬레이션에 동원하지도 못한다. 게다가 우주에 존재하는 입자 중에서도 아주아주 적은 일부만 투입할 수 있다. 그럼에도 대다수 천문학자와 천체물리학자 들은 시뮬레이션 결과가 우주의 물리적 진화에 상당히 근접한다고 생각한다.

이런 결과에 따르면 암흑물질은 우주에 존재하는 전체 물질의 약 80%를 차지한다. (1930년대 초 암흑물질의 선구자였던 츠비키는 그가 연구한 은하단에서 약 90%가 암흑물질이라고 추정했다.) 이 80%가 무엇인지 전혀 모르고 심지어 그것이 정말로 존재하는지조차 알지 못한다는 사실이 놀라울 따름이다.

암흑에너지

우주가 (모든 방향으로) 균일하게 팽창하고 있다면, 미래의 우주에 대해서는 무엇을 예상할 수 있을까? 허블상수 H_0로 설명되는 현재의 팽창률을 계속 유지하며 팽창할 것인가? (H 옆의 아래첨자는 현재값이라는 의미다. 이 값에 대해서는 아직 논란이 있다.) 아니면 우주의 팽창률이 달라질 거라고 예상해야 할까? 달라진다면 시간이 흐르면서 팽창률이 증가할 것인가, 감소할 것인가?

뉴턴과 (사실상) 아인슈타인에 따르면 물질은 다른 물질을 끌어당기므로, 우주의 물질이 서로서로 끌어당겨 결국에는 팽창 속도가 느려진다고 예상할 수 있다. 이 상황을 좀 더 익숙한 사례에 빗대어 보자. 지표면에서 하늘로 공을 던지면 공은 위로 올라가지만 점점 속도가 느려진다(대기에서 생기는 마찰을 무시해도 그렇다). 다시 우주로 가면, 우주는 모든 부분이 다른 부분에 대해서 멀어지며 팽창하고 있지만, 질량 때문에 모든 부분이 서로 끌어당긴다. 이로 인해 우주의 팽창률은 점차 감소할 거라고 예상할 수 있다. 그렇다면 우리는 현재 우주에 대해 팽창률이 얼마나 감소할지 추정해 볼 수 있다. 다만 그 값은 아주 작으므로 감지하려면 실험적으로 대단히 정밀한 관측이 필요하다. 그 값을 어떻게 찾을 수 있을까? 가까운 천체와 아주 먼 천체들을 관측해서 그것들이 우리에게서 멀어지는 속도(후퇴 속도라고 한다)의 변화를 찾는 방법이 있다. 다시 말하면 허블상수의 변화를 찾는 것이다. 이러한 변화는 천체들의 스펙트럼선에서 파장의 이동(편이)을 통해 확인할 수 있다.

우주의 팽창률이 시간에 따라 어떻게 변해 왔는지에 대해서는 여러 시나리오가 있다. 그림 7.2의 각 곡선에서 각 지점의 기울기(d/v, 후퇴 속도 또는 팽창 속도의 단위 변화당 거리의 변화)는 팽창률의 역수, 사실상 허블상수($H = v/d$)의 역수가 된다. 다시 말해 기울기가 클수록 허블상수는 작다(즉, 팽창률이 낮다). 만약 팽창률이 일정하다고 가정했을 때 예상되는 값보다 과거의 팽창 속도가 더 작으면(가장 위쪽 곡선) 과거의 팽창률이 현재보다 낮았다고 볼 수 있다. 아래쪽 곡선은 반대로 과거에 팽창률이 더 높았고 서서히 감소해 왔을 가능성을 보여 준다. 시간이 지나면서 허블상수가 감소했다는 뜻이다.

정리하면 다음과 같다. 멀리 있는 은하의 거리와 속도를 측정해 우주의 팽창률 H를 구한다면, 즉 과거로 거슬러 올라가 H를 측정한다면, 가까운 은하를 측정했을 때보다 그 값이 더 클 것으로 예상할 수 있다. 이는 곧 우주가 팽창함에 따라 팽창률이 감소한다는 뜻이다. 이처럼 감속 팽창을 예상하는 이유는, 물질 간의 상호 인력이 물질들이 서로 멀어지는 속도를 늦춘다고 생각되기 때문이다. 따라서 더 먼 우주, 즉 더 오래된 과거를 관측할수록 H의 값이 커진다고 예상할 수 있다.

과학자들은 예상되는 H 값의 (아주 작은) 변화를 탐지하기 위해 자신들이 보유한 도구 중 가장 정밀하고 정확하다고 생각되는 장거리 측정 도구를 사용하기로 했다. 바로 우주 거리 사다리에서 가장 꼭대기 발판을 차지하는 특별한 초신성, SN1a이다(5장 참조). 이 측정

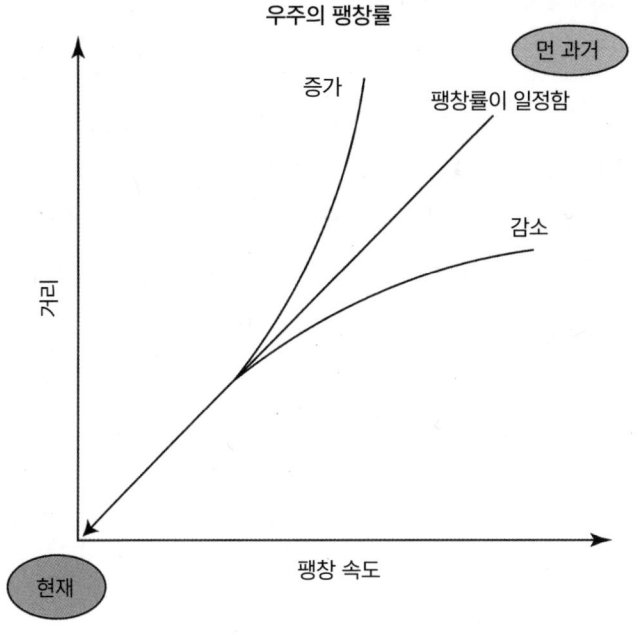

그림 7.2. 먼 과거부터 현재까지 우주의 팽창률에 관한 시나리오.

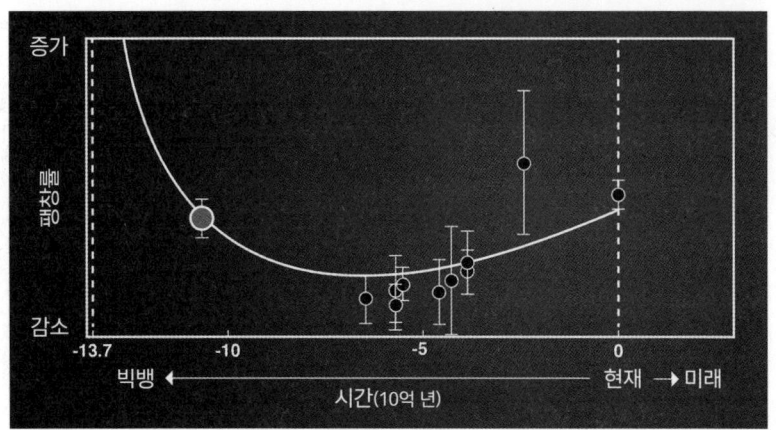

그림 7.3. 약 110억 년 전부터 현재까지 우주의 상대적인 팽창률의 표본 측정 결과. 초기에 팽창률이 낮아지다가 우주의 밀도가 충분히 감소한 후인 50억 년 전에 역전되었음에 주목하라. 참고로 우주가 팽창하면 밀도(단위부피당 질량 에너지의 양)는 줄어든다. 더 넓은 공간에 동일한 양의 질량 에너지를 갖고 있기 때문이다.

에 두 연구팀이 경쟁했다. 하나는 UC 버클리의 초신성 우주론 프로젝트Supernova Cosmology Project이고 다른 하나는 당시 하버드-스미스소니언 천체물리학센터에서 진행한 High-Z 초신성 탐색High-Z Supernova Search(여기서 Z는 지구로부터의 거리를 나타내는 기호이며, 거리가 멀수록 z 값이 커진다)이다. 두 팀의 경쟁은 치열했고, 최종 결과는 대단히 놀랍고도 경이로웠다. 과거(약 50억 년 전)의 허블상수가 더 클 것이라는 예상과 달리 현재보다 더 작았던 것이다(그림 7.3). 다시 말해 허블상수는 시간이 흐름에 따라 증가하고 있었다! 이것은 우주가 감속 팽창이 아니라 가속 팽창을 하고 있다는 얘기다. 그렇다면 우주에는 은하들을 서로 밀어내는 일종의 반중력이 존재하는 셈인데, 이 힘은 우리가 알고 있는 힘, 즉 물질(과 은하)을 서로 끌어당기는 힘을 넘어서는 효과를 발휘하고 있다. 이 반중력은 우주의 아주 초기, 밀도가 높을 때는 가속을 일으키지 못했다. 그런 조건에서는 중력의 끌어당기는 힘이 우주의 팽창률을 낮출 만큼 컸다. 그러나 약 50억 년 전(그림 7.3), 우주의 크기가 충분히 커지고 밀도가 낮아져 중력과 일반상대성이론에 따른 중력 효과가 줄어들자 반중력이 우세해졌다. 그 결과 팽창률이 양(+)의 값으로 바뀌었고, 그 변화로 지금 관측되는 것처럼 우주의 팽창이 가속화되었다.

이런 의외의 결과를 과학계에서 순순히 받아들였을까? 아니, 그렇지 않다. 우선 SN1a를 거리 지표로 사용하는 데 따르는 잠재적 문제점이 철저하게 조사되었다. 가장 대표적인 것은 관측 시야에 존재하는 먼지양의 불확도다. 먼지는 초신성에서 나오는 빛을 일부 흡수하여 겉보기 밝기를 낮출 수 있고, 이에 따라 SN1a까지의 거리가 실제보다 더 멀게 추정될 수 있다. 또 다른 문제점은 우리가 같은 1a형으로 분류한 초신성들 사이에도 고유 밝기의 차이가 있을 가능성이다. 하지만 이런 예상 문제점들을 분석했더니 이것들은 보정이 가능하거나 영향력이 너무 작아서 가속 팽창하는 우주라는 결론에 영향을 미치지 않는다고 밝혀졌다. 따라서 지금은 과학자 대부분이 우주가 가속 팽창한다고 믿는다. 그리고 이런 가속화와 연관된 에너지를 암흑에너지라고 부른다. 우주의 가속 팽창을 밝힌 두 연구팀에서 세 명의 노벨상 수상자가 나왔다. 솔 펄머터Saul Perlmutter, 애덤 리스Adam Riess, 브라이언 슈미트Brian Schmidt이다. 리스와 슈미트는 당시 하버드-스미스소니언 천체물리학센터에서 이 발견을 위한 주요 연구를 수행했고, 펄머터는 UC 버클리에서 연구했는데 학부는 하버드 출신이다. 하버드에 2.5배의 박수를 보낸다!

자연이 이와 같은 놀라운 행동을 하는 근본 원인은 무엇일까? 아무도 그 답을 모른다. 물리학자들은 기본입자의 표준모형을 바탕으로 진공에서 음의 압력(바깥으로 밀어내는 힘)이 존재할 수 있다는 사실을 알아냈다. 그러나 어떤 계산에 따르면 그 값은 정확히 0이거나 관측된 값보다 대략 10^{120}배 더 크다. 엄청난 차이다. 그런가 하면 과학자들은 또 다른 사실도 알게 됐다. 아인슈타인의 우주상수를 역사의 휴지통에서 꺼내 보니, 지금까지 우주의 가속 팽창을 보여 준 모든 초신성 데이터에 잘 적용되었다. 물론 그렇다고 해서 자연을 더 잘 이해하게 된 건 아니다. 다만 잘 맞는 듯 보이는 모형을 제시한 것은 사실이다.

이 상황을 좀 더 자세히 설명하자면, 우주상수는 순전히 임시방편이다. 이 상수는 지금까지 알려진 어떤 물리학 원리도 따르지 않는다. 우주의 가속 팽창이라는 새로운 사실은 어쩌면 물리학과 우주의 구조에 관하여 근본적으로 다른 시각을 가질 필요가 있음을 암시하는지도 모른다. 어떤 과학자들은 지난 20세기에 양자역학과 일반상대성이론이 그랬듯이 21세기에도 돌파구가 되어 줄 새로운 모형이 등장하길 희망한다. 정말 그렇게 될까? 사실 대다수 과학자가 회의적이다. 하지만 시간이 말해 줄 것이다.

한편 가속 팽창하는 우주의 전체 질량과 에너지를 따져 보면, 이른바 암흑에너지가 전체의 약 70%, 암흑물질이 25%를 차지하고, 보통 물질과 에너지가 나머지 5%를 차지한다. 즉, 물질이 전체의 약 30%를 차지하는데, 그중 85%가 암흑물질, 15%가 우리에게 익숙한 물질이다. 이렇듯 우리는 우주의 약 95%가 어떻게 생겨났는지, 심지어 그 존재 여부도 제대로 모른다. 인간이 우주의 중심에 있는 줄 알았던 과거의 오만함에서 한 번 더 강등되는 순간이다.

1부를 마치기 전에 간략하게나마 다루고 싶은 문제가 세 가지 더 있다. 세상에는 왜 반입자보다 입자가 더 많을까? 왜 중력은 전자기력보다 훨씬 약할까? 세상에는 우주가 하나뿐일까?

왜 반입자보다 입자가 더 많은가?

오늘날 과학자들이 잘 알고 있듯이, 전자나 양성자처럼 전하를 가진 모든 입자에 대하여 전하의 부호만 반대이고 나머지는 동일한 반입자가 존재한다. 한 예로 1932년에 과학자들은 전자(11장 참조)의 반입자인 양전자positron를 발견했다. 반입자와 입자는 서로 충돌하면 에너지와 운동량을 그대로 보존한 채 파괴되는 놀라운 특성이 있다. 이런 충돌의 결과물이 광자인데, 그 에너지와 운동량의 총합은 충돌 전에 입자와 반입자가 가지고 있던 양과 일치한다. 그런데 왜 우주에는 반입자보다 입자가 압도적으로 많아 보일까? 이런 상태가 지구에서는 대단히 명확하지만, 먼 우주에서는 그렇지 않을 수도 있다. 그러면 왜 이런 상태가 되었으며, 무엇이 이런 비대칭 상태를 유도했을까? 이것들은 아주 근원적인 질문이다. 하지만 질문에 답할 좋은 단서가 하나도 없다. 그저 그게 자연의 작동 방식이라고 할 밖에, 왜 그런지 시험해 볼 수 있는 좋은 모형은 없다.

왜 중력은 전기력보다 훨씬 더 약한가?

우리는 원거리에서 작용하는 두 가지 거시적 힘, 전기력과 중력을 알고 있다. 이 둘을 비교해 볼까? 전하는 양전하와 음전하로 나뉘는데, 전하가 같은 입자끼리는 서로 밀어내고 전하가 다른 입자끼리는 서로 끌어당긴다. (모든 입자가 전하를 띠는 것은 아니다.) 반면에 이 장에서 탐구했던 가장 큰 규모의 우주를 제외하면 중력의 영향 아래 모든 입자는 서로 끌어당긴다. 중력에 대해서는 질량이 전하와 유사한 역할을 한다. 그러나 질량은 전하처럼 두 종류가 아니라 한 종류만 있다. 따라서 전하처럼 부호에 따라 입자들이 서로 끌어당기거나 밀어내는 대신, 모든 입자가 서로 끌어당기기만 한다. 신기한 일이다. 아직 자연에서 이런 특성이 관찰된 좋은 모형은 없다.

전기력과 중력, 이 두 가지 힘의 세기를 비교하면 어떨까? 합리적인 비교 방법은, 예컨대 전자 하나와 양성자 하나를 취해서 이 두 입자에 영향을 주는 전기력과 중력의 세기를 비교하면 된다. 아주 가까운 근사치로 계산했을 때 두 힘 모두 입자와의 거리에 대해 역제곱의 법칙을 따른다. 그런데 전기력이 중력보다 10^{40}배 더 세다. 왜 이렇게 차이가 날까? 흥미로운 질문이지만 아직 그럴듯한 모형은 없다. 이 역시 자연이 행동하는 방식이고, 이유는 모른다. 한 가지 질문이 더 있다. 중력은 이토록 약한데, 어떻게 중력 효과가 전기력의 효과와 비교될 만큼 영향력을 행사하는 걸까? 전하의 경우 양전하와 음전하가 만나면 전기력이 상쇄되므로 입자가 많이 모이면 전기적으로 중성에 가까워지는 경향이 있다. 하지만 부호가 하나밖에 없는 중력은 다르다. 질량은 항상 (관례상) 양의 부호를 가진다. 따라서 수가 아주 많은 입자에 대해서는 중력을 반드시 고려해야 하고, 실제로도 중력이 지배적인 힘이 된다.

세상에는 우주가 하나일까?

왜 빛의 속도는 하필 그 값을 가지고 있을까? 왜 전자는 그런 전하를 띠고 있을까? 왜 중력은 뉴턴의 중력상수가 나타내는 그 세기일까? 자연의 모든 상수에 대해 비슷한 질문을 던질 수 있다. 한 가지 말할 수 있는 답이 있다면 그냥 그게 자연의 방식이라는 것이다. 한편으로는 우리가 별개로 존재하는 다수의 우주 중 하나에 살고 있으며, 각 우주는 저마다 다른 상숫값을 갖고 있다는 답도 가능하다. 우주가 여러 개일지도 모른다는 생각에는 다른 이론적 배경이 있지만(다중 우주 개념) 상세한 내용은 건너뛰겠다. 나는 그저 어떤 이론가들이 그런 우주의 개수를 10^{500} 정도로 추정한다는 말만 전하겠다. 현재로서는 다중 우주 가설을 시험할 방법이 없다. 그래서 이 주제는 사실 과학보다 과학소설의 영역에 더 가깝다. 자연을 탐구하여 증명할 수 있는 형태의 이론이 아니기 때문이다. 미래에는 또 어떻게 될지 모르지만.

2부

THE UNITY

지구와 화석

OF SCIENCE

8장
지구의 모양과 크기

 지구는 어떻게 생겨났을까? 이 질문이 수천 년 동안 사람들의 호기심을 잔뜩 키워 왔다. 앞에서 보았듯이 우주의 기원과 구조의 발달에 대한 모형은 있지만, 행성의 시작을 설명하는 설득력 있고 상세한 모형은 아직 없다.

 과학자들은 대략 다음과 같이 추정한다. 빅뱅의 산물이 불균일하게 분포한 결과, 일부가 중력에 의해 붕괴하면서 제1세대 별이 형성되었다. 우리가 아는 한에서 이 별들을 구성한 (원자 수준의) 물질들은 빅뱅과 물리 법칙에 따라 주로 수소, 헬륨, 그리고 소량의 리튬으로 한정된다. 시간이 흘러 1세대 별들이 핵연료를 모두 소진하고, 그중 다수가 붕괴하여 폭발했다. 별 내부에서 핵융합으로 만들어진 무거운 원소들이 이 폭발과 함께 성간으로 방출되었다. 무거운 원소 중에는 중성자별이 충돌하면서 생성된 것들도 많다. 이 원소들은 가스와 먼지(비교적 작은 고체 입자)가 되었는데, 먼지는 아마도 가스 원자와 분자가 연속적으로 충돌하면서 형성되었을 것이다. 그 분자들 역시 다른 원자들이 충돌해 생겨났다. 이런 물질들이 불균일하게 분포하다 보니 공간 구성이 불안정하여 결국 중력에 의해 붕괴하게 되었고, 그렇게 시간이 흘러 많은 물질이 2세대 별이 되었다. 이 별들의 질량은 1세대 별만큼이나 커서 그 구성 요소 사이의 중력 상호작용으로 대략 구체를 형성했다. 이런 물질 중에 상대적으로 속도가 높은 것들은 중력 붕괴에 휩쓸리지 않고 대체로 납작한 원반 모양을 이루며 중심 별 주위를 공전하게 됐다. 이렇게 궤도를 도는 물질 역시 가스와 먼지로 구성되었으며, 그 입자들은 시간이 지남에 따라 서로 충돌하는 경향이 있었다. 충돌하는 입자들은 대체로 중심에서 비슷한 거리의 궤도를 돌고 있었으므로 상대적으로 낮은 속도로 충돌했고 따라서 서로 들러붙어 하나로 뭉쳤다. 충돌한 두 물체가 하나로 뭉치는지, 산산이 부서지는지, 그 밖의 결과가 나타나는지는 물체의 상대 속도·충돌 방향·모양·크기·물리적 구조·조성에 따라 달라진다. 한마디로 아주 복잡하다.

  이상의 설명은 개괄적인 소개일 뿐, 현재의 지식수준으로는 구체적이고 믿음직스럽게 정량화하기가 어렵다. 그래서 한 문장으로 이렇게 결론을 내린다. 이 남은 먼지와 가스가 충돌을 거치며 엉겨 붙어 더 큰 물체가 되고, 그 크기가 충분히 커지면 행성이라 부른다고. 하지만 수많은 입자를 투입한 수치 실험으로 시뮬레이션한 결과, 세부적인 부분에서는 방금 소개한 설명을 잘 따르지 않는 경우가 많았다. 이런 충돌 메커니즘으로는 지름이 몇 미터 이상 커지기가 어려웠다. 물론 우주에는 버젓이 행성이 존재하고 있으니 우리가 시뮬레이션에서 발견한 문제들을 자연은 어떤 식으로든 극복해 온 것이 분명하다. 자연이 어떻게 이 과제를 수행했는지가 현재 활발하게 연구되고 있으며, 다양한 이론이 경쟁한다. 이 문제에 관한 한 아직 먼지가 다 가라앉지 않은 셈이다.

지구가 형성된 후 그 일부는, 특히 중심부는 용융 상태였다고 추정된다. 지표에서 아래로 내려갈수록 그 위에 더 많은 물질이 쌓여 있다. 그만큼 엄청난 힘으로 내리누르니 지구의 중심으로 갈수록 압력과 온도가 높아져 물질이 녹아 버렸다. 그중에서도 철처럼 밀도가 높은 물질은 중심으로 가라앉았다. 정확한 과정은 아직 모르지만 지표면에 많은 물이 나타났고 기체는 위로 올라가 대기를 형성했으니, 그것이 우리 지구다. 뒤에서 살펴보겠지만, 지구는 오랜 시간에 걸쳐 상당히 진화했고, 특히 대기와 표면에서 많은 변화가 일어났다. 그러나 항상 염두에 두어야 할 점이 하나 있다. 지구와 우리 인간을 포함한 모든 유기체는, 수소를 제외하고 대부분 별에서 생성된 원자로 만들어졌다는 사실이다.

지구의 모양

수천 년 전 사람들은 자기가 생활하고 걸어 다니는 천체의 모양을 어떻게 알아냈을까? 글쎄다. 오늘날에도 사람들이 산책하거나 멀리 여행하면서 보게 되는 땅의 태반은 언덕, 산, 계곡이라 부르는 지형물 때문에 평평하지도 고르지도 않아 보인다. 그건 그렇다고 치고, 이 천체의 전체적인 모양은 무엇일까? 사람들이 맨 처음 지구의 모

그림 8.1. 지구에 의한 달의 부분 월식을 촬영한 현대 사진. 지구의 둥근 그림자가 명확하게 보인다.

양을 파악하려 한 게 언제인지는 알려지지 않았다. 그러나 아마 우리 선조 중에는 이 땅덩어리가 대략 구체라는 사실을 진작에 인지한 사람도 있었으리라. 어떻게? 가령 지구가 태양과 달 사이에 놓여 월식이 일어날 때, 달에 비친 지구의 그림자가 둥근 것을 보고 알아챘을지도 모른다. 그 시대의 기하학 지식도 구체를 평면에 투영하면 원형으로 보인다는 것쯤은 알 만한 수준으로 발전했을 테니까. 물론 달이 평면은 아니지만 지금 여기서는 하늘이라는 평면을 말하고 있다. 월식 중에 지구의 그림자가 달 앞을 가로질러 움직일 때면 언제나 원의 일부로 보인다는 사실로 미루어, 지구가 완벽한 구체까지는 아니더라도 적어도 둥글긴 하다는 결론에 이르렀을지도 모른다(그림 8.1).

지구의 표면이 적어도 곡면일 거라고 유추할 방법은 또 있다. 대표적인 예가 항구를 떠난 배다. 항해하는 방향과 상관없이 배가 시야에서 멀어질 때 가장 먼저 사라지는 부분은 바닥이고 마지막까지 보이는 것은 꼭대기다. 이런 현상을 두고 지구의 표면이 곡면이기 때문이라고 해석할 수 있다. 물론 이것이 결정적인 증거는 될 수 없지만 지구가 구체에 가깝다는 발상에는 잘 들어맞는다. 최근에, 특히 우주 시대가 시작된 이후로 우주에서 찍은 지구의 사진과 거의 500년 전에 지구를 일주한 항해 사례들은 지구가 둥글다는 것을 좀 더 직접적이고 설득력 있게 뒷받침한다.

지구의 크기

지구의 모양에 대한 위와 같은 논의는 불가피한 결론으로 이어졌다(그조차 믿지 않는 소수의 예외도 있지만). 다음은 지구의 크기라는 문제와 마주할 차례다. 고대인들도 우리 지구가 인간과는 비교할 수도 없을 만큼 크다는 사실은 알았을 것이다. 그러나 얼마나 크다는 말인가? 지구의 크기에 대한 지식의 역사를 탐구한 학자들은, 근거 있는 정량적 측정을 맨 처음 시도한 사람으로 기원전 250년경의 에라토스테네스Eratosthenes를 꼽는다. 자세히 들어가기 전에 미리 말하자면, 에라토스테네스의 연구에 대한 직접적 기록은 남아 있는 것이 없으므로 지금 소개할 역사 이야기의 신뢰성은 크게 보장할 수 없다. 이는 먼 과거의 일을 다룰 때 흔히 봉착하는 어려움이다. 아무튼, 에라토스테네스가 하려던 일은 무엇이었을까? 그는 이미 지구가 구체임을 믿고 그 둘레 길이를 재려고 했다(그림 8.2). 에라토스테네스는 지구의 중심과 두 반지름 사이의 각도 θ를 잴 수 있고, 지구의 표면을 따라 이 두 반지름 사이의 거리, 즉 부채꼴의 호의 길이 D를 잴 수 있다면, 간단한 비례식에 대입해 원의 전체 둘레를 구할 수 있다는 뛰어난 발상을 직접 시험했다. 각 θ와 원 전체 각 360°의 비는 호의 길이 D와 지구의 원주(원의 전체 둘레) C의 비와 같다(θ : 360 = $D : C$). 이 비례식은 간단한 대수를 통해 원주 C에 대한 식으로 나타낼 수 있다.

$$C = D \times \frac{360}{\theta} \qquad \text{(식 8.1)}$$

식은 세웠지만, 문제는 D와 θ다. 이 값을 어떻게 측정할까? 일단 호 D의 양쪽 끝점을 정하는 것부터 시작해 보자. 첫 번째 끝점은 쉽다. 에라토스테네스는 자신이 살았던 이집트의 알렉산드리아를 기준으로 삼았다. 두 번째 지점은 재밌는 우연으로 선택되었다. 알렉산드리아에서 훨씬 남쪽에 자리 잡은 나일강 인근 시에네(현재의 아스완)의 한 우물에서는 매년 하지인 6월 21일 정오에 태양이 우물을 바로 위에서 비춘다는 사실이 잘 알려져 있었다. 따라서 그 순간에는 태양에서 시작해 우물을 뚫고 들어가 지구의 중심까지를 하나의 직선으로 이을 수 있다(그림 8.2). 마찬가지로 에라토스테네스도 같은 날 정오에 알렉산드리아에서 태양이 수직선에 대해 이루는 각 θ

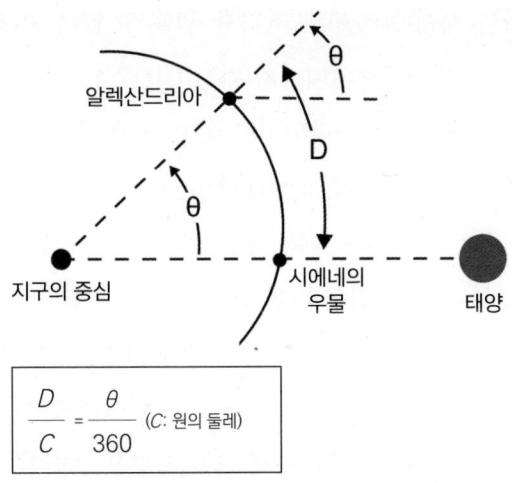

그림 8.2. 에라토스테네스가 지구 둘레의 길이를 구하기 위해 사용한 기하학. 태양까지의 거리, 크기 등의 비율은 당연히 실제와 다르다.

를 잴 수 있었을 것이다. 당시에 그가 사용했을 장비로는 소수점 아래 한 자리의 불확도로 이 각도를 측정했을 것으로 짐작된다.

그러면 알렉산드리아와 시에네 사이의 거리 D는 어떻게 측정했을까? 학자들은 에라토스테네스가 당시 널리 쓰이던 거리 단위인 스타디온stadion(복수형은 stadia, 스타디아)을 사용했다고 추정하는데, 구체적으로 어떤 방법으로 측정했는지는 모른다. 난무하는 추측들 가운데, 당시 이집트에서는 토지 측량이 워낙 잘돼 있어서 에라토스테네스는 그저 조사 결과를 참조해 필요한 거리를 구했을 것이라는 가설이 있다. 또 당시 낙타가 시에네에서 알렉산드리아까지 걸어가는 데 걸리는 시간과 그 거리를 얼마나 빨리 걸었는지가 '잘 알려져' 있었다는 가설도 있다. 그 두 값만 있으면 간단한 산술로 알렉산드리아와 시에네 사이의 거리를 구할 수 있다. 원전을 확인하지는 못했으나 에라토스테네스가 각도 θ를 7.2°(360°의 1/50), 호의 길이 D를 5,000($\pm$1,000)스타디아로 놓고 구한 지구의 둘레는 약 25만($\pm$5만) 스타디아였다. (5,000이라는 값은 아마 근사치일 텐데, 그렇게 긴 거리에 대한 토지 조사 결과가 정확히 5,000스타디아로 떨어졌을 리가 없기 때문이다.) 자, 이제 이 과정의 마지막 질문에 도달했다. 이 추정치를 오늘날의 값과 비교하면 얼마나 정확할까? 1스타디온을 현대의 거리 단위(미터 또는 킬로미터)로 환산하면 길이가 얼마인가?

역사에 관심 있는 사람들에게 이런 질문은 흥미진진한 탐구 소재다. 스타디온이라는 단위는 아테네에서 최초의 올림픽이 열린 경기장의 둘레를 이용해 정의되었다는 기록이 있다. 하지만 그 경기장은 지금까지 두 번 재건축됐고, 당시에 경기장의 둘레 길이를 정확히 어떻게 규정했는지는 아무도 모르며, 그 길이가 알렉산드리아까지 어떻게 전해졌는지, 또 얼마나 정확하게 전해졌는지도 알려진 바가 거의 없다. 따라서 분명 논쟁의 여지는 있지만, 내가 찾은 자료들을 바탕으로 도출한 (비전문적인) 결론에 따르면 1스타디온은 약 175m에 해당하며, 불확도는 10% 정도다. 앞에서 언급했듯, 거리 D에 대한 추정치가 이보다 두 배 더 불확실하다고 가정하면, 에라토스테네스가 구한 지구 둘레 C는 현대의 값으로 4만 4,000($\pm$1만)km가 된다.

그러나 에라토스테네스가 유명해진 이유는 그가 도출한 구체적인 결괏값 때문이 아니라 그가 고안한 방법 때문이다. 모든 측면을 고려했을 때 그가 구한 결과는 오늘날 우리가 알고 있는 지식에도 견줄 만하다. 에라토스테네스가 그랬듯이 남북 방향으로 구한 현대의 지구 둘레 길이는 4만 km다.

에라토스테네스의 시대 이후로 지구의 크기를 측정하는 일은 산발적이기는 해도 꾸준히 시도되고 개선되었다. 한 예로 4장에서 이야기한 장 피카르는 1670년경에 지표면에서 위도 1°의 길이를 측정했는데, 그 결과가 현대의 값과 0.4% 정도밖에 차이 나지 않았다.

우주를 활용해 지구에서 특정 지점의 위치를 정확히 측정하는 방법을 우주측지학이라고 하는데(10장에서 자세히 다룬다), 이 덕분에 지구에서 많은 장소 사이의 거리를, 심지어 대륙 간의 거리도 밀리미터 수준의 불확도로 잴 수 있다. 또 지구의 북극-남극 방향 평균 둘레를 10억분의 1 수준까지 정확하게 측정한다. 게다가 지구 중심에서 지표면까지의 거리 역시 많은 지점에서, 여러 번, 센티미터의 정확도로 측정할 수 있었다. 내가 왜 '여러 번'이라는 말을 썼을까? 그건 특정 장소에서 지구의 반지름이 시간에 따라 달라지기 때문이다. 예를 들면 계절에 따라 물이 이동해서 생기는 변화도 있고, 하루 및 반나절 주기로 수십 센티미터나 오르내리는 조수 변화도 있다. 현재 우주측지학의 수준에서 그런 변화까지 모니터링할 수 있다는 것은 지난 반세기 동안 측정 정확도가 약 1,000배에서 1만 배까지 향상되었다는 뜻이다.

9장

지구 내부 탐색과 지진

지구의 내부 구조를 무슨 수로 알아낼 수 있을까? 무작정 중심까지 구멍을 뚫고 들어갈 수는 없는 노릇이다. 현재의 가장 발전된 장비로도 한 지점에서 12km 이상 파 내려가지 못했다. 12km면 지구 중심까지 거리의 고작 0.2%이니, 그냥 살짝 긁은 수준이다. (더 아래로 내려가지 못하는 이유는, 그 깊이에서는 인체의 모든 구조가 압력을 견디지 못해 파괴되기 때문이다.) 그러나 12km 시추도 의미 없는 행위는 아니었다. 그 깊이에서 회수한 물질로 과거 기후에 관해 배울 수 있었고 또 여전히 배우게 될 테니 말이다. 땅을 파고 들어가는 일은 곧 과거의 탐구다. 먼 우주를 보며 과거로 돌아갔던 것과 비슷하다.

그럼 과거에는 지구의 내부에 관해 무엇을 알았을까? 지구의 질량과 평균 밀도(단위부피당 질량)라는 기본적인 성질 두 가지는 이미 200년도 더 전에 계산되었다. 질량은 지표면 가까이에서 낙하하는 물체의 가속도를 측정한 다음, 뉴턴의 중력 법칙과 운동 법칙에 따라 구했다. 지구의 반지름과 뉴턴의 중력상수 G의 값을 반영해 계산한 지구의 질량은 약 4×10^{27} g이다. 밀도를 계산하기 위해서는 방금 계산한 질량과 함께 지구의 부피를 알아야 한다. 부피는 지구의 모양(구체)과 크기(반지름)를 이용해 계산한다. 그렇게 해서 구한 지구의 밀도는 $5g/cm^3$를 조금 넘는데, 이는 물의 밀도보다 다섯 배가 넘는 값으로 꽤 묵직하다. 지표면에서 발견되는 바위의 밀도가 대략 $2.5g/cm^3$인 것으로 보아 지구 내부에는 표면보다 더 많은 물질이 채워져 있다고 유추할 수 있다. 이것이 지구의 전체적인 특성이다. 그렇다면 지구 내부의 구체적인 구조는 어떤 방법으로 파악할 수 있을까?

우주 거리 사다리를 만들 때처럼 지구 내부 탐색에도 대리변수를 이용한다. 특히 지진에서 얻는 정보가 유용한데, 우리가 지구의 내부를 연구하려는 주요 이유가 지진을 예측하기 위해서라는 걸 생각하면 좀 아이러니하다. 이 목표는 우리의 집약적인 노력에도 아직 이루지 못했지만, 추진할 가치는 분명히 있다.

지진학

지진은 인류가 자연현상에 관해 언급한 아주 초창기 기록에도 등장할 만큼 인상 깊은 현상이었다. 그 시작은 거의 4,000년 전으로 거슬러 올라간다. 기원전 1831년에 중국 북동부 산둥성에서 발생한 지진에 관한 기록이 있는데, 갑작스럽게 발생해 큰 피해를 주는 이런 현상은 사람들의 관심을 끌고도 남았을 것이다. 아리스토텔레스 역시 지진에 관한 생각을 남겼다. 그는 지진이 지구 내부에서 불어온 바람 때문에 생긴다고 했다. 지진에 대한 과학 이론이라 부를 만한 첫 번째 설명은 18세기 영국의 성직자이자 박식가인 존 미첼John Michell이 제시했다. "지구 표면에서 몇 킬로미터 아래에 있는 바윗덩어리가 움직이면서 생긴 파도" 때문에 지진이 발생한다고 추론한 그의 통찰력은 실로 대단하다. 아마 1755년 11월에 발생한 리스본 대지진이 계기가 되었을 것이다. 리스본은 포르투갈에서 가장 큰 도시이자 수도였고, 저 지진은 포르투갈 남서쪽 끝에서 서남서 방향으로 약 200km 떨어진 곳에서 시작됐는데도 유럽 전역과 그 너머에서까지 진동을 느꼈다는 기록이 있다.

그렇다면 어떻게 지진을 지구 내부 탐사의 대리변수로 이용할까? 지진은 지표면 가까이 있는 암석층 일부의 상대적 이동에 의해 일어나는 현상이다. 그런 변위는 지구 내부 물질에 파동을 일으킨다. 지진파에는 여러 유형이 있고 각각 독특한 특징이 있는데, 지표면에 도달하는 이 파동을 감지하는 것이 지진 연구와 해석의 첫 단계다. 이러한 탐지와 연구 과정이 모두 지진학이라는 학문 분야의 주제가 되며, 지구의 내부 구조에 관한 정보 대부분이 여기서 나온다. 자, 그럼 지진학의 기본 개념과 지금까지 이룬 주요 성과들을 살펴보자.

지표면의 움직임을 탐지하고 기록하는 현대적 장비는 대개 지진계seismometer라고 부른다. 이보다 앞서 중국에서 제작된 지동의地動儀라는 감진기seismoscope는 지진의 방향만 알려 주는 장치였다. 감진기의 정확한 생김새나 구체적인 작동 방식은 알려지지 않았지만,

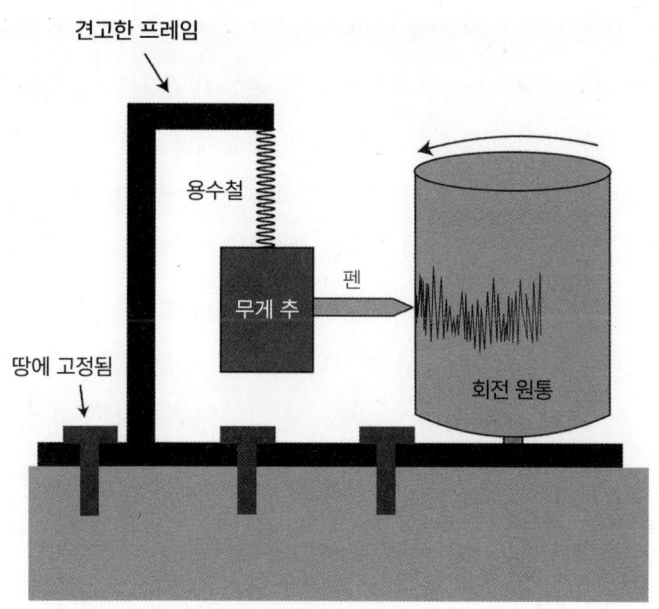

그림 9.1. 수직 운동에 민감한 단순한 지진계의 도식.

용의 형상을 한 컵 안에 공을 넣은 구조였던 것 같다. 지진으로 장비가 기울면 기울어진 쪽의 공이 튀어나오면서 방향을 알렸으리라 추정된다. 그러면 현대식 지진계는 어떨까? 기본적인 작동 원리를 알아보자(그림 9.1).

지진계에는 견고한 프레임(틀)이 있다. 이 프레임은 지진파가 해당 지역을 통과할 때 발생하는 지면의 수직 운동을 온전히 반영할 수 있게끔 땅에 잘 고정되어 있다. 프레임에는 용수철에 연결된 무게 추가 매달려 있다. 이 무게 추는 지면과 직접 연결되지 않았으므로 프레임이 위아래로 빠르게 움직여도 무게 추는 별로 움직이지 않는다. 무게 추에 단단히 부착된 펜은 회전 원통에 닿아 있고, 회전

원통은 프레임에 고정되어 있다. 따라서 지진이 발생하면 프레임(지면)에 대한 무게 추의 상대적인 수직 운동이 펜을 통해 회전 원통에 기록된다. 여기서 중요한 질문. 회전 원통에 기록된 선을 보고 어떻게 지면의 수직 운동을 파악할까? 이 관계를 설정하는 것을 기구 보정calibration이라고 한다. 이를테면 실험용 플랫폼에서 가상으로 지진을 시뮬레이션하는 것이다. 땅과 플랫폼 사이를 흡수재로 차단하고, 그 플랫폼 위에 지진계를 설치한다. 그런 다음 정밀하게 설정된 속도와 진폭으로 지진계의 프레임이 상하로 움직이게 하여 회전 원통에 그래프를 기록한다. 이 실험을 여러 속도와 진폭으로 바꿔 가면서 다양한 유형의 지진을 시뮬레이션하고 그에 따른 그래프를 기록한다. 그렇게 해서 프레임의 운동과 그래프의 관계를 알게 되면 실제 지진 중에 회전 원통에 기록된 선을 역으로 해석할 수 있다. 하지만 이것은 어디까지나 원리를 설명하기 위한 예일 뿐, 실제 보정은 여러 방식으로 진행된다.

그럼 지면의 수평 운동은 어떻게 탐지할까? 수평 운동도 수직 운동과 비슷하게 감지되는데 좀 더 복잡하다. 수직 운동은 상하 방향만 고려하면 되지만, 수평 운동에서는 동-서와 남-북의 두 가지 방향을 고려해야 하기 때문이다. 그러나 기본 원리는 같다.

지진계에는 진동이 발생한 시간도 기록되어야 한다. 특히 여러 장소에서 기록된 자료를 비교할 때 시간 정보가 필요하다. 따라서 적당히 정확한 시계 정도로는 안 되고, 진동 기록이 시간과 연계되는 고성능 시계를 장착해야 한다. 현재는 모두 디지털로 기록된다.

지진의 움직임은 어떤 형태이며, 어떻게 해석하고 설명할 수 있을까? 지금부터는 교과서적인 설명이 필요하다. 우선 지진파란, 지진처럼 지구 내부의 물질이 움직일 때 발생하는 파동을 말한다. 실체파body wave(진행파), 지구의 자유진동normal mode, 표면파surface wave, 이렇게 세 가지 기본 형태가 있는데, 이 책에서는 실체파의 두 가지 유형만 다루겠다. 실체파는 크게 P파와 S파로 나뉜다. 'P'는 압력pressure, 앞뒤로 흔들리는push-pull(종파), 1차primary를 뜻한다. 'S'는 전단shear, 옆으로 흔들리는sideways(횡파), 2차secondary를 의미한다. 압력파(P파)는 전단파(S파)보다 빠른 속도로 지구 내부를 통과한다. 그래서 지진이 발생했을 때 압력파가 전단파보다 먼저 지진계에 도달한다. 그림 9.2에서 P파의 기록은 S파보다 10초 먼저 시작되었다.

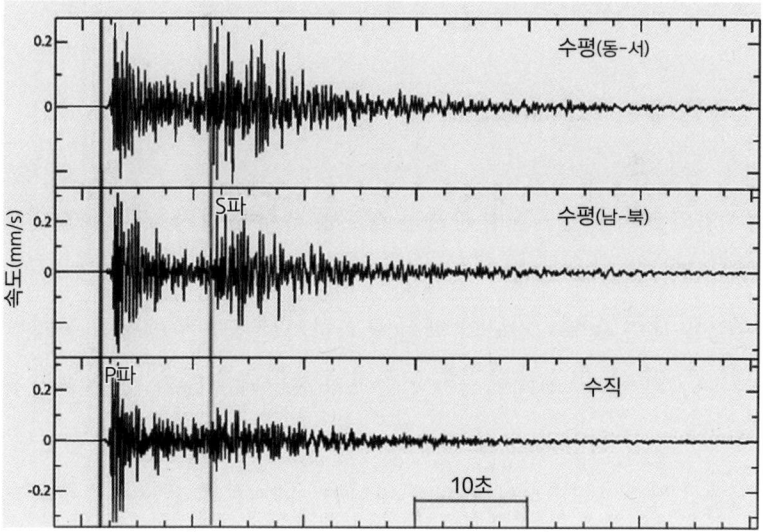

그림 9.2. 지진계가 기록한 P파와 S파. 가장 왼쪽에 있는 수직선(짙은 색)의 바로 오른쪽에서 P파의 도착을 보여 주는 미세한 움직임에 주목하라.

이는 진원(지하에서 실제로 지진이 시작된 지점)에서 멀리 떨어진 동일 지점에 P파가 먼저 도착했음을 뜻한다. '1차 파'와 '2차 파'라는 용어는 이러한 도착 순서를 반영한 말이다.

이런 파동은 매질을 통해 어떤 식으로 전파될까? P파가 전달될 때는 매질이 파동의 진행 방향과 같은 방향 또는 반대 방향으로 움직인다. 이와 달리 S파는 매질이 파동의 진행 방향과 수직으로 움직인다. P파는 앞뒤로 흔들리고(종파) S파는 옆으로 흔들린다(횡파)는 말이 바로 이 뜻이다.

P파가 암석을 통과할 때는 암석 입자들이 파동의 진행 방향으로 서로 가까워졌다가 멀어졌다가 다시 가까워지는 움직임을 반복한다. 이와 달리 S파가 진행할 때는 암석 입자들이 파동의 이동 방향과 수직으로 상하, 좌우 어느 방향으로든 움직일 수 있다.

지구 내부 구조에 대한 추론

P파와 S파가 지구를 통과하는 경로를 생각해 보자. 그림 9.3은 지구의 횡단면을 나타내며, P파와 S파 모두 검은 선으로 표시되었다. 그림을 보면 P파는 지구의 핵을 통과하지만, S파는 맨틀만 통과한다. 이유가 뭘까? 액체에서는 전단파가 전달되지 않기 때문이다. 액체에서는 한 입자의 수직 이동이 이웃 입자에 영향을 주지 않는다. 그래서 전단파인 S파가 액체를 만나면 파동이 더 전달되지 못하고 멈춘다. 이 사실을 염두에 두고 두 그림을 비교하면 중앙의 두 원 중에서 적어도 바깥 원은 액체로 이루어졌음을 알 수 있다. 과학자들

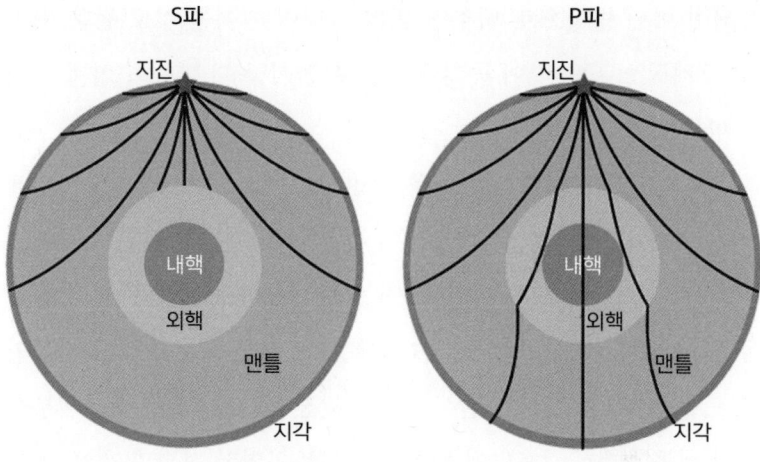

그림 9.3. 지구 내부에서 S파와 P파의 진행.

은 이렇게 지진파의 진행 패턴을 통해 지구 내부에 액체 핵이 있음을 알아냈다.

그림 9.3에는 눈에 띄는 또 다른 특징이 있다. 각 지진파의 경로가 휘어졌다는 점이다. 그림의 맨 꼭대기에서 시작한 파동이 아래쪽으로 내려가 다시 지표면에 도달할 때까지 그 경로가 직선이 아닌 곡선을 그린다. 지진파의 이동 경로가 곡선인 이유는 기본적으로 지구 내부 물질의 밀도가 위치마다 다르기 때문이다. 이 그림에서는 맨틀 내부로 깊이 들어갈수록 밀도가 증가하고 있다. 밀도 외에도 물질의 다른 성질과 조성 역시 지구 중심으로 가면서 달라진다. 이런 변화 때문에 파동의 진행 방향이 계속해서 바뀐다. 단, 파동이 반지름 방향, 즉 지표면에서 지구 중심을 향하는 직선 경로로 진행할 때는 방향이 꺾이지 않는다. 우리가 손전등을 물에 비출 때, 수면과

수직이 아닌 방향으로 비추면 빛의 방향이 꺾이는 것도 같은 이치다. 구체적으로는, 빛이 공기에서 물로 들어갈 때 빛은 수면에 수직인 방향 쪽으로 굴절된다.

S파의 경우, 그림에서 아래쪽 절반에는 표시되지 않았지만 실제로는 그곳에도 S파가 전달된다. 이 현상은 두 가지 방식으로 일어난다. 첫째, 옆으로 흔들리며 이동하는 S파는 비교적 짧은 거리를 이동한 뒤 지표면에 도달한다. 그림에는 안 보이지만 이렇게 지표면에 도달한 S파는 일부가 반사되어 약해진 상태로 다시 지구 내부를 짧게 이동했다가 지표면에 이르기를 반복하면서 점점 힘을 잃는다. 둘째, P파는 외핵과 내핵의 경계면에서 일부분이 S파로 전환된다. 이 S파가 내핵에서 이동하다가 외핵과의 경계면에 이르면 다시 일부가 P파로 전환된다. 이 P파는 조용히 외핵을 지나 맨틀 하부 경계에 도달하고, 이 지점에서 P파 일부가 또 한 번 S파로 바뀐다. S파는 계속해서 진행해 지표면에 도달하고, 이 과정이 반복된다. 이런 상황이다 보니 경로가 매우 복잡해진다. 그래도 지표면의 여러 지점에 설치된 지진계 기록으로 추적할 수 있다.

그렇다면 이 기록들로 지구 내부 구조에 대해 무엇을 알 수 있을까? 우리는 지구 전역에 분포한 지진계를 통해 세계 여러 지역에서 일어난 수많은 지진으로부터 지진파의 도착 시각과 형태를 모니터링할 수 있다. 그리고 지구 내부 깊이에 따른 P파와 S파의 진행 속도를 유추할 수 있다. 그 속도는 기본적으로 깊이에 따라 달라진다. 물론 지구 내부의 불균질성 때문에 다른 두 방향에 대해서도 속도가 변하기는 하지만, 어디까지나 가장 큰 요인은 깊이다(그림 9.4).

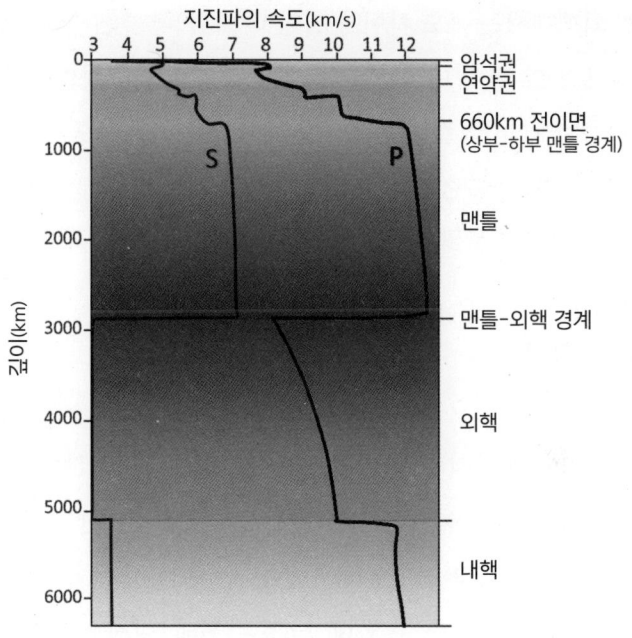

그림 9.4. 지표면에서 지구의 중심까지 P파와 S파의 속도 추정치. 외핵에서의 S파 속도(0)를 제외하면 대체로 중심으로 갈수록 불확도가 커진다. 맨틀과 외핵 사이의 경계에서 P파의 속도가 급격하게 감소한 것이 눈에 띈다.

그림 9.4를 보면 지하 약 2,900~5,200km 구간에서 S파의 속도가 사라지는데, 이것은 액체 상태의 핵이 존재한다는 결정적인 증거다. 액체 외핵 아래에는 고체 내핵이 있다. 이 구조는 1935년경 덴마크 지구물리학자 잉에 레만Inge Lehmann이 앞에서 언급한 지진파 분석 기술을 활용해 영리하게 밝혀냈다. (104세까지 살았던 레만은 과학자 중에서 특히 장수한 인물이기도 하다.) 한편 깊이 내려갈수록 P파와 S파의 속도 차이가 더 벌어지는 것을 그래프에서 확인할 수 있는데, 특히 고체인 내핵 안에서는 초당 8km나 차이가 난다. 물론 S파가 사

라지는 외핵에서는 속도 차이가 훨씬 더 크다.

이 정보와 그 밖의 데이터를 통해 지구가 대략 구형의 층상 구조를 지녔다고 추론할 수 있다. 또 지구 전체에 구대칭으로 분포하지 않는 비교적 작은 구조에서 얻은 세밀한 결과들도 있는데, 그중 일부를 다음 장에서 살펴보겠다.

지진의 위치

지진 관측망에 탐지된 지진파 기록으로 알아낼 수 있는 지진의 특성은 뭐가 있을까? P파와 S파가 여러 관측소에 도착한 시각을 비교하면 삼각측량법으로 진앙(지진이 일어난 지하 지점에서 수직 상부에 있는 지표면의 지점)을 찾을 수 있다. 말은 쉬운데, 실제로는 어떻게 계산할까?

여기 한 지진관측소가 있다고 하자. 지진계를 확인해 P파와 S파가 각각 맨 처음 도착한 시간 차이를 계산한다. 두 지진파의 진행 속도가 깊이에 따라 어떻게 달라지는지(그림 9.4) 이미 알고 있으므로 이 정보를 이용하면 시간, 속도, 거리의 관계식을 이용해 지진계에서 진앙까지의 거리 d를 구할 수 있다(식 9.2). 만약 지진이 비교적 가까운 곳에서 일어났다면, 그 값이 상당히 정확하다.

이렇게 두 지진파의 이동 시간과 속도를 이용해 진앙까지의 거리를 계산하고 나면, 실제 진앙은 해당 지진계를 중심으로 하고 진앙까지의 거리 d를 반지름으로 하는 원의 둘레 어디엔가 있다는 것을 알 수 있다. 그러나 원의 둘레 어디에 있다는 말인가? 하나의 지진

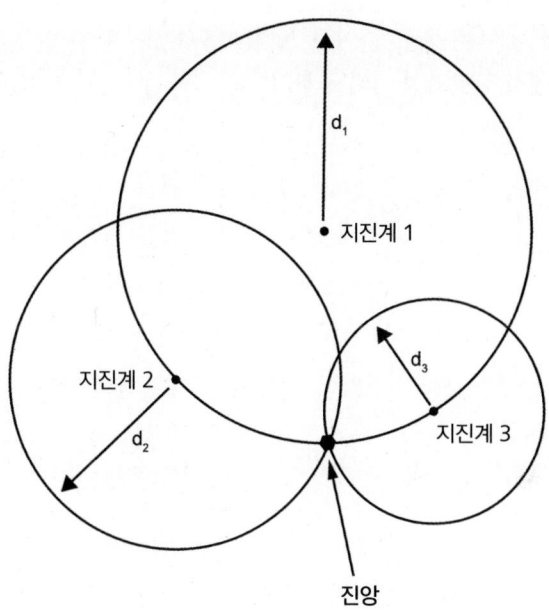

그림 9.5. (한 직선 위에 있지 않은) 세 개의 지진계에 각각 S파와 P파가 도착한 시간의 차이를 이용해 진앙의 위치를 찾는 삼각측량법.

계에서 얻은 데이터로는 정확한 위치를 알 수 없다. 하지만 같은 지진에 대해 다른 곳의 지진계에서 얻은 거리 데이터가 있다면 상황이 달라진다. 이번에도 진앙은 두 번째 지진계를 중심으로 그린 원의 둘레 위에 있다. 이 두 원을 한 평면에 그리면 대개 두 원은 서로 다른 두 점에서 교차한다. 따라서 진앙의 위치를 둘 중의 한 곳으로 좁힐 수 있다. 여기에 세 번째 지진계에서 측정한 데이터까지 추가하면, 이제 세 원이 교차하는 지점은 하나밖에 없다(그림 9.5). 이것이 진앙의 위치를 알아내는 대략적인 방법이다.

지진계에서 진앙까지 거리 구하기

S파가 이동하는 데 걸린 시간(t_s)은 이동한 거리(d)를 이동 속도(v_s)로 나눈 값이므로, $t_s = d / v_s$로 나타낼 수 있다. (간단히 설명하기 위해 지구의 곡률은 무시하겠다.) 마찬가지로 P파가 이동하는 데 걸린 시간은, $t_p = d / v_p$가 된다. 두 지진파의 이동 시간 차이는 곧 각 지진파가 지진계에 도착한 시각의 차와 같다. 이를 방정식으로 나타내면 아래와 같다.

$$\frac{d}{v_s} - \frac{d}{v_p} = t_s - t_p \tag{식 9.1}$$

간단한 대수로 미지수 d에 대하여 이 방정식을 풀어 진앙까지의 거리를 계산한다.

$$d = \frac{(t_s - t_p)}{(v_p - v_s)} v_s v_p \tag{식 9.2}$$

지진의 규모

지진의 세기, 즉 강도는 어떻게 알까? 좀 더 정확히 말하자면, 지진의 진폭 또는 지진에서 방출되는 에너지를 어떻게 측정할까? 1935년에 찰스 릭터Charles Richter가 개발한 척도가 있다. 그의 이름을 따서 릭터 규모라고 부르는데, 별로 정확하지는 않다. 이 척도에서는 진폭을 규모magnitude로 표현하며, 최대 진폭을 적절한 기준과 비교한 로그값으로 나타낸다. 지진의 최대 진폭을 추정하려면 지진 발생 지점과 지진계의 상대적인 위치, 지진계가 측정한 지반 진동 ground motion의 진폭, 지진파가 통과한 매질의 특성 등을 알아야 한다. 최대 진폭을 알아냈다 해도 지진에 의해 방출되는 에너지와 최대 진폭의 관계 역시 간단하지가 않다.

이런 복잡성을 따지지 않고 단순하게 릭터 규모로만 비교하면, 규모가 1 올라갈 때 지진에서 방출된 에너지는 약 30배 더 커진다고 할 수 있다. 규모가 어느 정도인지 감이라도 잡을 수 있게 예를 들자면, 릭터 규모 2의 지진은 진앙에서 아주 가까이 있어도 사람이 느끼기 어려울 정도로 약한 진동이다. 이와 비교해 릭터 규모 9는 1960년에 칠레를 강타한 대지진처럼 100년에 한 번 일어날까 말까 한 엄청난 규모로, 그 영향이 실로 어마어마하다.

지난 20년 사이에 과학계는 지구의 '지진 모멘트seismic moment'라는 (다소 난해한) 측정값에 기반을 둔 새로운 척도로 릭터 규모를 대체했다. 아마 지진에 관한 뉴스에서 모멘트 규모가 얼마라는 보도를 종종 보게 될 것이다. 이 척도에 대해서는 이 정도만 언급하고 자세히 다루지는 않겠다.

지구의 온도

이제 온도 이야기를 해 보자. 지구 내부의 열기를 알려면 무엇을 측정해야 할까? 지진학은 이 문제에 직접적인 정보를 주지 못한다.

그러나 지진학 탐구로 지구의 구조를 알게 되었으니 간접 정보는 제공한 셈이다. 지구 내부 깊이에 따른 물질의 밀도와 상태(예를 들면, 액체 상태의 외핵)를 알면 물질 조성을 추론하는 데 도움이 된다. 과학자들은 실험실에서 높은 압력과 온도를 재현하여 내핵이 주로 철과 니켈로 이루어졌다고 추정했다. 이 원소들은 지구 형성 당시 존재했던 무겁고 밀도 높은 물질로, 형성 후반부에 지구가 처음으로 녹았을 때 중심 쪽으로 가라앉았을 것이다. 액체 핵의 밀도는 실험실에서 이 원소들의 혼합물에 핵과 비슷한 압력을 가했을 때의 밀도와 거의 비슷하다.

이런 방식으로 지표면 근처나 광산 같은 지하 부분부터 지구 중심부까지의 온도를 직간접적으로 알아낼 수 있다. 그러나 지구 깊은 곳의 온도는 추정 과정에 여러 가지 (신뢰할 수 없는) 추론이 더해지기 때문에 정확하다고는 할 수 없다. 이 점을 염두에 두고 지구의 깊이에 따른 온도 추정치를 나타낸 표 9.1을 살펴보자. 다소 대략적인 수치라 정확도는 떨어지지만, 이 표에서 각 깊이 구간 안에서는 온도가 선형적으로 증가한다고 볼 수 있다. 온도 상승률은 어떤 구간에서는 급격하고(2,900km까지, 맨틀과 외핵의 경계) 어떤 구간은 완만한데(2,900~5,150km까지, 외핵), 이런 변화는 지구 내부 구조의 특징과도 상응한다.

정리하자면, 지구 내부 온도는 안쪽으로 갈수록 대단히 빠르게 높아져서 중심부에서는 약 7,000K에 이르는데, 이 온도는 태양 표면의 온도와 비슷하다. 참고로 태양 중심부의 온도는 약 1500만 K이다.

깊이 (km)	온도 (K)
410	500
660	1,900
2,900	3,000
5,150	5,000
6,370	7,000

표 9.1. 지구 내부 깊이에 따른 온도 추정치.

수압파쇄법과 지진

지진과 관련해 미국에서 최근에 주목받은 사회적 문제를 언급하며 이 장을 마무리하겠다. 이는 과학이 사회 문제에 얼마나 깊이 개입하고 논란을 일으킬 수 있는지 잘 보여 주는 예다.

일단 배경지식부터. 15~20년 전까지만 해도 미국 중서부에서 지진은 아주 드물게 기록되었고 규모도 작았다. 그러다가 지난 10년 사이에 지진의 빈도와 규모가 극적으로 증가했다. 이유가 뭘까? 답은 수압파쇄법hydraulic fracturing(프래킹 공법)을 이용한 땅속 가스와 석유 추출량이 급작스럽게 늘어난 것과 관련이 있다. 1940년대부터 사용한 이 공법은, 물을 여러 물질과 섞어서 고압으로 땅속에 주입해 암석을 깨부수고 그 속에 든 석유와 가스를 뽑아내는 방식이다(그림 9.6). 그런데 추출 과정에 석유와 가스뿐 아니라 원치 않는 '더러운 물'이 상당량 따라 나온다. 보통은 이 오수를 별도의 주입 우물을 뚫어 깊은 지하에 처리한다.

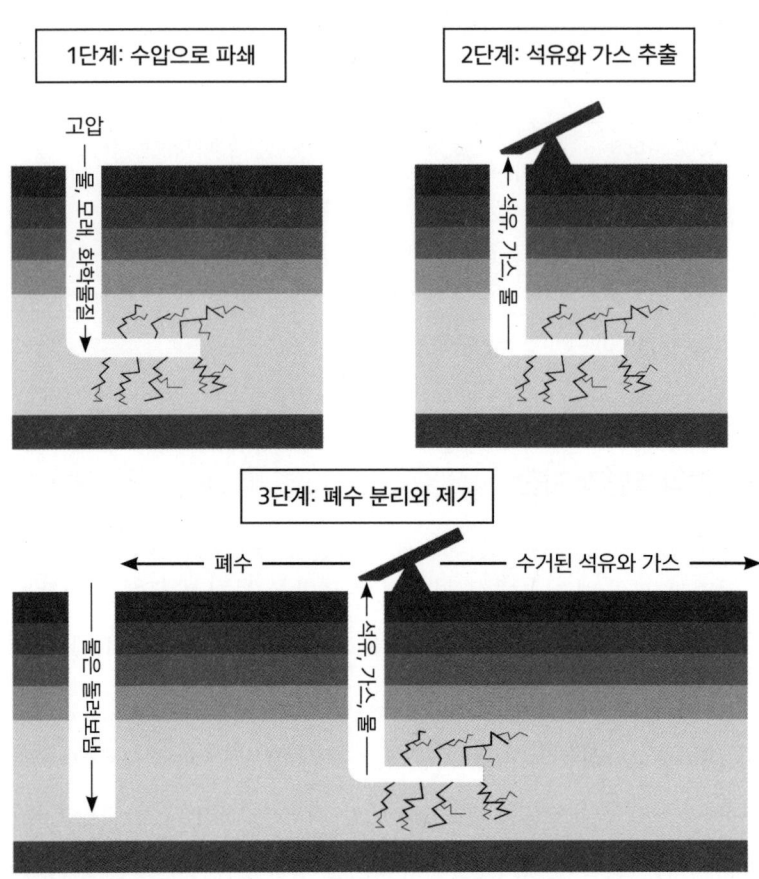

그림 9.6. 수압파쇄법의 과정.

그러고 나서 지진이 일어난다! 최근의 기록을 보면, 2009년부터 프래킹 공법 이용 급증과 함께 지진 발생 건수도 급격히 증가한 것을 알 수 있다(그림 9.7). 여기서 중요한 질문. 프래킹 공법 자체가 지진을 일으키는 것일까? 아니면 폐수를 땅속에 도로 넣는 과정이 직접적인 원인일까? 이에 대한 의견은 분분하며 양쪽 모두 목소리만

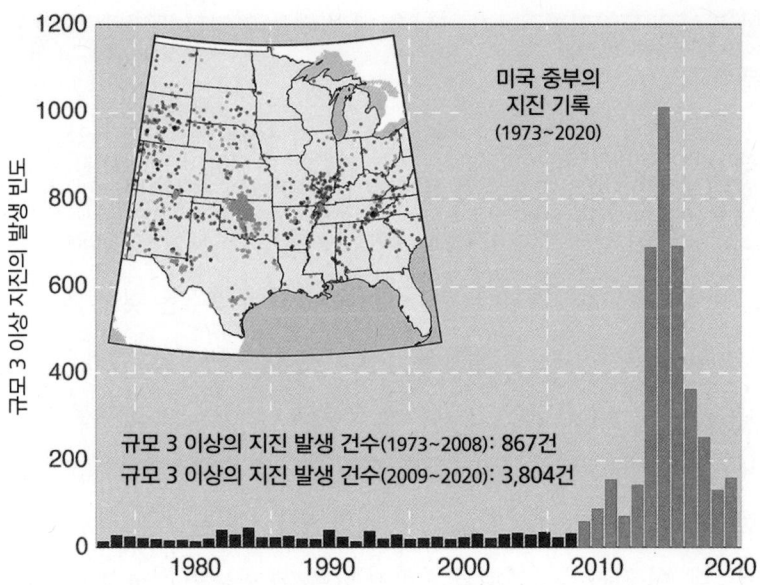

그림 9.7. 미국에서 발생한 지진 기록(1973~2020년).

클 뿐, 근거로 삼을 만한 데이터는 별로 없다. 최근 미국 지질조사국은 폐수를 땅에 도로 집어넣는 과정이 문제라는 쪽을 지지했다. 반면 2016년에 저명한 학술지 《사이언스》에 발표된 캐나다 서부 지역의 연구 결과는 지진의 원인으로 프래킹 공법 자체를 지목했다. 대체 어느 쪽이 옳을까? 환경 조건에 따라 둘 다 옳은 해석일 수도 있고, 아니면 두 요인이 복합적으로 작용해 지진을 일으켰을 수도 있다. 이 질문의 답은 현실적으로 중요하다. 만약 프래킹 공법 자체가 원인이면 이 방식을 금지해야 한다. 반대로 폐수가 원인이라면 처리 방식을 바꿔 해결책을 찾아볼 수 있다. 이와는 별개로 그림 9.7의 기록을 보면 한 가지 의문이 더 생긴다. 2015년경부터 지진이 감소한 원인은 무엇일까? 여기서 답을 내릴 수는 없지만 생각해 볼 만한 문제다.

한 가지 확실한 것은, 인간의 활동이 지구 환경에 직접적인 영향을 미칠 수 있음을 프래킹이 똑똑히 보여 준다는 사실이다. 또 이 문제는 시민의 목소리가 정책에 반영될 수 있는 사례로서, 과학과 관련된 사회 문제에 대하여 최소한의 이해라도 갖추는 것이 얼마나 중요한지 느끼게 한다. 물론 반드시 그런 건 아니지만, 배경지식을 갖추면 조금 더 현명한 선택을 할 수 있을 것이다. 이 문제를 더욱 숙고하게 하는 사건이 있다. 2016년 9월, 규모 5.6의 지진이 오클라호마주를 강타했는데, 지금껏 이 지역에서 기록된 가장 강한 지진이었다. 이 지진이 프래킹과 관련이 있을까? 아니면 전혀 별개의 원인으로 일어났을까?

다른 한편으로는 프래킹이 현장 인근의 상수도를 오염시킨다는 논쟁도 치열하다. 어떤 결론이 나올지는 모르지만, 지진과 수질 오염 문제가 모든 이해 관계를 만족시키며 쉽게 해결되기는 어려워 보인다.

10장

지구 표면의 진화

　지구의 모양, 크기, 내부에 관한 탐색의 역사와 최신 지식을 파악했으니 이어서 지구 표면의 진화를 탐구한 과정을 알아보자. 주로 20세기를 배경으로 진행된 이 이야기는 지질학, 물리학, 화학, 생물학 분야 전문가들이 마치 탐정이 된 듯 캐낸 정보를 바탕으로 협업해 특별한 결실을 보았다. 이 역시 과학의 통합을 보여 주는 좋은 사례다.

　19세기 초까지만 해도 지질학은 위신 있는 과학 분야였다. 그러나 시간이 지나면서 물리학, 화학, 천문학, 나중에는 생물학에 밀려 인기를 잃었고, 급기야 20세기 초에는 따분한 학문이 되었다. 뉴질랜드 태생의 뛰어난 물리학자 어니스트 러더퍼드Ernest Rutherford는 지질학을 우표수집에 비유하며 "암석과 화석을 식별하고 위치를 찾아 지도를 만드는 작업"으로 묘사했다. 그러나 20세기에 지구 표면에 대한 연구가 불러온 혁명이 기존 패러다임에 근본적인 변화를 일으키면서 지질학에 대해 부정적이던 평판이 뒤집히고 무궁한 잠재력을 지닌 분야로 탈바꿈했다.

일부에서는 과학에 기반한 지질학이 1600년대 말에 덴마크 과학자 니콜라우스 스테노Nicolaus Steno의 연구에서 시작됐다고 생각하지만, 사실상 지질학의 전성기는 1795년에 스코틀랜드 사람 제임스 허턴James Hutton이 지질 현상에 대해 처음으로 과학적 결론을 끌어내면서 시작되었다. 그중에는 침식으로 깎여 나간 땅이 화산 활동으로 다시 채워진다는 주장이 있었다. 그는 "현재는 과거로 가는 열쇠다", "현재까지의 조사 결과, 시작의 흔적도 없고 끝날 기미도 보이지 않는다"라는 두 가지 말도 남겼다. 또 허턴은 지구가 생성된 지 수백만 년 됐다는 결론을 내렸는데, 이는 지구의 나이가 약 6,000년이라고 주장한 교회의 믿음과 정면충돌했다(12장 참조). 허턴의 접근법은 암석과 지층 연구에 기반을 두었고, 이는 스테노도 마찬가지였다.

1830년대 영국 지질학자들은 주로 동일과정설uniformitarianism을 지지했다. 그 밑바탕에는 지구가 거의 동일한 과정을 끝없이 반복한다는 생각이 있다. 이 가설의 주요 주창자는 찰스 라이엘Charles Lyell로, 그의 영향력 있는 글이 이런 관점을 부추겼다. 반대로 프랑스 학자들은 격변설catastrophism을 지지했는데, 이 가설은 때때로 어떤 종이 영원히 사라지기도 한다는 주장으로, 비슷한 과정이 계속 반복된다는 발상과는 모순된다. 당시 과학계에서는 동일과정설을 지지한 저 영국인들이 격변설을 옹호한 프랑스인들에게 승리한 것처럼 보였다. 그러나 영국이 이긴 듯 보였던 것이 오직 논리의 힘 때문은 아니었다.

19세기 말, 지구 표면의 장기적인 변화를 두고 의견이 서로 다른 여러 파벌이 형성되었다. 많은 지질학자가 "한 번 대륙은 영원한 대륙, 한 번 바다는 언제나 바다"라는 슬로건을 내건 '불변설주의자'가 되었다. 이들은 대륙 위에 나타났다가 사라지는 얕은 바다를 명백한 증거로 내세웠는데, 바로 이 얕은 바다가 육지에서 발견되는 해양 화석을 설명하는 수단이라고 제안했다. 그런 화석 중에 심해 생물의 화석은 없었다. 한편 지구 수축설contraction theory을 주장하는 사람들도 있었는데, 냉각으로 인한 지구의 수축이 변화의 엔진으로 작용해 지각이 주름지고 접히며 내려앉는다고 보았다. 이들에게 지구의 역사는 순환하지 않는 일종의 편도 여행이었다.

각 학파의 근본 전제에는 하나같이 문제가 있었다. 가령 수축설의 경우, 산맥은 그 규모가 너무 크고 광범위해서 단순히 수축의 효과만으로는 합리적으로 설명되지 않았다. 게다가 19세기가 끝날 무렵 방사능이 발견되면서 이 가설에 반박하는 강력한 근거가 되었다. 지구 내부에 있는 방사성 열원으로 인해 지구가 오히려 팽창하기 때문이다. 한마디로 수축론자의 엔진이 과열됐다고나 할까.

대륙이동설

이제 진짜 중요한 사건으로 넘어가 보자. 1912년, 천문학으로 박사학위를 받고 기상학 분야에서 활동하던 알프레트 베게너Alfred Wegener는 과거에 제안된 대륙이동설continental drift을 옹호하기 시작했다. 그는 우연히 아프리카 대륙의 서해안과 남아메리카 대륙의

그림 10.1. 남아메리카 대륙의 동해안과 아프리카 대륙의 서해안 모양이 딱 들어맞는다.

동해안이 기가 막히게 맞물린 것을 보고 이 가설을 주장하게 되었다(그림 10.1). 두 대륙의 해안선이 일치한다는 사실은 유럽에서 최초로 두 대륙의 지도가 만들어진 1596년에 이미 주목받은 바 있지만, 이를 다룬 첫 번째 출판물은 1844년에서야 나왔다.

이런 모양의 해안선을 설명하는 가설은 19세기 말에 처음 등장했다. 1878년에 찰스 다윈Charles Darwin의 아들 조지 다윈George Darwin은 지구가 진화 초기에 아주 빠르게 회전하면서 적도 근처의 땅덩어리가 떨어져 나가 달이 되었다는 가설을 세웠다. 4년 뒤, 지질학자 오스먼드 피셔Osmond Fisher는 달이 떨어져 나온 곳이 태평양이고, 그때 생긴 함몰 지역을 채우는 과정에 아프리카 대륙과 남아메리카 대륙이 서로 벌어져 대서양이 생겼다고 주장했다. 달의 기원에 대한 이

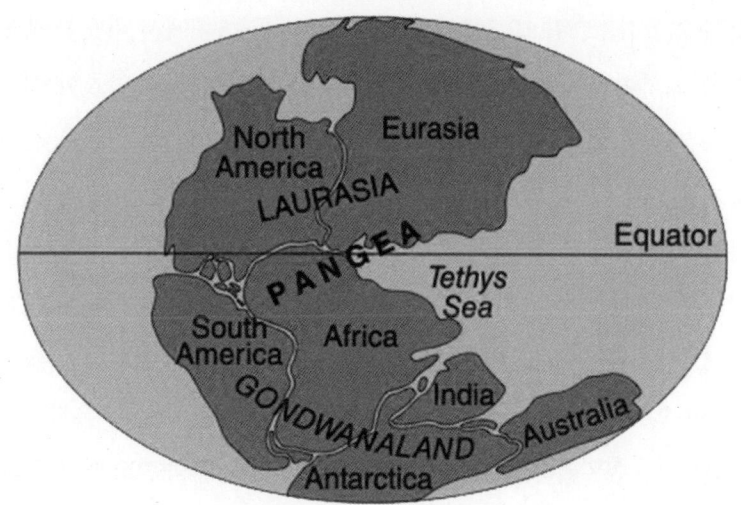

그림 10.2. 2억 5000만 년 전 판게아. 참고로 그림에 표시된 '곤드와나 대륙(Gondwanaland)'이라는 말은 중복 표현이다. '와나(wana)'가 대륙이라는 뜻이다.

가설은 철저하게 반증되어 지금은 완전히 폐기되었다. 그러나 달의 기원에 관해서는 아직도 다 알지 못한다.

베게너로 돌아가면, 1915년에 그는 이 주제로 《대륙과 해양의 기원 The Origin of Continents and Oceans》이라는 94쪽짜리 책을 출판했다. 그는 현재의 대륙은 원래 초대륙으로 합쳐져 있었다고 가정했다(그림 10.2). 베게너는 초대륙을 '모든 땅'이라는 뜻에서 판게아Pangaea라고 불렀다. 그리고 지구 내부의 특정되지 않은 압력 때문에 판게아가 여러 조각으로 쪼개지고 벌어지면서 별개의 대륙이 되었고, 이후에는 인도와 아시아의 충돌로 히말라야산맥이 형성되는 등 재편성이 일어났다고 주장했다.

베게너가 대륙이동설을 뒷받침하기 위해 제시한 다른 증거로 무엇이 있을까? 그림 10.3에서 보듯, 서로 다른 대륙에서 비슷한 생물 종과 화석이 발견되는 것은 한때 이어져 있던 대륙이 이동한 결과라고 자연스럽게 설명된다. 그게 아니라면 이런 식의 분포를 설명하기는 어렵다. 과거에 서로 다른 땅덩이를 연결하는 육교가 있었다가 사라졌다는 가설도 있지만 증거는 없다. 또 아열대 상태의 스피츠베르겐섬(현재는 북극권)과 얼음이 덮인 오스트레일리아가 과거의 같은 시대에 등장했던 것도 그럴듯한 예시였다. 베게너는 남아메리카의 동해안과 아프리카의 서해안에 매장된 광물이 유사하다는 점에도 주목했다. 한편 그는 그린란드가 1년에 약 10m씩 서쪽으로 이동한다는 측지학적 증거를 내세웠는데, 이후 이 증거는 1,000

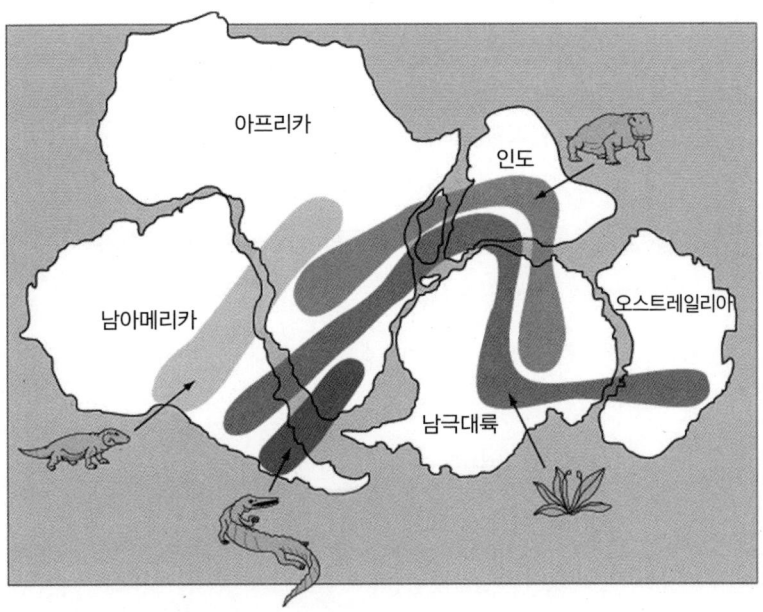

그림 10.3. 대륙이동설과 일치하는 화석 증거.

배나 부풀려진 것으로 밝혀졌다. 그는 또 방사성 물질이 지구 내부 온도를 높여서 지표에서 대륙이 더 수월하게 이동할 수 있었다고 주장했다. 베게너는 《대륙과 해양의 기원》에서 "이동설이 틀릴 확률은 100만분의 1"에 불과하다는 결론을 내렸다. 아쉽게도 그는 이 확률을 다양한 '우연'에 기초하여 계산했을 뿐 과학적으로 도출한 것은 아니었다.

동료 과학자들은 베게너의 발상을 어떻게 받아들였을까? 그의 주장은 빠짐없이 조목조목 공격받았다. 해럴드 제프리스 Harold Jeffreys 같은 당대 최고의 수리지구물리학자는 베게너의 주장을 조롱하면서 지구 표면에는 그의 제안과 달리 대륙을 밀어낼 힘이 없다고 확신했다. (제프리스는 맨틀이 움직일 거라고는 생각하지 못했다.) 다른 비평가들도 대부분 빈정대는 투였다.

"황금 실로 썩은 주머니를 꿰매는 꼴."

"퍼즐 조각을 억지로 비틀어 끼우면 어떤 퍼즐이든 쉽게 맞출 수 있다. 그렇다고 퍼즐을 제자리에 놓은 것은 아니지 않은가. 그런 식으로는 조각들이 정말 그 퍼즐에 속한 것인지, 또 퍼즐 조각이 전부 다 있기는 한지조차 증명하지 못한다."

"나는 한 화석의 절반은 뉴펀들랜드에서, 다른 반쪽은 아일랜드에서 찾았다."

이런 반응은 자연계에 대한 기존의 관점을 들쑤시는 새로운 발상이 나타났을 때 기존 학계가 반발하는 모습을 잘 보여 준다. 1928년, 토머스 체임벌린Thomas Chamberlin의 말을 빌려 당시의 전형적인 비판을 들어 보자. "베게너의 가설을 믿으려면 지난 70년 동안 배운 것을 깡그리 잊고 처음부터 다시 시작해야 한다." 객관적인 자세를 유지해야 할 과학자들이 새로운 아이디어를 앞에 두고 이렇게 비논리적인 핑계를 내세운다는 것이 가히 충격적이다. 다만 대륙이동설에 대한 이런 반대 의견은 대서양의 서쪽에서는 하나로 뭉쳐 견고했고, 유럽 쪽에서는 의견이 좀 더 분분했다.

살아생전 베게너는 귀납적 추론을 옹호하고 자신의 대륙이동설을 케플러와 뉴턴의 연구에 비유하며 모든 공격을 충실히 받아 냈다. 또 과거에는 아프리카와 남아메리카 대륙이 (현재는 가라앉은) 육교로 연결되어 동식물의 교류가 가능했다는 동료들의 주장에도 맞섰다. 안타깝게도 그는 1930년 늦가을, 그린란드 탐험 중에 악천후에 희생되어 일찍 세상을 떠났다. 대륙이동설에 관한 그의 책은 1929년에 네 번째이자 마지막 개정판이 출간되었다. 그가 사망한 후 다른 사람들이 대륙이동설을 옹호하며 산발적으로 전투에 나섰는데, 일부는 열의가 대단했다. 헌신적인 '이동설 지지자'였던 아서 홈스Arthur Holmes는 "자잘한 오류 몇 개 잡아냈다고 해서 대륙이동설 자체를 버리겠다는 뜻은 아니다"라고 말했다. 베게너 자신은 대륙이 이동한다는 것은 명확하지만, 그 원인('엔진')을 찾는 것은 다른 이들의 몫이라고 말한 바 있다.

아서 홈스는 대륙이동설을 옹호했을 뿐 아니라 엔진이 무엇인지

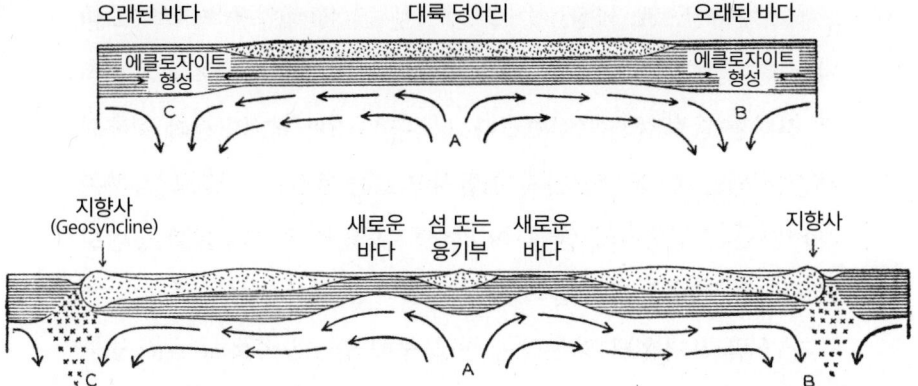

그림 10.4. 아서 홈스의 선견지명이 담긴 발상을 설명하는 그림. 맨틀에서 용융된 물질이 만드는 대류 세포(화살표로 표시됨)가 대륙 이동을 추진하는 엔진이다. 지향사는 현재 사용되지 않는 개념이니 무시하라.

도 제안했다. 그는 대륙이 움직일 수 있는 이유는, 방사성 원소가 내뿜는 열기로 움직이는 '대류 세포convection cell(대류 환)' 위에 지각이 올라탔기 때문이라고 했다(그림 10.4). 홈스의 제안은 대륙의 부드러운 암석이 어떻게 바다 밑 딱딱한 암석을 밀어낼지에서 막혀 있던 퍼즐을 풀었다. 당시 재담가들의 표현대로 버터 스틱이 강철판을 뚫고 가야 하는 상황에서 대륙을 대류 세포 위에 올려놓아 문제를 푼 것이다.

판 구조론과 지구의 자기장

홈스의 활약에도 불구하고 베게너의 가설은 1930~1940년대에 대다수 지질학자와 지구물리학자 들의 관심에서 멀어졌다. 한편 제

2차 세계대전으로 세상이 어수선하던 시절에 해양을 연구하고 미세한 자기 효과를 탐지하는 기술이 개발되었다. 가장 큰 목적은 적의 잠수함을 탐지하는 것이었다. 하지만 제2차 세계대전과 이후의 냉전 시기를 거치는 동안 자기 탐지 기기는 점점 더 작고 민감하게 개선되었고, 전쟁이 끝난 후 이 기술은 과학, 특히 지구과학의 발달에 중요한 역할을 하게 된다.

자기 탐지 기술에 활용되는 현상 중에 열잔류자화thermoremanent magnetism(TRM)가 있다. 열잔류자화는 많은 암석이 지닌 성질이다. 초기 지구에서 액체 상태의 용암이 식으면서 암석으로 굳을 때, 바로 그 당시 그 지점에서의 지구 자기장 세기와 방향이 각인되고, 그 정보가 수십억 년 동안 고스란히 보존된다. 지구의 자기장은 지구 한복판에 있는 일종의 대형 막대자석에 의해 생긴다고 할 수 있는데, 시간이 지나면서 이 자석의 방향과 세기가 달라진다(그림 10.5). 이 책에서 자세히 다루지는 않지만, 자기장은 전기와 자기에 대한 모형에서 나온 개념이다. 중고등학교 물리 수업에서 예시로 자주 다루듯, 자기장의 효과는 막대자석(자기장의 원천) 주위에 쇳가루가 배열되는 모양으로 확인할 수 있다.

단순하게 핵심만 파악해 보자. 냉각되며 고체화가 진행 중인 암석에 들어 있는 철은 그 장소의 지구 자기장 방향에 따라 배열된다. 일반적으로 이 자기장이 셀수록 자기장에 따라 배열되는 철 원자의 양도 많아진다. 그리고 철의 양이 많을수록 이 철이 만들어 내는 자기장도 커진다. 그래서 암석은 그 암석이 처음 고체화되었을 당시의 지구 자기장의 방향과 세기에 대한 증거를 모두 보존한다. 이 특

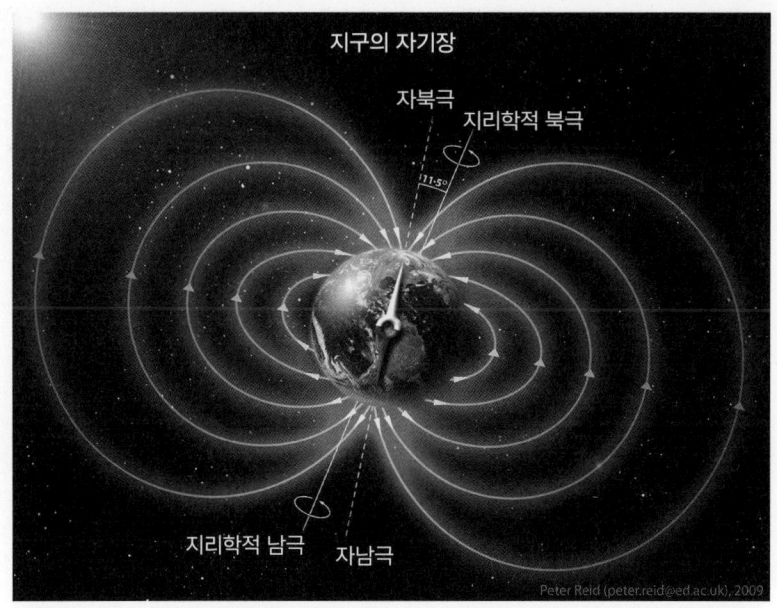

그림 10.5. 지구의 자기장을 그린 선. 현재 지구의 자기장 축은 지구의 자전축 쪽으로 약 11° 기울어 있다. 왜 하필 그 각도인지는 어떤 모형으로도 설명되지 않는다.

성은 앞으로 이어 나갈 이야기에 대단히 중요하다.

지구의 자기장은 놀랍게도 평균 수십만 년에 한 번씩 극성이 뒤바뀐다. 북극이 남극이 되고, 남극이 북극이 된다는 뜻이다. 이 사실은 1906년에 프랑스의 베르나르 브뤼네스Bernard Brunhes가 발견했고, 1920년대에 일본의 마쓰야마 모토노리Matuyama Motonori에 의해 처음으로 체계적인 연구가 진행되었다. 자기장이 역전되는 간격은 매우 불규칙해서 1만 년 이하의 짧은 주기로 바뀌기도 한다. 태양의 자기장도 비슷하게 역전하지만, 주기가 훨씬 짧아져서 현재는 약 11년마다 한 번씩 역전이 일어나며, 이 주기가 거의 일정하게 유지되고 있다. 많은 사람이 태양 흑점의 주기라는 말을 들어 봤을 테지만, 그것이 원래 상태로 돌아가는 데 걸리는 전체 주기가 평균 22년 정도라는 사실은 잘 모른다. 이는 현재 태양의 자기 역전 주기가 지구의 약 1만분의 1이라는 얘기다.

지구 자기 역전에 관하여 이런 사실들을 증명하려면 어떤 증거가 있어야 할까? 태양의 경우 자기 역전 간격이 인간의 수명에 견주어 상대적으로 짧으므로 역전 현상을 지구에서 측정할 수 있고 또 여러 차례 측정해 왔다. 하지만 지구의 경우는 인류가 자기장에 대해 지식을 쌓아 온 기간과 비교할 수 없을 정도로 자기 역전 간격이 길다. 그래서 과학자들은 (거의 또는 실제로) 같은 위치에 있는 암석들의 방사성 연대를 측정해서, 전 세계에 분포하는 비슷한 연대의 암석들과 비교하는 방법으로 지구의 자기 역전을 추적해 왔다. 이런 연구는 고지자기학paleomagnetism(paleo는 '오래된'이라는 뜻이다) 분야에 평생을 바친 키스 런콘Keith Runcorn 같은 영국 과학자들이 주로 담당했다.

열잔류자화를 이용한 지구 연구

한 대륙의 거의 같은 위치에서 다양한 시대에 형성된 암석들의 자기극 방향을 살펴보았더니 크게 달랐다. 이유가 무엇일까? 지표 위에서 자기극이 장시간에 걸쳐 이리저리 움직이고 있다는 증거일까? 아니면 대륙 이동의 결과일까? 두 가설 모두 동일한 데이터를 똑같이 잘 해석할 수 있다(그림 10.6). 물론 이 두 가지를 조합한 해석도 가능하지만, 별 의미 없으니 더 다루지 않겠다. 온전하게 남아 있는 한 암석에 대한 열잔류자화 데이터를 보고 그 암석이 처음 식었을 당시 자기극의 방향을 유추할 수 있지만, 자기극에서의 거리까지 알 수 있는 것은 아니다. 그러나 오늘날 우리는 지자기 역전 기간을 제외하면 지구 자기극의 위치가 자전축의 양 '끝'인 지리학적 극점에서 크게 멀어지지 않는다는 사실을 알고 있다.

그러면 다른 대륙에서 수집한 암석들은 어땠을까? 같은 시기에 형성된 암석이라 해도 서로 다른 대륙에서 채취한 것들은 자기극의 방향이 달랐고, 시간에 따른 변화 양상도 달랐다(그림 10.7). 이 결과

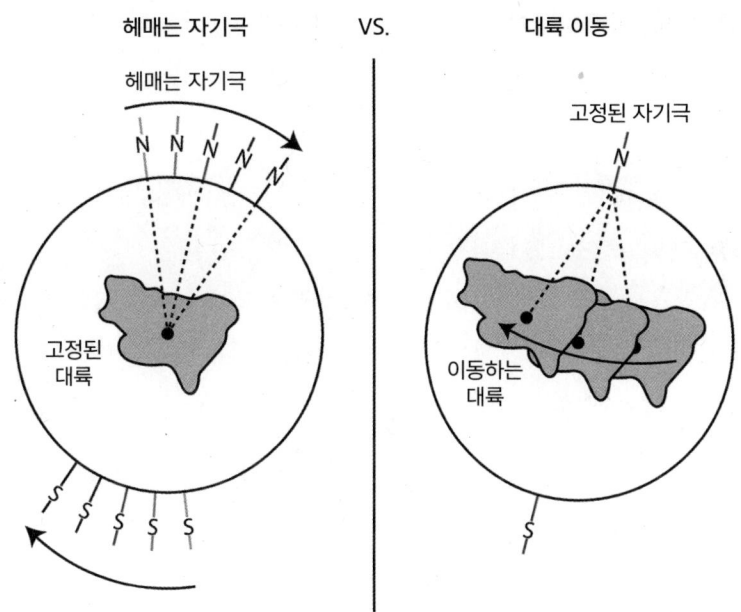

그림 10.6. 암석들의 자기극 방향이 변화하는 현상에 대한 두 가지 해석. 대륙은 지구에 고정되어 있고 자기극이 움직인다(왼쪽), 또는 자기극은 고정되어 있고 대륙이 이동한다(오른쪽).

에 대한 명백한 해석은 대륙의 이동이다. 그렇지 않다면 같은 시기에 대륙마다 자기극 방향이 다를 수가 없다. 자기극은 지구의 서로 다른 두 지점에 동시에 존재할 수 없기 때문이다. 게다가 대륙이동설을 적용하니 고기후와 고자기 조사 결과도 서로 일치했다.

이 정도 결과로도 몹시 흥분되었지만, 앞으로 닥치게 될 거센 반대를 이겨 내려면 좀 더 탄탄한 증거가 필요했다. 이후 여러 국가에서 다수의 연구팀이 이 연구에 사용된 관측 장비와 그 결과인 측정 값을 신뢰할 수 있고 데이터 해석 역시 타당하다고 검증했다. 이로써 게임은 끝난 것일까? 어림없는 소리! 그러나 1950년대 중반을 넘어가면서 마침내 과학계의 여론이 흔들렸고 대륙이동설을 지지하는 목소리가 높아졌다.

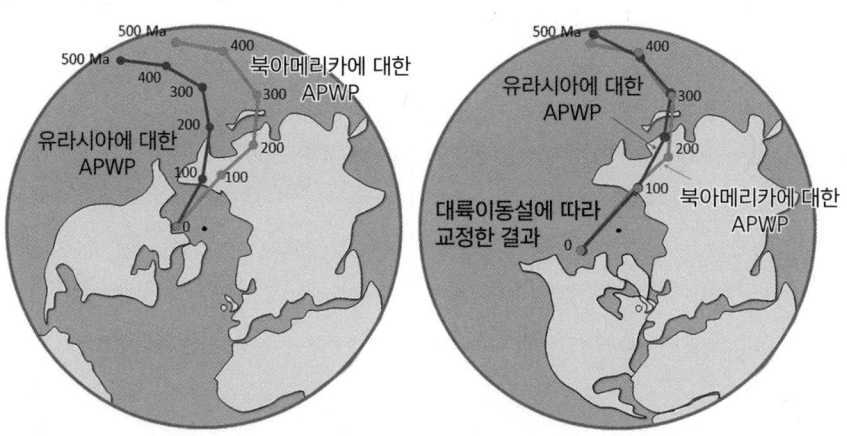

그림 10.7. 왼쪽: 대륙이 고정되어 있다고 전제했을 때 서로 다른 시대에 지구 자기극의 겉보기 위치(APWP, 겉보기 자기극 이동 곡선). 북아메리카에서 보았을 때(연회색 선)와 유라시아에서 보았을 때(진회색 선). 오른쪽: 대륙이 이동한다고 가정하고 다시 그리면 두 선이 포개진다.

이윽고 전장은 바다로 옮겨 갔다. 제2차 세계대전 이후, 해양 연구에 투입된 연구비가 넘쳐나면서 소나sonar(수중 음파 탐지기. 레이더와 비슷하지만 전파 대신 음파를 사용한다) 같은 새로운 장비와 오대양을 누비는 연구 선박을 중심으로 데이터가 폭발적으로 수집되었다. 이런 연구를 하는 사람들을 해양학자라고 하는데, 이 시대의 대표적인 해양학자가 프린스턴대학교의 해리 헤스Harry Hess였다. 1960년에 그는 지오포이트리geopoetry(땅과 시를 합친 말)라고 이름 붙인 시나리오를 제안했다. 이 가설은 해저 지도를 제작하는 과정에서 발견된 바닷속 산맥, 즉 해령을 바탕으로 한 것이었다. 대서양 한가운데 있는 대서양 중앙 해령에는 정상부를 종단하는 열곡이 있다(그림 10.8). 이 열곡은 제2차 세계대전과 그 이후에 컬럼비아대학교에서 연구한 마리 타프Marie Tharp가, 해저 탐사 선박들이 수중 음파 탐지기로 수집한 데이터를 종합하여 해저 지도를 만들다가 발견했다.

내 제자였던 더글러스 로버트슨Douglas Robertson이 지적한 대로 이런 해저 지형이 존재한다는 사실만으로도 대륙이동설의 강력한 증거가 된다. 대서양을 기준으로 양쪽 대륙의 해안선이 일치하는 것은 단순한 우연일 수도 있다. 하지만 여기에 중앙 해령이 추가되면서 가설의 신빙성이 한층 커졌다. 해리 헤스는 용융 상태의 용암이 해령의 계곡에서 뿜어져 나와 확장되면서 새로운 해양 지각이 생성되고, 기존 해저의 끝은 해구를 통해 맨틀로 빠져나간다고 제안했다(그림 10.9). 그의 모형을 학계에서는 어떻게 받아들였을까? 반응은 별로 좋지 못했다. 회의적인 사람들은 두 가지 '틀림'(대륙이동설과 안정적이고 대규모로 움직이는 맨틀 대류)으로 하나의 '옳음'을 대체할 수

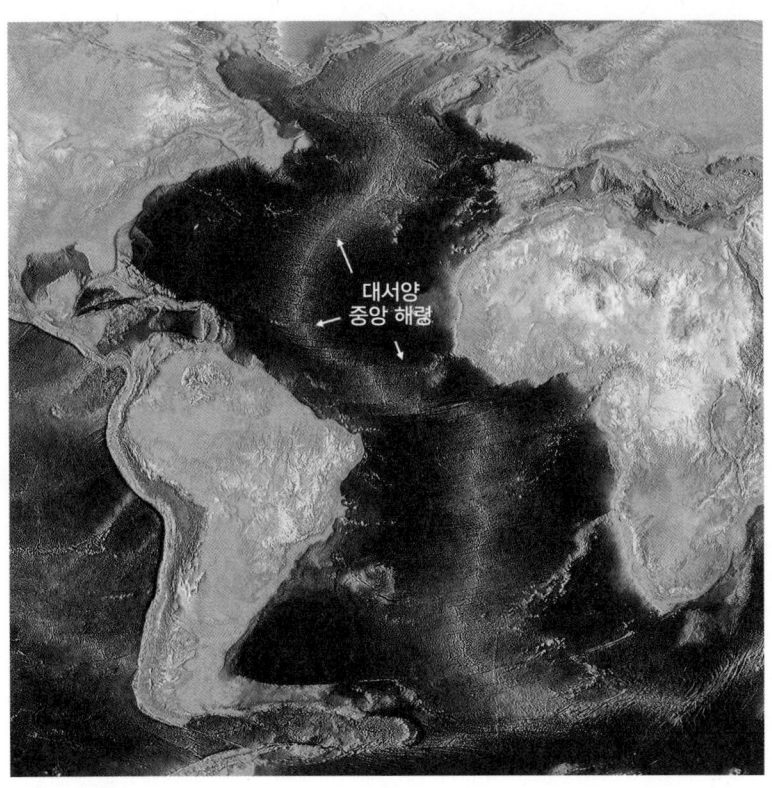

그림 10.8. 대서양 중앙 해령.

없다고 비난했다. 터줏대감은 순순히 자리를 내주지 않는 법이다.

그렇다면 새로운 해양 지각이 해령에서 생성되어 양쪽으로 퍼져 나간다는 해저확장설seafloor spreading을 어떻게 검증할 수 있을까? 1963년에 로런스 몰리Lawrence Morley가 이 질문의 답이 담긴 논문을 학술지에 투고했으나 부실한 동료 평가 때문에 게재가 거부되었다 (심심치 않게 일어나는 일이다). 프레더릭 바인Frederick Vine과 드러먼드 매슈스Drummond Mathews 역시 각각 해저 확장의 '자명한' 결과를 언급

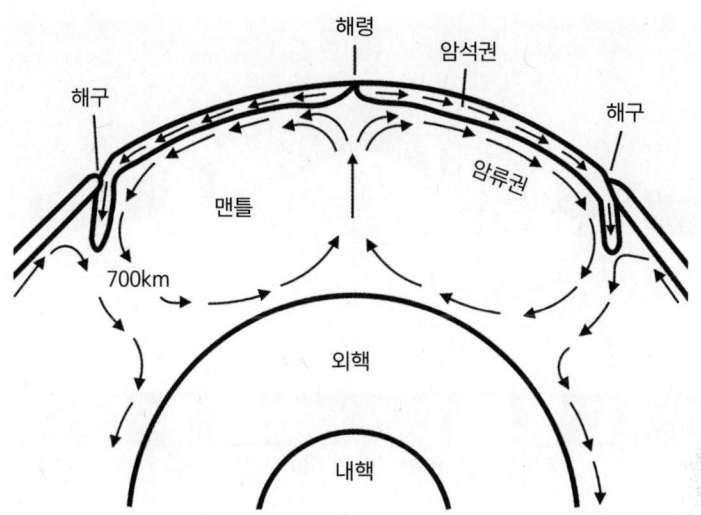

그림 10.9. 용암이 중앙 해령의 가운데에서 솟아 나와 해령의 양쪽에 대칭 형태로 새로운 해저를 형성한다. 이때 오래된 해양 지각은 해구를 통해 맨틀로 들어간다.

했다(다행히 두 사람의 논문은 출판되었다). 그들은 중앙 해령의 양쪽에서 해저 암석의 열잔류자화를 추적하면 해령에서 멀어질수록 오래된 암석을 보여 주는 '줄무늬'가 양쪽에 똑같이 나타나야 한다고 생각했다(그림 10.10).

미국의 연구 선박 엘타닌호는 1965년에 중요한 데이터를 수집했다. 이 배는 해저 가까이 자기계를 내리고 천천히 이동하면서 자기장을 추적했다. 그림 10.11의 위쪽 곡선은 엘타닌호의 열아홉 번째 출항에서 측정한 자기장 세기의 변화를 기록한 것이다. 사실 몰리-바인-매슈스의 예측을 검증하는 임무는 출항 전에 작성된 연구 과제 목록에 올라 있지도 않은 일이었다. 또 처음에는 연구자들이 이 데이터를 손에 쥐고도 어떤 중요성이 있는지 몰랐다. 그래프에서 볼

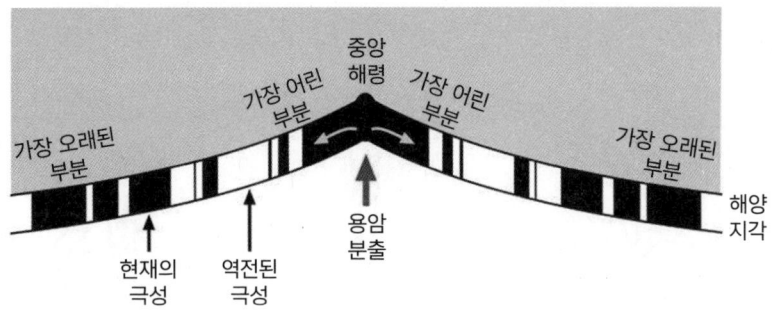
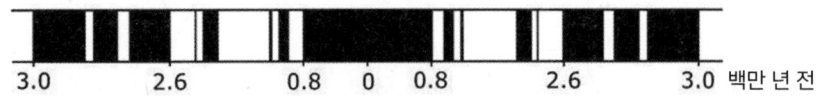

그림 10.10. 중앙 해령에서 흘러나온 용암이 굳어서 생긴 암석에 새겨진 자기장의 방향이 해령을 중심으로 대칭을 이루며 배열되어야 한다는 예측.

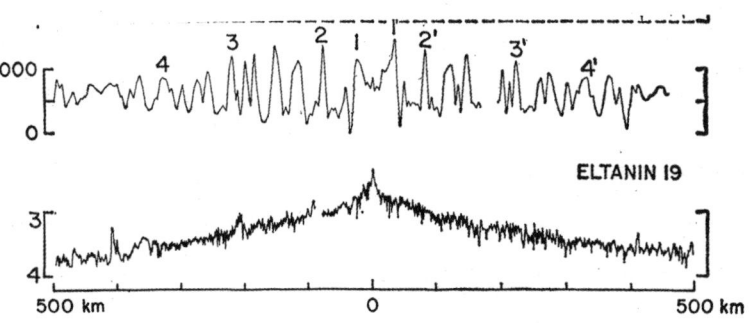

그림 10.11. 남동 태평양의 중앙 해령 양쪽 해저 암석에서 측정된 자기장 세기의 이상(차이)을 나타낸 자료. 가로축의 0은 중앙 해령의 중심을 의미한다. 이 0점을 기준으로 자기 이상이 놀라울 정도로 좌우 대칭을 이룬다는 점에 주목하라. 참고로 아래쪽 곡선은 해저 깊이를 나타낸 것으로, 여기서는 중요하지 않다.

수 있듯이, 자기 이상magnetic anomaly 패턴은 예측대로 중앙 해령의 정상부를 중심으로 놀라울 만큼 대칭을 이루고 있다. 지구의 자기 극성이 역전된 시점은 (중앙 해령에서 분출된 용암이 일정한 속도로 흘렀다는 가정하에) 지표에서 암석을 측정해 얻은 결과와 일치했다. 이 결과를 통해 10만 년 이상 중앙 해령의 양쪽에서 연평균 약 4.5cm씩 해저가 확장됐다고 추정할 수 있었다. 이 값은 지표에서 방사성 연대 측정으로 알게 된 암석의 생성 시기(시간 간격)와 해저 암석에서 측정된 자기 이상 패턴의 범위(거리)를 바탕으로 도출되었다.

이렇게 해서 엘타닌-19가 대륙이동설 반대론자들의 관 뚜껑에 마지막 못을 박았다. 그리고 마침내 근대 과학의 커다란 미스터리 한 가지를 해결했다. 현재는 판의 일부가 해양 및 대륙과 혼합된 형태로 존재한다는 이유로 대륙이동설을 판 구조론이라고 부른다.

판 구조론으로 보는 지구의 표면

현재 지구의 표면은 다양한 크기와 모양을 띠고 다양한 속도로 움직이는 여러 개의 판으로 구성되었다는 것이 정설이다. 판들은 항상 서로 맞물려 있으며 당연히 지구 표면 전체를 덮고 있다. 그림 10.12는 판과 판 사이 경계의 다양한 유형을 보여 준다. 판 구조론이 일으킨 혁명으로 무엇을 알게 됐을까? 그중에 몇 가지만 소개하겠다.

1. 지진 발생 위치: 전 지구 지진 관측망Global Seismic Network에 속한

152개 지진관측소에서 측정한 진동 기록을 분석한 결과, 진앙은 주로 판 사이의 경계 지점에 분포한다(진앙 분포를 보여 주는 그림 10.13을 그림 10.12와 비교해 보라).

2. 핫스폿hotspot(열점)과 호상열도island arcs: 캐나다의 투조 윌슨Tuzo Wilson이 주창한 개념으로, 지구의 맨틀에는 뜨거운 용암을 지표로 뿜어내는 오래된 핫스폿들이 존재한다고 생각된다. 이 모형에 의하면 하와이 제도의 섬들은 핫스폿 때문에 생겨났다. 현재 이 핫스폿 위에 놓인 판이 대략 남동쪽에서 북서쪽으로 이동하기 때문에, 북서쪽으로 가장 멀리 있는 니하우섬이 가장 오래전인 약 500만 년 전에 형성되었고 남동쪽으로 가장 멀리 있는 빅 아일랜드가 가장 최근인 40만 년 전에 생겨났다고 추정한다(그림 10.14). 섬의 나이는 섬에서 채취한 암석의 방사성 연대 측정으로 추정했다.

3. 판의 충돌: 예를 들어, 인도판과 유라시아판의 충돌은 약 7000만 년 전에 시작해 오늘에 이르렀으며(그림 10.15) 이 충돌로 히말라야산맥이 융기했다. 히말라야산맥 정상부의 해발고도는 약 10km로, 지구 표면에서 가장 높다.

4. 전 세계 판의 현재 평균 운동 속도: 엘타닌-19의 조사 결과와 유사한 자기 데이터를 바탕으로 지구에 분포한 판의 확장 속도를 추정한다(그림 10.16). 이 그림에 사용된 데이터의 시간 해상도는 다소 낮은 편으로, 약 10만 년 또는 그 이상이다. 이런 확장 속도를 제대로 예측할 수 있는 기본 이론은 아직 없다.

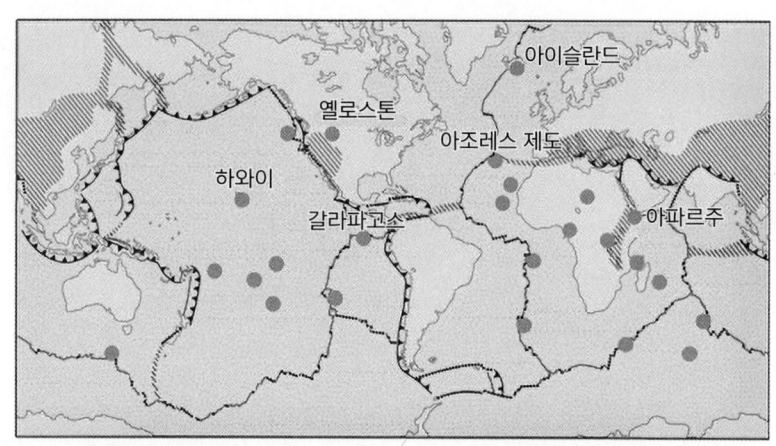

설명 ──── 발산형 경계: 판이 서로 멀어지면서 새로운 지각이 생기는 곳.

▲▲▲▲ 수렴형 경계: 한 판이 다른 판 밑으로 들어가면서 판이 지구 내부로 소멸하는 곳.

──── 보존형 경계: 판이 서로 수평으로 움직이면서 지각이 생성되지도 파괴되지도 않는 곳.

▨ 판 경계 지대: 움직임이 산만하고 경계가 잘 정의되지 않은 넓은 띠 모양의 지역.

● 선별된 주요 핫스폿

그림 10.12. 세계를 판으로 구분한 지도. 맨틀의 핫스폿은 회색 동그라미로 표시되었다. 핫스폿은 수백만 년 동안 대략 같은 자리에 머물러 있다.

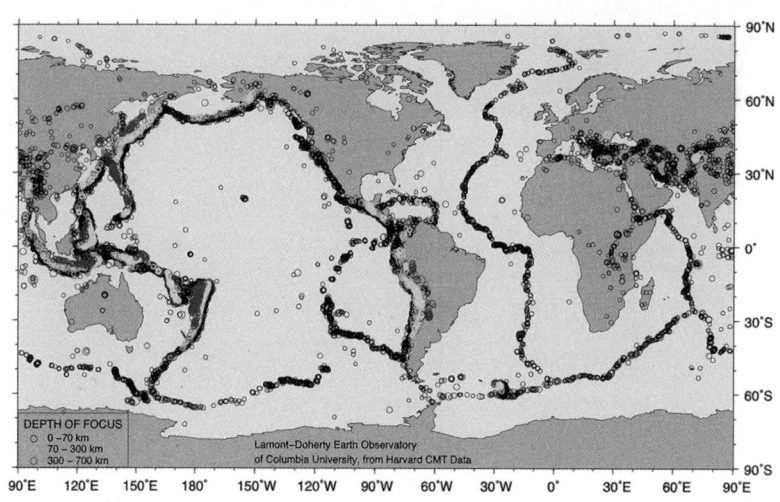

그림 10.13. 1976년에서 2002년까지 26년에 걸친 진앙 분포도.

10장 지구 표면의 진화

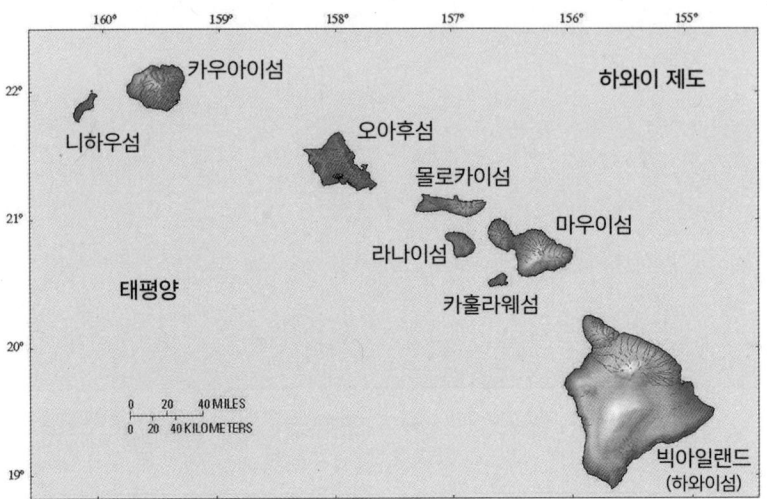

그림 10.14. 현재의 하와이 제도.

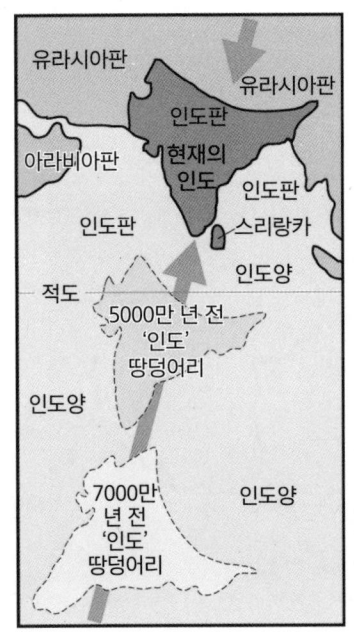

그림 10.15. 약 7000만 년 전부터 인도가 아시아 쪽으로 움직여 충돌한 과정.

2부 지구와 화석

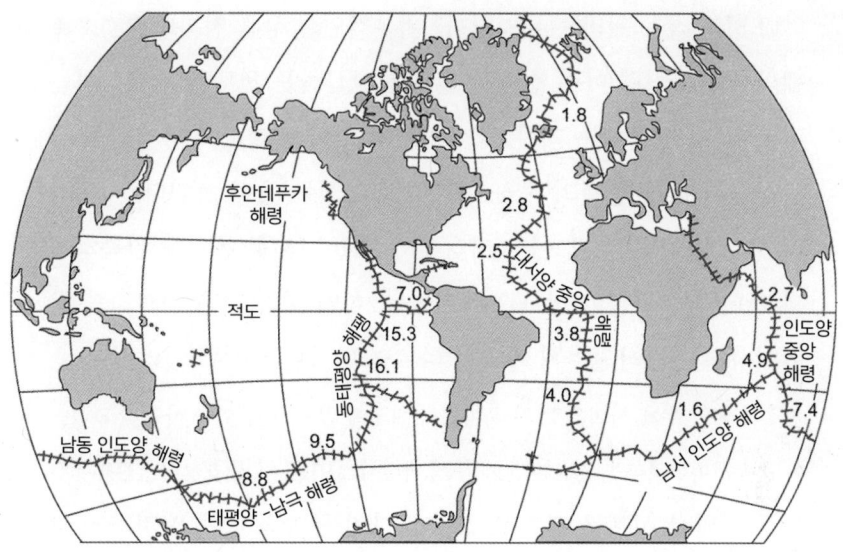

그림 10.16. 자기 데이터를 바탕으로 한 10만여 년간의 평균 판 운동 속도. 수치의 단위는 'cm/년'이다.

현대의 판 운동 측정

그렇다면 판 운동 측정의 시간 해상도를 높일 방법은 없을까? 다시 말해 짧은 시간 단위로 정밀하게 판 운동을 파악하려면 어떻게 해야 할까? 반세기 전에 발달한 기술들이 그 답으로 가는 길을 열어 주었다. 현대의 판 운동을 어떻게 측정할 것인지를 두고 두 가지 기술과 각각의 지지자들이 경쟁을 벌였다. 한 기술은 초장기선 전파 간섭계very long baseline interferometry(VLBI)라는 아주 산뜻한 이름의 기술이고, 이어서 나온 다른 하나는 인공위성 레이저 추적satellite laser ranging(SLR)이다. (사실 첫 번째 것은 1966년에 내가 낸 아이디어다.)

VLBI의 작동 원리는 무엇일까? 기본적인 발상은 전파망원경으로 퀘이사quasar처럼 아주 멀리서 전파를 발산하는 천체를 관측하자는 것이다. 이런 물체는 너무 멀리 떨어져 있어서 겉보기 움직임이 잘 드러나지 않아 한자리에 꼼짝하지 않고 있는 듯이 보인다. 지구상의 서로 떨어진 두 개 이상 지역에서 그런 천체를 동시에 관측하여 각 안테나가 동일한 전파를 탐지한다. 이때 비록 같은 전파라도 각 안테나에서 전파원까지 거리가 다르면 탐지된 시간이 달라진다(단, 지구와 해당 천체 사이의 거리와 비교해 지구에 있는 두 안테나 사이의 거리는 아주아주 미미하다는 점을 염두에 두기 바란다). 여기서 질문. 각 안테나가 아주 정밀한 시계를 갖추고 있지 않다면 두 안테나에 전파가 도착한 시간의 차이를 어떻게 확인할까? 당연히 확인할 수 없다. 따라서 이런 관측에는 고도로 정밀한 시계를 사용하고, 시간차에 관한 모형도 정교하게 세워야 한다. 두 안테나 사이의 거리와 퀘이사까지의 방향, 그리고 시간차를 측정하는 시계의 작동을 모두 결정하자면 아주 복잡한 계산이 필요하므로 자세한 설명은 생략한다.

결론만 얘기하자면 현재 달성할 수 있는 전체적인 측정 정확도는 매우 높다. 그래서 규모를 확장하면 여러 전파원에서 고작 몇 시간 관측한 결과로도 서로 다른 대륙에 있는 두 안테나의 간격을 몇 밀리미터 불확도로 측정할 수 있다. 이때 상대적인 정확도는 약 10억분의 1 수준이다.

SLR의 원리는 VLBI보다 훨씬 설명하기가 쉽다. 위성을 향해 레이저로 짧은 펄스pulse(주기적인 신호)의 빛을 보내고 반사되어 되돌아오는 펄스를 탐지하여 거리를 결정한다. 코너 반사경corner reflector

을 장착한 위성이라면 왔던 방향으로 빛을 반사할 수 있다. 현재 궤도를 돌고 있는 많은 위성이 코너 반사경을 장착하고 있어서 SLR의 목표물이 된다. VLBI에 사용된 전파원이 하늘에 고정되어 보이는 것과 달리, SLR의 목표물은 계속 움직인다. 이것이 SLR 기술의 장점이자 단점이다. 레이저 신호가 다양한 목표 위성까지 왕복하는 시간을 측정해서 SLR의 위치를 결정하려면 위성의 궤도를 정확히 알아야 한다. 그런데 위성의 궤도는 지구 중력장의 영향을 받아 미세하게 달라진다. 따라서 이 모든 요소를 계산하다 보면 결과적으로 지구 중력장까지 파악하게 된다.

SLR과 VLBI 중 어느 기술이 먼저 현재의 판 운동에 관해 믿을 만한 결과를 내놓았을까? 승자는 1985년에 측정에 성공한 VLBI였다(이 발상이 처음 제안되고 신뢰할 만한 결과를 얻기까지 거의 19년이 걸린 셈이다). 당시의 측정으로 미국 매사추세츠주의 헤이스택 천문대와 스웨덴의 온살라 우주천문대 사이의 거리 변화가 1년에 1.7 ± 0.2cm로 확인되었다. 이 값은 해저 확장 측정 결과를 기반으로 한 장기적인 평균값과 불확도 범위 안에서 일치했다(그림 10.17).

이 주제를 마무리하기 전에 덧붙이고 싶은 이야기가 있다. 현대의 판 운동을 성공적으로 측정하기 전에 VLBI 연구팀과 SLR 연구팀에서 판 운동을 감지했다는 거짓 주장이 몇 번 있었다. 그중에서도 유독 고약했던 에피소드 한 가지만 소개하겠다. 한 연구팀이 VLBI 기술로 태평양 지역의 판 운동을 측정했다. 그런데 이 연구팀이 수년간 측정했다는 결과를 제시했을 때, 나는 내 눈을 의심했다. 그들은 여러 장소 간의 거리 측정값이 시간에 따라 어떻게 달라졌는지

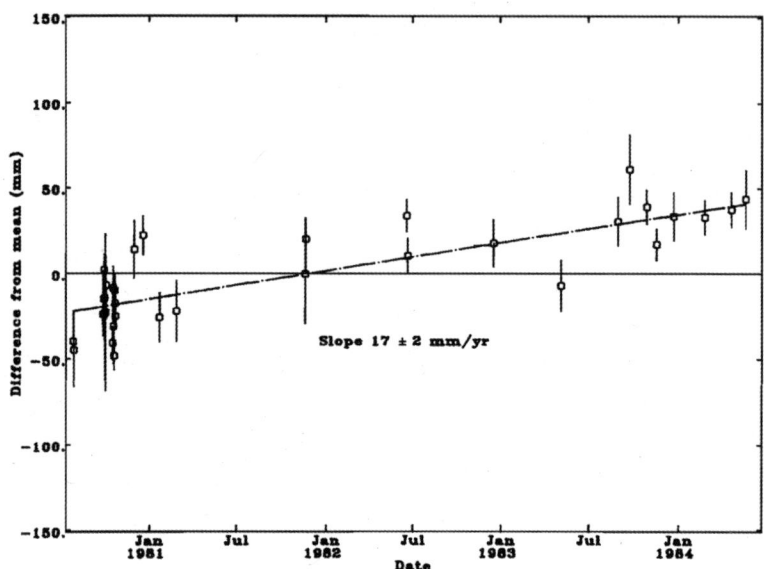

그림 10.17. 미국 매사추세츠주의 헤이스택 천문대와 스웨덴의 온살라 우주천문대 사이에서 진행한 VLBI 관측을 통해 현대의 판 운동을 최초로 결정했다. 이 초기 결과는 지금까지 변함없이 유효하다.

를 보여 주었는데, 그래프의 모든 점이 놀라울 정도로 직선에 가까웠다. 그러나 각 점에는 해당 점이 직선에서 벗어난 거리에 비해 엄청나게 큰 오차 막대가 붙어 있었다. 내가 곧바로 계산해 보니, 만약 이 점들이 진짜라면 무작위 오류로 그런 결과가 나올 확률은 10^{18}분의 1로 사실상 불가능했다. 작정하고 속인 거라면 이렇게까지 의심스러운 결과를 내놓을 리가 없는데, 무슨 영문인지 혼란스러웠다. 어쨌든 나는 해당 연구팀 책임자에게 우려의 말을 전달했지만 아무 답변도 듣지 못했다. 그래서 그의 감독관에게 알리겠다고 했고 실제로 그렇게 했다. 나는 이 경쟁을 시작하고 또 깊이 관여한 사람으로서 이해관계가 충돌하는 입장이지만 그럼에도 내 말을 믿고 한번 문제를 검토해 보라고 요청했다. 하지만 그들은 아무것도 하지 않았다. 나는 계속 고집했고, 1년을 조른 끝에 원본 데이터를 받아 우리 연구팀에서 검토했다. 결론적으로 그 데이터에는 유용한 정보가 하나도 없었다. 그들의 결과는 모두 지어낸 것이었다. 해당 연구의 감독관은 결국 연구 책임자를 해임했는데, 나는 그 사람이 2주도 채 안 되어 두 배의 연봉을 받는 다른 자리로 옮겼다는 소식을 들었다. 이런 일은 과학계에서 매우 드물지만 그렇다고 전혀 없는 일은 아니다.

자, 이제 마지막 질문이다. 그때로부터 30여 년이 지난 지금은 어떻게 판 운동을 관찰할까? 오늘날 거의 모든 분야가 그렇듯이 범지구위치결정시스템Global Positioning System(GPS) 위성을 활용한다. 이 방식은 1970년대 말에 내 제자였던 찰스 카운슬먼Charles Counselman과 내가 처음으로 제안했다. 찰스는 이 목적으로 최초의 수신기를 개발했는데, 이는 간과해서는 안 될 중요한 업적이다. 극도로 멀리 떨어진 퀘이사 같은 천체가 보내는 전파와 비교하면 GPS 위성은 아주 강한 무선 신호를 송출한다. 따라서 GPS 위성에서 보내는 전파 신호를 감지하는 데는 VLBI에 쓰이는 거대한 안테나가 필요 없고, 아주 작고 저렴한 안테나로 충분하다. 초창기에 GPS 지상 단말기의 가격은 1만 달러 정도였지만, VLBI 지상 단말기는 최고 1000만 달러의 비용이 든다. 현재는 GPS 단말기 가격이 약 2,000달러다. 이처럼 엄청난 비용 절감 덕분에 오늘날 지상에는 측지학 연구용으로 수천 대의 GPS 단말기가 깔려 있다.

GPS 위성 방식은 기본적으로 VLBI 기술과 원리가 같다. GPS를 사용할 때도 데이터로부터 위성의 궤도를 추정해야 하는 부담이 있지만, 이 정도는 성능 좋은 최신 컴퓨터에서 간단하게 처리할 수 있다. 이와 같은 GPS 간섭 측정 지상 단말기는 전 세계에서 개발되어 쓰인다. 단, 모든 지역에 고루 분포되지는 않았고 캘리포니아 남부의 샌 안드레아스 단층이나 일본 등 인구 밀도가 높고 지진에 취약한 지대에 가장 많이 설치되었다. 그러면 VLBI 시스템은 지구과학 연구에서 더는 쓸모없는 처지가 되었을까? 그렇지 않다. 이제 이 기술은 주로 지구 자전의 (작은) 변화를 연구할 때 사용된다. 이런 연구에는 퀘이사처럼 멀고 작은 천체 전파원이 제공하는 고정된 기준 좌표계가 필요한데, GPS 위성은 이 역할을 못 한다. 남아프리카공화국의 하르테비스트후크 같은 일부 지역에는 SLR과 GPS 시스템과 VLBI 시스템이 함께 설치돼 있다.

지금까지 지구의 모양, 크기, 구조, 지구 표면의 진화를 다루었다. 이제 지구의 나이로 넘어간다. 복잡한 VLBI와 SLR 얘기에서 벗어나 후련하겠지만, 앞으로 나올 문제들도 나름대로 복잡하다. 다음 장에서는 지구의 나이 문제를 결정할 때 쓰인 과학 개념부터 설명한다.

판 구조론의 믿을 수 없이 풍부한 패러다임은 50년이 넘는 시간 동안 지구과학자들에게 활기를 주었고 그들의 과학에 혁명을 일으켰다. 지금도 주춤해질 기미는 전혀 보이지 않는다.

11장

물질의 구조

 이 장의 제목을 보고 뜬금없다고 생각할지도 모르겠다. 이번 장의 목적은 지구의 나이를 밝혀 온 오랜 탐구의 역사를 이해할 과학적 배경을 제공하려는 것이다. 지금부터 인류가 물질의 구조에 관해 깊이 이해하게 된 놀라운 발견들을 하나씩 설명할 텐데, 특히 이 지식은 다음 장에서 유용하게 쓰일 테니 잘 따라오시길.

 20세기를 앞두고 각국의 물리학 실험실에서는 자연의 놀라운 특성이 속속들이 밝혀지고 있었다. 모두 과거의 연구를 바탕으로 이룬 결실이었다. 18세기 말 이후, 수많은 화학 실험을 통해 여러 '원소'와 그 속성이 알려졌다. 한 가지만 예를 들자면, 프랑스 혁명 중에 단두대 위에서 희생된 위대한 화학자 앙투안 라부아지에Antoine Lavoisier는 산소의 특징을 몇 가지 발견했다. 각 원소는 원자라고 부르는 동일한 입자의 형태로 존재한다. 그렇다면 원자가 무엇이고, 원자의 존재는 어떻게 밝혀졌을까?

더 이상 나눌 수 없는 가장 작은 입자로서 원자의 존재를 맨 처음 가정한 사람은 그리스 철학자 데모크리토스Democritus(기원전 480~390년경)로 추정된다. 그는 실험이나 관찰이 아니라 어디까지나 순수하게 이성에 기대어 원자를 생각해 냈다. 한편 영국의 과학자 존 돌턴John Dalton(1766~1844년)은 물질의 행동을 통해 원자의 존재를 처음으로 추론한 사람이다. 하지만 원자가 물질을 이루는 가장 작은 입자라는 사실을 받아들인다고 해도 그것으로 원자의 구조를 알 수는 없다. 그러니 먼저, 원자가 정말로 존재한다면 그것들이 서로 떨어져 있는 미세한 입자여야 한다고 짐작할 만한 몇 가지 간단한 관찰부터 시작하자.

액체, 그러니까 물과 같은 상태일 때 물질은 압축할 수 없다. 예를 들어 액체를 아주 튼튼한 용기에 넣고 세게 내리눌러도 표면이 내려앉지 않는다. 쉽게 눈에 띌 만큼 압축되지 않는다는 말이다. 그런데 물속에 염료를 떨어뜨리면 빠르게, 그리고 골고루 물속으로 퍼져 나간다. 물속에 설탕을 넣고 저었을 때도 같은 결과를 얻는다. 설탕물의 어느 부분을 맛보더라도 본연의 단맛이 난다. 설탕 대신 소금이나 다른 물질을 넣어도 마찬가지다. 어떻게 이런 결과가 나올까? 그것은 물속에 들어간 물질이 물 사이사이로 지나갈 수 있기 때문이다. 그렇다면 물은 눈에 보이지 않는 작은 요소들이 자기들끼리 어느 정도 공간을 두고 모여 있는 상태라고 볼 수 있다.

액체가 작은 요소들로 이루어졌다는 또 다른 증거는 1827년에 로버트 브라운Robert Brown이 발견했다. 이른바 브라운 운동이다. 브라운은 소량의 미소 입자들이 물속에서 아무렇게나 돌아다니는 것을 현미경으로 확인했다. 무엇이 이 입자들을 이리저리 밀치는 걸까? 물속의 미소 입자를 밀어내는 것은 물을 구성하고 있는 더 작은 요소들임이 분명하다. 1905년에 아인슈타인은 물을 구성하는 작은 요소의 관점에서 이 미소 입자의 운동을 수학적으로 분석했다. 그가 세운 수학적 모형은 물속에 들어간 작은 입자들이 실제로 보여 주는 운동의 통계적 특성을 정확히 예측했다.

그렇다면 원자의 구조는 어떻게 생겼을까? 모여서 물이 된다는 그 작은 요소가 어떤 식으로 구성되었느냐는 말이다. (우리는 지금 원자를 말하고 있지만, 알다시피 물은 몇 개의 원자가 결합한 분자 형태로 존재한다. 물 분자 하나는 수소 원소의 원자 두 개와 산소 원소의 원자 한 개로 구성된다. 이 조합은 단단히 결합해 있어서 각 결합체를 하나의 분자로 간주한다.)

다르게 묻겠다. 각 원자의 스펙트럼선이 주파수에 따른 고유한 특성을 나타내는 현상을 어떻게 설명할 수 있을까? 여기에 추리소설 버금가는 놀라운 이야기가 숨어 있다. 종종 그렇듯이 이 문제를 푸는 데도 기술 발달이 큰 역할을 했다. 19세기 말 물리학계에는 자연 세계를 형성하는 근본적인 것들이 모두 발견되었고, 세부적인 정리만 남았다는 통념이 있었다. 누구도 설명하지 못하는 기본적인 작용들이 버젓이 존재하는데도 말이다. 그러던 중, 한 가지 도구가 개발되면서 물질의 기본 특성을 실험실에서 탐구할 수 있게 되었다. 이 새로운 도구는 명석한 사람들의 손에 들어가 자연의 행동에서 더 밝혀낼 새롭고 중요한 것은 하나도 없다는 저 자만한 생각을 통쾌하게 무너뜨렸다.

근본에 다가가는 물리학 실험을 가능케 한 그 핵심적인 도구는 바로 크룩스관Crookes tube이었다. 발명자의 이름을 받아 명명된 크룩스관은 초창기 텔레비전에 사용된 음극선관의 전신이다. 음극선관은 양 끝에 있는 금속판(양극과 음극) 사이에 고전압을 가할 수 있고, 관 내부는 바깥 대기압의 약 1000만분의 1에 해당하는 고도의 진공 상태이며, 투명한 (유리) 벽으로 이루어진 기구였다.

영국 과학자 조지프 존 톰슨Joseph John Thomson이 이 크룩스관으로 실험을 했는데, 양극과 음극 사이에 고전압을 가했더니 당시에 베타선beta-ray이라고 부른 음극선이 생성되었다. 음극에서 양극으로 이동하는 이 광선의 경로는 자석에 영향을 받았다. 가령 톰슨이 막대자석의 한 극을 크룩스관 근처에 대면, 음극선이 이동하던 경로가 특정 방향, 예를 들면 아래쪽으로 구부러졌다. 그리고 자석의 반대쪽 극을 대면 음극선은 위쪽으로 휘어졌다. 이런 휘어짐은 크룩스관 안에 남아 있던 기체와 음극선이 상호작용을 하면서 빛을 내는 덕분에 관찰할 수 있었다. 이 음극선의 에너지와 자석(세기를 알고 있다)에 의해 음극선이 휘어진 각도를 이용해 톰슨은 음극선을 구성하는 입자 하나하나의 질량이 수소 원자 한 개 질량의 2,000분의 1임을 계산해 냈다. 이렇게 해서 1897년에 이른바 기본입자 중에서 최초로 전자가 발견되었다. 다시 말하지만 지금 우리는 원자의 구조를 발견한 여정을 함께하는 중이다. 그리고 이 내용은 뒷부분에서 긴요한 역할을 한다.

톰슨은 자신이 발견한 전자(음의 전하를 띤 입자)를 바탕으로 '건포도 푸딩' 원자 모형을 고안했다. (참고로 전하의 두 종류에 '양'과 '음'이라는 용어를 도입한 사람은 벤저민 프랭클린인데, 그가 정의한 방식에 따라 전자의 전하는 음의 부호를 갖게 되었다.) 톰슨의 모형에 따르면 원자에는 양의 전하가 균일하게 퍼져 있고(푸딩), 그 안에 전자(건포도)들이 (어떤 식으로든) 흩어져 있으며, 전자들의 전하량은 양전하의 전하량과 같다. 그러나 그의 모형은 원자가 전기적으로 중성인 이유를 대는 것 말고는 아무 설명력이 없었다. 예를 들어 이 모형으로는 원자의 스펙트럼을 설명할 수 없었다. 심지어 원자 중에서 가장 단순하다고 추정된 수소 원자의 스펙트럼조차 설명하지 못했다. 또 이 모형으로는 원자가 안정적인지도 명확하지 않았다. 부호가 다른 전하들이 서로 끌어당기는데 어떻게 전자와 양전하가 분리된 상태를 유지하는지를 설명하지 못했기 때문이다. 요컨대 원자의 구조는 여전히 어둠에 싸여 있었다. 그럼에도 오늘날까지 톰슨이 훌륭한 과학자로 존경받는 이유는, 음극선이 극도로 가벼운 입자로 이루어졌고 각 입자는 똑같이 음전하를 띤다는 근본적이고 핵심적인 발견을 했기 때문이다.

이어지는 10여 년 동안 원자 구조의 미스터리에 큰 진전은 없었다. 그러다가 1909년에 새로운 실험에서 놀라운 결과가 나왔다. 주요 실험자는 물리학자 어니스트 러더퍼드로, 뉴질랜드 사람인 그는 당시 원자 연구의 중심지였던 영국의 케임브리지로 건너가 연구를 시작했다. 그 새로운 유형의 실험은 산란 실험scattering experiment이라고 불렸다. 이 실험은 목표물을 향해 입자 빔을 쏘는 것으로 시작한다. 그 빔이 목표물과 상호작용을 하면 빔을 구성하는 개별 입자들은 처음 출발했을 때와 다른 방향으로 흩어진다. 그래서 산란한다고 말한다. 입자들이 산란하는 방향을 분석하면 목표물의 기본적인 성질을 알아낼 수 있다.

산란 실험에 사용되는 입자 빔의 속도는 시간이 지날수록 점점 더 빨라졌다. 입자의 속도가 빠를수록 충돌할 때의 에너지가 크고, 충돌 에너지가 클수록 목표물을 더 깊숙이 조사할 수 있기 때문이다. 자, 당신을 향해 아주 느린 입자 빔을 쏘았다고 가정해 보자. 그 입자는 아마 피부에서부터 저지당해 당신의 내부에 관해서는 아무것도 알아내지 못할 것이다. 하지만 입자 빔의 속도가 빨라서 피부를 관통할 정도로 에너지가 크다면, 그 입자들이 몸속에서 산란하는 방식을 보고 내부의 특징을 조사할 수 있게 된다. 이와 비슷하게 물리학자들은 산란 실험에서 충돌 에너지를 점점 높여 가며 물질의 기본 성질을 탐구해 왔다. 이 게임에서 최근에 거둔 가장 큰 승리는 책 서두에서 언급한 힉스 보손의 발견이었다.

다시 러더퍼드로 돌아가면, 그가 바로 산란 실험의 긴 퍼레이드를 시작한 장본인이다. 그는 이 선구적인 실험에서 소위 알파 입자라는 빠른 빔을 얇은 금박에 정면으로 충돌시켰다(그림 11.1). 알파 입자는 전자와 반대로 양전하를 띠며 전하량은 전자의 두 배인데, 이는 헬륨 원자의 주요 요소와 동일하다. 이 실험에 사용된 알파 입자는 라듐이라는 원소의 방사성 붕괴로 생긴 것이었다(다음 장 참조). 실험은 러더퍼드의 연구팀, 특히 한스 가이거Hans Geiger와 어니스트 마스든Ernest Marsden이 주로 수행했다. 그들은 입자의 원천과 금박이 설치된 실험 영역을 진공 상태로 유지했고, 충돌 후 흩어진 알파 입자를 기록할 수 있게 탐지기를 배치했다.

이 산란 실험의 결과는 전혀 예상하지 못한 것이었다. 알파 입자

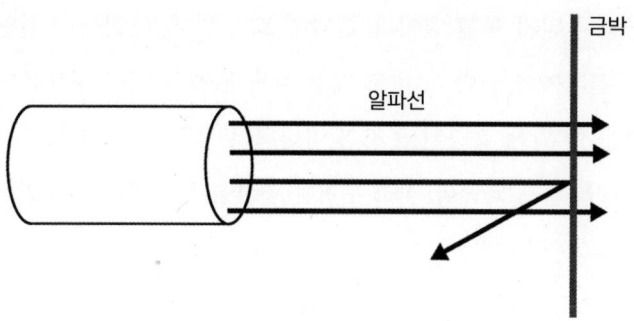

그림 11.1. 얇은 금박에 의한 알파 입자의 산란. 금박은 입자가 날아오는 방향에 수직으로 배열되었다.

대부분이 사실상 방향을 바꾸지 않고 금박을 통과했기 때문이다. 극히 일부만 거의 반대 방향, 그러니까 처음 출발한 쪽으로 튕겨 나갔다. 이 의외의 결과가 무엇을 의미할까? 러더퍼드는 생각 끝에 답을 내렸다. 원자의 대부분은 텅 비어 있다고, 다만 아주 단단하고 작고 무거운 중심, 즉 오늘날 우리가 원자핵이라고 부르는 것이 있다고 말이다. 그리고 원자가 많은 전자를 가지고 있음에도 전기적으로 중성인 점으로 미루어 원자핵은 전자의 전하량을 상쇄할 만큼의 양전하를 띤다는 것이 합리적인 결론이었다.

이 결과를 보고하는 러더퍼드 연구팀의 논문은 지금으로부터 100여 년 전인 1911년에 출판되어 원자의 구조에 대한 이해를 크게 진전시켰다. 러더퍼드의 말을 들어 보자.

"내 인생에서 일어난 가장 믿을 수 없는 사건이었다. 15인치짜리 대포알로 얇은 종이를 쏘았는데, 그것이 튕겨 나와 나를 때린 것만큼이나 믿지 못할 일이다. 생각해 보니 이 후방 산란은 단일 충돌의 결과여야 했다. 그리고 계산 결과 원자의 질량 대부분이 아주 작은 핵 안에 집중된 구조가 아니라면 그런 식의 결과는 나올 수 없음을 알게 되었다. 작고 무거운 중심을 가진 원자를 구상하게 된 것이 그때였다."

톰슨의 건포도 푸딩 원자 모형은 완전히 설 자리를 잃었다. 이제 우리는 양전하를 띤 극도로 작고 무거운 핵이 중심에 있고, 음전하를 띤 가벼운 전자들이 나머지를 구성하는 원자 모형을 손에 넣었다. 그렇다면 이 모형은 어떤 식으로 작동할까? 고전물리학에 따르면 반대되는 전하끼리는 서로 끌어당기므로, 이런 구조의 원자 안에서 전자들은 어디에서 출발하든 아주아주 빠르게 핵 쪽으로 가속되어 결국 충돌하고 만다. 아마도 그 원자는 '획' 하고 사라질 것이다. 따라서 이런 원자 구조는 불안정할 뿐 아니라, 거시적인 수준에서 문제없이 작동했던 당시의 물리학 모형으로 내린 결론에 따라 존재 자체가 불가능하다. 이것은 톰슨의 건포도 푸딩 모형을 반대했던 이유와도 거의 비슷하다.

그러면 원자를 미니 태양계라고 생각해 보면 어떨까? 중심의 핵 주위를 전자가 공전하는 구조로 말이다. 결론부터 말하자면 그런 모형 또한 불안정하기 짝이 없다. 이 모형과 그 시대의 고전물리학이 모두 옳다고 가정하면 그 원자는 극도로 짧은 순간에 붕괴하고 만다. 그런데 실제 태양계의 상황은 이와 반대다. 태양계는 인간이라는 종이 존재한 시간보다 훨씬 더 오랫동안 안정적으로 돌아가고 있으며, 우리 태양계가 붕괴하기까지는 아주 오랜 시간이 남아 있다고 예상된다. 그 이유는 태양 주위를 도는 행성들의 중력이 원자핵 주위를 도는 전자 한 개에서 방출된다고 예상되는 빛 복사에 비해 말할 수 없이 약하다고 추측되기 때문이다(두 힘의 상대적인 세기를 비교하고 싶다면, 7장 끝부분을 참고하라). 그럼 왜 태양계를 닮은 모형에서는 원자가 순식간에 붕괴한다고 예측될까? 전자처럼 전하를 띤 입자는 궤도를 돌 때(즉, 계속해서 운동 방향이 바뀌며 가속될 때) 빛을 방출하기 때문이다. 따라서 전자는 궤도 에너지를 아주 빠르게 잃고 결국 핵에 충돌하게 된다. 이번에도 원자는 '휙' 하고 사라질 수밖에 없다. 분명 뭔가 이상한 일이 일어나고 있다. 원자 수준에서의 이런 양상은 거시적인 수준에서 파악한 자연의 행동과는 매우 달랐다. 새로운 아이디어가 절실했다.

현대의 원자 모형

이제 닐스 보어 Niels Bohr(1885~1962년)가 등판할 차례다. 덴마크에서 막 박사학위를 받은 그 역시 새로운 물리학의 중심지인 케임브리지에 끌렸다. 보어는 미니 태양계 원자 모형에 대해 새롭고 심오한 반전을 제안했다. 그는 당시 과학계에서 나돌던 몇 가지 발상을 근거로 이 시스템에 극단적으로 새로운 성질을 도입했다. 첫 번째로, 전자는 중심에 핵을 두고 특정 궤도로만 돌 수 있으며, (어떤 식인지는 몰라도) 광자를 흡수하거나 방출하여 한 궤도에서 이웃하는 궤도로 도약할 수 있다. (광자란 무엇인가? 빛은 때로는 파동처럼, 때로는 입자처럼 행동한다. 입자처럼 행동할 때의 빛을 광자라고 하는데, 각각의 광자는 특정 진동수에 상응하는 특정한 에너지를 지닌다. 거시적 관점으로 자연을 이해해 온 사람들에게는 이 개념이 낯설겠지만, 이 모형은 진정한 미시적 수준에서 자연의 행동을 일부 설명하는 데 유효하다.) 두 번째로, 전자가 더 낮은 에너지 궤도로 이동할 때는 에너지 보존을 위해 광자를 방출하며, 같은 원리로 더 높은 에너지 궤도로 이동할 때는 광자를 흡수한다. 그림 11.2에 이 두 과정을 간략히 나타냈다. 편의상 전자의 궤도에 번호를 매겼는데, 핵에서 가장 가까운 궤도(n=1)가 가장 에너지가 낮다. 이 궤도에는 특별한 조건이 있지만, 여기서는 더 자세히 따지지 않겠다. 어쨌든 이상적인 원자 모형이라면, 그 모형의 설정에 따라 각 원자가 방출하거나 흡수하는 복사선, 즉 광자가 나타내는 스펙트럼선이 관찰과 일치해야 한다.

보어의 원자 모형에 밑바탕이 된 속성은 이전의 사고에서 상당히 벗어난 것이었다. 낯설지만 그 가정을 모두 받아들인다면 어떨까? 그것으로 원자의 스펙트럼을 설명할 수 있을까? 앞에서 톰슨이 내놓았던 모형은 스펙트럼을 전혀 설명하지 못했다. 하지만 보어의 모형은 수소 원자의 방출 및 흡수 스펙트럼을 관찰과 일치하도록 이론적으로 설명했고, 한 세대 전에 요한 발머Johann Balmer가 개발하고 이어서 3년 뒤에 요하네스 뤼드베리Johannes Rydberg가 일반화한 경험적 스펙트럼 모형도 재현해 냈다. 그러나 보어의 모형도 수소보다 무거운 원소의 스펙트럼은 정확히 예측하지 못했다. 여전히 더 나은 모형이 필요했다.

그토록 바라던 더 나은 모형은 12년 뒤에야 등장했다. 1925년

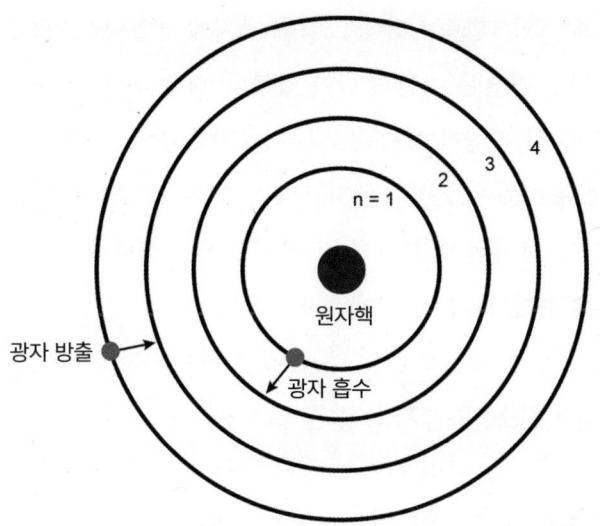

그림 11.2. 닐스 보어의 원자 모형. 각 궤도 간의 상대적인 간격은 그림에 반영되지 않았다. 연회색 동그라미는 원자핵 주위를 공전하는 전자를 나타낸다. 전자가 광자를 방출하거나 흡수하여 다른 궤도로 움직이는 방향은 화살표로 표시했다.

에 베르너 하이젠베르크Werner Heisenberg와 에르빈 슈뢰딩거Erwin Schrödinger가 각각 더 방대하고 복잡한 모형을 개발했다. 두 물리학자의 모형은 수학적으로 서로 달라 보였으나 나중에 두 모형이 동일한 것으로 밝혀졌다. 이 모형을 양자역학이라고 부른다. 보어 모형의 속성 중 일부를 넘겨받은 양자역학은 모든 원자와 분자 현상의 예측에서 놀라운 정확성을 발휘했으며, 1조분의 1 수준의 정밀도로 시험했을 때조차 예측과 실험이 정확하게 일치했다. 이런 의미에서 나는 일반상대성이론과 함께 양자역학은 인류가 지금까지 발전시킨 자연의 모형 중에서 가장 정확한 모형이라고 믿는다.

그렇다면 양자역학을 발명 또는 발견한 뒤로 우리는 원자의 구조와 행동을 설명하는 만족스러운 그림을 가지게 됐을까? 그렇다. 그러나 못 다 맞춘 퍼즐은 여전히 남아 있었다. 바로 뒤에서 이야기하겠지만, 원자들의 질량이 예측대로 들어맞지 않았고, 특히 어느 정도 이상으로 무거운 원소들은 예상보다 두 배 이상 차이가 났다. 또 어떤 원자들은 화학적 성질이 같아 보이는데도 질량이 서로 달랐다. 이 작은 수수께끼들은 어떻게 풀렸을까?

양성자, 동위원소, 중성자의 발견

양성자의 발견은 어느 한 사람의 공으로 돌리기가 쉽지 않다. 전자가 발견된 뒤, 과학자들은 양전하를 띤 독립체가 존재해야 함을 깨달았다. 왜일까? 답은 간단하다. 거시적인 물질은 전기적으로 중성을 띤다. 그러므로 전자의 음전하를 상쇄할 무엇인가가 있어야 한다는 논리다. 불과 20년 뒤에 그 실체가 명확해졌다. 산란 실험을 계속하던 러더퍼드는 에너지가 높은, 즉 속도가 빠른 알파 입자를 질소 기체에 쏘아 수소의 원자핵이 튀어나오는 것을 탐지했다. 이 결과는 수소의 원자핵이 양전하를 띤 단일 입자라는 가설로 이어졌고, 이 입자는 양성자로 불리게 되었다. 이 가설은 이후의 실험들로 증명되었으며, 더 나아가 양성자는 모든 개별 원소의 원자핵을 구성하는 입자라는 사실도 밝혀졌다. 각 원소에는 이른바 원자번호가 부여되었다. 원자번호는 해당 원자핵 안에 있는 양성자 수와 같다. 즉, 양성자가 한 개인 수소는 1번이고 같은 기준으로 우라늄의 원자번호는 92번이다. 우라늄은 지구에 자연적으로 존재하는 원소 중에서 가장 무거운(질량이 큰) 원소다. 몇몇 더 무거운 원소는 고에너지 산란 실험을 통해 생성됐는데, 모두 아주 불안정하고 반감기가 극도로 짧다.

여기까지는 모든 게 착착 맞아 들어가는 것 같다. 하지만 문제가 있었다. 많은 원소의 질량이 수소 원자 질량의 정수배가 아니었다. 원자핵이 양성자(수소 원자핵)로 이루어졌고, 톰슨이 처음 밝힌 것처럼 전자의 질량은 수소 원자의 질량에 비해 아주 미미한 수준이라면, 이런 결과는 나올 수 없다. 게다가 원자번호가 20 이상인 원소들의 경우, 원자의 질량은 양성자 전체를 합한 질량보다 두 배 이상 많이 나갔다. 다시 말해 원자핵의 질량이 그 안에 든 양성자 전체 질량의 두 배 이상이었다. 도대체 무슨 일이 일어난 것일까?

한편 프레더릭 소디Frederick Soddy는 같은 원소의 원자임에도 질량이 다른 것이 일부 있는데, 그런 원자는 질량만 다를 뿐 화학적으로는 다른 원자들과 똑같이 반응해서 구분할 수 없다는 사실을 알아냈다. 그것들은 서로의 '동위원소isotope'라고 불렸다. 소디는 이를 두고 "동위원소의 원자는 겉으로는 똑같아 보이지만 속이 다르다"라고 설명했다. 이 말은 전기적으로 중성이고 원자의 화학적 특성에 크게 영향을 미치지 않는 다른 구성 요소가 원자 안에 있다는 뜻이다. 원자의 화학적 특성은 대체로 원자 안에 있는 전하를 띤 입자에 영향을 받기 때문이다. 이런 중성적인 요소의 정체는 무엇일까? 동일한 개수의 전자나 양성자가 추가로 결합한다는 가설이 있었으나 다양한 이유로 곧 배제되었다.

1932년이 되어서야 원자핵에서 전하를 띠지 않는 입자가 떨어져

나갈 수 있다는 것이 제임스 채드윅James Chadwick에 의해서 증명되었다. 이번에도 산란 실험을 통해서였다. 그는 이 입자의 질량도 추정했는데, 오늘날의 값과 비교해 2,000분의 1의 정밀도로 일치했다. 그가 구한 질량은 양성자보다 대략 0.1% 더 무거웠다. 이 입자는 전기적으로 중성이라서 '중성자'라는 이름을 얻었다. 이로써 원자핵의 질량이 양성자만으로 설명되지 않았던 문제는 해결되었다. 그러나 특정 원자가 특정 개수의 중성자를 가지는 이유는 그때나 지금이나 알려지지 않았고, 일반적인 모형도 아직 없다.

흥미롭게도 중성자는 (대부분) 원자핵 안에서 안정된 상태를 유지하지만, 핵에서 떨어져 나가면 아주 불안정해져서 고작 10분 만에 양성자 한 개와 전자 한 개로 붕괴한다. 반대로 양성자는 절대 붕괴하지 않는 것처럼 보이고 최소한 10^{34}년 동안 안정적이다. 우주 자체의 수명이 10^{11}년이 채 되지 않는데 어떻게 양성자의 수명이 최소한 10^{34}년이라고 말할 수 있을까? 이는 양성자의 수명을 결정하기 위해 수많은 양성자를 다루었던 실험에서 단 하나도 붕괴한 것이 없었다는 사실로 미루어 평균 수명이 적어도 그만큼은 된다고 추론한 결과다.

마침내 우리는 관찰한 내용과 일치하는 원자 구조 모형을 손에 넣었다! 이 모형에 따르면 원자의 중심에는 아주 작고 무거우며 양전하를 띠는 핵이 있고, 핵은 양성자와 중성자로 구성되었으며, 양성자는 원자의 화학적 성질과 연관이 있다. 전자는 원자핵 주위를 돌면서 원자의 화학적 특성을 제어하는데, 양성자와 같은 개수만큼 들어 있어서 원자가 전기적으로 중성을 띠게 된다. 원소마다 화학적 특성이 다른 이유는 전자의 개수가(당연히 양성자의 개수도) 다르기 때문이다.

방사능의 발견

잠시 시간을 한 세대쯤 뒤로 돌려 보어가 원자 구조를 결정하기 전, 그리고 러더퍼드의 원자 모형보다도 과거로 돌아가 보자. 1896년, 엑스선이 발견된 직후에 앙리 베크렐Henri Becquerel은 햇빛 등의 에너지원에 노출되면 빛을 방출하는 물질을 연구했다. 그중 하나가 우라늄염uranium salt(우라늄이 포함된 화합물)이었다. 어느 흐린 날, 베크렐은 책상 서랍에 우라늄염을 넣어 두었는데 마침 그 서랍에 빛에 노출되지 않은 사진 건판을 함께 보관하고 있었다. 얼마 뒤 우연히 서랍을 연 그는 건판이 검게 변한 것을 발견했다. 이유가 무엇일까? 그는 햇빛에 노출되지 않았는데도 사진 건판이 검게 변한 이유가 우라늄염에서 나온 방사선 때문임을 알아냈다. 더 나아가 자석을 가까이 댔을 때 방사선이 한쪽으로 치우치는 것을 보고 그것이 전하를 띤 입자임을 밝혔으며, 휘는 방향을 보고 그 전하가 양전하인지 음전하인지도 알아냈다.

베크렐의 연구에 제자인 마리 퀴리Marie Curie와 그녀의 남편 피에르 퀴리Pierre Curie가 합류했다. 마리 퀴리는 연구 중에 새로운 원소를 발견하고 라듐이라는 이름을 붙였다. 라듐은 우라늄염과 비슷한 특성을 보였다. 물질이 방사선을 방출하는 이런 현상을 그녀는 '방사능'이라고 불렀다.

이제 한 걸음 물러서서 현대적 관점으로 상황을 해석해 보자. 과거에는 원소가 다른 것으로 바뀔 수 없다고 여겼는데, 그런 물질이 (아마도 핵에서) 입자를 방출하며 다른 원소로 전환된 것이 아닌가! (기억하라. 원자핵은 방사능이 발견되고 약 13년이 지나서야 발견되었다.) 지금 우리는 가벼운 원소의 일부 동위원소에도 방사능이 있다는 사실을 알고 있지만, 과거에는 라듐이나 우라늄처럼 무거운 원소에만 이런 특성이 있는 줄 알았다. 특정 원소만 지닌 이런 방사능이 당시의 원자 모형에 들어맞았을까? 그렇지 않았다.

아무 배경지식도 없는 상태에서 과학자들은 방사능의 특성을 파악하기 시작했고, 그러면서 이상한 현상을 발견했다. 특정 방사성 원소의 원자를 다량 취했을 때(원자를 많이 취하지 않는 것이 더 어렵다. 원자는 당시 분리할 수 있는 가장 적은 양에 비해서도 극도로 작았기 때문이다) 일정 시간이 지나자 그중 일부가 붕괴하여 다른 원소가 된 것이다. 이렇게 그들은 방사성 원소에 반감기가 있음을 알아냈다. 반감기가 지나면 방사성 원소의 원자 집단 중에서 절반은 붕괴하여 다른 물질이 되고, 남은 절반만 처음 상태를 유지한다. 방사성 원소의 반감기는 원소마다 고유하다. 하지만 방사성 원소의 원자 중에서 구체적으로 어떤 원자가 붕괴하는지는 알 수 없다. 그저 다수의 원자로 구성된 원소의 집합에서 일정 시간에 얼마나 많은 원자가 붕괴하는지 통계적으로 계산할 뿐이다. 기이하긴 하지만 그것이 자연이 행동하는 방식이다.

그럼 붕괴한 원소는 무엇이 되는가? 방사성 원소가 붕괴하면 다른 원소로 바뀌는데, 바뀐 그 원소는 방사성 원소일 수도 있고 아닐 수도 있다. 붕괴하여 생성된 산물도 방사성 원소라면 역시 고유의 반감기에 따라 붕괴하여 또 다른 원소가 된다. 이러한 방사성 붕괴의 사슬은 상당히 길게 이어질 수도 있으며, 붕괴 산물로 안정된 원소가 나와야만 멈춘다.

더 복잡한 문제도 있다. 어떤 원소는 두 종류의 원소로 붕괴하는데, 이 경우에도 '선택'은 통계에 의존할 수밖에 없다. 예를 들어 한 방사성 원소는 붕괴해서 원소 A가 될 가능성이 원소 B가 될 가능성보다 두 배 더 크다. 그렇다면 붕괴 생성물의 3분의 2는 A가, 3분의 1은 B가 될 것이다.

그러면 방사성 원소가 붕괴할 때 무엇이 나오는가? 이 좋은 질문에 대해 나는 "원소마다 다르다"는 모호한 대답밖에 할 수 없다. 좀 더 설명하자면, 어떤 붕괴에서는 알파 입자가 방출되고, 또 어떤 붕괴에서는 베타 입자가 방출되며, 그 외에도 다양하다. J. J. 톰슨의 연구에서 보았듯이 베타 입자는 현재 우리가 전자라고 부르는 것이다. 반면 알파 입자는 훨씬 더 (거의 8,000배 이상) 무거운 것으로 밝혀졌고, 앞에서 말했듯이 헬륨의 원자핵과 본질적으로 같다.

방사능은 한 원소(특정 유형의 원자)를 다른 원소로 전환하는 연금술사의 꿈을 실현한다. 다만 연금술사는 쇠를 금으로 바꾸는 꿈을 꾸었겠지만, 자연은 방사능을 통해 한 원소를 다른 원소로 바꿀 수는 있어도 연금술사의 희망을 이뤄 주지는 못한다. 한 원소가 다른 원소로 전환되는 이런 자연적인 변환이 모든 원자의 속성은 아니고 오직 일부, 대체로 무거운 원자에서 일어나기 때문이다. 게다가 실제 전환은 무작위적으로 일어난다. 다만 거시적인 수준에서 보면 엄청난 양의 원자가 이 현상에 관여하기 때문에 전반적으로는 예측 가능한 일정을 따른다. 한 예로 우라늄 1g에는 10^{20}개, 즉 1해 개 이상의 원자가 있다.

'일반적인' 시료라고 해도 그 안에 있는 방사성 원소의 개별 원자 수가 아주 많기 때문에 실험실에서 상대적으로 짧은 시간에 그 원소의 반감기를 정확하게 알아낼 수 있다. 최대 수백억 년까지 가는 긴 반감기라고 해도 말이다. 표 11.1의 원소 네 쌍을 보자. 각 쌍에서 앞에 있는 원소는 방사성 원소이고 두 번째는 붕괴 사슬을 모두 거쳐 안정된 최종 생성물이다. 표의 오른쪽 열에 표기된 시간은 각 원소 쌍에서 방사성 원소(모핵종)가 최종 생성물(딸핵종)로 바뀌는 반감기다.

방사성 원소의 모핵종 - 딸핵종	반감기(억 년)
포타슘 40 (19) - 아르곤 40 (18)	12.5
루비듐 87 (37) - 스트론튬 87 (38)	488
토륨 232 (90) - 납 208 (82)	140
우라늄 238 (92) - 납 206 (82)	45

주: 원소 이름 옆의 숫자는 원자핵의 중성자와 양성자를 합친 개수이고, 괄호 안의 숫자는 원자번호(즉, 양성자 개수)다. 붕괴 사슬의 길이와 복잡도는 원소마다 다르다.

표 11.1. 방사성 원소(모핵종)와 붕괴의 최종 산물인 안정된 원소(딸핵종) 네 쌍.

방사성 붕괴의 단계마다 원자핵에서 방출되는 입자는 운동으로 인해 에너지를 가지며, 따라서 주변에 열을 전달한다. 과거에는 인지하지 못했지만, 이 방사성 열원은 지구의 냉각 속도를 바탕으로 지구의 나이를 추정하는 데 매우 중요한 요소가 되었다. 일반적으로 모든 방사성 원소는 붕괴하면서 열/에너지를 방출하는데, 그 양이 원소마다 아주 다르다. 참고로 열은 에너지의 한 형태로, 우리가 열 함량을 이야기할 때 열은 그 물질을 구성하는 입자들의 운동에서 비롯된다.

자, 이제 여러분은 다음 장의 문제를 다룰 배경지식을 모두 갖추었다. 도대체 지구는 몇 살일까?

12장

지구의 나이

"이 대담한 질문보다 더 흥미로운 문제는 없을 것이다. 도대체 지구는 몇 살일까? 지구가 조심스럽게 숨겨 온 이 비밀을 파헤치기 위해 우리 인간은 채울 수 없는 호기심으로 수천 년을 노력해 왔다." 1927년에 아서 홈스가 해결책을 손에 쥐고서 했던 말이다.

사실 20세기 전에는 단서라고 할 만한 것이 하나도 없었다. 지구의 나이를 알아내는 것은 정말로 난해한 문제였고 아무런 실마리도 없었다. 아리스토텔레스의 신념으로 추정되는바, 고대 그리스인들은 지구가 처음부터 존재했었다는 믿음 말고는 이 문제에 대해 특별한 견해를 남기지 않았다. 성경의 창세기가 나름의 시나리오를 제시하긴 하지만 그 이야기가 어떻게 지구의 구체적인 나이를 알려 준다는 말인가? 많은 시도 끝에 두각을 나타낸 가설이 있었는데, 킹 제임스 성경King James Version(영국 왕 제임스 1세가 명령하여 만든 영어 번역본 — 옮긴이)의 여백에 적혀 있던 내용이 이후에도 많은 성경의 주해본에 포함되면서 유명해진 것으로 보인다. 그 계산법은 1650년에 주교 제임스 어셔James Ussher가 고안했고, 여러 데이터 중에서도 성경의 '계보'(아브라함이 이삭을 낳고 이삭은 야곱을 낳고 야곱은 유다와 그의 형제를 낳고 유다는 다말에게서 베레스와 세라를 낳고……)를 분석하여, 지구는 율리우스력으로 기원전 4004년 10월 23일 저녁에 창조되었다는 결론을 내렸다.

지구에 나이를 찾아 주려는 최초의 과학적 접근은 브누아 드 마이예Benoît de Maillet가 시도했다. 그는 할아버지가 75년 동안 측정한 해수면 높이의 변화와 자신이 여기저기 여행하며 직접 관찰한 결과를 합치면 지구의 나이를 추정할 수 있다고 생각했다. 그렇게 해서 다양한 근거를 바탕으로 여러 추정치를 내놓았는데, 그중에서 가장 오래된 것이 약 20억 년이었다. 드 마이예는 성직자들이 주장하는 '젊은 지구'에 반대했지만, 다른 사람들처럼 교회의 반응을 대단히 두려워했다. 그래서 이 내용을 마치 한 프랑스 선교사와 인도 철학자 텔리아메드Telliamed(자기 이름의 철자를 거꾸로 쓴 것)의 대화인 것처럼 썼고, 지구의 나이에 대한 결론은 10년 뒤 그가 사망할 때까지 끝내 발표하지 않았다.

다음으로 18세기 초, 혜성으로 유명한 에드먼드 핼리에게 차례가 넘어갔다. 그는 다음과 같은 질문을 토대로 영리한 발상을 떠올렸다. 바다가 담수로 시작하여 현재의 염도에 도달하는 데 얼마나 걸렸을까? 그 답을 얻으려면 어떻게 접근하면 될까? 핼리는 바다로 흘러 들어가는 모든 강에서 강물이 바다로 소금을 운반하는 속도를 측정하자고 제안했다. 핼리의 생각이 기발하기는 하지만 오류가 있는 것도 사실이었다. 가장 중요한 오류를 대자면 이렇다. 소금이 바다로 흘러 들어가는 현재의 속도가 지구의 역사 내내 일정했을 거라는 전제에 근거가 있는가?

이어서 아이작 뉴턴, 그리고 뉴턴과 같은 시대를 살았고 수학 분야에서 경쟁했던 고트프리트 라이프니츠Gottfried Leibniz가 있다. 두 사람 모두 지구가 초기의 고온에서 현재의 지표 온도까지 식는 데 걸린 시간을 계산해서 지구의 나이를 추정할 수 있다고 제시했다(식 12.1). 하지만 뉴턴도 라이프니츠도 이 생각을 더 발전시키지는 않았다. 이런 계산을 위해 필요한 열전달 모형이 아마 당시에는 없었을 것이다.

지구가 식는 데 걸린 시간을 어떻게 계산했을까?

뉴턴과 라이프니츠는 지구의 반지름 R에 대해 냉각 시간 t가 다음의 공식을 따른다고 보았다.

$$t \propto \frac{V}{A} \propto \frac{R^3}{R^2} \propto R \tag{식 12.1}$$

지구가 내포한 열에너지는 지구의 부피(V)에 비례($\propto$)하며, 부피는 반지름의 세제곱에 비례한다. 반면에 지구가 잃는 열은 표면적(A)에 비례하며, 표면적은 반지름의 제곱에 비례한다. 한편 지구의 부피를 표면적으로 나눈 값은 지구의 냉각 시간에 비례한다. 요컨대 지구가 품은 열기를 열이 지구를 떠나는 속도로 나누면, 그

> 것이 지구가 식는 데 걸린 시간이라는 말이다. 식 12.1에서 보여 준 나눗셈의 결과는 지구가 식는 데 걸리는 시간에 비례하는 값이다. 실제로 냉각에 걸리는 시간은 열 손실 속도 등 다른 양에 의해서도 좌우된다. 그러나 다른 조건이 모두 같다고 하면, 이 결과로 미루어 같은 온도에서 시작했을 때 물체가 클수록 더 천천히 식는다는 결론이 나온다.

지구의 나이에 대한 다음 추론은 실험으로 이루어졌다. 조르주-루이 르클레르 뷔퐁 백작Georges-Louis Leclerc, Comte de Buffon(1707~1788년)은 백열 상태로 달궈진 10개의 쇠공과 지구와 비슷한 재료로 만든 다른 여러 구체의 냉각 속도를 측정했다. 그런 다음 그 결괏값을 지구의 크기에 맞춰서 대입했다. 그가 만든 구체의 반지름은 범위가 1~15cm였고, 그는 그것들을 지하실에 두고 식혔다. 실험 결과, (식 12.1의 추론처럼) 냉각 시간과 구의 반지름은 비례했다. 그는 이 값을 확장하여 철의 초기 용융 온도로 가정되는 값에서부터 지구가 냉각하는 과정을 시뮬레이션했다. 그 결과로 나온 지구의 나이는 대략 7만 5,000년으로 제임스 어셔가 제시한 것보다 10배 이상 늘어났다. 그러나 뷔퐁은 가정을 너무 단순하게 설정한 탓에 지나치게 작은 값이 나왔다고 결과를 의심했다. 후에 그는 몇 가지를 수정해서 다양한 결과를 얻었는데 가장 큰 값이 30억 년이었다. 그러나 이렇게 얻은 최고치는 19세기 초, 그가 사망하고 10년이 넘도록 바깥세상에 알려지지 않았다.

그림 12.1. 미국 유타주에서 발견된 지질층. 시더 마운틴층의 포이즌 스트립 하위층 바로 아래의 지층.

19세기 중반이 되자 지구의 나이를 결정하는 일이 시급한 과학적 사안이 되었다. 그 한 가지 이유는 이 질문에 답하기 위해서였다. '생물학적 진화로 지금의 우리가 될 만큼 충분한 시간이 있었는가?' 지질학자들은 지구 전체 지표면에 대해 장기적인 조사를 시행했다. 이 조사에서 그들은 복잡한 지층이 많이 있는 지역을 발견했다(그림 12.1). 지질학자들은 지층이 시간 순서에 따라 쌓여서 가장 위에 있는 층이 가장 어리다고 가정했다. 그들은 왜 이렇게 가정했으며, 나중에 생긴 어린 층을 구성한 새로운 물질은 어디에서 왔을까?

이에 더하여 지질학자들은 여러 지역에서 조사한 지층의 유형과 두께 사이의 상관관계를 찾아 서로 특징을 공유하는 지질시대에 관해 합리적인 추론을 끌어냈다. 이런 방식으로 그들은 전 세계에서 다양한 지층 구조의 상대적인 연대와 그 관계에 대해 많은 것을 알게 되었다. 그런데 왜 저들은 상대적인 연대를 파악한 데서 멈추지 않고 지층의 절대적인 연대를 알아내려고 했을까? (호기심 때문이 아니라면) 상대적인 연대만 알아도 웬만한 목적을 이루는 데는 충분하지 않은가? 조금 전에도 언급했지만, 지층의 절대적인 연대를 알아야 하는 대표적인 이유는 생물학에 있었다. 지질학자들에게는 직접적인 관심사가 아니었을 수도 있지만, 생물학자들은 우리 지구가 자연선택의 작용으로 현재의 생물학적 복잡성과 풍요로운 다양성을 만들어 낼 만큼 오랜 시간 존재했었는지를 궁금해했다.

찰스 다윈도 이 문제를 걱정했던 것 같다. 그래서 그는 영국 남동부 백악 절벽의 침식 기간을 계산하여 지구의 최소 나이를 추정했다. 물론 그런 계산을 하려면 침식의 속도를 알아야 했다. 하지만 직접 측정하기에는 시간이 너무 오래 걸리는 탓에 어림으로 짐작할 수밖에 없었다. 다윈은 100년에 1cm씩 침식된다고 가정하여 지구가 적어도 3억 666만 2,400년 되었다고 계산했다. 그리고 이 결과를 세계적으로 유명한 《종의 기원》(사이언스북스, 2019) 초판에 발표했다. 침식 속도로 가정한 값이 부정확하다는 것은 다윈 자신도 알았을 텐데, 그는 어째서 저렇게 구체적인 수치로 지구의 나이를 발표했을까? 추측해 보건대, 자신의 계산을 확인하고 싶은 사람에게 비교할 기준값을 주려고 했기 때문이 아니었을까. 다윈의 책에서 이 부분은 아주 혹독한 비판을 받았는데, 무엇보다 그가 가정한 침식 속도에 대한 근거가 부족했기 때문이다. 나중에 출간된 《종의 기원》 개정판에는 지구의 나이에 관한 결과 부분이 모두 삭제되었다.

현대 물리학을 적용하려는 시도

19세기 중반, 지구의 나이를 두고 다수의 지질학자와 한 물리학자 사이에 대결이 벌어졌다. 후자는 현재 켈빈 경Lord Kelvin으로 알려진 윌리엄 톰슨William Thomson으로, 그는 세계적으로 명성이 높은 수리물리학자였다. 켈빈 경이 지구에 나이를 찾아 주겠다고 뛰어든 까닭은 아마도 세상의 뜨거운 것들은 모두 결국 식게 마련임을 밝힌 그의 다른 물리 연구 때문이었을 것이다. 그래서 켈빈은 당시 지질학자들이 사용한 정성적 방법과는 달리 정량적 물리학을 이용해 지구의 나이에 접근했다. 다윈이 그랬던 것처럼 그 시대 지질학자들은 지표에 대한 관찰만을 토대로 부정확한 가정을 하지 않고는 지구의 나이를 추정할 방법이 없었다. 반면에 켈빈은 각각 지구와 태양에 근거를 둔 두 가지 방식을 취했다.

켈빈은 지구가 처음 형성되었을 때는 중력 위치에너지가 열로 전환되면서 온도가 높아져 용융 상태였을 거라고 가정했다. 간단히 말하면 이때 방출된 열은 질량이 있는 물체가 낙하하여 땅에 부딪혔을 때 방출되는 열과 같다. 켈빈은 지구 내부의 초기 온도를 철이 녹는 온도로 설정하고 계산을 시작했는데, 현대의 단위로는 약 5,000K이다. (참고로 이 온도 단위는 그가 지구의 나이를 연구할 때는 존재하지도, 켈빈이라는 이름이 붙지도 않았다.) 켈빈은 철과 몇몇 중요한 물질의 녹는점이 국소적인 압력에 따라 달라진다는 것을 알았고, 지구의 중심부는 위에서 누르는 무게 때문에 압력이 극도로 높다는 사실도 알고 있었다. 그러나 압력이 녹는점에 미치는 영향을 구체적인 수치로는 알지 못했다. 그래서 물질의 녹는점이 지구 내부에서도 지표면의 실험실에서와 같을 거라고 가정하고, 암석의 열전도율에 대한 추정값을 설정했다. 단, 그는 지구의 내부가 어떤 종류의 물질로 구성되었는지는 몰랐다. 켈빈은 열이 흐르는 방식을 설명하는 수식들을 사용하여 지구가 용융 상태에서 현재 지표면 온도에 도달하는 데 걸리는 시간을 계산했다. 그리고 지표면이 태양으로부터 엄청난 양의 열을 받는다는 점을 고려하여, 태양열의 영향을 거의 받지 않을 것으로 생각되는 광산 내부에서 온도를 측정해 계산에 활용했다. 깊이에 따라 온도가 높아지는 경향이 있는 만큼 이 가정은 설득력 있어 보였다.

이런 계산을 토대로, 그리고 이 전제에 내포된 불확실성을 어느 정도 고려하여, 켈빈은 1860년대 초에 지구의 나이가 약 4000만 년에서 1억 년 사이라는 결론을 내렸다. 반면에 지질학자들은 지구가 그보다 훨씬 더 오래됐다고 생각하면서도 검증할 방법이 없어서 켈빈의 정량적 접근 앞에서 꼼짝 못 했다. 물론 유창하게 반론을 펴는 회의론자들이 없긴 않았지만, 과학의 논쟁은 말솜씨가 아닌 증거로 해결되어야 함을 명심하기 바란다.

이번에는 태양에 근거를 둔 방식을 살펴보자. 켈빈은 태양이 줄곧 현재와 같은 비율로 지구에 에너지를 공급해 왔다면 앞으로 얼마나 더 그 상태를 지속할지 생각해 보았다. 태양이 언제까지 타오를지 알려면, 태양의 에너지 방출량과 그 에너지의 공급원이 무엇인지 알아야 했다. 그렇다면 태양의 현재 광도(즉, 에너지 방출 속도)는 어떻게 구할까? 우선 켈빈은 태양이 모든 방향으로 동일한 양의 에너지를 방출한다고 가정했다. 그리고 지구에 도달하는 빛의 양을 측정할 수 있었고, 지구에서 태양까지의 거리를 대략 알고 있었기에 태양의 총 에너지 방출 속도를 손쉽게 계산할 수 있었다. 그렇게 해서 태양이 초당 4×10^{33} erg(에르그)의 에너지를 방출한다고 결론을 내렸다. 여기서 '에르그'는 센티미터-그램-초 단위계에서 사용하는 에너지 단위다. 이 에너지가 실제로 얼마나 많은 양인지 잘 와닿지는 않겠지만, 우리가 지구에서 일상적으로 접하는 에너지와 비교하면 믿기지 않을 만큼 많은 양인 것은 확실하다.

이제 문제의 다른 쪽을 보자. 태양이 이만큼 빛을 내게 하는 에너지원은 무엇일까? 켈빈 경은 세 가지 가능성을 염두에 두었다. 첫 번째는 우주에서 날아와 태양에 충돌하는 물체들이 가져오는 에너지, 두 번째는 태양의 발열 반응(즉, 에너지를 방출하는 화학반응), 마지막은 태양이 수축하면서 발생하는 에너지(이는 물체가 높은 곳에서 떨어져 지구나 태양 표면에 부딪힐 때 방출되는 에너지와 비슷하다)였다.

이렇게 다양한 에너지원의 규모나 시간에 따른 변화 중 그 값이 알려진 것은 하나도 없었다. 그래도 켈빈은 물러서지 않았다. 그는 자신의 정량적 가정에 따르는 불확실성을 합리적으로 추정하고, 이를 바탕으로 태양의 나이와 앞으로 남은 수명을 계산했다. 먼저, 태양의 나이는 1억 년 미만으로 추정했는데, 이 결과는 지구 나이의 추정치와도 얼추 비슷했으나 둘 다 모호하기는 마찬가지였다. 태양의 미래에 대해서는 약 2000만 년 뒤면 태양의 열기가 눈에 띄게 식어서 지구의 생명체가 심각한 피해를 볼 거라고 내다보았다.

이렇게 조합된 결과에 대해 지질학자들은 어떻게 반응했을까? 앞에서 말한 것처럼 대다수 지질학자는 수학식으로 도출한 구체적인 결과 앞에서 어찌할 바를 몰랐다. 그렇기는 해도 많은 지질학자가 켈빈의 결과에 몹시 회의적인 태도를 보였다. 지질학자들이 논리적으로 방어할 수 있는 정량적 범위에 한계가 있긴 했지만, 그렇다고 해도 켈빈이 도출한 값은 터무니없이 낮아 보였다. 또 지질학자 외에 다른 이들도 켈빈이 전제한 가정에 비난을 퍼부었다.

이 논쟁은 '어떤 방패라도 뚫는 창이 어떤 창도 뚫지 못하는 방패를 만난' 것과 같은 상황이 되었다. 논란은 19세기의 마지막 30년 동안 계속 끓어올랐고, 어느 쪽도 양보하지 않았다. 켈빈은 (대체로) 막을 수 없는 창이었고, 지질학자들은 꿈쩍하지 않는 방패처럼 버텼는데, 다음의 인용문으로 당시 상황을 부분적으로나마 짐작할 수 있다. 먼저, 켈빈의 말부터 들어 보자.

"그러므로 전반적으로 태양이 지구를 비춰 온 시간은 1억 년이 채 되지 않았을 것이고, 넉넉히 잡아도 5억 년을 넘지 않은 것이 확실하다. 미래에 대해서도, 우리가 아직 모르는 어떤 에너지원이 거대한 창조의 창고에 비축되어 있지 않은 한, 지구는 생명 활동에 필수적인 빛과 열을 수천만 년 이상 누리지는 못할 것이라고 똑같이 자신 있게 말할 수 있다." (켈빈 경, 1862년)

마지막 말(우리가 아직 모르는 어떤 에너지원이……)에서 켈빈 경은 자신이 알고 있는 것보다 훨씬 더 선견지명이 있었음을 알 수 있다.

이제 논리 정연한 박식가이자 다윈 이론의 대표적 옹호자인 토머스 헉슬리Thomas Huxley와 미국 지질학자 토머스 체임벌린이 켈빈의 주장에 대하여 무슨 말을 했는지 보자.

"수학은 어떤 재료든 원하는 굵기로 갈아 주는 정교한 제분기에 비유할 수 있다. 그렇지만 이 제분기에서 무엇이 나올지는 애초에 무엇을 넣느냐에 달렸다. 세상에서 가장 큰 제분기라고 해도 완두 꼬투리에서 밀가루를 추출할 수 없는 것처럼, 수식이 몇 페이지씩이나 된다고 해도 엉터리 데이터에서 명확한 결론을 도출할 수는 없는 법이다." (토머스 헉슬리, 1869년)

"정확성과 아름다움을 지닌 철저한 수학적 분석이 주는 매혹적인 인상에도 불구하고 전체 과정의 기본 조건이 되는 가정의 오류를 감출 수는 없다. 불안정한 전제 위에 구축된 정교하고 우아한 수학보다 더 교활하고 위험한 기만도 없다." (토머스 체임벌린, 1899년)

헉슬리와 체임벌린의 말은 20세기 중후반 컴퓨터 시대 초기에 훨씬 간결한 형태로 자주 쓰이던 말을 우아하게 표현한 것이다. "쓰레기를 넣으면 쓰레기가 나온다." 하지만 저 비난의 말들에 구체적인 근거는 없고 전적으로 인신공격적 발언뿐임을 유념하기 바란다.

한편 체임벌린은 태양에 관한 켈빈의 주장에도 마찬가지로 반박했다.

"태양 내부 같은 특별한 조건에서 물질의 행동이 어떠할지에 관한 현재의 지식이, 그 안에 미지의 에너지원은 존재하지 않는다고 단언할 만큼 완벽할까? 태양 내부 물질의 구성에 관해서는 아직 밝혀진 것이 없다. 그것들이 거대한 에너지를 품은 영역에 존재하는 복잡한 조직일 가능성도 적지 않다." (토머스 체임벌린, 1899년)

이 인용구(그 안에 미지의 에너지원은……)는 체임벌린 역시 예리한 선견지명을 지닌 인물이었음을 보여 준다.

방사능 시계

이 논쟁은 20세기가 되도록 끝을 보지 못했지만, 앞 장에서 설명한 과학의 발전들이 마침내 지구의 나이를 밝힐 수 있는 새로운 지식을 생산해 냈다. 영웅은 다름 아닌 어니스트 러더퍼드였다. 베크렐이 방사능을 발견한 지 8년 뒤인 1904년에 러더퍼드는 방사능을 시계처럼 이용할 수 있다고 제안했다. 어떻게? 원리는 간단하다. 어떤 물질에 포함된 방사성 원소의 초기 양과 그 반감기를 알고 있다면, 현재 남아 있는 양을 측정해서 전체 경과 시간을 계산할 수 있다. 하지만 실제로 방사능을 이용해 지구의 나이를 결정하는 것은 이론보다 훨씬 더 복잡했다.

러더퍼드는 1904년에 방사성 원소 라듐을 이용해서 최초의 결과를 얻었다. 단, 그가 구한 것은 지구의 나이가 아닌 암석의 나이였다. 러더퍼드(그리고 그 후임자들)는 어떻게 방사성 원소로 암석의 나이를 추정했을까? 기본 틀은 방사성 원소의 모핵종과 딸핵종이 함께 존재하는 암석의 특정 부분을 보는 것이다. 모원소의 반감기는 따로 측정되어 이미 알고 있다. 이 실험에는 중요한 전제가 있다. 맨 처음 용암이 굳어 암석이 되었을 때는 오직 모원소만 있었고, 일단 암석이 형성된 다음에는 모원소와 딸원소 모두 외부에서 새로 들어오거나 빠져나가지 않았다고 가정한다. 즉, 이 암석은 외부 환경과는 완전히 독립된 상태. 이 조건이 충족되면 암석의 나이를 결정하는 것은 간단하다.

러더퍼드는 이 원리와 예비 결과를 사람들 앞에서 발표했다. 그날을 회상하는 러더퍼드의 말을 들어 보자.

"강연장에 들어갔다. 어두침침한 객석에서 곧 켈빈 경이 눈에 띄었다. 강연의 마지막 순서로 지구의 나이를 언급하게 되면 그가 거세게 들고일어날 것 같았다. 내 관점은 그와 상충하기 때문이다. 다행히 켈빈 경은 금세 잠들어 버렸다. 그러나 중요한 부분에 이르자 저 늙은 새가 벌떡 일어나 눈을 부릅뜨고 악의가 그득한 눈으로 나를 쳐다보는 게 아닌가! 그때 갑작스럽게 영감이 찾아왔다. 나는 켈빈 경이 지구의 나이에 제한을 둔 것은 어디까지나 새로운 열원이 발견되지 않은 상태에서였다고 말했다. 그 예지적 발언은 바로 우리가 오늘 밤 논의하는 주제, 즉 라듐을 가리킨다고. 보라, 저 노장이 나를 보고 미소를 지었다."

방사성 연대 측정으로 알아낼 수 있는 것은, 용융 상태의 물질이 굳어서 처음으로 암석이 된 이후부터의 나이이다. 그렇다면 추정된 암석의 나이가 지구의 나이만큼 오래되었다는 것은 어떻게 알 수 있을까? 당연히 알 수 없다. 대체 우리에게는 얼마만큼의 굳은 의지가 필요할까? 지구상의 암석이란 암석은 모조리 조사해서 그중에 가장 오래된 것을 찾아야 할까? 그런 접근법은 누가 봐도 현실적이지 않다. 게다가 가장 오래된 암석을 찾았다 한들, 그것이 지구가 탄생했을 때부터 있었다고 어떻게 확신할 수 있을까? 물론 확신할 수 없다. 따라서 암석의 방사성 연대 측정으로는 기껏해야 지구 나이의 믿을 만한 최솟값밖에 얻지 못한다.

그럼 지구는 둘째치고 암석의 나이를 결정하는 이 방법에는 어떤 함정이 있을까? 먼저, 모든 바위가 액체 상태에서 굳어 형성됐다고는 볼 수 없다. 둘째, 암석이 맨 처음 형성되었을 때 어떤 이유로든 모핵종뿐 아니라 딸핵종이 이미 어느 정도 포함돼 있었을 가능성이 있다. 셋째, 암석은 처음 형성된 이후로 한 번 이상 부분적으로 용융 작용을 겪었을 수 있고, 이때 모핵종이나 딸핵종이 일부 빠져나가거나 새로 유입되었을 가능성이 있다. 이런 잠재적 문제들이 널렸는데 앞에서처럼 단순한 분석으로 얻은 결과를 어찌 믿을 수 있겠는가?

해결책은 중복 실험에 있다. 다양한 시스템 오차에 대해 취약성이 다른 두 개(또는 그 이상)의 독립적인 모핵종-딸핵종 쌍을 사용하여 실험하고, 만약 일관된 결과가 나오면 그때는 연대 측정의 신뢰성을 좀 더 확신할 수 있다. 단, 이때 적절한 반감기를 가진 원소를 사용해야 한다. 아닌 말로 수십억 년 범위에 있는 암석의 연대를 측정하는데 반감기가 10년인 원소를 사용한다면 모원소는 이미 다 붕괴하고 거의 남아 있지 않을 테니까.

　방사능을 시계로 사용할 수 있다는 러더퍼드의 아이디어가 알려진 후, 방사성 연대 측정 분야가 크게 확장되었다. 1920년대 초에는 합리적으로 믿을 만한 결과가 나오기 시작했다. 지구의 나이가 10억 년에서 80억 년의 범위로 추정되었는데, 가장 낮은 수치조차 다른 방법을 이용했던 과거의 추정치보다 훨씬 높았다. 그러나 저명한 지질학자들 사이에는 여전히 회의적인 견해가 많았다. 미국 지질조사국 소속 F. W. 클라크F. W. Clarke가 대표적인데, 그는 1924년에 이렇게 단언했다. "지금까지 화학적 침식, 고생물학적 증거, 천문학적 데이터를 통해 지구의 나이는 5000만 년에서 1억 5000만 년 사이로 합의되었다. 따라서 방사성 측정법으로 나온 추정치는 그 격차를 제대로 설명할 수 있을 때까지 의심을 거두어서는 안 된다." 어딘가 모순이 있지 않은가? 클라크가 말한 합의된 범위란 바로 켈빈이 반세기 전에 내놓았던 결과로, 그 시대 지질학자들이 완강히 거부했던 것이었다.

　그런데 방사능 시계로 측정한 지구의 나이는 최솟값과 최댓값이 10배 가까이 차이가 날 정도로 추정치의 범위가 넓었다. 이유가 뭘까? 측정 방식이 그리 만만하지 않아서 방사능으로 암석의 나이를 추정하는 기술을 정교하게 다듬기까지 몇 년이 걸렸다. 또 서로 다른 암석은 본질적으로 연대가 다를 수 있고 실제로도 그런 경우가 많았다.

　현재는 방사성 연대 측정법으로 암석의 나이를 정확하게 알 수 있다. 그러면 그것으로 지구의 나이는 어떻게 알아낼까? 태양계가 처음 형성될 때부터 있었다고 추정되는 아주 오래된 물체를 찾아야 한다. 좋은 예가 운석이다. 운석은 태양 주위를 공전하다가 지구의 대기권을 통과하고 살아남아 땅에 충돌한 후 회수된 암석이다. 운석을 찾기에 좋은 장소가 남극이다. 광활한 백색의 땅에서 운석은 두드러져 보이고, 땅에 묻혀 발견하기 어려워지기 전까지 한참 동안 쉽게 눈에 띈다.

다수의 운석을 분석한 최신 방사성 연대 측정의 결과는 100만 년 수준의 불확도 안에서 약 45억 6700만 년이라는 놀라운 일치를 보였다. 이런 수치는 기억하기도 쉽고 지구의 나이라고 생각하기에도 손색이 없다. 행성 형성 모형에 따르면 기본적으로 행성과 운석이 같은 시기에 태어났다고 보기 때문이다.

여기서 우리는 과학의 명백한 승리를 본다. 방사성 연대 측정과 여러 종류의 방사성 원소를 분석한 중복 붕괴 사슬에서 나온 증거가 차고 넘쳐서 사실상 모든 과학자가 이를 순순히 받아들였다. 지질학자들의 추정치는 완전히 뒤로 밀려났다. 대대적인 비판을 겪고도 흠 없이 살아남은 과학을 바탕으로 추구한 합리성이 결국 승리를 거두었다.

그나저나 켈빈 경은 구체적으로 어디에서 틀렸을까? 그는 지구의 나이와 태양의 수명에 관해 일관된 가정을 제시했지만, 방사능(지구)과 핵융합(태양)을 알지 못했다. 이는 19세기 중반에는 꿈에도 생각지 못했던 것들이다. 지구의 경우, 방사성 원소가 붕괴하며 지속해서 상당한 열을 제공했으니 켈빈의 가정과 달리 지구는 초기의 고온에서 마냥 식기만 한 것이 아니었다. 따라서 냉각 시간이 더 걸릴 수밖에 없다. 태양에 관해서도 마찬가지다. 태양 내부에는 켈빈의 시대에는 상상조차 할 수 없던 에너지원이 있다. 고온고압 상태에서 수소가 융합해 헬륨이 되는 현상인데, 이 핵융합 과정에서 막대한 에너지가 거의 무궁무진하게 공급된다. (수소 원자핵 네 개가 단계적으로 융합해 헬륨 원자핵 한 개가 생성되는데, 이렇게 생성된 헬륨 원자핵은 수소 원자핵 네 개보다 질량이 0.7% 작다. 줄어든 이 질량이 융합 과정에서 에너지로 전환되었기 때문이다. 그 에너지가 얼마큼이냐면, $E = mc^2$.) 이 에너지는 대부분 빛의 형태로 태양을 떠나서 앞으로 50억 년 이상 지구를 데워 줄 것으로 추정한다.

마지막으로 어니스트 러더퍼드의 혜안에 주목하자. 그는 1904년에 이렇게 말했다. "방사성 원소는 붕괴하는 과정에 엄청난 양의 에너지를 방출하여 지구에서 생명이 (태양 복사를 통해) 지속될 수 있는 시간의 한계를 크게 늘린다. 따라서 방사성 원소의 발견은 지질학자와 생물학자 들이 진화 과정에 필요하다고 주장하는 시간이 충분히 있었음을 알려 준다." 물론 그는 훗날에야 밝혀진 핵융합을 전혀 몰랐고, 그 과정에 방출되는 훨씬 더 막대한 에너지도 알지 못했다. 또 태양이 주로 수소로 구성되었다는 것조차 당시에는 알지 못했다. 그럼에도 그는 이 문제에 대해 핵심을 꿰뚫는 통찰을 지니고 있었음이 분명하다.

13장
화석 기록

화석fossil이 무엇일까? 이 단어는 땅속에서 '캐낸' 것을 뜻하는 말에서 유래했다. 과거에는 흥미로운 것이면 무엇이나 화석이 될 자격이 있었다. 현대에 와서는 유기체와 연관된 것으로 제한되며, 발자국 같은 생명체의 흔적도 화석의 한 종류(생흔화석)로 분류된다. 그럼 한 시대를 살았던 유기체 중 몇 퍼센트가 화석으로 남을까? 정확한 답을 아는 사람은 없지만 지금까지 살았던 생물 수와 비교하면 화석은 대체로 귀하다는 것, 그것도 아주 희귀하다는 것은 확실하다.

유기체가 화석으로 남으려면 특정 조건에 맞아야 하는데, 그 조건이 무척 까다롭다. 생물의 사체는 거의 곧장 청소동물에게 먹히거나 세균의 공격으로 부패한다. 화석이 되려면 갓 죽은 생물이 물속에 있거나, 곧바로 퇴적물에 묻히거나, 아주 건조하거나 추운 지역에 있었어야 한다. 그렇다 보니 화석 기록은 과거의 생물에 대해 편향된 정보를 담고 있을 수밖에 없다. 가령 조직이 연한 동물은 쉽게 썩어 버리므로 단단한 껍데기나 외골격이 있는 동물이 주로 화석으로 남는 식이다. 물론 적어도 한 가지 예외는 있다. 뒤에서 이야기할 텐데, 호박amber 속에 보존된 생물이다.

화석은 어떻게 만들어질까? 방법은 여러 가지고 그 안에서도 많은 변형이 있다. 화석이 생성되는 과정을 연구하는 과학을 화석생성학taphonomy이라고 한다. 화석이 생성되는 몇 가지 공통된 방식을 살펴보자.

첫 번째는 광충작용permineralization이다. 죽은 생물 주위에 있던 규산염, 칼슘, 탄산마그네슘, 황화철 같은 광물이 세포의 구조를 망가뜨리지 않으면서 스며들어 유기체 내부를 채우는 과정을 말한다. 광물질이 세포벽을 대체한 덕분에 그 위에 퇴적물이 쌓여 압력이 증가해도 생체 조직이 압밀되지 않으므로 세부적인 구조가 놀라울 정도로 잘 보존된다. 그림 13.1은 광충작용으로 생성된 삼엽충 화석이다. 삼엽충은 약 5억 년 전에 등장한 고대 생물로, 5억 2000만 년 전부터 2억 5000만 년 전까지의 지층에 등장할 정도로 놀라운 생존력을 보였으나 과거의 대멸종 사건으로 사라졌다. 과학자들은 지구 역사에서 과거 5억 년 동안 있었던 대멸종 사건들을 정확하게 밝혀냈는데, 그중에 약 2억 5000만 년 전에 일어났던 최대 규모의 사건으로 전체 종의 70% 이상이 멸종했다고 추정한다. 이 대멸종 사건이 순식간에 일어나지는 않았지만, 그런 사건들 사이의 기나긴 간격을 생각하면 극히 짧은 시간에 벌어진 일이긴 하다.

삼엽충은 세 개의 긴 축엽axial lobe을 가졌다고 해서 붙은 이름이

그림 13.1. 화석으로 남은 삼엽충.

다. 삼엽충의 크기는 1mm에서 70cm까지 최대 700배나 차이가 난다. 개는 품종에 따라 페키니즈보다 작은 것에서 그레이트데인처럼 큰 것까지 몸길이가 약 10배의 차이를 보이는데, 삼엽충 앞에는 명함도 내밀기 어려운 수준이다. 삼엽충은 생장하면서 여러 번 탈피하기 때문에 한 개체가 한 점 이상의 화석을 남겼을 가능성이 있다. 한편 삼엽충은 360°를 완전히 훑을 수 있는 시야를 지녔다고 추정되는 최초의 생물이기도 하다(그림 속 두 개의 돌출 기관을 보라).

화석이 생성되는 또 다른 과정으로 몰드-캐스트mold-cast(형틀-주물) 방식이 있다. 딱딱한 부위가 있는 생물이 퇴적물에 파묻힌 상태로 용해되거나 파괴되면서 그 외형을 간직한 형틀, 즉 몰드가 형성된다. 이 몰드 안에 다른 광물이 채워져서 생긴 캐스트가 곧 화석이다. 그 아름다운 예가 약 1억 1200만 년 전에 형성된 암모나이트 화석이다(그림 13.2). 암모나이트는 표면에 홈이 팬 나선형 껍데기

그림 13.2. 1억 1200만 년 전 암모나이트의 캐스트.

그림 13.3. 호박에 보존된 고대의 개미.

를 가진 생물로, 약 4억 1000만 년 전부터 존재했고 바다에서 2억 5000만 년 전부터 6600만 년 전까지 번성하다가 공룡이 멸종할 때 함께 사라졌다.

세 번째는 보존 방식이 조금 독특한데, 고대에 살던 나무의 나뭇진이 복잡한 화학 작용을 거치며 만들어 내는 화석이다(그림 13.3). 이 나뭇진이 굳은 광물을 호박이라고 한다. 호박 속에는 세균, 곤충, 거미(와 거미집까지), 꽃, 과일은 물론이고 공룡의 깃털까지 보존된다. 그러나 영화 〈쥬라기 공원〉의 설정과 달리 그 안에 DNA가 보존된 사례는 아직 없다. 지금까지 알려진 가장 오래된 호박은 약 2억 3000만 년 전에 형성되었으니 그 안에 DNA가 남아 있다면 분명 대단한 사건일 것이다. 하지만 DNA가 제대로 보존되지 못하게 하는 환경 요인이 많아서 실제 보존 기간은 기껏해야 약 1만 년을 넘지 못한다.

화석의 발견과 최초의 과학적 해석

고대 그리스인들이 화석을 거대 동물의 유해라고 묘사한 적이 있긴 하지만, 직접적인 증거가 뒷받침된 본격적인 화석 연구는 다름 아닌 레오나르도 다빈치Leonardo da Vinci(1452~1519년)가 처음 시작했다. 이 천재에게는 일상이었겠지만 이번에도 그는 시대를 한참 앞서갔다. 다빈치는 어쩌다 화석을 연구하게 됐을까?

그와 한 시대를 살았던 과학자들은 이탈리아의 산 정상부에서 바다 동물의 유해, 즉 화석이 발견된다는 걸 알고 있었다. 그런데 그

동물들은 어떻게 산꼭대기까지 갈 수 있었을까? 그들이 생각한 답은 간단했다. 성경에 등장한 대홍수 때문이다. 그러나 다빈치는 성경의 내용만으로는 이 현상을 다 설명하지 못한다고 보았다. 특히 그는 다양한 논리적 오류를 지적하며 바다 생물이 스스로 산꼭대기까지 올라갔을 리가 없다는 것을 보였다. 대신에 산의 정상부가 해수면 아래에 있을 때 생물들이 죽어서 가라앉았다고 가정했다. 다시 말해 바다 생물이 어느 날 갑자기 산꼭대기로 올라간 것이 아니라 애초에 그곳에 바다 생물이 살고 있었다는 뜻이다.

물론 그의 동시대인들은 이런 혜안을 인정하지 않았다. 또 그 시대 과학자들이 다빈치식 분석과 결론에 얼마나 익숙했는지도 분명하지 않다. 그는 이런 생각을 따로 발표하지도 않았고, 당시만 해도 인쇄술은 비교적 최신 기술이었다. 게다가 다빈치가 과학적 사고나 그 밖의 생각을 기록한 공책은 특별한 방식으로 적혀 있어서, 앞에 거울을 세워 놓아야만 보통의 방식으로 읽을 수 있었다. 그가 왜 그런 식으로 기록을 남겼는지는 그저 추측만 할 따름이다. 내 생각을 보태자면 다빈치가 왼손잡이여서 이런 식으로 필기해야 앞에서 쓴 내용에 잉크가 얼룩지지 않아서 그랬을 것 같다. 한 가지 더하자면, 산꼭대기에서 발견된 바다 생물 화석에 대한 다빈치의 분석은 (적어도 내가 읽은 영어 번역본 안에서는) 그렇게까지 탁월하고 명료하다고 추켜세울 만한 부분은 없었다. 그러나 과학자들의 주목을 받기까지 오래 걸리긴 했어도 그의 분석이 화석에 대한 초기 지식을 넓히는 데 이바지한 것만은 분명해 보인다.

다음 몇 세기 동안 화석은 탐구할 만한 가치가 있는 주제로서 점점 관심을 끌었다. 16세기 스위스 박물학자 콘라트 게스너Conrad Gesner(1516~1565년)는 화석 연구에 세 가지 큰 공헌을 했다. 첫째, 그는 과학자들 간에 관련 사안을 논의할 목적으로 직접적인 서신 교류를 도입했다. 둘째, 연구 주제를 설명할 때 글뿐 아니라 그림을 추가하자는 아이디어를 냈다. 셋째, 화석을 체계적으로 보관하는 서랍식 수납장을 발명했다. 500여 년이 지난 지금도 그의 수납장 디자인은 거의 변형 없이 그대로 사용되고 있다.

덧붙이자면 게스너의 업적에 관해 첫 번째와 세 번째를 언급하지 않은 자료도 있거니와, 세 가지 기여에 관한 직접적인 증거도 없다. 따라서 어쩌면 이 내용에는 오해가 섞여 있거나 아예 거짓일 수도 있다. 다만 이게 사실이라고 보면 모든 내용으로 미루어 게스너는 아주 영민한 사람이었던 것 같다.

화석 연구 분야는 게스너 이후 200년이 넘도록 오랜 휴지기를 가졌다. 그다음으로 언급할 주요 인물은 시대를 앞서간 뛰어난 프랑스인 조르주 퀴비에Georges Cuvier(1769~1832년)다. 그는 뼈 몇 개만 가지고 생물체 전체를 재구성하는 작업을 포함해 비교해부학 분야에서 대단한 업적을 세웠다. 이 분야는 화석에서 얻을 수 있는 극히 제한적인 단서들만으로 생물체를 복원하고자 노력했던 과학자들에게 매우 중요했다. 1798년에 29세의 퀴비에는 이런 결론을 내렸다. "오늘날 비교해부학은 완성의 경지에 이르렀다. 뼈 한 조각만 보고도 그 동물이 속한 분류군을 강綱, class 수준에서 결정할 수 있고, 특히 그 뼈가 머리나 사지에 속한다면 속屬, genus까지도 결정할 수 있다. 동물의 몸에서 각 부위를 구성하는 뼈의 개수와 방향, 모양은 다른 부위와 필연적인 관계를 맺고 있기 때문이다. 따라서 어느 정도까지는 한 부분으로 전체를 유추할 수 있다."

퀴비에는 생물의 멸종이 실제 일어났던 현상임을 처음으로 증거와 함께 주장한 인물이다. 특히 당시 살아 있는 개체가 보고된 적 없는 매머드의 화석을 보고, 그는 매머드가 멸종했으며 지구는 그런 극적인 변화를 겪을 수 있고 또 실제로 겪었다는 올바른 결론을 도출했다. 퀴비에는 지구 역사에 대하여 격변설을 지지했는데, 이는 지구의 역사는 순환할 뿐 거의 변하지 않았다고 본 영국 지질학자 찰스 라이엘의 동일과정설과 대조되는 견해였다(10장 참조). 퀴비에는 또한 지층을 통해 과거에 일어난 일을 이해하는 층서학stratigraphy 분야를 확립하는 데 일조했으며, 화석을 연구하는 학문을 일컫는 고생물학paleontology이라는 용어도 만들었다. 또 날아다니는 파충류이자 공룡의 사촌인 프테로닥틸루스를 최초로 식별하고 명명했다. 그러나 보통의 사람들처럼 퀴비에도 모든 분야에서 선견지명을 발휘한 것은 아니었고 심지어 틀린 주장을 할 때도 있었다. 1821년에 그는 이렇게 말했다. "지구상에 아직 발견되지 않은 더 큰 동물은 없다."

이제 퀴비에의 저 주장이 오류였음이 밝혀진 영국으로 넘어가 보자. 영국 남서쪽 구석, 2억 년 전에 형성되고 각종 화석이 많이 포함된 지층으로 유명한 그곳에 매리 애닝Mary Anning이라는 젊은 여성이 살았다. 애닝은 빈곤한 가정에서 태어났으나 사업 감각이 뛰어났다. 표본에 대한 지식이 풍부했던 애닝은 자기가 발견한 화석들을 판매했는데, 그 과정에서 자신은 물론 다른 사람들도 과거에 살았던 많은 종이 현재는 멸종했음을 알게 됐다. 그녀가 발견한 화석들은 특별했고, 애닝은 뛰어난 자기 홍보 능력과 사업 수완 덕분에 가난에서 벗어났다. 그러나 크게 부를 쌓은 것 같지는 않다. 애닝의 명성을 짐작할 수 있는 두 가지 사례를 보자. 첫 번째는 애닝이 기껏해야 25세였던 1824년에 런던 순회판사의 아내 해리엇 실베스터 Harriet Sylvester가 한 말이다.

"이 젊은 여성은, 어떤 동물의 뼈든 보자마자 그것이 어떤 종족에 속하는지 알 정도로 철저하게 과학을 익혔다는 점에서 남달랐다.

그림 13.4. 1820년대 초반에 매리 애닝이 발견한 플레시오사우루스. 몸길이가 대략 3.5m나 되었다.

그녀는 시멘트로 **뼈**를 틀에 고정한 뒤 그림을 그리고 글을 새긴다. …… 가히 신의 은총이라 할 만한 훌륭한 예가 아닌가. 가엾고 무지했던 소녀가 신의 축복을 받아 글을 배우고 지식을 쌓아 이 주제로 직접 글을 쓰고 교수들이나 엘리트 남성들과 이야기를 나누는 경지에 이르렀다. 게다가 그들 모두 그녀가 이 왕국에 대해서만큼은 누구보다 잘 알고 있다고 인정했다."

두 번째는 유명한 잰말놀이 문장으로, 애닝이 세상을 뜨고 약 60년 뒤인 1908년에 작곡가 테리 설리번Terry Sullivan이 지은 것이다. 다들 한 번쯤 들어 보았을 테지만 이 말놀이에 나오는 '그녀'가 매리 애닝인 줄은 대부분 몰랐을 것이다.

> She sells sea shells on the seashore
> The shells she sells are seashells, I'm sure
> So if she sells seashells on the seashore
> Then I'm sure she sells seashore shells.

> 그녀는 바닷가에서 조개껍데기를 판다네
> 그녀가 파는 껍데기는 조개껍데기가 틀림없어
> 그래서 그녀가 바닷가에서 조개껍데기를 팔면
> 그녀가 파는 것이 바닷가의 조개껍데기라고 확신할 수 있다네.

공룡의 발견

더 커다란 발견으로 돌아가 보자. 역시나 배경은 영국이다. 1820년대 초, 과학에 관심이 있던 영국 의사 기디언 맨텔Gideon Mantell과 그의 아내는 이구아나의 이빨을 닮았으나 크기가 20배에 달하는 커다란 화석 이빨을 발견했다. 이후 기디언은 더 큰 뼈들도 잇달아 발견했다. 그런데 1840년대에 이르러 리처드 오언Richard Owen이라는 경쟁심 강한 과학자가 이 커다란 화석 뼈를 자기가 발견했다고 주장하기 시작했다. 그러면서 1842년에 그 뼈의 원래 주인을 '무서운 도마뱀'이라는 뜻에서 공룡dinosaurs이라고 이름 붙였다. 기디언 맨텔은 자신의 정당한 공로를 빼앗기지 않으려고 애썼지만 불의의 마차 사고로 일찍 사망하는 바람에 모든 기회가 리처드 오언에게 넘어가고 말았다. 오언은 맨텔이 공헌한 사실은 덮어 버리고 모두 자신이 발견한 것처럼 포장했다. 대중적 이미지와 달리 불순한 영혼을 가진 과학자들은 과거나 지금이나 그리 드문 존재가 아니다.

이번에는 미국의 뉴저지주로 가 보자. 고생물학자 윌리엄 포크William Foulke는 근처 농장에서 커다란 화석 뼈가 발견되었다는 소식을 듣고 현장으로 달려갔다. 그는 동료 고생물학자 조지프 라이디Joseph Leidy와 현지 주민들의 도움으로 인근 지역을 체계적으로 수색한 끝에 (거의) 완전한 공룡의 골격을 최초로 발굴했다. 1858년, 이 화석은 발굴 장소에서 가까운 대도시인 필라델피아의 과학원에 기증되었다. 그해에 열린 학회의 보고서에는 화석 발견 과정과 공룡 이야기가 지루할 정도로 철저하고 상세하게 다루어졌는데, 당시의 출판 경향이 어땠는지를 짐작할 수 있다. 이 종에 속하는 다른 개체의 뼈는 더 발견되지 않았다. 하지만 그리 이상한 일은 아니다. 지금까지 알려진 모든 공룡 속의 거의 절반이 하나의 표본밖에 없다.

19세기부터 오늘날까지, 많은 대중이 공룡 화석과 그 수색 과정에 빠져들었다. 나도 그랬지만 아이들은 대개 공룡의 존재를 알게 되면 바로 흥미를 느낀다. 현재 공룡 화석은 남극을 포함한 일곱 대륙 모두에서 발견되었다. 어떻게 남극에 공룡 화석이 있었을까? 그곳의 기후 환경은 공룡이 번성하기에는 분명 너무나 열악한데 말이다. 화석 기록으로 볼 때 공룡은 2억 3000만 년 전에서 6600만 년 전까지 지배적으로 활동한 것으로 추정된다. 그 기간에 지구의 대륙은 상당한 움직임을 겪었고, 심지어 극지 주변이 따뜻했던 시절도 있었다. 지금이야 남극이 혹독한 추위의 대명사로 불리지만, 공룡의 전성기에는 전혀 살지 못할 곳이 아니었다. 오늘날 남극에서 그들의 화석을 발견하는 것은 또 다른 문제지만 말이다.

14장

지상 최대의 초식동물

공룡 이야기를 계속 이어 가 볼까. 단, 이 장에서는 용각류龍脚類, sauropod로 분류되는 한 종류의 공룡만 다룰 예정이다. '도마뱀 발'이라는 뜻을 가진 용각류는 지금까지 이 땅을 밟고 다닌 생물 중 가장 몸집이 큰데, 공룡의 기준에서 보아도 거대하다(그림 14.1을 보라). 이 장에서는 우리가 용각류에 대해서 무엇을 어떻게 알게 되었으며, 또 아직 결론을 내리지 못한 중요한 문제는 무엇이 있는지 알아볼 것이다.

그전에 먼저 생물의 분류에 관해서 잠깐 이야기하겠다. 분류는 생물학의 기본 개념이기 때문이다. 우리 선조들은 생물학적 기초라고 부를 만한 사전 지식이 없는 상태에서 당황스러울 정도로 다양한 이 주제의 구성원들을 최대한 합리적으로 무리 지으려 애썼다. 이 노력은 지난 세기에 다시 시작되었고, 그 결과로 현재 두 가지 체계가 동시에 쓰이고 있다. 옛날식 분류 체계인 '역-계-문-강-목-

과-속-종'은 많은 사람에게 익숙할 것이다. 좀 길긴 하지만 첫 번째가 가장 포괄적이고 뒤로 갈수록 구체적이라 종種, species에 속하는 개체의 수가 가장 적다. 한편 새로 등장한 체계는 빌리 헤니히Willi Hennig(1913~1976년)가 개발한 분지학cladistics이다. 그 일차적인 단위는 분지군clade(계통군)이며, 각 분지군에는 공통 조상과 그 조상으로부터 유래한 모든 생물이 포함된다. 이런 체계에서는 분지군 안에 하위 분지군이 포함될 수도 있다. 하지만 아직은 두 체계 모두 간단히 적용할 수는 없으며, 세부 사항은 관점이 다른 사람들 사이에서 종종 논쟁의 대상이 된다.

여느 생물과 마찬가지로 공룡의 분류에도 두 체계를 모두 적용할 수 있다. 분류 과정에서 새로운 종과 분지군이 발견되기도 하고 반대로 제거되기도 하는데, 브론토사우루스가 좋은 예다. 이 공룡은 상세한 연구 결과 아파토사우루스와 동일한 종임이 밝혀져, 국제동물명명규약에 따라 브론토사우루스라는 이름은 폐기되고 아파토사우루스에 흡수되었다. 그러나 좀 더 최근에 발표된 약 300쪽짜리 긴 논문은 브론토사우루스가 별개의 종으로 불릴 자격이 있다고 주장했다. 그리하여 이 공룡은 원래의 독립된 종의 지위를 되찾았다. 물론 화석이 더 발견되거나 분류학과 관련된 다른 지식이 추가되면 언제든지 또 변경될 수 있다.

브론토사우루스가 부활한 과정을 보면, 공룡을 포함한 생물의 명명은 대개 낯선 음절이 들어가고 발견자의 신중한 판단 또는 변덕에 따라 결정된 수많은 이름을 외워야 하는 아주 복잡한 작업임을 짐작할 수 있다. 따라서 이 책에서는 과학적으로도 사회학적으로도 별 교훈 없이 지난하기만 한 이 모험은 떠나지 않겠다.

용각류의 출현

고생물학자들이 용각류에 속한다고 분류한 화석 뼈 중에 가장 오래된 표본은 2억 1000만~2억 2000만 년 된 것으로 추정되는데, 이는 전체 공룡 화석 중에서도 가장 오래된 축에 속한다. 이 화석들은 19세기 말에 독일에서 발견되었고, 화석이 발굴된 주변 지층의 연대로 미루어 화석의 나이를 추정했다. 북아메리카에서 발견된 가장 오래된 용각류 화석 뼈는 상완골, 척골, 요골, 척추골이었고 2014년 9월에 이 뼈들의 나이가 1억 5500만~1억 6000만 년으로 밝혀졌다. 이런 발견은 19세기 말에 미국 서부에서 시작되었다. 이후로 전 세계에서 많은 뼈가 발굴되어 그 연대를 측정해 왔다. 보통 화석은 암석에 박혀 있기 때문에 그 안에서의 배치와 방향을 주의 깊게 기록한 다음, 가장자리 뼈와 주변 암석을 함께 잘라내 실험실에 보낸다. 그곳에서 뼈를 잘 발라내고 방사성 연대 측정법으로 암석과 뼈의 연대를 측정한다.

지구의 여러 지역에 분포했던 용각류의 개체군과 그것들이 시간이 흐르면서 어떻게 진화했는지는 아직 알려지지 않았다. 내가 아는 한, 이들 개체군이 서로 다른 대륙에 고립된 뒤에 생물학적 진화가 각각 어떻게 진행되었는지도 알려진 바가 거의 없다. 이 문제들은 지금도 활발하게 연구되고 있다.

거인의 진화

용각류의 거대한 몸집이 어떤 식으로 진화했는지 밝히기는 참 까다롭다. 몇 개 안 되는 화석 표본만 보고 어떻게 완전히 성장한 개체와 다양한 생장 단계에 있는 개체를 구분할 수 있겠는가? 게다가 우리 손에 들어온 화석이 해당 개체군의 전형적인 크기인지 아닌지는 또 어떻게 알 수 있을까? 그러니까 어떻게 한 시대에 살았던 용각류의 평균 크기와 개체별 크기 차이, 암수의 차이 등을 구분할 수 있느냐는 말이다.

이 물음에 답하기 전에 먼저 역사 속 사례를 살펴보자. 이 질문은 이른바 '코프의 규칙'이라는 것으로 정리되었는데, 간단하게 설명하면 한 종에서 성체의 몸집은 시간이 지나면서 점점 더 크게 진화하는 경향이 있다는 내용이다. 재미있게도 여기에 필라델피아 사람 에드워드 드링커 코프Edward Drinker Cope(1840~1896년)의 이름이 붙기는 했지만, 그가 만든 규칙이 아니다. 또 이 규칙은 절대적인 것이 아니며, 생물체 크기의 성장 한계에 대해서도 언급하지 않는다.

지금으로부터 2억~1억 년 전 사이에 용각류의 크기가 세 배로 커졌다는 주장이 있는데, 이는 어디까지나 잠정적인 결론이며 크게 믿음이 가지는 않는다. 사실 지금까지 보고된 개체 중 가장 큰 것은 1880년대에 코프가 딱 한 번 기록한 발견에 근거한 것이었다. 이례적으로 큰 이 화석을 측정한 사람이 다름 아닌 코프였는데, 그 화석은 기이하게도 한 세기 전에 홀연히 자취를 감추었다. 그러나 이 상황을 분석한 최근 연구는 코프의 기록에 결정적인 오탈자가 있었고, 따라서 그 화석이 유일무이할 정도로 큰 것은 아니었다는 결론을 내렸다. 이 연구 결과가 살아남을지 폐기될지는 좀 더 두고 볼 일이다.

용각류가 어쩌다 그렇게 거대한 생물이 되었는지, 이 공룡을 그렇게 만든 요인과 원동력이 무엇인지는 누구도 정확히 알지 못한다. 2014년 가을을 기준으로 그때까지 기록된 가장 큰 용각류는 아르헨티나에서 발견되었고, 머리에서 꼬리까지 길이가 약 30m였다(그림 14.1). 2017년 8월, 그보다 더 큰 용각류가 또다시 아르헨티나에서 발견되었고, 전체 길이는 약 40m로 추정된다. 생물의 몸집이 커졌을 때 예상되는 진화적 이점은 무엇이 있을까? 먹이를 찾아 더 넓은 영역을 돌아다닐 수 있고(일부 용각류는 아마도 이동하며 살았을 것이다),

그림 14.1. 지금까지 기록된 두 번째로 큰 용각류. 아르헨티나에서 발견되었다.

포식동물에 대한 방어력이 향상되고, 포식 성공률도 높아지며(비록 용각류는 초식동물이지만!), 짝짓기에 이롭다. 그 밖에도 지능 향상(더 큰 뇌), 수명 연장(수명이 왜 크기와 관련 있는지는 불분명하나, 포식자에 대한 저항력 향상 때문일 수 있다), 열 관성(갑작스러운 환경 온도 변화에 대한 저항력) 증가, 기근 때 살아남을 확률 증가(오히려 생존 능력이 줄어들 수도 있다. 민첩성이 떨어질 수 있고, 제한된 자원을 더 많이 확보해 우위를 점할 수도 있지만 더 빨리 굶주릴 수도 있기 때문이다) 등이 있다.

그렇다면 용각류의 생장을 제한하는 요인에는 무엇이 있을까? 역시나 이 질문에도 검증된 답변은 없다. 그러나 몇 가지 가능성을 따져 볼 수는 있다. 일단 몸집이 크면 먹이와 물이 많이 필요할 텐데 그런 자원이 언제나 풍족할 리는 없다. 또 뼈·심장·순환계의 생리적 한계, 멸종 취약성(개체의 발달 기간이 길수록 세대교체 간격이 길어지므로 그만큼 환경 변화에 더 늦게 적응한다), 낮은 번식력, 제한된 서식지(예를 들면 섬) 등을 생각해 볼 수 있다. 그리고 더운 환경에서 체온 조절 문제도 있다. 몸집이 클수록 몸의 열기를 식히는 데 시간이 더 오래 걸린다. 혈액과 산소를 몸 전체, 특히 뇌까지 공급하는 능력 또한 제한 요인이 될 수 있다. 만약 나무의 높이에도 제한이 있다면 그런 상황에서 공룡의 키가 더 커지는 것은 오히려 불리할 수도 있다. 물론 이 경우에는 나무의 키를 제한하는 요인도 알아야 할 것이다. 또 몸무게를 지탱하는 데 필요한 뼈의 굵기 등 물리학적 요소도 고려해야 한다.

용각류의 거대화를 설명하기 위해 진화적 연쇄 모형evolutionary cascade models이라는 세부적인 연구가 최근에 시작되었다. 이 모형은 용각류의 다양한 특징과 환경 요소 등을 추적하여 각 요소가 어떻게 용각류의 거대한 체질량을 유도했는지 따져 본다. 이 책에서는 모형의 전반적인 개요만 간단히 소개하겠다.

이 모형은 다음과 같은 부차적인 문제를 함께 다룬다. 용각류는 얼마나 빨리(또는 얼마나 느리게), 또 얼마나 오래(지구력) 이동할 수 있었을까? 그리고 이 질문의 답이 개체의 크기에 따라 어떻게 달라지는가? 일부 개체가 바위에 남긴 욕조만 한 발자국이 기본적인 증거가 된다. 어떤 발자국은 새끼의 것인지 성체의 것인지 구별되기도 한다(흥미롭게도 새끼 용각류는 물가를 선호하는 것 같다). 앞발과 뒷발의 자국을 보면 이들이 네발로 서서 걸었음을 알 수 있고(발자국의 깊이 차이를 보고 앞발과 뒷발을 구별할 수 있다), 보폭도 알 수 있다. 용각류의 보행 속도를 연구한 한 논문은 걷는 속도가 인간과 비슷하다고 결론을 내렸다. 하지만 이 분야 연구는 아직 미숙한 단계라, 컴퓨터 모델링을 통해 물리학을 적용하고 그 밖에 다른 과학을 접목한 결과라도 아직은 크게 믿을 만한 정량적 수치를 끌어내지는 못하고 있다. 한 세대 후에, 어쩌면 그보다 빨리 새로운 소식이 있으리라 기대한다.

용각류는 무엇을 어떻게 먹고 살았을까?

용각류가 초식동물이라는 증거는 여럿인데 그중에서도 가장 분명한 것이 화석 이빨이다. 용각류의 이빨은 굵고 평평하다. 아마도 질긴 잎을 끊어 내는 데 적합하도록 발달한 결과이지 싶다. 물론 다른 모양의 이빨도 있는데 각각 다른 식물을 먹는 데 알맞게 맞춰진 듯하다. 먹이를 씹는 기능은 모래주머니 안에서 이루어졌으며, 이들이 삼킨 돌이 이빨 대신 저작 활동을 한 것으로 보인다. 초식동물과 반대로 육식동물은 먹잇감의 살점을 뜯는 데 유리하도록 길고 뾰족한 이빨이 발달한다.

화석 기록을 분석해 보면 용각류는 35일 또는 60일마다 이빨이 새로 났다. 이빨 교체 주기는 공룡이 숲의 하층, 중층, 고층 중 어느 부분 잎을 주로 뜯어 먹느냐에 따라 달라진다. 그 이유를 합리적으로 추측해 보면 낮은 쪽에 있는 식물에 모래가 더 많아서 이빨이 좀 더 빨리 닳기 때문일 것이다. 그런데 교체 주기는 왜 둘 중 하나로 고정되었을까? 그 중간 주기는 없을까?

그건 그렇고 이빨이 새로 나는 주기는 어떻게 추정했을까? 이 답의 주요 근거는 두 가지다. 첫 번째는 이빨에서 발견된 '에브너 선 lines of von Ebner'이다. 100여 년 전에 이 선을 처음으로 발견한 빅토어 폰 에브너Victor von Ebner의 이름을 따서 이렇게 부르는데, 이 선은 하루에 하나씩 생긴다. 어떻게 아느냐고? 현생 생물 중 유전적으로 공룡과 근연 관계로 보이는 악어의 이빨에 에브너 선이 하루에 한 개씩 추가되기 때문이다. 두 번째 근거는 이빨 한 개가 사용되는 기간이다. 1990년대 중반에 그레고리 에릭슨Gregory Erickson은 공룡의 입속에는 사용 중인 이빨 뒤에 교체용 이빨이 대기하고 있다는 것을 알았다. 그렇다면 사용 중인 이빨의 에브너 선 개수에서 대기 중인 이빨의 선 개수를 빼면 그 차이가 곧 이빨 한 개를 사용하는 기간이다. 만약 모든 이빨의 사용 기간이 같다면 다른 쌍도 에브너 선의 개

수 차이가 일정할 것이다. 따라서 여러 쌍을 비교하면 일관성을 확인할 수 있다. 아울러 현대의 근연종들을 조사하면 이빨 교체 주기에 대한 해석을 검증할 수 있다. 화석이 드물게 남아 있는 과거의 종과 달리 현생 종은 표본도 많고 세대도 여럿이기 때문에 확인하기가 수월하다. 그리고 그 일관성은 실제로 확인되었다.

허점이 없는 것은 아니지만 용각류가 이빨을 빠르게 교체했다는 가설은 상당히 탄탄해 보인다. 그러나 한 가지 의문이 든다. 만약 용각류가 예컨대 60년쯤 산다고 하면, 왜 용각류의 이빨을 더 많이 발견하지 못했을까? 어쩌면 빠진 이빨은 사실상 거의 닳아 버린 상태라서 쉽게 부서져 흔적이 안 남았을지도 모른다. 나는 이 분야 최고 연구자인 마이클 데믹Michael D'Emic에게 조언을 구했다. 용각류가 죽은 지점이 평생 살던 지역에서 멀리 떨어진 곳이라 그들이 살면서 버린 이빨은 다른 곳에 흩어져 있을지도 모른다는 것이 그의 답변이었다. 물론, 용각류의 이빨이 상대적으로 작아서 쉽게 눈에 띄지 않았을 수도 있다.

다양한 용각류의 화석 뼈를 통해, 특히 한 개체의 골격이 거의 완전히 발견된 화석 뼈를 바탕으로, 과학자들은 용각류가 비교적 작고 가벼운 머리에 매우 길고 상대적으로 가벼운 목을 가진 공룡일 것으로 추정했다. 용각류의 머리는 화석 표본이 많지 않은데, 가볍고 약해서 특히 포식동물이나 청소동물에 의해 일찌감치 파괴되었을 가능성이 크다. 하지만 이런 구조 덕분에 용각류는 나무 꼭대기에 좀 더 쉽게 닿았을 것이다. 만약 머리와 목이 무거웠다면 나뭇잎을 뜯기 위해 고개를 들기가 쉽지 않았을지도 모른다. 용각류의 화석을 조사한 결과 목뼈에 구멍이 있는 것이 확인되었는데, 가능한 한 목을 가볍게 하려는 적응 결과로 보인다. 먹이를 입에서 많이 씹지 않는 습성 역시 같은 전략으로 추정된다. 긴 목 아래의 몸체는 상대적으로 크며, 이 안에서 실질적으로 먹이가 처리되어야 한다. 전반적으로 큰 덩치와 작은 입으로 미루어 용각류는 깨어 있는 시간의 상당 부분을 먹는 데 썼다고 짐작되며, 특히 아주 어리고 몸무게가 빠르게 늘어나는 시기에는 먹는 데 쓰는 시간이 더 길었을 것이다. 용각류는 꼬리도 꽤 긴 편인데, '일부' 학자는 공룡이 나무 꼭대기에 달린 잎을 뜯어 먹을 때 꼬리가 몸의 균형을 맞추는 역할을 했다고 주장한다.

용각류 같은 초식동물은 당연히 식물만 먹는다. 커다란 몸집과 긴 목에서 유추하기로, 주로 나무 꼭대기에 달린 잎을 뜯어 먹었다고 추정한다. 잎을 먹을 때, 그들은 목을 주로 양옆으로 움직였을까, 아니면 위아래로도 움직였을까? 정확히는 모르지만, 이 공룡이 먹는 데 많은 시간을 보냈다는 가정하에 위아래로는 최대한 덜 움직였을 것으로 짐작된다. 수직 방향 동작이 에너지를 더 많이 소모하기 때문이다.

한 가지 더 생각해 보자. 용각류의 목이 식생의 꼭대기까지 올라갈 만큼 점점 길어지게 한 진화적 압박이 있었을까? 그렇다면 나무의 키가 먼저 커졌을까? 앞의 질문에 대한 답은 불확실하지만 '그렇다' 쪽이고, 두 번째는 상대적으로 좀 더 확신이 있는 '그렇다'이다. 일부 용각류는 현재의 말코손바닥사슴처럼 호숫가에서 긴 목을 사용해 호수 바닥에서 먹이를 찾아다녔다는 가설도 있다. 아직 알려지지 않은 것이 많고, 앞으로 밝혀야 할 것도 많다. 이 분야의 연구는 현재 아주 활발하다.

호흡, 혈액, 체온

우리처럼 횡격막의 움직임으로 숨을 쉰다는 것이 목이 긴 용각류에게는 아무래도 버거웠을 것이다. 그래서 이 문제를 연구한 많은 이들은 용각류가 공룡의 후손인 새들의 방식으로 호흡했을 가능성이 크다고 본다. 조류의 호흡계에는 다수의 공기주머니가 있다. 당시 대기 중의 산소 농도가 지금보다 낮았음을 고려하면 횡격막 체계로 호흡하는 포유류보다는 공룡이 더 유리했을 것이다. 어쩌면 그 당시 산소 농도는 우리의 추측보다 훨씬 높았을지도 모를 일이지만, 이는 어디까지나 짐작일 뿐 믿을 만한 증거는 없다.

용각류의 순환계를 이해하기는 훨씬 더 어렵다. 용각류가 포유류의 방식으로 피를 머리까지 펌프질하려면, 그들의 키를 고려했을 때 인간의 여섯 배나 되는 엄청난 압력이 필요하다. 이 난관을 어떻게 해결했을지 여러 가능성이 제안되었는데, 그중 한 가지는 용각류가 성장하는 동안 신진대사율이 낮아져서 그렇게까지 큰 심장이 필요하지는 않았을 수 있다는 가설이다. 이 가정에 우리 인간의 상황을 대입해 계산해 보면 용각류의 심장은 고작 7t(톤)쯤 나갔을 것이다. 자연은 용각류에게 확실한 해결책을 주었겠지만, 그 비밀은 아직 밝혀지지 않았고 오직 추측만 할 따름이다.

용각류의 체온은 어땠을까? 이 거인은 체온을 어떻게 조절했으며, 그 범위는 어느 정도였을까? 이 역시 대답하기가 간단치 않다. 어떤 생물은 여러 가지 기술을 혼합하여 체온을 조절하는데, 그 혼합 방식이 나이에 따라 달라지기도 한다. 현재로서 용각류의 체온 문제는 추측밖에 할 수 없지만, 동위원소 측정으로 공룡의 체온을 알아내자는 기발한 발상이 나왔다(또 다른 과학 통합의 예). 어떻게 한다는 걸까?

동물의 뼈에는 생체인회석bioapatite(탄산수산화인회석)이라는 화학물질이 있다. 바로 이 물질이 생물의 체온에 대한 대리변수로 사용하기에 적합한 후보다. 산소와 탄소는 생체인회석을 이루는 원소인데, 원자들이 화학물질의 결정 구조를 형성할 때 특정 동위원소끼리 결합하려는 경향이 있다. 핵심은 이 동위원소 간 결합의 정도가 온도에 따라 달라진다는 사실이다. 그런데 이런 의존도를 제대로 측정하고 보정할 수 있을까? 가능하다. 실제로 현생 생물과 1200만 년 된 화석을 이용한 연구에 이 방법을 적용해 성과를 얻은 사례가 있다. 이런 기초 연구를 바탕으로 용각류 화석 뼈에 같은 방법을 적용했더니, 인간을 비롯한 현재 포유류와 흡사하게 36~38℃라는 결과가 나왔다. 하지만 용각류가 어떻게 이 체온을 유지할 수 있었는지는 추측의 영역이다. 용각류가 자라면서 몸집이 비약적으로 커진다는 점으로 미루어, 생애의 단계마다 다른 온도 조절 방식을 사용하거나 적어도 몇 가지 방식이 혼합되었다고 추정할 수 있다.

그나저나 이처럼 결론을 내릴 수 없는 이야기에서 무슨 교훈을 얻을 수 있을까? 과학은 대체로 점진적으로 발전하며, 한 걸음 나아갔는가 싶을 때 뒤로 후퇴하는 일도 빈번하다. 여기 소개한 이야기는 장기적으로 중요한 전진이 될 수도 있고 아닐 수도 있는 매우 혁신적인 접근법의 한 예다.

용각류가 어떤 질병에 잘 걸렸는지는 아는 바가 별로 없지만, 희박한 증거나마 대부분 암을 가리킨다. 2020년 8월에 등장한 한 논문에 의하면 7500만 년 전에 활동했던 어느 뿔 달린 초식공룡에서 전이성 골육종의 증거가 발견되었다고 한다. 이 질병은 인간의 경우 20~30대에 주로 발병하는 암이다. 그 공룡이 다른 질병을 앓았다는 최근 연구도 있지만, 결과가 아직 검증되지 않았으므로 여기까지만 얘기하겠다.

포식동물로부터의 방어

용각류는 포식동물로부터 자신을 어떻게 보호했을까? 능동적인 방어법으로는 두 가지가 짐작된다. 하나는 꼬리를 직접 무기로 사용하는 것, 또 하나는 꼬리를 채찍처럼 휘둘러 위협적인 소리를 내는 것이다. 단, 두 번째는 순전히 추측일 따름이다. 추가로 그들의 질긴 가죽 역시 보호 효과가 있었다고 짐작된다. 그리고 비록 머리는 작고 목은 가늘고 길어서 다치기 쉽지만, 땅에서 높이 올라와 있는 덕분에 가장 위협적인 포식동물인 대형 육식공룡을 제외하면 다른 동물이 쉽게 공격하지 못했을 것이다. 참고로 용각류가 살아 있을 때 생겼다고 추정되는 육식동물의 이빨 자국은 화석에서 발견된 적이 없다.

용각류의 생활사

용각류의 생활사는 현재 활발히 연구되는 중이고 일정 부분 증거도 있다. 최근에는 태아의 이빨에 나타난 에브너 선으로 용각류가 알에서 부화하기까지 걸리는 기간을 추정한 결과가 발표되었다. 물론 이 방식으로 얻은 수치는 최솟값일 뿐이다. 그 이유 중 하나는 태아의 이빨이 처음 생긴 시점을 모르기 때문이다. 그래도 합리적으로 추정했을 때 용각류가 부화하기까지는 약 6개월이 걸린다는 결론을 내리게 되었다. 단, 알이 부화하는 데 걸리는 시간치고는 너무 길다는 주장이 있으므로 아직 합의된 결론은 아니다.

몇 년 전 아르헨티나에서 다량의 공룡알 무더기가 화석으로 발견되었다(그림 14.2). 각각의 알은 구형이라기보다는 납작해 보였고, 가장 큰 것의 지름은 약 10cm였다. 알의 모양은 우리가 익숙하게 보아 온 것과는 거리가 멀었다. 오늘날 달걀은 세로로 기다란 형태에 위아래가 비대칭이다. 그러면 이 알들은 세상에 나온 후에, 혹시 땅속에 묻히는 과정에서 납작해졌을까? 나도 잘 모르지만 아주 서서히 눌렸다면 저 중에 일부는 깨지지 않았을 것이다. 더 복잡한 가능성을 제시하자면 어떤 공룡은 딱딱한 껍데기가 아닌 가죽질의 알을 낳는다는 증거가 있다. 그렇다면 일부 현생 거북이 낳는 알과 비슷하지 않았을까. 지난 세기에 중국에서 발견된 공룡알은 오늘날 새의 알과 상당히 유사했다.

한편 부화가 임박한 알도 발견되었는데, 엑스선 사진에 새끼의 뼈가 명확하게 보였다. 다만 뼈들이 끊어져 있어서 부화하지는 못했

그림 14.2. 아르헨티나에서 발견된 용각류의 알.

그림 14.3. 공룡의 알 내부. 갓 부화한 용각류 새끼와 성체의 몸길이를 비교하면 대략 10배 정도 차이가 난다. 인간은 3.5배 차이.

을 것이다(그림 14.3). 하지만 이것은 매우 주목할 만한 표본으로, 위아래로 눌린 납작한 형태로 발견된 다른 알들과 연관이 있음을 시사한다.

용각류 어미는 어떤 식으로 새끼를 키웠을까? 어미 공룡이 한 번에 낳은 알의 개수로 미루어, 그리고 성체가 새끼를 돌보는 재주가 어설펐다는 가정하에, 새끼 옆에 있으면서 포식자를 물리치고 먹이를 제공하는 정도 말고는 그다지 잘 보살폈을 것 같지는 않다. 또 순전히 알의 크기로만 보았을 때 갓 태어난 용각류 새끼의 몸무게는 10kg이 넘지 않으므로, 이들이 성체까지 살아남으려면 아주 빠르게 성장했어야 한다고 추정할 수 있다. 포식동물이 우글거리던 당시의 환경을 생각하면 어미가 몇 년씩 새끼를 끼고 돌볼 수 없었을 테니 말이다.

용각류 성체는 갓 부화했을 때와 비교하면 몸무게가 1만 배쯤 된다. 참고로 인간은 신생아에서 성인이 될 때까지 몸무게가 고작 20배, 많아야 30배 정도 늘어난다. 용각류의 몸길이는, 가장 몸집이 큰 개체의 경우 부화 후 성체가 될 때까지 약 35배에서 많게는 200배까지 커진다. 이를테면 15cm에서 40m까지 자란다는 말이다. 이와 대조적으로 인간의 키는 태어나서 어른이 되기까지 3.5배 정도 자란다. 혹시 현재의 유치원생들이 커서 공룡을 공부할 무렵이 되었을 때 공룡의 크기에 관한 내용이 달라졌더라도 놀라지 말기를 바란다. 그동안에 얼마든지 새로운 정보가 추가되어 통계치를 바꿀 수 있으니 말이다.

용각류가 성적 성숙기에 들어서는 시기, 완전히 다 자란 성체의 크기가 되는 시기, 노년에 이르는 시기에 관해서는 한창 뜨겁게 논쟁 중이다. 뼈에는 그 동물이 살아 있을 때의 조직 구조가 일부 보존되므로 화석 뼈를 정교하게 분석하면 그런 정보를 추정할 수 있다. 나무의 나이테처럼 정확히 셀 수는 없어도 과학자들은 뼈의 성장 단계에 따른 차이를 구분해 공룡의 나이를 짐작한다. 아직 정확한 값은 아니지만, 현재까지의 추정치로 용각류는 생후 10~20년 사이에 성적으로 성숙하고, 30~40년에 온전한 성체의 크기에 이르며, 수명은 (최대 100년까지 살 수 있을지도 모르지만) 평균 60년 정도로 본다. 수명의 경우 '아주 나이 든' 용각류 화석이 아직 발견되지 않았기 때문에 수정될 여지가 크다. 흥미롭게도 이 결과는 현생 동물이나 우리 인간과 크게 다르지 않다. 다만 연령에 따른 이런 특성이 수백만 년에 걸쳐 어떤 식으로 진화했는지에 관한 정보는 아직 없다.

지금까지 용각류에 관해 여러 이야기를 했다. 이제 이 매력적인 생물 이야기는 마무리하려 한다. 끝으로 이들이 지금껏 발견된 육상 동물 중 크기 면에서 최고 기록을 보유하고 있으며, 많은 수수께끼를 남기고 떠났다는 것만 다시 한번 언급하겠다. 게다가 그 미스터리는 계속 늘어나고 있다. 내가 가장 최근에 들은 미스터리는 루마니아의 고대 섬에서 (소만 한 크기의) 난쟁이 용각류 화석이 발견되었다는 소식이다.

15장

소행성 충돌과 대멸종

현재 지구상에 공룡이 돌아다니지 않는다는 것은 세상 사람 누구나 알고 있는 사실이다. 과학자들은 전 세계에 퍼져 있는 화석을 보고 공룡이 6600만 년 전에 사라졌다는 결론을 내렸다. 그들은 과거에 1억 5000만 년 동안이나 지구를 지배했던 생물이다. 그랬던 생물이 어떻게 그렇게 한꺼번에 자취를 감추었을까? 공룡 화석이 처음 발견된 이후로 공룡의 종말에 관한 이런 의문은 과학계는 물론이고 일반 대중에게도 호기심을 불러일으켰다. 초신성 폭발, 치명적인 질병 발생, 급격한 환경 변화로 인한 식량 위기 및 활동 조건 변화, 공룡알을 먹어 치우는 포유류의 출현 등 수많은 가설과 아이디어가 나왔지만, 그중에 설득력 있는 증거를 갖춘 것은 없었다. 지금부터 공룡의 멸종 원인에 관하여 답을 찾아 나선 이야기들을 살펴보자.

공룡 멸종에 관한 모형

1970년대 후반, 당시에는 컬럼비아대학교에 재직 중이었고 현재는 UC 버클리에 있는 월터 앨버레즈Walter Alvarez가 동료 지질학자 빌 로우리Bill Lowrie와 함께 고지자기학을 이용해 이탈리아 지역의 판구조 운동을 추적하고 있었다. 두 사람은 과거 1억 년 동안 이 지역의 대륙 지각microplate(미소판)이 어떻게 움직였는지 연구했다. 그들은 다양한 연대의 퇴적암 표본을 찾고, 퇴적잔류자화detrital remanent magnetism(퇴적암이 형성될 때 자성을 띤 입자들이 침전하여 지구의 자기장에 따라 배열되는 현상. 10장의 열잔류자화 참고)로 인해 그 암석들에 새겨진 자기장의 방향을 찾아 이 역사를 재구성할 생각이었다. 지구에서 자기극은 역전 시기를 제외하면 항상 지리적 극점 근처에 있다고 알려졌으므로, 이런 방법으로 이탈리아 지각이 지리적 극점에 대해 어떻게 이동했는지 추적할 수 있었다. 이들은 필요한 암석 표본을 수집하려고 이탈리아로 떠났다.

로마에서 북쪽으로 약 200km 떨어진 도시 구비오에는 1억 년 전으로 거슬러 올라가는 지층이 드러나 있었다. 하지만 지층이 변형된 바람에 안타깝게도 앨버레즈와 로우리는 소기의 목적을 이룰 수 없게 되었다. 이 지역의 환경 조건이 지층들을 비틀어 원래의 자기 정보를 모호하게 만들어 버렸기 때문이다. 하지만 곧 두 사람은 일부 표본의 퇴적잔류자화가 지리적 북극과는 정반대인 것을 발견했다. 지구 자기장의 역전을 재발견한 것이다. 즉, 자북극은 자남극이 되었고 자남극은 자북극이 되어 있었다. 이 사실을 확인한 이들은 지난 1억 년의 역사가 완전히 노출된 지층을 대상으로 조사를 계속했고, 그 시기 지구 자기장 역전의 역사를 상당히 정확히 재구성할 수 있었다. 이로써 두 사람은 원래 목표로 삼았던 것보다 훨씬 더 중요한 결과를 얻었다. 그들이 추정한 자기장 역전은 다른 지역에서 나타난 결과와 같았고, 몇 년 뒤 방사성 연대 측정 결과로 얻은 역전의 시기 또한 잘 일치했다. 이게 이야기의 끝일까? 전혀 그렇지 않았다.

지층에서 암석 표본을 수집하는 동안 월터 앨버레즈는 아주 얇은 점토층 하나에 크게 관심을 보였다. 그 층은 중생대 백악기와 신생대 제3기 사이의 확실한 경계라고 이탈리아인 동료 이사벨라 프레몰리 실바Isabella Premoli Silva가 알려 주었다. KT층(백악기를 뜻하는 Cretaceous와 제3기를 뜻하는 Tertiary의 머리글자를 딴 것인데, 캄브리아기의 C와 중복되는 것을 피하기 위해 K를 사용한다 — 옮긴이)이라고 불리는 이 지층은 가까운 주변 지층과는 양상이 크게 달랐다. 그 아래 지층에 있는 미세 화석microfossil이 KT층에는 존재하지 않았고, 두께도 고작 1cm 정도에 불과해 인접한 지층보다 훨씬 얇았다. 그의 지도교수였던 프린스턴대학교 알 피셔Al Fischer가 나중에 앨버레즈의 초청으로 컬럼비아대학교를 방문해 강연한 적이 있는데, 이때 그는 미세 화석이 없는 이 희한한 KT층은 연대 측정 결과 공룡이 멸종한 시기와 대략 일치했다는 점을 강조했다. 그때부터 앨버레즈는 공룡의 멸종에 관한 수수께끼가 KT층 연구로 풀릴지도 모른다고 생각하게 되었다. 파스퇴르가 말한 '준비된 자'였던 앨버레즈는 KT층, 인접한 위아래 지층, 그리고 훨씬 아래 지층까지 표본을 수집해 미국으로 돌아왔다. 이탈리아 암석층이 시간이 지나면서 뒤틀리는 바람에 계획했던 목적을 달성하지는 못했지만, 이 특이한 지층과 그 이웃 층들은 대단히 많은 진실을 간직하고 있었다.

KT층의 연대는 약 6600만 년 전이었고, 이 경계를 기준으로 시작된 제3기의 앞부분은 2008년에 국제층서위원회에 의해 팔레오기 Paleogene(고제3기)라고 재명명되었다(이에 따라 KT층도 K-Pg층으로 재명명되었다 — 옮긴이). 앞에서 언급했듯이 이 경계는 공룡을 포함한 여러 동식물이 지구상에서 사라진 시점과 대략 일치한다고 알려졌다. 이 얇은 층에 대한 수수께끼는 점점 쌓여 갔다. KT층 아래의 석회암층에 약간의 점토가 섞여 있긴 했지만 그 층은 대부분 유공충 화석에서 유래한 탄산칼슘으로 구성되어 있었다. 흔히 석회암이라고 부르는 이 물질은 과거에 살았던 유공충 같은 생물의 외골격에서 온 것이다. (석회암은 이집트 피라미드를 쌓아 올린 돌이기도 하다.) 화석 기록을 근거로 과학자들은 유공충이 5억 4000만 년 전부터 지금까지 물속에서 살아왔다고 추정한다. 이 생물은 해저에서 발견되며, 크기는 1mm 미만부터 최대 20cm까지로 다양한데 크기가 작은 개체의 수가 훨씬 많다(그림 15.1). 아래쪽 석회암층과 달리 KT층은 주로 점토로 이루어졌고 탄산칼슘이나 유공충은 사실상 없었다. 반면에 KT층 바로 위에 있는 층은 훨씬 더 작은 다른 종류의 유공충에서 유래한 탄산칼슘으로 구성되어 있었다.

이 얇디얇은 층이 형성될 때 무슨 일이 일어났길래 이토록 다를까? 앞에서 말했듯이 앨버레즈는 이 지층이 공룡의 멸종이라는 대사건에 설득력 있는 해결책을 제시해 줄 것이라 믿고 연구를 계속

그림 15.1. 다양한 유공충. 이 사진의 실제 크기는 가로가 약 5.5mm이다. 즉, 사진 속 유공충 하나의 실제 크기는 약 0.5mm 안팎이다.

해 나갔다. 그러면 저 질문의 답을 어떻게 찾아야 할까? 앨버레즈는 이 문제를 유명한 물리학자인 아버지 루이스 앨버레즈Luis Alvarez와 의논했다. 그리고 함께 두 가지 가설을 떠올렸다. 첫 번째는 그 얇은 층이 정상적인 속도로 퇴적되었지만 어떤 이유에선가 유공충이 사라져서 탄산칼슘도 존재하지 않았을 가능성이다. 주로 유공충의 광물성 잔해가 탄산칼슘을 만드니까. 두 번째 가설은 그 층이 매우 빠르게 퇴적되어 정상적으로 탄산칼슘이 쌓일 시간조차 없었다는 것이다.

지층이 정상적인 속도로 퇴적됐는지 비정상적으로 빠르게 퇴적됐는지, 이 두 가능성을 어떻게 확인할 수 있을까? 그러려면 '판단'의 기준으로 삼을 뭔가가 필요하다. 그러니까 지층에 쌓이되 항상 정해진 속도로 일관되게 쌓이는 물질 말이다. 어쩌면 그 지층에도 일정한 속도로 축적되는 어떤 요소가 있을지 모른다. 그렇다면 KT층에서 그 물질의 농도를 측정하여 두 가능성을 확인할 수 있지 않을까. 그 물질이 예측된 양만큼 나오면 정상적인 속도로 퇴적됐다는 뜻이고, 예측값보다 적게 나오면 이 1cm짜리 층이 예외적으로 빠르게 퇴적됐다고 볼 수 있다.

처음에 루이스는 베릴륨-10을 제안했다. 베릴륨의 방사성 동위원소를 대리변수로 사용하자는 뜻이다. 베릴륨-10은 고에너지, 즉 아주 빠른 속도의 우주선cosmic ray이 대기 중의 산소와 질소 원자에 충돌하면서 생성된다고 알려져 있었다. (우주선이라는 이름은 처음 발견된 1912년에 붙은 이름인데, 그 실체가 우주 어딘가에서 온 입자이며 대부분 양성자로 구성되었다는 것은 나중에 밝혀졌다. 하지만 여전히 논쟁의 여지가 있는 연구 주제다.) 당시 한 교과서에 따르면 이 방사성 동위원소의 반감기는 250만 년이었다. 이 정도 반감기면 6600만 년이 지난 후라도 당시 사용된 아주 민감한 질량분석기(질량의 차이에 따라 물질의 입자를 분리하는 장치로, 동위원소를 구분하는 데 사용된다)를 사용해 농도를 측정할 수 있을 터였다. 반감기를 바탕으로 역으로 거슬러 가면 저 얇은 점토층이 형성될 당시 베릴륨-10의 농도를 유추할 수 있고, 이를 통해 빠른 퇴적과 느린 퇴적을 구분할 수 있다. 그러나 이 방법을 쓸 수 없는 안타까운 상황에 처하고 말았으니, 그 지층에서 베릴륨-10이 하나도 발견되지 않은 것이다. 이유가 무엇이었을까? 알고 보니 교과서에 실린 반감기 정보가 잘못된 것이었다. 베릴륨-10의 정확한 반감기는 고작 150만 년이었다. 150만 년이라는 짧은 반감기 때문에 6600만 년이 지난 시점에는 해당 원소가 거의 남아 있지 않아서 대리변수로 적합하지 않았다.

루이스 앨버레즈는 포기하지 않았다. 이번에는 지구 표면에 천연 이리듐 원소가 아주 희귀하다는 사실을 떠올렸다. 밀도가 높고, 특히 용융된 철에서 녹지 않는 성질 때문에 이리듐은 지구가 용융 상태였던 초기에 철과 함께 지구의 핵에 저장되었다. 그러나 만약 행성 간 공간에 떠다니는 먼지 속에 이리듐이 섞여 있으면서 과거 6600만 년 동안 비교적 일정한 속도로 지구에 떨어져 내렸다면, 그리고 KT층이 정상적인 속도로 퇴적되었다면, 이리듐의 농도가 약 0.1ppb(피피비)였을 거라고 그는 계산했다. 이는 평균적으로 100억 개의 입자 중 하나가 이리듐이라는 뜻이다. 반대로 이 층이 아주 빠르게 형성되었다면 이리듐의 농도는 이보다 훨씬 낮아서 (당시의) 탐지 수준에 미치지 못할 것이었다. 0.1ppb 수준의 이리듐을 탐지하는 것은 당시의 최신 기술로 간신히 가능한 정도였다.

앨버레즈 부자는 UC 버클리에서 한 연구 시설을 감독하는 프랭크 아사로Frank Asaro에게 연락했다. 그곳에서는 중성자 활성화 분석 neutron activation analysis이라는 기술로 아주 낮은 농도의 원소도 검출할 수 있었다. 중성자 활성화 분석 기술은 예컨대 원자로에서 생성한 고에너지 중성자를 시료에 쬐어서 그 시료를 방사성 물질로 만드는 기법이다. 이때 방사성으로 변한 시료의 입자에서 고에너지 빛이 방출되는데, 그 빛의 특징(스펙트럼)을 분석하면 빛을 방출한 원소가 무엇인지 알 수 있다.

프랭크 아사로에게 주어진 과제는 극도로 어렵고 또 고된 것이었다. 게다가 그는 당시 다른 연구로 바빴던 탓에 9개월이 지나서야 확신할 만한 결과를 얻었다. 결과를 확인한 앨버레즈 부자는 깜짝 놀랐다. 이리듐의 농도는 9ppb 정도였는데, 이것은 KT층이 정상적인 속도로 퇴적됐다고 가정한 값보다 90배나 높은 농도였기 때문이다. 어떻게 이런 일이 가능할까?

루이스 앨버레즈는 당시 약 10년 전에 공룡 멸종 원인으로 제안된 적 있는 한 가설을 떠올렸다. 두 천문학자가 공룡이 멸종한 것은 가까운 우주에서 일어난 초신성 폭발 때문이라고 주장했다. 만약 그게 사실이라면, 이리듐처럼 원소의 농도가 증가한 다른 지표가 있어야 한다고 루이스는 생각했다. 예를 들면 플루토늄-244 같은 것도 초신성 폭발로 생성되어 이리듐과 함께 지구로 떨어져 내리는 원소였다. 플루토늄-244의 반감기는 8300만 년이라 초신성 폭발 가설이 옳다면 쉽게 검출할 수 있어야 한다. 그래서 UC 버클리의 플루토늄 전문가 헬렌 마이클Helen Michael이 소환되었다. 헬렌과 프랭크는 이 플루토늄 동위원소의 증거를 찾아 얇은 점토 표본을 수색했다. 사실상 24시간 내내 쉬지 않고 주의를 기울여야 하는 정교하고 힘든 작업을 마치고, 그들은 플루토늄-244를 발견했다는 보고서를 썼다. 실로 놀라운 결과였다. 공룡이 가까운 우주에서 일어난 초신성 폭발 때문에 멸종했다는 사실이 (거의) 증명된 것이다. 그들의 눈앞에 신문 기사의 헤드라인이 아른거렸다.

프랭크 아사로와 월터 앨버레즈는 연구소 부소장에게 이 기쁜 소식을 알리고, 공식적으로 결과를 발표하기 전에 해야 할 일들을 의논했다. 부소장은 모든 분석을 시료 채취부터 시작해서 다시 한번 신중하게 반복하라고 했다. 앨버레즈 부자는 그의 조언을 따랐는데, 그 결과를 보고 발표를 서두르지 않았던 것을 무척 다행이라고 생각했다. 두 번째 실험에서는 플루토늄-244의 흔적을 발견하지 못했기 때문이다. 원소가 탐지된 것은 일종의 오염 때문일 수 있지만, 탐지되지 않았다는 것은 또 다른 얘기였다. 이렇게 플루토늄 가설은 시작하자마자 끝나 버렸다. 공룡이 초신성 폭발의 후폭풍으로 사라졌다는 아이디어도 마찬가지였다. 초신성이 아니라면 이리듐의 농도가 증가한 원인이 무엇일까? 새로운 아이디어가 절실했다.

1970년대에 사람들은 지구와 우주 물체의 충돌에 관심이 많았다. 월터 앨버레즈도 충돌을 생각하지 않은 것은 아니었으나 충돌은 국소적인 영향만 준다고 생각해 초신성 쪽을 더 지지했다. 가까운 곳에서 일어난 초신성 폭발이라면 반드시 전 지구적으로 영향을 주었을 테니까. 하지만 이제 플루토늄 가설이 무너진 마당에 그는 소행성이나 유성이 지구에 충돌했다는 발상에 무게를 실어 보았다. 루이스는 그런 충돌로 발생한 잔해가 넓게 퍼지면서 생물을 휩쓸어 버렸을 가능성을 생각했다. 충돌한 물체가 만약 소행성이라면, 그들이 측정한 이리듐 농도로 보아 지름이 10km는 되고도 남았다. 과거, 운석을 연구했던 과학자들은 그 안의 이리듐 농도가 지구의 지각에서 발견되는 것보다 상당히 높다는 것을 이미 알았다. 그렇다면 방출된 에너지를 고려하면 충돌의 타격이 얼마나 컸을까? 헤아리기도 어려운 수준이었을 것이다. 소행성의 지름이 10km, 밀도가 3g/cm^{3}라고 가정할 때(참고로 물의 밀도는 1g/cm^3), 초당 20km의 속도로 충돌한다면 방출되는 운동에너지는 TNT(트라이나이트로톨루엔) 10^{14} t이 폭발했을 때와 같고, 또는 인간이 제조한 가장 큰 폭탄이 폭발했을 때보다 200만 배는 더 크며, 가장 큰 화산 폭발에서 방출된 것보다 400배가 더 크다. 다행히도 그런 충돌이 자주 일어나는 것은 아니다. (정확한 빈도를 측정하기는 어렵지만) 1억 년에 한 번쯤 되지 않을까. 물론 대다수 과학자는 이런 충돌이 주기적이라거나, 심지어 '주기적'에 가깝다고도 생각하지 않지만 말이다.

이리듐 이야기로 돌아가자. 만약 충돌 모델이 옳다면, 소행성(또는 유성)에 있는 이리듐은 앞에서 설명한 것처럼 사실상 전 세계에 퇴적되어 있어야 한다. 충돌의 어마어마한 규모 때문에 그 잔해가 지구 전역에 퍼졌을 테니까 말이다. 이 가설을 확인하기 위해 세계 여러 지역에서 약 6600만 년 된 적당한 지층을 찾고 표본을 취해 이리듐 농도의 증가 여부를 확인했다. 플루토늄 때와는 달리 덴마크, 스페인, 콜로라도, 뉴질랜드를 포함한 여러 지층에서 이리듐 과잉이 발견됐다. 이 결과로 소행성 또는 유성의 충돌이 합리적으로 확인되었다. 게다가 그 시기의 지층에서 미세 텍타이트microtektite(밀리미터 크기의 밝은 색깔 유리 물질)가 발견됐는데, 이 물질은 극도로 높은 온도에서 생성되며, 그 정도 온도는 충돌 같은 상황에서나 도달할 수 있다. 이렇게 차곡차곡 증거가 모였다!

소행성이 충돌했다면 분화구처럼 생긴 충돌구가 있어야 한다. 이론적 계산과 모든 변수에서 규모를 축소해 수행한 실험 결과, 충돌구는 지름이 200km쯤으로 추정되었다. 연대는 당연히 약 6600만 년 전이어야 한다. 그런 충돌구가 어디에 있을까? 발견만 된다면 결정적인 증거가 될 터였다. 물론 충돌 지점이 과거 6600만 년 동안 맨틀로 후퇴하여 들어갔다면 그런 흔적은 남아 있을 수 없다. 하지만 지난 6600만 년 동안 섭입된 지표의 비율이 상대적으로 작다는 점으로 미루어 그럴 가능성이 크지는 않았다.

여러 지역에서 충돌구 수색 작업이 벌어졌다. 그러던 중에 텍사스주 멕시코만 근처에서 그 무렵으로 추정되는 거대한 지진해일(엄청난 교란으로 인해 발생한 거대한 파도)의 증거가 발견되었다. 1980년대 후반의 이 발견 덕분에 충돌구 후보지로 유카탄반도가 물망에 올랐다. 이어서 1991년에는 유카탄반도에서 원형으로 중력 이상gravity anomaly(지구 중력장의 예상치 못한 또는 특이한 패턴)이 감지되었는데, 그 지름이 대략 200km였다. 이는 충돌구가 중력 이상을 일으킨 원인임을 시사했다.

여기서 시간을 잠시만 뒤로 돌리면, 멕시코 국유 석유회사인 퍼멕스 소속 지질학자 두 명이 이미 10년 전에 이 충돌구를 발견하고 그 지역의 이름을 따서 칙술루브Chicxulub 분화구라고 명명까지 한 일이 있었다. 그들은 회사 측에 세계에서 가장 큰 분화구를 발견했다고 보고했지만, 회사에서는 화산의 흔적이라고만 생각해서 별다른 관심을 보이지 않았다. 그러나 1981년에 열린 석유지질학자 학회에서 두 사람은 중력 측정을 바탕으로 지름 200km의 원형 구조를 발견했다고 발표했다(그림 15.2). 마침 이 학회에는 공룡의 멸종과 관련해 소행성이나 유성의 충돌을 논의한 사람들도 참가했었다. 하지만

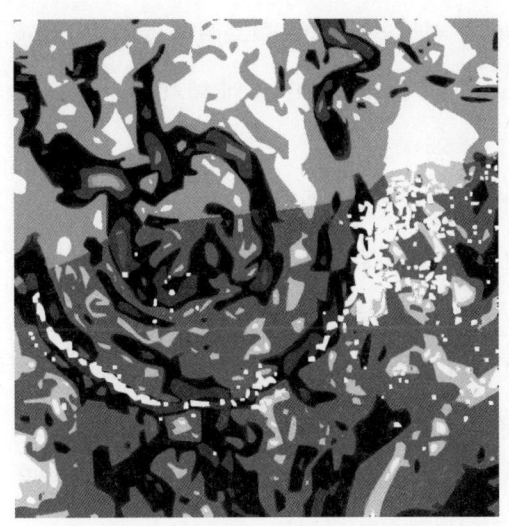

그림 15.2. 유카탄반도(그림 15.3)에서 탐지된 중력 이상. 원형 패턴으로 나타났다.

그림 15.3. 유타칸반도 해안의 칙술루브 충돌구 위치.

여러 분야의 발표가 동시에 진행되는 대형 학회이다 보니 두 집단은 서로의 존재를 몰랐고, 그 바람에 이 충돌구에 대한 인지가 10년이나 늦어지게 되었다(그림 15.3).

이 충돌구는 지름 200km라는 크기도 적당했고, 충돌 과정에 형성된 것으로 보이는 텍타이트의 방사성 연대 측정 결과 역시 기대했던 6600만 년이 나왔다. 그렇다면 사건은 종결된 걸까? 전혀 그렇지 않다. 여러 번의 방사성 연대 측정에 근거하여 6600만 년 전에 지구에 소행성 또는 유성이 충돌했다는 사실 자체는 꽤 확실해졌다. 그러나 공룡을 비롯한 생물의 대멸종과 어떤 연관성이 있는지는 명확하지 않았다. 시간의 일치가 꼭 인과관계를 말하는 것은 아니니까.

데칸 트랩과 대멸종의 연관성

과학자들은 핵전쟁 여파에 대한 아이디어를 공룡의 멸종에 재빨리 적용해 핵겨울이 공룡을 멸종시켰다는 가설을 내놓았다. 소행성 충돌로 어마어마한 양의 에너지가 방출되고 전 세계로 퍼진 온갖 잔해가 대기권으로 재진입하면서 가열되어 모든 대륙에 끔찍한 불을 일으켰을 것이다. 이 화재로 식물은 불타 버렸고, 불이 꺼진 후에도 대기가 먼지로 가득해 햇빛이 통과하지 못하고 반사되어 우주로 돌아가는 바람에 한동안 땅에는 태양의 온기가 닿지 못했을 것이다. 그 결과가 대멸종이다. 이 모형은 대체로 수치 시뮬레이션에 바탕을 두었으며 당시에는 이를 뒷받침할 다른 증거가 거의 없었다.

한편 종의 멸종을 연구하며 평생을 보낸 일부 과학자들은 앨버레즈의 멸종 이론을 받아들이지 않았다. 최소 10년 동안, 소행성 충돌이 멸종의 원인이 될 수 없는 이유를 제시하는 논문이 수도 없이 출판되었다. 예를 들면 공룡 화석은 충돌 후에도 100만 년 이상 확산했다는 주장이 있었다. 앨버레즈 부자와 지지자들은 이런 비판에 반박 논문으로 응답했다. 그러나 아리송한 문제들이 남아 있기는 했다. 이런 대멸종의 재앙 속에서 여전히 많은 종이, 특히 새들이 살아남았기 때문이다. 그들은 어디로 몸을 피했으며, 핵겨울 중에 어떻게 먹이를 구했을까? 내가 아는 한, 이 질문에 대한 속 시원한 답은 없다. 다만 몸집이 컸던 공룡이 이런 재앙에서 누구보다 취약했다는 점은 이해할 수 있다. 옛 격언대로 덩치가 클수록 쓰러지기 쉬운 법이니까.

다른 생물들이 어떻게 살아남았는지는 명확하지 않지만 살아남았다는 것만큼은 명백한 사실이다. 그렇다고 생존의 모형이 없는 것도 아니다. 모형은 널렸다. 다만 그중에 옳은 게 있다면 어느 것이 옳은지 모를 뿐이다. 앞에서 언급했던 내 제자 더글러스 로버트슨과 동료 연구자들이 제시한 가설을 한 가지 소개하겠다. 아직 불완전한 형태지만 합리적으로 보이는 이 가설에서, 그들은 멸종이 사실상 두 단계로 일어났다고 가정한다. 첫 단계는 충돌 직후 내뿜어진 분출물들이 대기로 재진입하면서 전 세계에서 발생한 강렬한 열 펄스heat pulse(대부분 적외선 복사) 때문에 일어났다. 이 뜨거운 열이 몇 시간씩이나 식지 않은 탓에 지상에 노출된 것들이 종말을 맞았다. 이런 상황에서는 새를 포함해 동굴이나 땅굴에 숨을 수 있었던 (작은) 생물, 또는 장시간 물속에 머무를 수 있었던 생물 등 열 펄스에서 차단되었던 것들이 살아남았을 것이다. 좀 더 일반적으로 보면, 지구 전역이 영향을 받았으나 일부 지역은 피해가 덜했다고도 생각할 수 있다. 물론 이 모든 주장은 다양한 수준에서 논란의 여지가 있다.

두 번째 단계는 해양 동물에게 미친 영향이다. 열 펄스가 깊숙한 바닷속까지 즉시 치명적인 영향을 주지는 않았겠지만, 충돌로 발생한 먼지와 그을음이 수면의 식물성 플랑크톤을 파괴하여 해양 거주자들의 먹이와 산소 공급이 줄어들었을 것이다. 오히려 육지에서는 지하수가 흐르면서 바닥에서부터 먹을 것들을 순환시키기 때문에 담수에 사는 생물들은 상대적으로 덜 힘들었을지도 모른다. 더 자세히 들어가면 이런 단순한 설명이 복잡해지거나 다른 결과로 이어질 수 있다. 복잡한 상황에 대한 설득력 있는 설명이라고 내세우는 지나치게 단순한 주장은 경계할 필요가 있다.

한 가지 더. 고생물학적 지식에 따르면 지구에서는 지난 5억 년 동안 공룡의 멸종에 앞서 총 네 번의 대멸종이 일어났었다. 그러나 그중에서 소행성이나 유성의 충돌이 원인이었던 적은 없다. 어쩌면 이 앞선 멸종의 원인 중 하나가 부분적으로라도 6600만 년 전 대멸종에 관여했을 가능성이 있다.

선택적 생존과 앞선 다른 멸종의 원인들을 제외하고, 이 충돌 가설과 경쟁할 만한 다른 모형은 또 없을까? 물론 있다. 인도에서 약 6600만 년 전에 엄청난 화산 폭발이 있었는데, 그때 분출된 용암이 지금까지도 50만 km^2의 지역을 뒤덮고 있다(그림 15.4). 어떤 과학자들은 6600만 년 전, 용암이 처음 분출했을 당시에는 세 배 더 넓은 지역을 뒤덮었을 것으로 추정한다. 즉, 3분의 2는 이후에 침식됐고, 3분의 1만 지금까지 남아 있다는 얘기다. 어쨌거나 화산 활동으로 타격을 받은 지역의 범위가 넓기는 해도, 전체 지구 면적의 1%라는 상대적으로 적은 부분을 차지한다는 점을 유념하자.

용암이 덮인 이 지역의 명칭은 데칸 트랩Deccan Traps이다. 데칸은 산스크리트어로 남쪽이라는 뜻이고(이곳은 인도의 남부다), 트랩은 계단처럼 층층이 쌓인 현무암 지형을 뜻하는 지질학 용어로 스웨덴어에서 유래했다. 그림 15.4에서 확인할 수 있듯 어떻게 보면 이곳의 지형이 계단처럼 보인다.

화산이 분출할 때 주로 (생물에 해로운) 이산화황처럼 다량의 황을

그림 15.4. 인도의 데칸 트랩. 여러 번의 화산 활동으로 생성된 결과물이다. 대규모 침식을 겪고도 약 50만 km²를 뒤덮고 있다.

포함하는 분자가 대기 중으로 뿜어져 나왔을 것이다. 또 엄청난 양의 이산화탄소가 방출되어 지구 온난화와 대량 멸종에 영향을 미쳤을 가능성도 크다. 중요한 것은 이런 분출이 일어난 시간적 규모다. 분출이 여러 차례 자주 일어났다면 아무래도 대규모 멸종 사태를 불러왔을 확률이 높다. 하지만 1만 년 수준의 장기적인 간격을 두고 다소 균일하게 폭발했다면 생물들은 충분히 살아남아 다음 폭발 때까지 개체군이 회복되었을 수 있다. 그래서 이 가설의 핵심 문제는 데칸 트랩을 형성한 일련의 화산 폭발이 일어난 상대적 연대를 정확하게 밝히는 것으로 옮겨 갔다. 안타깝지만 몇 년 전까지만 해도 이런 용암층의 연대를 2% 미만의 불확도로 안정되게 추정하기가 기술적으로 불가능했고, 데칸 트랩을 형성한 용암 분출의 시간적 간격을 추정할 만큼 정확하지도 않았다. 가장 최근에 달성한 정확도도 고작 10배 더 개선된 수준이라 여전히 별로 만족스럽지 못하다.

대략 5년 전부터 대멸종과 관련해 데칸 트랩에 새로운 관심이 쏟아졌다. 마크 리처즈Mark Richards가 이끌고 폴 르네Paul Renne와 월터 앨버레즈가 소속된 UC 버클리 연구팀이, 과거 유럽에서 뱅상 쿠르티요Vincent Courtillot와 동료들이 하던 연구를 따라 데칸 트랩이 공룡 멸종에 일조했을 가능성을 조사해 왔다. 물론 멸종은 소행성 충돌과 데칸 트랩의 어떤 조합으로 일어났을 수도 있다.

그런데 유카탄반도의 소행성 충돌과 인도의 데칸 트랩 사이에 혹시 인과관계가 있을까? 아니면 두 사건이 그저 우연히 비슷한 시기에 일어난 걸까? 개선된 방사성 연대 측정 결과에 따르면 데칸 트랩의 화산 활동은 칙술루브 충돌 훨씬 이전에 시작되었고 충돌 이후에도 계속되었다. 그러나 폭발 시기와 개별 폭발의 크기에 대한 좀 더 정확한 자료를 보면 당시의 가장 큰 화산 폭발은 칙술루브 충돌과 거의 비슷한 시기에 일어났다. 방사성 연대 측정법의 하나인 아르곤-아르곤 연대 측정법이 꾸준히 개선된 덕분에 현재는 10만 년, 즉 0.2% 수준의 불확도로 폭발 시기를 약 6600만 년 전으로 특정했다. 이런 정확도는 상당히 인상적이지만 내 생각에 상관관계의 증거로 보기에는 아직 미흡하다.

두 사건 사이에서 우연으로 치부할 수 없는 연관성을 끌어낼 메커니즘으로 무엇이 있을까? 소행성 충돌로 지구에 전달된 지진 에너지는 인도 아대륙의 심각한 이탈을 일으킬 만큼 컸고, 그래서 거의 티핑포인트에 도달했던 상황에서 화산 활동에 불을 댕겼을지도 모른다. 실제로 신중한 계산에 따르면 이 시나리오는 충분히 가능성이 있다. 지진으로 인해 대륙이 수 미터 수준으로 대폭 이동했을 가능성도 배제할 수 없다. 다른 상호작용도 원인으로 꼽힌다. 지진 에너지가 소실되면서 발생한 열기가 화산 활동에 박차를 가했다는 것이다. 공룡의 멸종과 관련한 메커니즘에 대해 확실한 결론은 아직 나오지 않았지만, 소행성 충돌이 데칸 트랩을 형성한 대형 화산 폭발에 크게 일조했을 가능성은 충분하다. 충돌이 좀 더 강렬한 화산 활동을 부추겼고, 그러면서 유독가스와 이산화탄소 같은 것들을 더 많이 빠르게 분출했고, 따라서 멸종을 가속했다는 논리다. 이런 가능성은 폴 르네, 마크 리처즈와 동료들에 의해 활발하게 조사되고 있다.

둘 중에 어느 사건이 대멸종에 좀 더 직접적인 영향을 주었냐는 큰 질문에 대해서는 가까운 미래에도 (거의) 모두가 만족할 만한 결론으로 매듭지어지지는 않을 것이다. 그러나 예일대학교의 핀셀리 헐Pincelli Hull 연구팀이 한 가지 새로운 가능성을 불어넣었다. 이들은 그 시기의 대서양 아래 침전물을 자세히 조사한 결과 소행성 충돌이 대멸종의 원인이었다고 결론 내렸다.

약 10년 전, 그리고 앞으로도 최소한 10년은 더 연구되어야 하겠지만, 고생물학자 로버트 드팔마Robert DePalma는 미국 노스다코다주의 헬크리크 지층에서 칙술루브 충돌 직후 10분에 관한 흔적을 발견했다. 여기서 10분은 충돌의 순간에 충돌 지점에서 그곳까지 지진파가 도달하는 데 걸린 시간이다. 이 지층에는 믿을 수 없이 많은 물질이 보존되어 있다. 이곳에서 수집된 표본에는 공룡의 뼈, 호박 속에 갇힌 유해, 많은 물고기(일부는 미세 텍타이트를 삼켰다), 배아가 들어 있는 알 화석, 물에 잠긴 개미집과 그 속의 개미 등이 포함된다. 이 모두를 자세히 논의하기에는 지면이 부족하다. 게다가 발견과 분석이 빠르게 진행되고 있어서 그 속도를 따라잡기도 어렵다. 그러나 이곳에서 앞으로 발견될 것들이 흥미진진하리라는 점은 확실하다.

한편 하버드대학교의 아미르 시라지Amir Siraj와 아비 로엡Avi Loeb은 충돌한 천체가 소행성이 아닌 장주기 혜성에서 떨어진 바윗덩어리라는 흥미로운 주장을 발표했다.

어쨌거나 이제 이 이야기를 마무리할 시점이다. 그동안 많은 진전을 이루었으나 공룡 멸종의 비밀이 다 밝혀지지는 않았다. 현재로서는 대다수 과학자가 칙술루브에 발생한 충돌 사건을 6600만 년 전 대멸종의 (유일한 원인은 아니더라도) 주요 원인으로 보고 있다고 말해도 좋을 것이다.

이와는 별개로 다른 해석들도 있으며, 최근의 사회적 현안과 관련 있는 내용도 있다. 그런 풍자적 해석을 담은 그림으로 이 장을 마무리한다(그림 15.5).

그림 15.5. 멸종 직전 공룡의 상황. 말풍선의 글은 최근에 추가되었다.

3부

THE UNITY OF SCIENCE

생명의 이야기

16장

다윈과 월리스와 멘델

드디어 이 책의 마지막 주제, 생명의 이야기를 시작하게 되었다. 앞 장에서는 화석을 통해 죽음의 버전에서 생명을 살펴보았다. 지금부터는 새로운 관점에서 생명의 이야기를 시작한다. 생명을 어떻게 이해할 수 있을까? 생명을 알아낸다는 것은 참으로 도달하기 어려운 목표이며, 아직 근처에도 다가가지 못하고 있다. 그래도 지난 150년 동안 괄목할 만한 진전이 있었고 그중 일부를 이 책에 소개하려고 한다. 중고등학교에서 생물 수업을 들은 사람이라면 익숙한 내용도 많겠지만 모두가 배우지는 않았을 테니, 과거의 굵직한 발전들은 짚고 넘어갈 생각이다. 내 은사님도 이렇게 입버릇처럼 말씀하시고는 했다. "이미 아는 내용을 다시 듣는 즐거움을 과소평가하지 말라."

게다가 2부에서 강조했듯이 생명은 지구라는 행성에 엄청난 영향을 미쳐 왔고, 그 반대도 마찬가지다. 생물의 활동으로 지구 대기에 격변이 일어난 것이 대표적인 예다. 이런 일들은 따로 떼어 놓고 생각할 수 없고, 어떤 의미에서 이들이 얽힌 관계는 과학의 통합성을 극적으로 보여 준다. 그 긴밀한 연관성은 과학의 모든 분야가 전체적으로 서로 분리될 수 없음을 보여 주는 한 예로서, 이 책에서 내내 강조해 온 상호연결성을 드러낸다.

그렇다면 3부에서는 무엇을 다루고, 또 어디서부터 시작하면 좋을까? 지구는 혀를 내두를 정도로 다양한 생물이 살아가는 생명의 터전이다. 크기만 보아도 $0.1 \mu m$(마이크로미터)짜리 바이러스에서 100m짜리 대형 고래까지 최대 10^9배나 차이가 난다. 생명이란 정확히 무엇이고, 언제 어떻게 발생했으며, 앞으로는 어떻게 될 것인가? 하지만 수백 년 전에는 생명의 본질을 묻는 이런 물음에 답할 유용한 도구나 지식이 거의 없었다. 생명계의 놀라운 다양성과 복잡성 때문에 옛 과학자들은 상대적으로 소박한 목표를 세웠다. 생물을 분류하는 체계를 마련해 지구에 어지럽게 존재하는 생물 모둠에 질서를 불러오려는 것이었다. 생물학자들이 좀 더 근본적인 문제와 씨름하기 시작한 것은 19세기 중반이 되어서였다. 여전히 많은 의문이 해결되지 않았지만 그럼에도 크나큰 발전이 있었다.

판 구조론이 패러다임으로 자리 잡던 시대와는 대조적으로, 생물학에서 현재의 모형을 생성한 연구들은 대부분 개인, 또는 기껏해야 몇몇이 함께, 또는 소규모 집단에서 이루어졌다. 지금은 생물학 연구도 규모가 꽤 커졌지만, 예컨대 입자물리학 실험에 비하면 아직은 못 미치는 수준이다.

생물학적 세계의 근본적 지식을 탐구해 온 과정은 여러 갈래로 나뉘므로 어느 쪽을 들여다볼지 (주관적인) 선별이 필요하다. 이 책에서는 유전과 진화의 이야기를 따라간다. 그 내용이 독자들에게 합리적이고 명확하게 이해되길 바라지만, 의도와 다르게 몇몇 전문 용어를 피할 수 없게 되었다. 하지만 모호한 개념이나 어려운 용어를 사용해야 할 때는 먼저 알기 쉽고 정확하게 정의한 다음에 설명을 이어 가겠다. 내가 성공했는지 실패했는지는 여러분이 잘 판단해 주기 바란다.

이 세상에 생물의 진화를 증명하는 증거는 차고 넘친다. 지금까지 발굴된 화석은 과거 5억 년 동안 셀 수도 없이 많은 종이 소멸했음을 보여 주며, 또 지금 지구에 사는 종이라고 해서 이 땅의 역사 내내 항상 존재했던 것도 아니다. 먼 과거의 화석이 발견되지 않는 현생 생물도 많다. 물론 여기에도 "존재의 증거가 없다고 해서 존재하지 않았던 것은 아니다"라는 격언이 적용된다. 하지만 증거가 많든 적든, 지구의 역사에서 생물이 진화해 왔다는 사실을 누가 의심할 수 있겠는가? 다만 알프레드 베게너가 대륙이동설을 처음으로 진지하게 주장했던 때처럼, 생물의 진화에도 엔진이라 내세울 만한 것은 없었다. 생물의 진화를 일으키는 원동력은 무엇인가? 3부에서는 생물학의 맥락에서 이 엔진을 찾는 일에 주로 매진한다.

이 장은 생물학이라는 학문이 분류에 바탕을 둔 과학에서 시작해 관찰·분석·실험에 근거한 과학으로 탈바꿈하는 과정을 좇아간다. 이 놀라운 혁명의 과정에 크게 공헌한 세 가지 발전이 있는데, 그것은 19세기 후반에 접어들면서 10년이 조금 넘는 기간에 세 명의 과학자에 의해 이루어졌다. 바로 그 결과를 토대로 생물의 유전을 이해할 무대가 마련되었다. 코끼리는 항상 코끼리만 낳고, 생쥐는 항상 생쥐만 낳을 뿐, 감사하게도 그 관계가 서로 얽히지 않는 이유가 밝혀진 것이다.

찰스 다윈과 앨프리드 러셀 월리스

찰스 다윈은 부유한 집안에서 태어났다. 아들이 의사가 되길 바란 아버지의 염원대로 의대에 진학했으나 식물학과 지질학에 더 관심이 있었던 다윈은 의학을 즐기지 않았다. 1831년, 스물두 살의 나이에 다윈은 박물학자로 자원해 비글호를 타고 세계를 일주하는 기회를 누렸다. 원래 2년으로 예정된 일정이 길어져 5년이 되었는데, 그 덕에 그는 특히 남아메리카 대륙 주변에서 많은 시간을 보내며 처음 본 지질학적 지형뿐 아니라 모든 종류의 생물을 예리하게 관찰하고 기록했으며 깊이 생각했다. 당시에 이 분야에 몸담은 사람들은 대개 관찰자 아니면 사상가였다. 하지만 다윈은 특별했다. 그는 관찰자이면서 사상가였다.

그때까지 관찰한 내용을 토대로 다윈은 진화에 대한 독보적인 견해를 형성하기 시작했다. 그가 수집한 사실들은 창조설과는 모순되었고 진화적 해석과는 전적으로 일치했다. 이렇게 그는 자신에게 커다란 명예를 가져다준 진화의 원리, 즉 (거시적인) '엔진'을 떠올리게 되었으니 그것이 바로 자연선택이다. 많은 이들이 들어 봤지만 그렇다고 다 이해하지는 못하는 이 원리가 도대체 무엇인가? 간단히 말해, 더 잘 살아남아 번식에 성공하는 형질을 가진 개체가 그 형질을 자손에게 물려주어 후대에 퍼지게 한다는 논리다. 이런 식으로 개체군은 주어진 환경에서 좀 더 잘 살아남는 쪽으로 서서히 진화한다. 이 원리는 종종 '적자생존'이라는 말로 표현되지만 어떤 의미에서는 동어반복에 불과하다. 운이 통계적 확률까지 바꾸면서 개입하지 않는 한, 정의상 살아남는 게 곧 적자인 것처럼 보이니까 말이다. 그러나 실제로 동어반복은 없다. 살아남은 자손들은 조상들의 완벽한 복제품이 아니라, 특히 번식력 증가의 측면에서 조상과 얼마쯤은 달랐다는 점이 중요하다.

여러 이유로 다윈은 도약(한 세대에서 다음 세대로의 갑작스럽고 커다란 변화)에 의한 진화를 강하게 반대했고, 대신 한 세대에서 다음 세대로 넘어갈 때 발생하는 미세한 변화가 축적되는 진화를 주장했다. 그는 교배를 통한 가축 개량을 근거로 제시했는데, 여기서는 세대 간의 점진적인 변화를 볼 수 있다. 생물학에서 도약진화는, 여전히 일부 굳건한 지지자들이 있고 어떤 면에서는 사실일 수도 있겠지만, 현재는 거의 사장되었다.

다윈은 1837년에 비글호 항해에서 돌아왔다. 그리고 이후 20년 동안 진화의 이론을 보강하고 다듬어, 향후 예상되는 모든 반대에 대하여 만반의 준비를 했다. 그러는 중에 그는 자신과 아이들의 건강(자식 둘은 어려서 세상을 떠났다) 문제를 포함해 중대한 개인사도 해결해야 했다. 이처럼 공사다망한 가운데 1858년 초 인도네시아에서 앨프리드 러셀 월리스Alfred Russel Wallace가 보낸 편지가 6월에 도착했다. 놀랍게도 월리스는 이 편지에서 다윈과 똑같이 자연선택 이론을 제안하며 논문을 발표하기에 앞서 다윈의 의견을 물었다. 이에 놀란 다윈이 런던 린네 학회의 주요 회원인 찰스 라이엘, 조지프 돌턴 후커Joseph Dalton Hooker, 존 조지프 베넷John Joseph Bennett에게 황급히 이 편지를 보여 주었다. 린네 학회는 1788년에 런던에서 자연과학의 발전을 논의하기 위해 18세기의 유명한 스웨덴 박물학자 칼 린네Carl Linnaeus의 이름을 따서 세운 단체다. 린네는 생물학적 분류 체계를 정립해 커다란 명성을 쌓은 인물이고, 학회 창립자인 영국인 제임스 에드워드 스미스James Edward Smith는 1783년에 린네의 동식물 컬렉션을 구매한 적이 있다.

저 세 사람 중에 적어도 한 사람은 다윈이 사실상 월리스와 동일한 이론에 20년이나 매달려 온 것을 알고 있었다. 따라서 이 사람들은 다윈에게 함께 발표할 기회를 주지 않고 월리스의 서신만 출판하는 것은 옳지 않다고 보았다. 거장다운 솔로몬의 판결을 내린 세 사람은 "사실에 근거한 폭넓은 추론을 바탕으로 하는 이 견해는 …… 대중 앞에 함께 드러내는 편이 …… 바람직하다고 느낀다"라고 썼다. 이런 속사정으로 린네 학회의 다음번 행사에서 자연선택에 관한 월리스의 서신과 다윈의 노트가 함께 발표되었다. 예상외로 대중은 크게 동요하지 않았고, 두 연구는 그해 여름 학회지에도 발표되었지만 역시나 별다른 관심을 불러오지 못했다.

그러나 이후 다윈은 확실히 주목을 받았다. 자신의 이론을 상세하게 풀어낸 책을 썼기 때문이다. 그는 이듬해까지 정신없이 매진해 500쪽에 달하는 《종의 기원》을 출간했는데, 애초에 계획한 전체 원고에 비하면 초록에 불과한 내용이었다. 하지만 책의 제작을 맡은 출판업자는 초록이라는 이름표를 거부했다. 이 책에는 언급되는 선구자도 없고, 참고 문헌 목록도 없었다. 이유는 간단했다. 시간적 여유가 없었다. 선취권을 보호하려면 서둘러 출간해야 했으므로 책을 더 길게 쓰고 싶은 욕심을 억눌러야 했다. 이렇게 급하게 썼음에도 이 책의 마지막 문장은 상당히 시적이다. "처음에 한 가지 혹은 몇 가지 형태 속에 생명의 숨결이 불어넣어졌고, 이 행성이 고정된 중력의 법칙에 따라 주기적으로 공전하는 동안, 생물은 그토록 단순한 형태에서 시작해 여러 가지 능력을 발휘하며 가장 아름답고 경이로운 형태로 진화했고 지금도 진화하고 있다. 생명에 관한 이런 관점에는 장엄함이 깃들어 있다."

다윈의 이론 뒤에 있는 과학과 그에 대한 학계의 반응을 설명하기 전에, 다윈과 월리스의 관계를 잠깐 짚고 넘어가자. 일이 이처럼 어색하게 전개된 상황에서 그들은 서로 어땠을까? 어떤 이유에서인지 월리스는 의도적으로 다윈의 뒤에 머물렀고, 두 사람은 서로를 무척 존경했던 것 같다. 이유를 짐작건대 다윈의 책이 더 폭넓게 진화론을 다루었고, 월리스보다 다윈이 열네 살이나 나이가 많은 데다 사회적·경제적 지위도 높았으며, 월리스의 성격이 상대적으로 내성적이었기 때문이 아니었을까 싶다.

세월이 흘러 다윈은 월리스가 정부 연금을 받게 하려고 탄원서를 쓰는 등 정치적 영향력을 발휘했다. 그러나 결국 두 사람은 인간 정신의 진화를 두고 대립하다가 갈라섰다. 월리스는 인간 지능에 대한 초자연적 기원을 믿었지만, 다윈은 이를 혐오했다. 또 월리스는 생명과 의식의 기원에 대해서도 인간의 정신처럼 신이 개입했다고 믿었다.

다시 과학으로 돌아오자. 아마 토머스 맬서스Thomas Malthus라는 이름을 들어 본 사람이 많을 것이다. 1800년대 초, 그는 기하급수적으로 증가하는 인구를 통제하지 않으면 재앙이 일어난다고 예측한 바 있다. 어느 종이든 제한 없이 번식하면 금세 지구를 압도하게 된다고 쉽게 예상할 수 있다. 가령 세대마다 개체 수가 대략 두 배씩만 늘어난다고 해도 순식간에 크게 불어날 테니까. 하지만 자연은 전염병이나, 한 개체가 사용할 수 있는 자원량이 감소하면 생식 능력이 저하하는 현상처럼, 개체 수를 통제하는 수단을 마련해 두었다. 맬서스의 연구에 익숙했던 다윈과 월리스는 자원에 지나치게 세금을 매겼을 때 기아가 발생하는 현상처럼 인구가 조절되는 대표적인 예를 논의했다. 맬서스의 주장은 다윈과 월리스의 자연선택 개념에 그 어떤 이론보다 지대한 영향을 주었다. 이유가 무엇이었을까? 다윈의 경우, 그는 맬서스의 이론을 숙고한 끝에 맬서스가 제시한 상황이 종 구성원 간에 경쟁을 일으켰고, 이 경쟁에서 생존과 번식에 더 잘 준비된 개체가 경쟁적 우위를 자손에게 물려주어 진화의 (거시적인) 원동력으로서 자연선택을 작동시킨다고 생각하게 되었다.

다윈의 책 3장에 자연선택에 대한 이런 개념이 명료하게 드러나는 구절이 있다. "투쟁은 거의 언제나 같은 종의 개체들 사이에서 가장 심하다. 그들은 대개 같은 영역을 차지하고, 같은 먹이를 먹고, 같은 위험에 노출되기 때문이다."

다윈은 한 종 내에서 개체 간에 변이variability의 폭이 무척 크다는 점에 주목했다. 즉, 어떤 종이든 그 안의 개체들이 매우 다양하다는 얘기다. 이런 변이들이 자연과 무슨 상관이 있을까? 어쩌면 자연은 이런 변이를 통해 변화하는 환경에서도 여러 세대에 걸쳐 종이 살아남게 했을 것이다. 한 세대에서 다음 세대로 전달되는 유전자 정보는 무작위적이지 않으며, 그것이 무엇이든 유전 물질의 예측 가능한 성질이다. 적자를 살아남게 하는 자연선택은 방향을 유도하는 힘이다. 이것이야말로 거시적인 측면에서 지금까지 찾지 못했던 진화의 엔진이자 원동력이었다. 다윈은 다양한 종과 환경 조건에 대한 자연선택의 개념에 살을 붙였고, 월리스도 독립적으로 같은 일을 했다. 두 사람에게 각 종의 생존은 우연이 아니라 그 종의 개체군이 받은 유전적 선물 때문임이 분명했다. (종의 경우, 현재 살아 있는 모든 개체가 그 종의 개체군을 구성한다.)

한편 개체군 안에서는 전체 중 일부 개체만 번식하며, 그 수는 종과 상황에 따라 다르다. 그러나 자식을 낳는 일이야말로 성공의 핵심이다. 단순히 제 한 몸만 살아남아서는 그 종의 영속에 아무 보탬이 되지 않는다(종의 다른 개체가 번식하도록 돕는 게 아니라면 말이다). 자연선택이라는 엔진은 비록 당시에는 구체적으로 어떻게 유전에 작용하는지 알려지지 않았지만, 아리스토텔레스까지 거슬러 올라가는 오래된 목적론적 문제를 처리했다. 목적론이란 자연현상에 목적이 있다고 설명하는 이론이다. 예를 들어 우리에게 발이 있는 이유는 걷기 위해서라는 주장으로, 한 형질(예컨대 발)이 존재하는 까닭은 어디까지나 어떤 기능을 수행하기 위해서라는 개념이다. 오늘에 와서는 유용하지도 연관성이 있다고도 여겨지지 않는 이론이다.

유전자 변이의 기원이나 유전의 상세한 과정에 관해 다윈이 다소 모호하게 설명하고 혼돈했던 것은 사실이다. 그러나 적어도 1840년대 이후로 그는 유전을 통제하는 특별한 메커니즘이 필요하다는 것을 잘 인지했다. 그리고 마침내 1860년대 중반에 '범생설pangenesis'이라는 이론을 제안했다. 범생설은 한 개체의 각 세포가 자손에게 유전되는 미세한 입자를 방출하는데, 이 입자를 소분체gemmule라 부르며, 소분체는 (어떤 방식으로든) 생식기관에 모인다는 주장이다. 단, 이론의 구체적인 메커니즘은 미흡하다. 몸속의 세포가 생식기관에 정보를 전달한다는 발상은 프랑스 생물학자 장-바티스트 라마르크Jean-Baptiste Lamarck의 연구에 기원을 두었을 가능성이 크다. 1800년대 초, 라마르크는 한 개체가 살면서 얻은 형질이 유전될 수 있다고, 즉 다음 세대에게 물려줄 수 있다고 보았다. 이 가설은 현재 틀렸다고 판명되었지만, 중요한 것은 다윈이나 라마르크에 대한 비판이 아니다. 이 이야기를 꺼낸 이유는 19세기 중반을 살았던 사람들에게는 유전의 개념을 이해하기가 얼마나 어려웠는지를 예시하기 위함이다. 오늘날에는 생물학 수업을 한 번이라도 들은 학생이라면 DNA가 유전의 미시적 메커니즘임을 잘 알고 있다. 그러나 이러한 지식은 다윈과 월리스가 처음 자연선택 이론을 세우고 약 한 세기 뒤에야 등장했고, (뒤에서 보겠지만) 쉽게 얻은 것도 아니다.

1859년으로 되돌아가서 물어보자. 《종의 기원》에 대한 과학계와 대중의 반응은 어땠을까? 다윈의 진화론은 수소폭탄급 충격이었다고 말하는 게 좋겠다. 엘리트들은 대부분 반대의 목소리를 크게 높였고, 일반인들은 적어도 처음 한동안은 문제가 무엇인지조차 제대로 인식하지 못했다. 생물이 진화한다는 개념은 오래전부터 있었고, '뛰어난' 박물학자들이 다윈 이전부터 (최소한) 30년 동안 진화의 개념을 반대했지만 그렇게 목소리를 높이지는 않았었다. 그러다가 왜 그제야 소란을 떨었을까? 짐작하기로 진화론을 거부했던 과거의 학자들이 반대 의사를 크게 표출하지 않았던 이유는 다음과 같다.

1. 과거 진화론자의 말과 생각은 어디까지나 모호한 추정에 불과했다.
2. 이 문제에 대해 대체로 정보가 부족하고 제대로 인식하지 못했으며 비판적이지도 못했다.
3. 다른 주제의 논문에 사족으로 이 개념을 슬쩍 끼워 넣었다.

반면에 《종의 기원》은 체계적이었고, 전 세계에서 수집한 데이터를 바탕으로 하여 근거가 확실했으며, 성경책에 버금가는 분량의 한 권짜리 책으로 제시되었다. 앞에서 언급한 대로 다윈은 자신의 이론에 대하여 가능한 반박들을 모두 예상해 최대한 설득력 있게 답변하고자 애를 썼다. 이런 이유로 다윈은 진지하게 받아들여졌다. 다윈이 《종의 기원》으로 종교에 도전할 의도가 없었다는 사실은 흥미롭다. 그는 종교적 교리를 거스르지 않기 위해 단어를 신중하게 골라 썼다. 덧붙여 다윈과 월리스는 인간 정신의 기원에 관해서 "그것은 신이 한 일이다"라는 식의 관찰 외적인 근거로 도피하지 않은 최초의 진화론자였다(월리스는 신의 개입을 믿었으나 나중에 철회했다). 자연선택은 단순함 그 자체였다.

진화론에 반대하는 주장을 생각해 볼까? 그들은 흔히 말하기를,

개를 교배하면 항상 개가 나오지 다른 종의 새끼가 나오는 법은 없다고 주장한다. 사람들은 교배를 통해 형질의 변화가 발생한다는 것을 부인할 수도 없었고 부인하지도 않았다. 그러나 종이 달라진다는 것 앞에서는 명확히 선을 그었다.

그런데 종種이란 무엇인가? 이 질문의 답은 명확하지 않고, 논란의 여지도 많다. 이 책에서는 이렇게까지만 말하겠다. "성별이 서로 다른 두 개체가 짝짓기하여 생식 능력이 있는 자손을 생산하는 데 성공한다면, 그 두 개체는 같은 종이라고 볼 수 있다"라는 흔한 정의는 예컨대 무성생식하는 종에게는 쓸모가 없고, 멸종한 종에 대해서는 입증하기가 매우 어렵다. 자연이 만들어 낸 생물학적 형태는 놀라울 정도로 복잡하다. 따라서 생물계 전체에 적용할 수 있는 종의 정의를 찾는다는 것 자체가 비현실적인 목표일지도 모르겠다.

어쨌든 생물의 진화에 대한 가장 거창하고 진지한 비판은 1867년 플리밍 젠킨Fleeming Jenkin에게서 나왔다. 그는 종에 변화가 일어났다는 증거가 없고, 교배로 변화할 수 있는 수준에는 한계가 있다고 지적했다. 일례로 말을 아무리 교배해 봐야 일정 속도 이상으로 더 빠르게 달리는 말은 나오지 않는다는 얘기다. 젠킨은 또한 특별한 형질을 지닌 예외적인 개체outlier들을 교배했을 때 오히려 그 자손이 평범한 형질을 지니는 경우가 많다고 지적했다. 이른바 '평균으로의 회귀'라고 부르는 현상이다. 젠킨은 장황한 설명 끝에 "이 주장이 받아들여진다면, 종의 기원에 대한 다윈의 이론은 충분한 증거가 뒷받침되지 않았을 뿐 아니라 누적된 증거에 의해 거짓임이 증명된다"라고 마무리 지었다.

다윈의 강력한 옹호자이자 존경받는 동시대 지식인이었던 토머스 헉슬리는 이런 비판에 대해 어떻게 반응했을까? 가장 큰 문제는 다윈에게 유전의 기작을 설명하는 그럴듯한 모형이 없다는 것이었다. 그에게는 앞에서 말한 것과 같은 모호한 가설만 있었다. 헉슬리도 이러한 비판 앞에서는 만족스러운 대응책이 없었다. 문제의 핵심은 유전이란 연속적이고 혼합적인 과정이라는 사람들의 암묵적인 통념에 있었다. 실제로는 유전자들이 섞여서 특징이 희석되는 방식이 아니라, 유전 정보가 디지털 정보(가령 컴퓨터의 0과 1)처럼 독립적으로 존재하고 불연속적으로 전달되며 분자 수준에서의 돌연변이를 포함하는 과정임을, 그 시대에는 아무도 몰랐고 예상조차 하지 않았다. 하지만 바로 이 (새로운) 사실이 훗날에 '평균으로의 회귀' 문제를 모면하게 해 줄 터였다.

한편 "다윈은 기계적이고 영혼이 없는 우주를 제안한다"는 비판도 있었다. 이처럼 실체가 없는 종류의 비판은 조심해야 한다. 그건 그 말을 던지는 사람에게 합당한 근거가 없다는 뜻이니까.

그레고어 멘델

이제 탁월한 관찰자이자 사상가였던 다윈과 월리스를 떠나 그들의 동시대인이자 탁월한 실험 생물학자였던 그레고어 멘델Gregor Mendel을 만나 보자. 멘델은 철저하게 통제된 실험을 생물학에 도입해 커다란 발전을 이룬 사람이다. 그는 체계적인 방식으로 식물의 교배에 나타나는 규칙을 찾아 나갔다. 일각에는 멘델이 유전 법칙을 발견한 데는 운도 크게 따랐다는 견해가 있지만, 나는 그런 평가는 정당하지 못하다고 생각한다. 멘델이 실험을 계획하고 그 결과를 명확하게 설명한 것은 논리적인 사고방식 때문만이 아니라 그가 물리학자이자 교사로서 받은 훈련의 영향이 컸다. 실험 결과 밝혀진 규칙이 마침 아주 단순명료했다는 점은 운이 좋아서일 수도 있지만, 그 결과물을 그저 멘델이 재수가 좋았다는 식으로 깎아내리는 것은 옳지 않다.

중고등학교에 다닌 사람이라면 누구나 멘델의 완두콩 교배 실험을 들어 봤을 것이다. 하지만 이 실험의 상세한 내용까지 아는 사람은 많지 않다. 1866년에 논문으로 출판된 그의 실험에는 총 1만 개의 식물이 동원된다. 논문에서 그는 약 15쪽에 걸쳐 이 식물을 교배한 방식과 과정을 상세하게 기술했다. 멘델은 식물의 '모계'와 '부계'가 다음 세대에 형질을 대물림하는 일에 똑같이 이바지한다는 기본 가정을 두고 실험했다. 엄청난 두께의 이 논문에서 그는 완두의 일부 형질은 이런 가정에 딱 들어맞는 간단한 유전 법칙을 따른다는 것을 보였다. 하지만 논문 말미를 보면 그가 논문에서 다룬 것 외의 다른 형질들은 그렇게 단순히 설명되지 않았고, 실제로 그것들을 어떻게 다루어야 할지, 즉 자신이 이미 발견한 간단한 규칙에 어떻게 꿰맞출지 몰랐다는 언급도 있다.

멘델은 1857년에서 1865년까지 약 8년이라는 긴 시간 동안 식물을 교배했다. 그는 이 장기적인 실험에 사용할 식물을 어떻게 선택했을까? 다음과 같은 세 가지 조건이 설정되었다. 종자의 형질을 명확하고 쉽게 구분할 수 있어야 한다, 번식 기간에 외부의 영향을 받지 않게 교배용 식물을 잘 보호할 수 있어야 한다, 교배된 식물의 생식 능력이 세대에 따라 큰 변이가 없어야 한다.

그는 이 조건들을 만족하는 식물로 완두 *Pisum sativum*를 선정하고, 관찰할 형질로는 씨의 모양, 씨의 색깔, 꽃의 색깔, 콩깍지의 모양, 덜 익은 콩깍지의 색깔, 꽃의 위치, 줄기의 길이까지 모두 일곱 가지를 골랐다. 교배된 집단은 뚜렷한 대립형질 중 하나를 안정적으로 지니고 있어야 했고, 그 형질은 쉽게 구별할 수 있어야 했다. 예를 들면 둥근 완두와 주름진 완두, 긴 줄기(1.8~2.1m)와 짧은 줄기(0.3~0.5m)처럼 말이다. 멘델은 두 대립형질 중에서 한 가지만 지닌 순종을 만들기 위해 해당 특성을 보이는 식물만 골라서 여러 세대 교배했다. 그리고 그렇게 얻은 두 종류의 순종을 서로 교배하여 많은 자손을 얻었다.

결과는 충격적이었다. 서로 다른 한 쌍의 대립형질을 교배하여 나온 첫 세대, 즉 순종과 순종을 교배하여 나온 자손인 잡종 1대는 일곱 가지 형질에 대해 모두 각각 하나의 대립형질만 나타냈다. 즉, 모두 줄기가 길거나 모두 둥근 완두였다는 말이다. 이처럼 대립하는 형질의 쌍 중에서 정의상 하나는 우성, 다른 하나는 열성이다. 열성은 두 대립형질을 교배했을 때 나온 잡종 1대 중 단 한 개체에서도 나타나지 않는 쪽을 말한다.

이제 멘델은 이 잡종 1대끼리 다시 교배했는데, 그렇게 나온 잡종 2대는 양상이 또 달랐다. 이 식물들의 약 4분의 3은 우성, 4분의 1은 열성을 띠었다.

이 결과는 과거와 차별되는 커다란 전진이었다. 여러 식물로 여러 세대를 체계 없이 파고든 옛날 방식에서 벗어나 멘델은 치밀하게 계획한 실험을 8년이나 신중하게 이어 나갔다. 이렇게 해서 그는 과거에 학자들이 놓친 단순한 유전 법칙을 발견했다. (멘델은 논문에서 선배 학자들에게 공을 돌리고, 실험 방식에 대한 비판은 생략했다.)

멘델의 실험 결과가 과학계에 어떤 영향을 주었을까? 그는 이 결과를 어느 소규모 학회에서 발표하고 이어서 학회지에 논문으로도 출판했다. 하지만 그런 다음 그의 연구는 바다 한복판에 던진 돌멩이처럼 자취를 감추고 말았다. 무슨 일이 일어난 것일까? 많은 역사학자가 멘델과 같은 시대에 활동했던 카를 빌헬름 폰 네겔리Carl Wilhelm von Nägeli에게 비난의 화살을 돌린다. 스위스 식물학자인 그는 당시 진화에 관한 중요한 책을 썼지만, 그 책에 멘델의 결과는 언급조차 하지 않았다. 1948년에 태어난 영국 작가이자 평생 생물 교사였던 사이먼 마워Simon Mawer가 이 상황을 잘 묘사했다. "네겔리가 우둔하고 거만했던 것을 용서할 수 있다. 그가 무지했던 것을 용서할 수 있다. 유전에 관해 광범위하게 추측하면서도 멘델이 한 일의 중요성을 이해할 머리는 갖추지 못했던 것까지도 용서할 수 있다. 그러나 자신의 책에서 멘델의 연구를 완전히 빼놓고 심지어 언급도 하지 않은 것은 용서하지 못하겠다." 하지만 네겔리 편에서 내 의견을 덧붙이자면, 그가 이 연구의 중요성을 인정하지 않은 이유는 아마 멘델이 자신의 실험 결과를 유전보다는 잡종 교배(서로 다른 형질을 가진 두 생물의 교배)와 관련된 것으로 보았기 때문이었다는 생각도 든다.

멘델의 재발견

멘델의 연구는 약 30년이 지나 20세기가 열릴 무렵, 세 명의 식물학자에 의해 독립적으로, 그리고 거의 동시에 부활했다. 그 세 사람은 네덜란드의 휘호 마리 더프리스Hugo Marie de Vries(1845~1935년), 독일의 식물학자이자 네겔리의 제자였던 카를 에리히 코렌스Carl Erich Correns(1864~1933년), 에리히 체르마크 폰 자이제네그Erich Tschermak von Seysenegg(1871~1962년)이고, 여기에 미국 경제학자 윌리엄 재스퍼 스필만William Jasper Spillman을 네 번째로 추가할 수 있다.

영국의 생물학자 윌리엄 베이트슨William Bateson이 멘델의 연구를 처음 접하게 된 것도 이 재발견의 결과였다. 베이트슨은 유전학genetics이라는 용어를 만든 사람인데, 멘델의 연구를 처음 접했을 때 그는 멘델이 받은 부당한 처사에 분개했다. 멘델은 찬사받아야 마땅한 사람이었으니까. 유전 법칙에 대한 멘델의 생각을 완전히 흡수한 베이트슨은 그의 발견에 기초해 연구 방향을 바꾸었다. 몇 년 뒤인 1909년에 베이트슨은 멘델의 연구로 책을 썼다. 이 책이 비교적 널리 알려진 덕분에 오늘날 과학자와 중고등학생을 포함해 유전학을 배우는 모든 학생의 의식에 멘델의 이름이 스며들게 되었다. 이 책은 당시에도 커다란 홍보 효과가 있었다.

베이트슨의 동료인 레지널드 퍼넷Reginald Punnett은 '퍼넷 사각형'이란 것을 만들어 멘델의 법칙을 명료하게 요약했다. 그림 16.1에 보이는 것처럼 2 × 2 표의 위에 있는 A와 a는 교배되는 한 쌍 중의 하나가 우성인 A와 열성인 a 유전자를 갖고 있다는 뜻이다. 왼쪽에 있

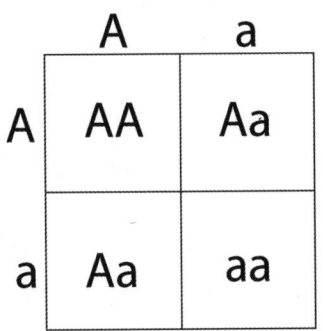

그림 16.1. 간단한 퍼넷 사각형.

는 A와 a도 마찬가지다. 표 안에 입력된 항목은 교배 결과 나오게 될 자손에서 유전자 조합의 비율을 보여 준다. 이 경우 자손의 1/4은 AA 유전자형을, 1/4은 aa 유전자형을, 절반은 Aa(= aA) 유전자형을 가진다고 해석할 수 있다. 이렇게 표현되는 멘델의 유전 규칙이 이제는 법칙이 되어 한 세기가 지난 지금도 널리 사용된다.

20세기 초반 약 30년 동안 통계학자들이 멘델의 결과에 좀 더 수준 높은 관심을 퍼붓기 시작하면서 본격적인 비판이 시작되었다. 멘델의 결과는 대단히 비현실적이라 믿을 수 없다는 주장이 나왔다. 시대를 초월한 통계학계의 거물 로널드 피셔Ronald A. Fisher가 대표적이었다. 멘델의 데이터는 자신이 만든 법칙과 너무 정확히 일치해 확률론으로 볼 때 합리적이지 않은 수준이었다. 통계학자들은 거의 한 세기 내내 멘델의 결과를 두고 공격과 방어를 거듭했지만, 최근에는 이런 논쟁이 잦아든 듯하다. 적어도 최근 몇 년 동안은 이 주제의 논문을 거의 보지 못했다. 문제는 비판하는 쪽의 가정과 근거에 있다. 자세히 설명하지는 않겠지만 한 가지는 확실하다. 누구도 멘델이 사기꾼이라고 비난하지 않았다. 그 반대였다. 비판의 내용으로는 무의식적인 편향(의심스러운 식물을 배제하여 가설에 맞추는 행위), 단순한 통계적 변동을 오염된 데이터로 오해하여 제외했을 가능성, 그 일을 멘델의 조수가 했다는 추측(증거 없음) 등이 있었다.

17장

유전의 핵심 분자 찾기

 이번 장에서는 생명 이야기의 정점으로 가기 위한 무대로서 유전의 분자적 기초를 탐색한다. 역시 결말을 알고 시작하는 이야기지만, 무지개 끝에 묻혀 있는 황금 단지를 발견한 여정을 따라가다 보면 이 문제에 관한 시야와 이해가 넓고 깊어질 테니 잘 읽어 주기 바란다.
 복잡한 두 가지 질문을 던지며 이야기를 풀어 보겠다. 유전을 결정하는 핵심 분자는 무엇이고 그것을 어떻게 알게 되었는가? 이 분자는 어떻게 작동하며 그것을 어떻게 알게 되었는가? 이번에도 그 답을 찾아 나선 주요 공헌자들을 중심으로 시간 순서에 따라 이야기가 진행된다. 특히 이 장에서는 1860년대에서 1940년대까지 활동한 다섯 명의 과학자를 소개하면서 주요 원리를 설명한다. (내가 주관적으로 선별한) 그 다섯 사람은 다음과 같다.

프리드리히 미셔Friedrich Miescher(화학자)

피버스 레빈Phoebus Levene(화학자)

프레더릭 그리피스Frederick Griffith(군의관)

오즈월드 에이버리Oswald Avery(생물학자 겸 화학자)

어윈 샤가프Erwin Chargaff(화학자)

대략적인 연대를 말하자면, 미셔는 1844년에 태어났고 샤가프는 2002년에 사망했다.

DNA의 발견

거의 모든 사람이 들어서 알겠지만, 생물의 유전을 도맡은 핵심 분자는 DNA라는 약어로 통한다. 그러나 DNA가 deoxyribonucleic acid(디옥시리보핵산)의 약자라는 것을 아는 사람은 많지 않고, 그 분자 구조까지 아는 사람은 더욱더 없을 것이다. 하지만 장담하는데, DNA를 처음 발견한 학자의 이름을 아는 사람은 정말 극소수일 것이다. 물론 그 사람이 누구인지 알아야 DNA의 역할을 이해할 수 있는 것은 아니다. 하지만 세상에서 가장 유명한 분자의 발견자가 거의 익명으로 존재한다니 그건 좀 부당하다. 아무튼, 그래서 DNA를 발견한 사람이 누구인고 하니, 그의 이름은 프리드리히 미셔이고 1844년에 스위스에서 태어났다. 미셔의 집안에는 저명한 과학자가 여럿이었다. 그중에 미셔의 삼촌은 인체 조직의 발달 과정에서 남은 난제는 화학을 통해 풀게 되리라 확신했는데, 미셔는 그런 삼촌의 영향을 받아 전공을 결정했다.

미셔는 1867년에 독일의 에른스트-펠릭스 호페-자일러Ernst-Felix Hoppe-Seyler의 실험실에서 일을 시작했다. 호페-자일러는 헤모글로빈에 관한 기초 연구를 수행한 인물이다. 이번에도 미셔는 삼촌의 조언을 따라 세포의 화학 조성을 연구 주제로 선택했고, 호페-자일러가 제안한 대로 백혈구 세포의 핵을 연구하기 시작했다.

연구를 위한 실험법을 개발하기까지 미셔는 수많은 시행착오를 거쳤다. 그는 매일 근처 병원에서 환자의 환부를 감쌌던 붕대를 받아 와 백혈구를 다량으로 수집했다. 백혈구 세포를 분리하기 위해 붕대를 용액(물 : 황산나트륨 = 9 : 1)에 담그고 며칠 뒤 바닥에 가라앉은 세포를 회수했다. 그는 이 세포에서 용해도(액체에 녹는 정도)에 따라 다섯 가지 단백질을 식별했다. 그런데 여느 단백질과는 다른 물질이 한 가지 더 있었다. 행운의 여신이 찾아온 것이다. 이 새로운 물질은 세포의 핵에서 왔는데, 미셔는 화학자의 흑마술로 이 물질의 예상치 못한 성질을 드러내 보였다. 이 물질은 산성 용액에 담그면 용기 바닥에 침전되었다가, 용액을 염기성으로 만들면 다시 녹았다. 이어서 미셔는 묽게 희석한 염산에 세포를 하루 정도 두면 시험관에 세포핵을 닮은 잔여물이 생기는 것을 발견했다. 세포핵에 관해서라면, 1719년에 현미경 개발자 안토니 판 레이우엔훅Antonie van Leeuwenhoek이 발견했고, 브라운 운동으로 유명한 로버트 브라운이 1831년에 난초 세포의 핵을 묘사한 적이 있지만, 겉모습 말고는 알려진 것이 거의 없었다.

미셔는 이 핵 물질을 아이오딘으로 염색해 보았다. 아이오딘은 단백질을 노란색으로 바꾸는 특성이 있었는데, 실험 결과 노란색은 보이지 않았다. 그렇다면 이 새로운 물질이 단백질은 아니다. 그는 정체 모를 이 물질의 순도를 높이기 위해 따뜻한 알코올, 에터, 돼지 위에서 나온 산성 물질(펩신이라는 효소가 들어 있다. 참고로 효소는 특정 화학반응에서 반응 속도를 높이는 분자로, 흔히 다른 분자를 쪼개는 역할을 한다. 하지만 효소 자체는 그 반응으로 변형되지 않는다) 등을 사용한 복잡한 실험법을 개발했다.

미셔의 끈질긴 집요함이 마침내 빛을 발했다. 그는 추출한 핵 물질이 시험관 바닥에 하얀색 고운 알갱이처럼 가라앉는 것을 보았다. 이 침전물의 원소 조성은 어떻게 될까? 그는 화학자의 소명을 받들어 이 침전물을 조성하는 원소의 비율을 구했다. 실험에 정확성을 기하기 위해 그는 반응 결과물의 무게를 반응 전 물질의 무게와 비교하여, 실험 중에 일부를 잃거나 반대로 외부 물질이 유입되지 않았는지 확인했다. 이렇게 철저히 통제한 실험이라 그 결과에 더 놀랄 수밖에 없었다. 예상했던 탄소, 산소, 수소, 질소에 더하여 뜻밖의 원소가 상당량 포함돼 있었기 때문이다. 인이었다. 당시에 인은 유기물질에서 거의 알려지지 않은 원소였다. 게다가 이 침전물은 낯선 분자로 구성되었고, 분자의 크기도 아주 컸다. 얼마나 크고 하니, 양피지를 통과해 확산하지 않는 것으로 보아 분자량이 적어도 500은 될 터였다. (분자량은 한 분자의 무게로, 대개 정수로 표시되며, 분자를 구성하는 모든 원자의 중성자와 양성자 전체 개수를 나타낸다. 여기서 양성자 질량과 중성자 질량의 미세한 차이는 무시한다.) 참고로 일반적인 물 분자(H_2O)의 분자량은 18이다.

미셔는 전에 없던 새로운 유형의 분자를 발견했음을 깨달았다. 그는 이 분자를 '핵 속에 있는 물질'이라고 하여 뉴클레인nuclein이라고 불렀다. 나중에 DNA라고 불리게 되는 물질이 이렇게 세상에 드러난 것이다. 그러면 그 시대 사람들은 핵을 두고 무엇을 추측했을까? 1866년에 저명한 독일 생물학자 에른스트 헤켈Ernst Haeckel은 유전 형질을 전달하는 것이 세포핵의 역할이라는 선견을 제시했다. 미셔는 자신이 발견한 새로운 분자가 세포에서 수행하는 역할 면에서 단백질과 동등한 위상을 지닌다고 확신했다. 그러나 그는 뉴클레인이 다양성에 필요한 충분한 변이를 제공한다고 추측했음에도 나중에 그 생각을 버렸다.

이 놀라운 발견이 출판되는 과정은 어땠을까? 그때까지 알려진 다른 어떤 분자와도 같지 않은 물질을 발견하여 생물학계의 인정을 받았으니 논문은 일사천리로 발표되지 않았을까? 그렇지 않았다 (그랬다면 애초에 묻지도 않았겠지만). 호페-자일러는 미셔에게 논문 출판의 전제조건으로 두 가지를 요구했다. 첫째, 다른 생물의 세포에도 뉴클레인이 존재함을 보여 이 결과의 적용 범위를 넓혀야 했다. 둘째, 호페-자일러 자신이 미셔의 실험을 반복하여 같은 결과를 얻어야 했다. 미셔는 고생 끝에 마침내 연어의 세포에서 뉴클레인의 존재를 확인해 보였고, 호페-자일러 역시 미셔의 결과를 똑같이 재연하는 데 성공했다. 그렇게 미셔가 논문 게재 허가를 받을 때까지 총 2년이 걸렸다. 그러나 그의 발견에 대해서는 멘델 때처럼 적극적으로 나서서 비난하는 악당도 없었지만, 후속 연구를 함께 추진할 동지도 없었다.

건강이 좋지 못한 상태에서도 미셔는 연구에 매진했고, 결국 1895년 51세라는 창창한 나이에 결핵으로 쓰러졌다. 그는 자기 홍보에 소질 있는 사람이 아니었다. 삼촌이 그의 연구를 모아 "미셔와 그가 한 연구의 진가는 시간이 지나면서 커지면 커졌지 줄어들지는 않을 것이다. 그가 발견하고 제시한 사실과 가설은 언젠가 그 결실을 보게 될 씨앗이다"라는 서문과 함께 출판했지만, 이후 그의 이름과 연구는 묻혀 버렸다. 그 '언젠가'는 80년 뒤에야 찾아왔다.

훗날 DNA라고 불릴 이 핵산을 발견한 미셔의 이름은 왜 다윈과 멘델, 제임스 왓슨James Watson과 프랜시스 크릭Francis Crick처럼 알려지지 못했을까? 좋은 대답인지는 모르겠지만, 그의 발견과 중요성이 인정되기까지 걸린 80년이라는 공백이 너무 길었거나, 그의 공을 인정하고 알려 줄 사람이 마땅치 않았던 것 같다. 멘델만 해도 베이트슨이 많은 시간을 들여 적극적으로 그를 홍보했으니까. 어떤 사람들은 미셔가 이 물질을 발견하기만 했을 뿐 유전에서 담당하는 역할이나 기능을 밝히지 못했기 때문이라고 말한다. 하지만 나는 그런 식의 주장은 너무 많은 것을 요구하는 처사라 생각한다. 이런 식으로 발견의 가치를 훼손해서는 안 된다.

진보와 퇴보

이제 수십 년 뒤인 20세기 초로 넘어가 피버스 레빈을 만나 보자. 걸출한 유기화학자인 그는 리투아니아에서 태어났고 상트페테르부르크에서 자랐으며 1893년에 가족과 함께 러시아에서 반유대주의 집단 학살을 피해 뉴욕시로 이주했다. 뉴욕에서 그는 록펠러의학연구소에서 일했다. 레빈은 미셔가 발견한 뉴클레인(이하 DNA)에 대한 이해에 긍정적, 부정적으로 모두 중요한 공이 있다.

미셔는 DNA 분자를 구성하는 다섯 가지 원소의 상대적인 양을 알아냈으나 화학 구조에 관해서는 아는 바가 없었다. 레빈은 좀 더 현대적인 화학 기술을 사용해 DNA의 구성 요소인 네 가지 염기base의 특징을 밝혔다. 아데닌·구아닌·시토신·티민, 이 네 염기의 2차원 도해는 구성 원소와 그 구조를 알려 주었고, 이것들이 퓨린purine과 피리미딘pyrimidine이라는 두 종류의 화합물 중 하나에 속한다는 것을 보여 주었다(그림 17.1). 대략 설명하면 퓨린은 육각형에 오각형이 붙어 있는 구조이고, 피리미딘은 오직 육각형 고리만 있다. 다섯 번째 염기인 유라실의 존재도 잊으면 안 된다. 유라실은 DNA에는 없고 RNA(리보핵산)에만 있다. 유라실의 생물학적 역할은 뒤에서 살펴보겠다.

DNA 염기를 표현한 그림 17.1을 자세히 보면 화학 조성이 비슷한 종류의 분자들 간에 구조의 차이가 드러난다. 예를 들어 피리미딘 계열에서 티민과 유라실은 한 가지만 다른데, 티민은 탄소 원자에 메틸기(CH_3)가 붙어 있고, 유라실은 그 자리에 수소(H)가 붙어 있다. 이런 차이로 염기의 화학적 성격이 달라진다. DNA는 디옥시리보스deoxyribose라는 당과 인산기(PO_4)로 구성된다. 참고로 RNA를 구성하는 당은 디옥시리보스가 아니라 리보스ribose다. (리보스와 달리 디옥시리보스는 당에 산소 원자 하나가 없다. 이 차이가 디옥시리보스의 속성과 생물학적 중요성에 지대한 영향을 미친다.)

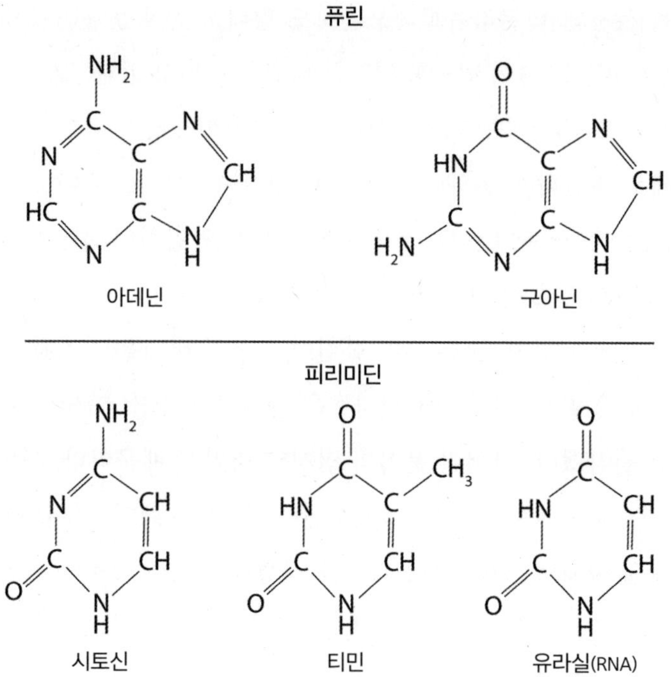

퓨린

아데닌　　　　　구아닌

피리미딘

시토신　　　　티민　　　유라실(RNA)

그림 17.1. DNA 염기의 화학적 구조: 퓨린과 피리미딘.

　DNA의 기본적인 원소 구성을 밝혀낸 공로에 더하여, 레빈은 DNA가 인산기-당-염기의 특별한 순서로 연결되어 하나의 단위체를 형성한다고 주장했다. 그는 이 단위체를 '뉴클레오타이드 nucleotide'라고 이름 붙였고, DNA 분자는 한 뉴클레오타이드의 인산기와 다른 뉴클레오타이드의 당이 연결되어 뼈대를 이루고 긴 사슬을 형성한다고 설명했다. 한 걸음 더 나아가 1909년에 레빈은 테트라뉴클레오타이드 tetranucleotide 가설을 내놓았다. 이 가설은 DNA를 구성하는 아데닌·구아닌·시토신·티민의 양이 동일하고, 각 염기가 하나씩 사용된 테트라뉴클레오타이드 형태로 존재한다는 주장이다. 이 가설은 30년이 넘도록 별다른 비판을 받지 않았다. 그러나 안타깝게도 DNA가 테트라뉴클레오타이드의 형태라면 유전 정보의 운반체로 적합하지 못하다는 결론에 이를 수밖에 없다. 이유가 무엇일까? 이런 구조로는 DNA가 유기체, 특히 인간처럼 복잡한 생물을 만드는 데 필요한 다양성이 부족하기 때문이다.

DNA가 아니라면, 다른 어떤 물질이 유전의 비밀을 간직할 다양성을 보유했을까? 당시 생물학자들은 단백질이 유전의 근간이어야 한다고 생각했다. 단백질 분자의 엄청난 다양성 때문이다. 단백질은 무엇으로 만들어졌는가? 아미노산이라는 단위체다. 아미노산은 어떻게 구성되었는가? 그림 17.2가 전형적인 아미노산의 구조다. 지구에는 약 500가지 아미노산이 알려졌지만, 알 수 없는 이유로 유기체에는 고정된 20개의 아미노산만 사용된다. 어떤 생물계에서는 자연적으로 아미노산 두 개가 추가된다. 이렇듯 생물학은 복잡하기 짝이 없고, 우리가 안다고 생각했던 부분에도 모르는 것이 많다.

단백질은 오로지 아미노산들이 연결되어 구성되고 대체로 3차원 구조로 존재한다. 비유하자면 생물계에서 아미노산은 20개의 알파벳이고, 단백질은 아미노산이라는 알파벳을 조합해서 쓴 단어인 셈이다. 그러나 사람의 언어에서 단어는 알파벳이 나열된 순서로만 결정되지만, 단백질은 분자의 3차원 구조가 대단히 중요하다. 아미노산 20개로 이루어진 단백질을 가정해 보자(대부분은 훨씬 더 길다). 그러면 화학적으로 서로 다른 단백질이 이론상 20^{20}가지나 가능하다. 상상을 초월하게 많은 수다. 인간의 세포에는 총 10만 가지 이상

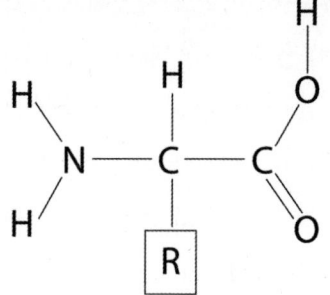

그림 17.2. 일반적인 아미노산의 화학 구조. R은 아미노산의 종류를 구분 짓는 다양한 원소를 상징한다. 예를 들어 가장 단순한 아미노산인 글리신에는 R 자리에 수소 원자 한 개만 있다. 글리신은 최근 유럽의 우주 임무 중에 어느 혜성에서 발견된 바 있다.

의 단백질 분자가 있으며, 종류에 상관없이 세포 하나에 들어 있는 단백질 분자의 총 개수는 그 100배나 된다. 실제로 세어 본 사람이 있는 것은 아니고 대략의 예측일 뿐이지만 크게 틀리지 않은 짐작이리라. 한 사람의 단백질 분자에 들어 있는 아미노산의 수는 50개에서 3만 4,000개까지 아주 다양하다.

테트라뉴클레오타이드 가설과 단백질의 다양성이 불러온 최면 효과로 인해 생물학자들은 유전을 분자적 수준에서 이해하는 탐색 과정 중에 수십 년 동안이나 엉뚱한 곳에서 헤맸다. 그렇지만 DNA의 화학 구조에서 원소의 조직을 이해하는 데 중요한 공헌을 한 레빈의 업적은 높이 평가해야 한다.

형질전환 원리

의문은 아직 풀리지 않았다. 유전 물질이라는 것이 정확히 무엇인가? 그게 단백질이라면, 어떻게 유기체의 특징을 결정하는가? 그리고 어떻게 그 정보를 한 세대에서 다음 세대로 넘겨주는가? 1920

년대 말, 이 질문의 답을 향한 새로운 진전이 의외의 장소에서 시작되었다. 영국 보건부의 군의관 프레더릭 그리피스는 폐렴 전문의였다. 어떻게 폐렴 전문가가 유전의 수수께끼를 풀었는지 궁금하지 않은가?

그리피스는 여러 유형의 폐렴구균이 지닌 독성의 차이에 관심이 있었다. 그의 목표는 이 질병을 더 잘 치료하고, 확산을 막고, 감염을 예방하는 것이었다. 1928년에 그리피스는 278건의 폐렴 사례를 바탕으로 네 종류의 엽폐렴(대엽성 폐렴)에 관한 연구 결과를 발표했다. 그는 특히 환자가 기침할 때 내뱉은 가래를 연구했는데, 예상과 다른 일부 관찰 결과에 의문을 품고 다양한 조건에서 실험용 쥐에게 다양한 폐렴구균의 균주를 실험했다. 그는 진지하고 신중한 실험가였다.

그리피스는 폐렴구균 중에서도 표면이 거친 것들을 R형이라고 불렀다. 이 유형의 구균은 독성이 없어서 숙주를 죽이지 않았다. 반면 표면이 매끄러운 S형 폐렴구균은 독성이 강해서 이 유형의 폐렴구균을 접종한 생쥐는 대체로 죽었다. 그런데 그가 발견한 놀라운 사실이 있다. 가열하여 죽인 S형을 살아 있는 R형과 섞은 다음 생쥐에게 주입했더니 R형의 형질이 S형처럼 바뀌어 생쥐를 죽인 것이다. 이처럼 구균의 형질이 전환된 원리가 무엇일까? 정확히 무엇이 R형을 S형으로 바꾸어 생쥐를 죽게 했을까? 그리피스는 생쥐의 몸에서 접종 부위를 바꾸는 등 다양한 방식으로 이 현상을 실험했다. 폐렴구균의 이런 행동은 흑마술일까, 아니면 다른 어떤 근본적인 특성이 있는 것일까?

그리피스의 연구는 곧 널리 알려졌고 많은 의견과 추론의 대상이 되었지만, 결과를 믿지 못한 생물학자들이 그의 실험을 다시 반복한 것 말고 새로운 실험은 거의 없었다. 그럼에도 폐렴구균을 양성에서 악성으로 바꾸었던 이 이상한 형질전환 현상은 1930년대 초에 확실히 검증되었다. 이 검증에는 살아 있는 유기체 대신 시험관에서 유도한 실험도 포함되었다. 이에 더하여 1930년대 중반에는 토끼를 이용한 실험에서도 같은 현상이 확인되었다. 그러자 이런 식의 형질전환이 거짓이라는 의심은 사라지고 그 기작을 밝혀낼 필요성이 인지되었다.

이 현상을 두고 어떤 주장들이 오갔을까? 1928년에 그리피스는 일부 특이 단백질이 R형의 형질전환을 유도한다고 제안했다. 그리고 1941년에 세계적으로 유명한 유전학자 테오도시우스 도브잔스키Theodosius Dobzhansky는 진화생물학과 유전학을 종합한 연구에서 "이 형질전환을 유전적 돌연변이라고 본다면 우리는 어떤 처치를 통해 특정 돌연변이를 유도하는 실제 사례를 보고 있는 것이다"라고 말했다. 완전히 옳다고는 볼 수 없으나 유전의 역할을 대략이나마 겨냥하는 주장이었다. 저 두 가지 외에도 많은 설명이 제안되었지만 아무도 실험으로 뒷받침하지는 않았다.

이야기는 이제 오즈월드 에이버리, 콜린 매클라우드Colin MacLeod, 맥클린 매카티Maclyn McCarty로 이어진다. 에이버리가 이끈 이들 3인방은 폐렴구균의 형질전환을 유도한 물질의 화학적 속성을 밝히려고 나섰다. 이들은 실험과 실험 변수를 더 잘 통제하기 위해서 형질전환을 일으키는 화학물질을 분리하고 정제하여 유기체 밖(시험관)

에서 시험하는 방식을 시도했다. 그렇게 S형 구균에서 단백질, 탄수화물, 지질에 해당하는 화합물을 모두 제거하거나 파괴해 봤지만 남아 있는 무엇인가가 여전히 R형 구균의 형질전환을 일으켰다. 그리고 마침내 미셔의 방식대로 분리한 DNA의 차례가 왔다. 이들이 열처리로 죽인 S형 구균에서 단백질이나 RNA를 제거한 상태로 살아 있는 R형과 섞었을 때는 형질전환이 일어났지만, 같은 상황에서 DNA를 제거했더니 형질전환이 일어나지 않았다. 따라서 이들 3인방은 형질전환을 일으킨 물질이 DNA여야 한다는 결론을 내렸다. DNA의 상세한 화학적 특성까지 밝혀진 것은 아니지만 대단히 큰 도약이자 발견이었다.

에이버리, 매클라우드, 매카티는 실험 중 오염을 막기 위해 최선을 다했다. 이들이 형질전환 실험에 사용할 정제된 시료 25mg을 얻는 데는 배양액 75L가 사용되었다. 1000만분의 3에 불과한 소량이다. 구체적인 실험 방식과 이제는 고전이 된 1944년 논문의 고찰 부분은 여기서 소개하기에 너무나 복잡하다. 실험 방식이 그토록 복잡하고 낯설었던 탓에 그들의 결과는 과학계에 즉각 받아들여지지 않았다. 연구팀이 매우 신중하게 실험했음에도 여전히 오염의 가능성을 제기하는 비판이 있었다. 그 오염된 물질 때문에 DNA가 형질전환의 원인이라는 결론이 나왔다는 주장이었다. 3인방 역시 조심스럽기는 마찬가지였다. 그들의 논문은 이런 문장으로 마무리된다. "생물학적 활성은 핵산의 고유한 속성이 아니라 핵산에 흡수된 극소량의 다른 물질 또는 핵산과 밀접하게 연관되어 분리될 수 없는 어떤 물질 때문에 나타났을 가능성을 배제할 수 없다." 과학자는 이런 회의론에 빠지기 쉬운데, 적당히 적용하면 유용하지만 '적당함'과 '과도함'을 구분하는 선을 어디에 그어야 할지 처음부터 알기는 쉽지 않다.

요약해 보자. 이 연구에서 DNA의 자세한 화학 작용은 하나도 알려지지 않았다. DNA가 R형 폐렴구균을 S형으로 바꾼 장본인이었다는 사실만 밝혀졌을 뿐이다. 하지만 에이버리, 매클라우드, 매카티의 논문이 지금까지도 생물학의 한 랜드마크로 여겨지는 까닭은 실험 과정과 결과에 영향을 줄 수 있는 오염을 막기 위해 기울인 정성 때문이다. 이 논문은 유전의 비밀이 단백질에 있다는 주장에 맞서서 DNA의 연관성을 의심의 여지 없게 입증했다. 물론 당시에는 이 결과가 보편적으로 받아들여지지 않았다. 저자들의 신중함에 더하여 다른 이들이 제기한 회의론이 여전했고 번번이 노벨상에서도 고배를 마셨다. 그들의 실험법이 너무 복잡했고 당시에는 너무 많은 사람이 유전 물질로 단백질을 손꼽았기 때문에 저자들의 연구가 과학계에 널리 받아들여질 수 없었다. 그러나 DNA가 유전의 동인이라는 진실을 차단한 벽은 점점 약해지고 있었다.

테트라뉴클레오타이드 가설의 폐기

에이버리와 동료들의 논문이 출판된 해에, 《생명이란 무엇인가 What is Life?》라는 제목의 책이 등장했다. 저자는 1920년대 중반에 양자역학을 발명한(혹은 발견한) 두 사람 중 하나인 에르빈 슈뢰딩거였다. 그는 이 책에서 유전 정보는 몇 개의 기본 부호로 표현할 수 있으며, 생명의 다양성은 글자-단어-책의 비유로 설명할 수 있다는 통찰을 실었다. 그는 이미 75년 전에 미셔가 제시한 유사한 아이디어를 몰랐던 것 같다. 미셔와 마찬가지로 슈뢰딩거의 비유는 옳았지만, 유전의 비밀을 밝히는 데 직접적인 공을 세우지는 않았다.

그 대신 슈뢰딩거는 이 일에 직접적인 공헌을 한 사람에게 영향을 주었다. 바로 오스트리아 사람 어윈 샤가프(1905~2002년)다. 슈뢰딩거의 책을 읽고 감명을 받은 그는 당시 미국의 컬럼비아대학교에서 에이버리 팀의 실험 결과를 접한 후 DNA의 화학적 속성으로 빠르게 연구 방향을 틀었다. 그는 지금까지 DNA와 관련된 분자의 특성을 알아낼 구체적 방법이 마땅치 않은 탓에 발전이 더뎠다고 생각했다. 그래서 이런 상황을 타개하고자 학생, 동료와 함께 새로운 연구 방식을 시도했다. 이 책의 서두에서 언급한 것처럼, 신기술은 새로운 과학의 밑바탕이 되며 그렇게 발전한 과학이 다시 새로운 기술의 밑거름이 된다.

그들은 세 단계를 조합했다. 먼저, 페이퍼 크로마토그래피라고 하는 신기술로 DNA를 개별 구성 요소(주로 염기)로 분리했다. 그런 다음 분리된 염기를 자외선 스펙트럼에서 흡수선이 나타나는 고유의 파장을 통해 식별했다(각 염기는 자외선을 흡수하는 고유한 특성이 있다 — 옮긴이). 마지막으로 자외선 흡수량을 이용해 각 염기의 양을 추정했다. 샤가프와 동료들이 DNA를 분석한 결과는 단순함 그 자체였다. DNA에서 구아닌(G)의 개수는 시토신(C)의 개수와 같았다(G : C = 1 : 1). 마찬가지로 아데닌(A)의 개수와 티민(T)의 개수가 또 같았다 (A : T = 1 : 1). 종에 따라 G와 C, A와 T 쌍의 비율은 달랐지만, 각 쌍

내에서는 항상 1 : 1이라는 비율이 유지되었다. 이로써 테트라뉴클레오타이드 가설은 완전히 사장되었다. 이 가설에서 주장했던 것과 달리 각 염기의 뉴클레오타이드는 개수가 모두 같지 않았다.

    DNA의 구조(18장 참조)에 대한 현재의 지식수준에서 돌아보면 이런 의문이 들지도 모른다. 왜 샤가프는 이런 결과를 보고 DNA 구조에서 염기의 짝짓기를 생각해 내지 못했을까? 내 답은 이렇다. 당시의 미흡한 지식으로는 그런 가설이 명확하게 뒷받침되지 않았기 때문이다. 우리는 다음 장에서 왓슨과 크릭이 DNA 구조를 밝히는 과정에서 두 염기가 쌍을 이룬다는 아이디어가 어떤 역할을 했는지 볼 것이다. 사실 그들도 샤가프의 결과를 일찌감치 알았지만, 한동안은 DNA 구조와의 연관성을 깨닫지 못했다.

    마지막으로 한 가지 사족을 달자면, DNA 구조와 관련해 샤가프가 훗날 부정적이고 냉소적인 말을 내뱉은 것은 (내가 보기엔) 그 실험 결과를 보고도 왓슨과 크릭의 추론과 같은 결론에 이르지 못한 데 대한 자책과 조금은 관련이 있을 듯싶다. 또 자신이 '명백히' 실패한 지점에서 성공한 이들이 상을 받는 것을 보고 자신이 무대 뒤에 남겨진 이유가 그 때문이라고 탓하지 않았을까.

18장

DNA의 구조를 밝히다

1950년대 중반, 사람들은 유전 현상의 기초를, 특히 주인공인 DNA의 구조를 알게 되었다고 확신했다. 그러나 에이버리, 매클라우드, 매카티의 폐렴구균 형질전환 연구로 DNA가 부상하고, 샤가프의 손에 테트라뉴클레오타이드 가설이 무너진 후에도, 단백질이 아닌 DNA가 유전 물질이라는 사실에 대해 여전히 회의적인 분위기가 남아 있었다. 유전을 조절하는 분자를 정확히 확인하려면 최대한 명료하게 답을 내려 주는 또 다른 실험이 필요했다. 지금부터 그 조건을 충족하는 실험, 바로 허시-체이스 실험을 소개하겠다.

단백질의 화학적 요소(수소, 탄소, 질소, 산소, 황)와 DNA의 화학적 요소(수소, 탄소, 질소, 산소, 인)를 알게 된 앨프리드 허시Alfred Hershey와 마사 체이스Martha Chase는 DNA의 역할에 확실하게 도장을 찍을 기발한 연구를 고안했다. 그들은 DNA에는 인이 있고, (적어도 일부) 단백질에는 황이 있으며, DNA든 단백질이든 인과 황을 둘 다 갖지는 않는다는 사실에서 출발했다. 따라서 이 원소들을 실험에 이용하면 DNA와 단백질 중 어느 것이 유전 현상에 개입하는지 확인할 수 있다고 보았다.

두 원소를 추적하기 위해 이들은 물리학의 발견을 아주 잘 활용했다. 바로 인의 방사성 동위원소 P-32, 그리고 황의 방사성 동위원소 S-35를 실험에 사용한 것이다(원소 기호 옆의 숫자는 해당 원소의 핵에서 양성자 개수와 중성자 개수의 합을 나타낸다).

그다음 핵심 재료는 바이러스였다. 바이러스는 거의 전적으로 DNA(또는 RNA)와 단백질로 구성되며, 세균(박테리아)을 비롯한 다른 유기체에 온전히 의존해 번식한다. 당시 생물학계에는 바이러스가 세균에 붙어서 주입한 물질로 자신을 복제한다는 사실이 잘 알려져 있었다. 허시와 체이스는 그들이 고른 바이러스가 스스로 복제하기 위해 세균에 DNA를 넣는지, 단백질을 넣는지, 혹은 둘 다 넣는지만 확인하면 되었다.

그림 18.1은 박테리오파지라는 바이러스의 그림으로, DNA의 위치가 표시되어 있다. 바이러스의 나머지 부분은 단백질로 이루어졌다. 이 박테리오파지가 세균의 세포 표면에 꼬리 섬유를 부착하고 '전방위적으로' 떼 지어 세포를 공격하는 모습이 발견되었다. 그나저나 허시와 체이스는 어떻게 박테리오파지 안에 방사성 물질을 넣었을까? 그들은 사전에 여러 세대에 걸쳐 방사성 먹이를 먹고 자란 세균 안에서 이 바이러스를 길렀다. 그리고 충분한 시간 뒤에 방사성을 띤 바이러스들을 세균에서 추출하여 실험에 투입했다.

두 사람은 이 바이러스들을 방사성을 띠지 않은 새로운 세균에 감

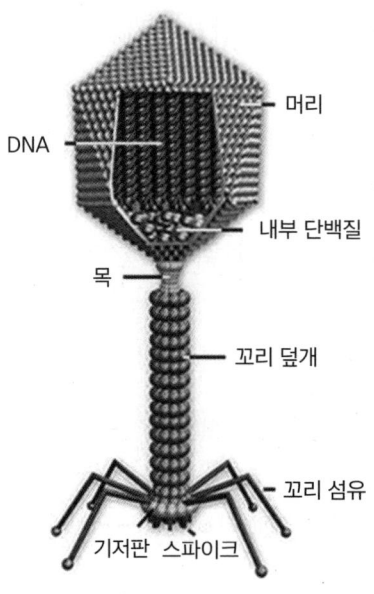

그림 18.1. 박테리아를 먹는 바이러스, 박테리오파지. 실제 길이는 20만분의 1m이다.

염시켰다. 바이러스가 세균의 세포벽에 붙어서 꼬리를 통해 주입한 물질이 숙주 세균 안에서 수많은 바이러스를 복제했다. 이제 세균에 들러붙은 바이러스와 세균을 분리하여 세균의 세포 안에 무엇이 들어 있는지 알아내면 된다. 하지만 분리가 쉽지 않았다. 허시와 체이스는 많은 방법을 고안했고 또 시도했지만 하나도 성공하지 못했다. 그러던 어느 날 동료인 마거릿 맥도널드Margaret MacDonald가 평소 가정에서 사용하는 블렌더를 권했다. 우리 어머니도 나도 초콜릿 밀크셰이크를 만들 때 자주 사용했던 도구다. 이 블렌더로 허시와 체이스는 세균에 들러붙어 있는 바이러스를 세균과 분리하는 데 성공했다.

1952년의 이 실험 결과는 더없이 확실했다. 바이러스가 세균을 감염시킬 때 세포 안에 들어간 물질은 황이 아니라 인이었고, 이것은 단백질이 아닌 DNA가 들어갔다는 뜻이었다. 상황은 이견의 여지 없이 깔끔하게 종료되었다. 유전 정보의 명백한 원천은 DNA였다. 이 바이러스가 보편적인 규칙에서 벗어나 예외적으로 행동한다는 아주 희박한 가능성만 제외하면 말이다. 훌륭한 실험은 천 마디 말보다 더 가치 있음을 잘 보여 주는 모범적인 사례였다.

DNA 구조를 향한 경주

이제 또 한 편의 추리소설이 시작된다. 밝혀낼 대상은 DNA의 구조다. 이 이야기에 등장하는 주요 인물을 다소 주관적인 기준으로 추려 보자면 프랜시스 크릭, 제임스 왓슨, 로절린드 프랭클린Rosalind Franklin, 모리스 윌킨스Maurice Wilkins, 제리 도너휴Jerry Donohue다.

적어도 크릭과 왓슨에게 가장 큰 경쟁자는 캘리포니아공과대학교의 세계적인 화학자 라이너스 폴링Linus Pauling으로, 당시 그는 단백질의 단일나선 구조를 추론하여 더 유명해졌다. 폴링의 접근법은 나중에 왓슨과 크릭도 가져다 쓴 방법이었는데, 이론으로 구축한 구조를 팅커토이(막대, 바퀴, 못 등의 부품을 자유롭게 조립하는 장난감 — 옮긴이) 같은 도구로 직접 모형을 만든 다음, 어떤 것이 연구 데이터와 일치하고 또 일치하지 않는지 보는 것이었다.

이야기를 계속 이어 가려면 DNA 엑스선 회절 이미지에 대한 약간의 배경지식이 필요할 것 같다. 이 기술은 DNA의 구조를 밝히는

데 필수적이었다. 1930년대 영국 리즈대학교의 윌리엄 애스트버리 William Astbury는 생체 분자의 엑스선 회절 이미지를 제작하는 데 선구자였다. 이 연구에 쓰일 분자를 준비하는 일은 절대 만만치 않았는데, 엑스선 이미지 한 장을 얻으려면 해당 분자의 시료가 아주 많이 필요했기 때문이다. DNA 분자의 엑스선 사진을 찍는 데 성공한 애스트버리는 DNA의 구조가 규칙적이며, 2.7nm마다 한 번씩 반복된다고 설명했다. 또 염기(뉴클레오타이드)끼리는 서로 0.34nm씩 떨어져서 쌓여 있는데, 이는 단백질에서 두 아미노산 사이의 간격과 유사했다. (비교하자면 원자 하나의 크기는 0.1nm 정도다.) 그러나 애스트버리의 데이터로는 DNA의 구조에 관해 그 이상은 알아낼 수 없었다.

다음으로 노르웨이 사람 스벤 퓌르베리 Sven Furberg가 있다. 1940년대 중반에서 후반까지 런던대학교 버크벡칼리지에서 연구한 퓌르베리는 박사과정 논문에서 자신이 찍은 엑스선 자료에 근거해 DNA는 나선 형태이며 인산염 골격 안에 염기가 자리 잡은 구조라고 제안했다. 그리고 DNA 구조에 염기가 반복된다는 애스트버리의 결론을 검증하면서, 추가로 자신의 모형에서 이 반복 주기가 나선의 한 바퀴와 관련이 있으며 한 바퀴당 여덟 개의 염기가 쌓인다고 밝혔다(8×0.34 = 약 2.7nm). 그는 또 애스트버리의 오류를 바로잡았는데, DNA의 당은 애스트버리의 모형에서처럼 뉴클레오타이드에 대해 평행하게 배열된 것이 아니라 수직으로 배열되었다고 지적했다. 퓌르베리는 마침내 1952년 말에 논문을 발표했다. (논문 출간까지 그렇게 오래 걸린 사연은 그 자체로 하나의 긴 이야기이므로 여기서는 넘어가겠다.)

당시 생물학적으로 나선 구조의 중요성이 새롭게 주목되면서 윌리엄 코크런William Cochran, 프랜시스 크릭, 블라디미르 반드Vladimir Vand도 나선 구조의 엑스선 이미지에 대한 수학적 이론을 연구했고 그들의 논문 역시 1952년에 출판되었다.

강조하건대, 엑스선 이미지와 DNA 구조에 관한 이 연구 논문이 출판된 시기는 DNA가 유전 정보의 운반체라는 사실이 완전히 밝혀지기 전이었다. 허시-체이스의 논문은 아직 요원했다.

이제 이야기는 1952년 영국 케임브리지로 돌아간다. 그곳에서 두 인재가 만나 공동의 관심사를 확인하고 의기투합했으니, 바로 36세의 늦깎이 대학원생 프랜시스 크릭과 미국에서 건너온 24세의 2년차 박사 후 연구원 제임스 왓슨이었다. 각자 그때까지 연구한 주제에 만족하지 못했던 두 사람은 만나자마자 서로 황금 사냥의 동지가 되어 유전 물질이라 믿고 있는 DNA의 구조를 찾아내기로 했다. 둘 다 실험에만 몰입하는 부류는 아니었고 차라리 모형 세우기를 좋아하는 이론가 쪽이었다.

그 전인 1950년에 킹스칼리지 런던의 모리스 윌킨스 역시 DNA의 엑스선 이미지를 얻었고, 그것으로 그는 이론가 알렉스 스톡스Alex Stokes와 함께 DNA가 나선 구조라고 결론지었다. 당시 그들은 아직 발표되지 않은 퓌르베리의 연구를 인식하지 못했던 모양이다. 윌킨스는 1951년 봄에 이탈리아 나폴리에서 이 결과를 발표했는데 마침 그곳에 왓슨이 있었다. 왓슨은 이 사실로 DNA의 전체 구조를 쉽게 모형화할 수 있겠다고 생각했던 것 같지만, 꼭 그렇지는 않았다.

킹스칼리지에는 1951년에 로절린드 프랭클린이 DNA 엑스선 연구를 하러 왔다. 1950년 12월에 연구소장 존 랜들John Randall이 그녀에게 보낸 서신이 그 사정을 말해 준다. 랜들은 레이먼드 고슬링 Raymond Gosling이라는 대학원생을 프랭클린에게 배정해 함께 일하게 했다. 그러나 이미 몇 년 전부터 킹스칼리지에서 DNA의 엑스선 속성을 연구하고 있었던 모리스 윌킨스는 프랭클린이 자기 밑에서 일할 거라고 믿었는데, 랜들이 프랭클린을 고용하며 윌킨스에게 상황을 설명하지 않아 오해가 생기고 말았다. 그리하여 윌킨스가 나폴리 출장에서 돌아온 이후로 두 사람은 별다른 소통 없이 각자 자기 일을 했다. 이 일화는 앞으로 살펴볼 내용처럼 소통의 부족과 (그로 인한) 충돌이 조직의 분위기는 물론이고 그 결과까지 바꿀 수 있음을 잘 보여 준다.

프랭클린과 고슬링은 DNA가 주변의 습도에 따라 건조할 때는 A형, 젖었을 때는 B형의 두 가지 형태를 취한다고 보았다. B형이 더 길고 가늘며, 수분이 차 있었다. 이런 사실로 애스트버리의 DNA 엑스선 이미지가 흐릿한 이유도 짐작해 볼 수 있었다. 어쩌면 그의 DNA에는 두 형태가 혼합되어 있었을 것이라고 말이다. A형 엑스선 패턴의 연구를 마친 프랭클린은 1952년 5월에 고슬링과 함께 놀라울 정도로 명확하고 흥미로운 사실을 알려 주는 B형 엑스선 회절 사진을 찍었다. 그리고 그 사진을 B51(B형의 51번째 사진이라는 뜻)이라고 표기했다(그림 18.2). 대학원생이었던 고슬링은 그 사진을 담당 교수인 윌킨스에게도 보여 주었다.

한편 왓슨과 크릭은 DNA의 구조를 향한 치열한 경주가 벌어지고 있다고 느꼈다. 주요 상대는 앞에서 말한 캘리포니아공과대학교의 라이너스 폴링, 그리고 킹스칼리지의 프랭클린과 윌킨스였다.

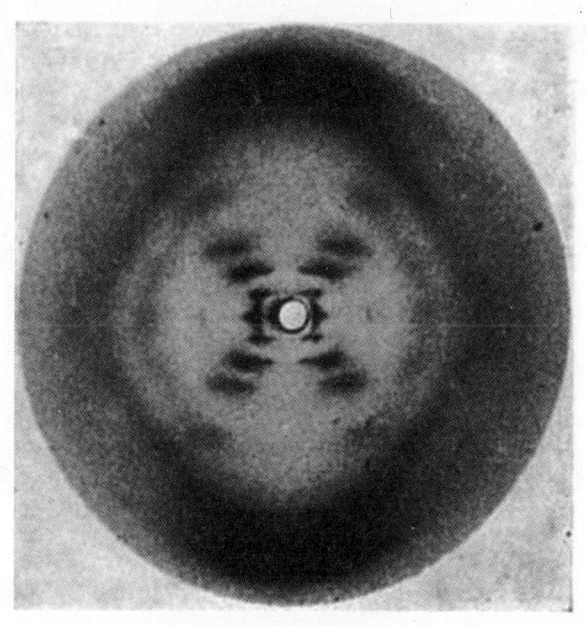

그림 18.2. DNA의 구조를 밝힌 최초의 엑스선 이미지, B51. 1952년에 로절린드 프랭클린과 레이먼드 고슬링이 찍었다.

　폴링은 런던에서 열리는 학회에 참가해 이들을 만날 예정이었으나 그의 좌파적 정치 성향이 비미활동조사위원회의 정책을 위배하는 바람에 출국이 거부되고 말았다. 그는 윌킨스에게 엑스선 사진을 보여 달라고 요청했으나 윌킨스는 거절했다. 제대로 된 DNA 엑스선 사진을 보지 못한 폴링은 인산염 골격에 당이 안쪽, 그리고 염기가 바깥으로 향하는 세 가닥 나선 모형을 생각해 냈다. 그도 이 경합을 인식하고 있던 터라 DNA 삼중나선 모형을 출간이 빠른 《네이처》에 먼저 발표하면서, 자세한 사항은 나중에 출간될 미국 《국립과학원회보》에서 설명하겠다고 적었다. 내가 알기로 과학 논문에 다음 논문의 출간을 발표하는 것은 이 일이 처음이자 마지막이다.

  1953년 1월 초, 왓슨과 크릭은 폴링의 논문 소식을 폴링의 아들인 피터에게서 들었다. 마침 그가 케임브리지에 오면서 아버지가 쓴 논문의 사본을 가지고 온 것이다. 왓슨과 크릭이 내용을 살펴보니 1년 전 두 사람이 제안했다가 프랭클린에게 망신을 당한 삼중나선 모형과 유사하지 않은가. 당시 그들은 연구소 소장인 로런스 브래그Lawrence Bragg로부터 지지부진한 DNA 구조 연구를 중단하고 다른 연구에 매진하라는 명을 받았던 터였다. 그러나 라이너스 폴링이 경주에 참여했다는 것을 알게 된 브래그는 중단 명령을 풀었다. (비록 왓슨이라는 미국인 파트너와 함께했다고는 하나) 영국에도 승산이 있는 싸움이라면 미국에 선취권을 주기에는 너무도 큰 발견이었기 때문이다.

  왓슨과 크릭은 이 일에 내내 관심을 버리지 않고 있었다. 1953년 1월 말, 왓슨은 런던에 가서 폴링의 논문을 프랭클린에게 보여 주었다. 논문을 보자마자 그녀는 폴링의 모형이 1년 전 왓슨과 크릭이 제안했던 모형과 비슷하고 그래서 틀렸다는 것을 단박에 알았다. 이어서 왓슨과 프랭클린의 언쟁을 엿들은 윌킨스는 왓슨을 따로 만나 프랭클린과 고슬링이 찍은 B51 사진을 보여 주었다. 물론 그는 프랭클린에게 허락을 받지도, 알리지도 않았다. 왓슨의 표현에 따르면 그는 이 사진을 보고 입을 다물 수가 없었다고 한다. 당시 엑스선 결정학에 대한 지식이 충분했던 왓슨은 이 사진을 보자마자 DNA가 이중나선 구조임을 알아차렸다.

  그림 18.3을 보자. 수평의 짧은 선분들로 이루어진 'X'자 형태는

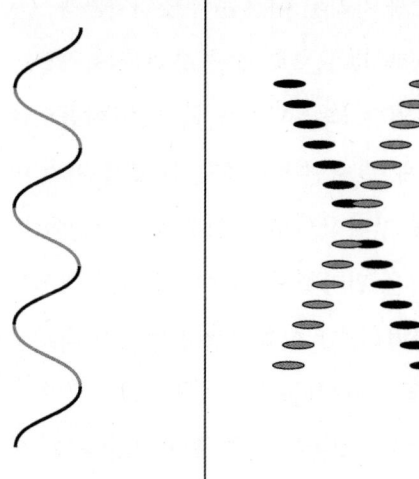

그림 18.3. 물체의 나선 구조(왼쪽)와 그것의 엑스선 사진 모식도(오른쪽).

엑스선에 찍힌 물체가 나선형임을 뜻한다. 'X'의 두 팔 사이 각도는 나선의 기울기에 해당하는 '피치pitch'와 관련이 있으며, 이는 나선 축을 따라 단위길이당 회전수와 연관된다. 'X'의 팔은 (투영된) 나선 구조의 주요 방향에 수직으로 나타난다. 즉, 오른쪽 그림에 보이는 'X'의 검은 팔은 왼쪽의 (투영된) 나선에 나타난 검은색 선들의 방향과 수직이다. 따라서 'X'의 두 팔이 벌어진 각도(위쪽)가 클수록 나선의 기울기가 더 완만하다. 다시 말해 나선의 축을 따라 단위길이당 나선의 회전수가 더 적다는 말이다. 명확하지는 않지만, 사진 B51(그림 18.2)에서 'X'의 각 팔을 이루는 짧은 선분들 중 사라진 부분이 있다는 것은 두 개의 나선이 존재한다는 뜻이고, 어느 선분이 빠졌는지 알면(이 경우 네 번째) 나선 방향을 따라 DNA 분자에서 두 나선 사이의 간격을 추론할 수 있다.

사진 B51에서 중심부가 하얗게 처리된 이유는 무엇일까? 엑스선은 대체로 시료를 그대로 통과해 버리는데, 그냥 통과한 엑스선은 회절 현상 없이 중심부에 집중된다. 따라서 당시의 사진 기술로는 이런 엑스선이 중앙에 모여 넓게 '번지면서' 원하는 정보를 가려 버릴 가능성이 있었다. 이 때문에 인위적으로 중심부를 차단하여 빛 번짐 현상을 막은 것이다. 이것은 원자핵의 존재를 밝힌 러더퍼드의 산란 실험 결과와 일면 유사하다. 그 실험에서도 알파선 대부분이 산란하지 않고 그대로 금박을 통과했다.

왓슨과 크릭은 폴링이 삼중나선이라는 틀린 모형을 밀고 있는 데다 나선의 골격이 안쪽을 차지한다고 잘못 알고 있음을 알고는 안도했다. 여담인데, 폴링은 단백질의 알파 나선 구조(단일나선)를 발견한 사람인데 어째서 DNA에 대해서는 삼중나선으로 건너뛰었을까? 그는 왜 이중나선의 가능성을 무시했을까? 나는 DNA 구조에 관한 폴링의 생각이 드러난 모든 자료를 찾아 읽었지만 그 이유는 여전히 모르겠다.

아무튼, 왓슨과 크릭은 엑스선 이미지와 화학적 증거가 모두 일치하는 모형을 만들어 내려고 애썼다. 특히 왓슨은 케임브리지대학교 공작실에서 만들어 준 부품들로 (폴링이 그랬듯이) 그 구조의 모형을 직접 만들어 보았다. 처음에 그는 이중나선의 안쪽에 인산염 골격을 두었다. 하지만 이 배치는 옳지 않았다. 크릭은 그에게 골격을 바깥에 두고 염기를 안쪽에 두라고 권했다. 왓슨은 샤가프의 법칙을 무시하고 양쪽에 같은 염기를 매치했다. 하지만 이 구조도 데이터의 조건을 충족하지 못했다. 왓슨은 한쪽에 퓨린을, 다른 쪽에 피리미딘을 연결했다(그림 17.1 참조). 이런 배치 역시 당시 밝혀진 화학적 특성과 일치하지 않았다.

제리 도너휴가 바로 이 지점에서 결정적인 역할을 했다. 그는 왓슨에게 화학책에 실려 있는 구아닌의 구조가 틀렸다면서 새로운 구조를 알려 주었다. 왓슨은 새로운 구조를 적용했을 때 비로소 두 세트의 염기쌍, 즉 구아닌-시토신, 그리고 아데닌-티민의 전체적인 크기와 모양이 같아진다는 것을 알게 되었다. 또 DNA 구조에서 시토신은 구아닌과 짝을 지을 수 있고, 아데닌은 티민과 짝을 지을 수 있는데, 이것은 샤가프의 결과와도 완벽하게 맞아떨어졌다. 그는 마지막으로 세부 구조를 다듬어 뉴클레오타이드의 간격, 나선의 높이, 구조적 요소들도 모두 일치시켰다. 모형이 완성된 것이다!

물론 그들의 모형이 DNA의 구조를 정확히 나타낸다고 증명된 것은 아니었다. 단지 당시 알려진 사실들과 합리적 수준에서 일치할 뿐이었다. 그러나 참으로 아름다운 모형이었다. 만약 실제 자연이 이 모형을 따르지 않고 있었다면 생각을 고쳐먹어야 할 정도로 말이다. 염기는 샤가프의 법칙에 따라 하나의 퓨린이 수소 결합을 통해서 피리미딘과 짝을 짓고 있었다. 이 결합은 DNA 복제 과정 중에 두 나선이 분리되어야 할 때 상대적으로 쉽게 쪼개진다. 이 과정은 분열 중인 모든 세포에서 일어나며 다음 장에서 설명할 DNA 복제와도 연관된다.

경쟁의 결과는 어떻게 되었을까? 내가 아는 한, 폴링은 DNA 구조에 관해 더는 논문을 내지 않았다. 윌킨스와 프랭클린은 왓슨과 크릭의 모형을 뒷받침하는 논문들만 출판했다. 사실 프랭클린도 올바른 DNA 구조 모형을 밝혀내기 직전이었다. 엑스선 회절 사진을 통해 그 구조는 골격이 바깥에 있고 염기가 안에 있는 나선형 구조임을 그녀도 알았다. 하지만 프랭클린은 난해한 A형 DNA 관찰 결과에 몰입하는 바람에 경로에서 벗어났다. 크릭이 그녀에게 이 A형 결과는 일종의 오류라서 무시해야 한다고 했으나 그 말을 듣지 않았다. 꼼꼼하고 철저한 연구자였기에 작은 것 하나 허투루 넘길 수가 없었던 것이다. 그래서 그녀는 DNA 구조에 가깝게까지만 가고 말았다.

다시 한번 강조하는데, 일단 그 구조에 대한 답을 알고 나면 답을 몰랐을 때를 떠올리기가 매우 어렵다. '이렇게 당연한 것을 왜 몰랐지?'라고 생각하기는 쉽다. 그러나 DNA 구조는 아주 뛰어난 인재들이 수없이 놓쳤고, 그 구조에 관한 지식은 오직 시행착오를 거쳐서, 거기에 추가로 집요함과 끈기를 통해 밝혀졌다. 일단 답을 알고 나면 당연하게 여겨지는 그런 단순한 통찰로 이루어진 것이 아니다. 마지막으로 이 훌륭한 발견의 이야기는 세부적으로 들어가면 역사든 과학이든 이 책에서 설명할 수 있는 것보다 훨씬 더 복잡하고 혼란스럽다는 점을 알아주기를 바란다.

왓슨과 크릭은 1953년 3월에 모형을 성공적으로 완성했고, 4월에 아주 짧은 논문으로, 6월에는 조금 더 상세한 내용을 담아 두 편 모두 《네이처》에 발표했다. 첫 논문은 이렇게 마무리된다. "위에서 제시한 이 특이적 짝짓기가 유전 물질의 복제 기작일 가능성을 우리는 바로 알아보았다." 두 번째 논문은 이런 선견지명으로 끝을 맺는다. "우리가 제시한 모형의 인산염-당 골격은 완벽하게 규칙적이다.

그러나 염기쌍의 배열은 어떤 순서라도 이 구조에 들어맞을 수 있다. 따라서 긴 분자에서는 많은 순열이 가능하고, 그러므로 염기의 정확한 순서가 유전 정보를 담은 코드일 가능성이 크다."

왓슨과 크릭의 DNA 구조 모형은 과학계에서 어떻게 받아들여졌을까? 반응은 뒤섞였다. 어떤 과학자들은 믿거나 말거나 여전히 단백질을 주인공으로 고집했다. 또 다른 이들은 이렇게 말했다. "제시된 구조는 모형일 뿐이므로 증명이 필요하다." 실제로 증명은 좀 더 정교해진 엑스선 결정학으로 가능해지고 있었다. 다만 그 과정에서 결정학자에게는 중요하지만 생물학자에게는 그다지 중요하지 않은 수준에서 모형을 일부 수정했고, 25년이나 걸려 1979년에 마침내 모형이 완성되었다. 그 무렵에는 왓슨과 크릭의 모델이 이룬 수많은 생물학적 승리로 인해 모형에 대한 비판은 멸종한 나그네비둘기처럼 사라졌다.

대중의 반응은 어땠을까? 왓슨의 어머니는 모형 발표를 들은 후에 주변 사람들에게 아들이 생명의 비밀을 밝혀냈다고 자랑했다. 크릭의 아내 오딜은 남편이 중요한 발견을 했다고 말했을 때 콧방귀도 뀌지 않았다고 한다. 그녀는 훗날 이렇게 고백했다. "그이는 평소에도 그 말을 입에 달고 살았거든요."

안타깝게도 로절린드 프랭클린은 1958년 37세의 나이에 난소암으로 세상을 떠났다. 크릭, 왓슨, 윌킨스는 1962년에 노벨 생리의학상을 받았다.

19장

유전 정보와 생명의 중심원리

미셔가 처음 알려 준 것처럼 DNA는 세포의 핵 안에 있다(물론 핵을 가진 세포에서만. 핵이 없는 세포도 있으니까). 그럼 세포가 분열하여 수가 두 배로 늘어날 때 DNA는 어떻게 복제될까? 저명한 생물학자들이 제시한 DNA 복제 방식을 UC 버클리의 생물학자인 귄터 슈텐트Gunter Stent가 크게 세 가지 방식으로 요약했다. 반보존적 복제, 보존적 복제, 분산적 복제. 각각을 간략하게 설명하면 다음과 같다. 반보존적 복제는 DNA의 이중나선이 풀린 후 두 가닥이 각각 자신의 상보적인 가닥을 형성하여 원본에 대한 두 복사본이 생긴다(이후의 복제도 같은 방식을 따른다). 보존적 복제는 원본에 대해 새로운 복사본 하나가 만들어지고 원본은 그대로 유지된다(이후의 복제에서도 원본은 늘 그대로 유지된다). 분산적 복제에서는 원본 DNA가 다양한 길이로 조각난 다음 각각 보존적 복제 방식으로 복제되고 나서 원래 길이의 DNA 분자로 재조립된다. 이 세 가지 가설을 어떻게 확인할 수 있을까? 이 중에서 올바른 것을 찾으려면 어떤 실험을 해야 할까?

1950년대 중반에서 후반에 걸쳐 캘리포니아공과대학교의 젊은 연구자 매슈 메셀슨Matthew Meselson과 프랭클린 슈탈Franklin Stahl은 과학의 통합이라 할 만한 방법으로 이 문제에 접근했다.

메셀슨과 슈탈은 질소의 동위원소 N-15를 실험에 사용했다. 일반적인 질소 N-14와 비교하면 N-15는 핵 안에 중성자가 하나 더 있어서 좀 더 무겁다. 그들은 이 동위원소가 풍부한 배지(먹이원)에서 대장균 Escherichia coli을 여러 세대 키워, 이 세균의 거의 모든 DNA에 N-15 형태의 질소가 들어차게 했다. (대장균은 대표적인 모델 생물이다. 모델 생물은 실험에 알맞은 여러 속성을 지니고 있어서 생물학 연구에 보편적으로 사용되는 유기체를 말한다. 모델 생물 연구의 장점은 연구 결과를 종합해 한 생물을 총체적으로 파악할 수 있고, 다른 생물을 연구한 결과와 연관성을 비교할 수 있다는 점이다.)

그들은 N-15로 DNA가 채워진 이 대장균을 이번에는 질소원으로 N-14만 제공되는 배지에서 여러 세대 배양했다. 그 과정에서 세대마다 생성된 DNA의 분자량을 측정해 상대적인 양을 구했다. 그리고 그 결과를 세 가지 복제 방식에서 예측된 결과와 비교했다. 그 결과 N-15만 가진 DNA는 전혀 만들어지지 않았으며, 처음에는 두 가닥 중 하나는 N-15, 다른 하나는 N-14를 가진 DNA가 나오고, 그다음 세대부터는 두 가닥 모두 N-14만 가진 DNA도 함께 등장했다. 이 결과는 DNA가 반보존적 방식으로 복제된다는 의미였고, 실제로도 그렇다.

단백질 제조 코드

이제 우리는 DNA가 유전 정보를 운반한다는 사실을 확신하게 되었고, 자세히는 아니어도 전체적인 복제 기작도 알고 있다. 그렇다면 DNA에 들어 있는 메시지는 무엇이고, 이 메시지를 어떻게 전달할까? 그 메시지란 단백질을 만드는 방법일 가능성이 크다. 단백질은 생체 내에서 갖가지 생물학적 기능을 도맡아 수행하기 때문이다. 그렇다면 DNA는 어떻게 세포에게 단백질 생성에 관한 지시를 내릴까? 아마 어떻게든 염기쌍과 관련된 코드를 사용하고 있을 것이다. 그럼 그 코드의 단어는 무엇으로 표기될까? 아마 아미노산일 것이다. 아미노산은 단백질의 유일한 구성 요소니까.

왓슨과 크릭의 두 번째 논문이 출간된 직후인 1953년 초여름, 빅뱅으로 유명해진 조지 가모프가 처음으로 유전 코드를 제안했다. 그의 설계는 상당히 기발했으나 물리적으로나 화학적으로나 작동하지 않는다는 것이 금세 입증되었다. 가모프의 가설은 살아남지 못했다. 그렇지만 사람들이 유전 코드에 대해 생각하도록 자극했을 것이다. 이후 1954년에 가모프와 왓슨은 'RNA 타이 클럽'을 창립했다. (클럽 회원으로는 남성만 가입했고, 그들은 특별한 넥타이를 매고 다녔다. 모임 이름에 DNA가 아니라 RNA가 들어간 이유는 RNA가 DNA라는 원본 지시에 따라 실제 단백질 생산에 투입되는 중심적인 역할을 맡았다고 알려졌기 때문이다.) 이 모임에는 분자생물학 분야의 귀재 20명이 모였고, 회원당 아미노산 하나씩을 담당했다. 그리고 네 명의 명예 회원이 각각 네 개의 염기를 맡았다. 클럽 회원들은 1년에 두 번씩 만나 토론을 벌이며 서로의 생각을 자극했다. 유전 코드의 문제가 해결된 후 타이 클럽은 자취를 감추었다.

여러분도 한번 생각해 보기 바란다. 20개의 아미노산을 구분하는 코드를 만드는 데 최소한 몇 개의 염기가 필요할까? 한 자리 코드는 있으나 마나 하다. 네 종류의 염기로는 네 개의 아미노산밖에 나타내지 못하기 때문이다. 두 자리 코드는 어떨까? 첫째 자리에 네 염기 중 하나, 두 번째 자리에도 네 염기 중 하나가 들어가 $4 \times 4 = 16$, 총 16개의 아미노산을 나타낼 수 있다. 아미노산 20개에 대한 코드가 필요하므로 아직 네 개가 부족하다. 따라서 20개의 코드를 만드는 데 필요한 염기는 최소한 세 자리여야 한다. 그러면 위와 같은 논리로 $4 \times 4 \times 4 = 64$개의 코드가 가능하다. 세 자리 코드는 우리에게 필요한 20개보다 더 많다. 이제 또 다른 질문을 던져 보자. 이것이 자연의 방식이라면 어떤 코드를 어떤 아미노산에 배당했을까? 이것은 대답하기 쉽지 않은 질문이라 고작 한 아미노산의 코드를 밝히는 데도 8년이 걸렸다. 실제로 이 연구는 주어진 코드에서 아미노산을 역추적하는 창의적인 방식으로 수행되었다.

이 실험을 설명하기 전에 잠깐 샛길로 들어서 보자. 과학자들은 RNA, 즉 DNA의 한 가닥짜리 친척이자 세포의 또 다른 주요 구성 요소인 RNA가 단백질 제조 과정에 여러 형태로 관여한다고 생각했다. RNA도 DNA처럼 네 종류의 염기만 사용한다. 다만 RNA에는 티민 대신 유라실(약자로 U)이 쓰인다. DNA와 RNA에서 자연이 특정 염기를 선택한 이유가 불분명한 것처럼 유라실이 티민을 대신하는 이유도 알려지지 않았다.

그럼 이제부터 실험을 설명하겠다. 실험자는 미국 국립보건원의 마셜 니런버그Marshall Nirenberg와 그의 박사 후 연구원 하인리히 마테이Heinrich Matthaei로, 둘 다 타이 클럽 회원은 아니었다. 그들은 RNA 가닥을 인위적으로 합성한 다음, 대장균 세포에서 추출한 세포질에 넣었다. 이 합성 RNA는 유라실 하나로만 이루어졌는데(UUU…… 이 시절의 기술로는 이처럼 간단한 RNA 말고 임의의 서열을 가진 RNA는 합성할 수 없었다), 이 RNA를 대량으로 투입했기에 이 세포질에서 생산되는 단백질은 오직 이 합성 RNA에 의해서 만들어졌다고 확신할 수 있었다. 그런 다음 연구자들은 20가지 아미노산 각각을 합성 RNA가 들어 있는 세포질에 따로따로 넣었다. 이 중에서 단백질이 만들어진 것은 하나뿐이었고, 페닐알라닌이라는 하나의 아미노산으로만 구성되었다. 그렇다면 실험의 결론은? 페닐알라닌을 나타내는 암호는 UUU라는 것이다(물론 이 실험으로는 몇 개짜리 U가 관여하는지는 알 수 없었다. 세 개, 네 개, 혹은 그 이상도 가능하기는 하니까).

니런버그는 이 결과를 1961년 여름 모스크바에서 열린 국제 학회에서 발표했다. 발표를 들으러 온 사람은 고작 여섯 명뿐이었지만 실험 결과에 모두 충격을 받았다. 학회 참가자 사이에 이 소식이 빠르게 퍼졌고, 크릭은 학회의 마지막 순서인 총회 때 모두 모인 자리에서 니런버그가 다시 한번 발표하게 했다. 모든 참석자가 감동했다.

이렇게 첫 번째 단어가 해독되면서 수문이 열렸다. 시드니 브레너Sydney Brenner와 크릭이 주도한 훌륭한 실험과 이론 작업(일부는 니런버그와 마테이보다 먼저 이루어졌다)이 곧 다른 결과들도 끌어냈다. 연속된 염기 세 개가 아미노산 하나를 나타내는 코드를 이룬다. 그리고 이 코드는 '중첩되지' 않는다. 다시 말해 한 아미노산을 구성하는 세 자리 코드의 일부가 다음 아미노산의 코드가 되지 않는다는 말이다. 또 연속된 세 자리 코드와 다음 코드를 분리하는 공백이나 쉼표 같은 장치는 없었다.

 실력 있는 개별 연구 집단들이 수많은 실험을 통해 마침내 모든 아미노산의 코드를 해독해 냈다. 그리고 추가로 단백질 생산의 시작과 끝을 나타내는 코드도 밝혀졌다. 극한의 경쟁 속에 이루어진 이 프로젝트는 최초의 돌파구 이후로 고작 5년 만에 완성되었다. 1968년, 이 연구에 주는 노벨상이 로버트 홀리Robert Holley, 하르 고빈드 코라나Har Gobind Khorana, 니런버그에게 돌아갔다.

 네 종류의 염기로 만들 수 있는 세 자리 코드(코돈이라고 한다)가 총 64개라는 점으로 미루어 예상했겠지만, 한 아미노산을 가리키는 코돈은 여러 개가 있다. 대표적인 예로 아미노산 류신과 세린을 가리키는 코돈은 각각 여섯 개나 된다. (물론 단 하나의 코돈만 가지는 아미노산도 있다.) 또 단백질 합성 지시문의 끝을 알리는 '종결' 코돈은 세 개다. 그럼 지시문의 '시작'을 알리는 코돈은 몇 개나 될까? 그것은 ATG 하나밖에 없다. 신기하게도 ATG는 아미노산 메싸이오닌methionine을 나타내는 코돈이기도 하다. 그러면 세포는 ATG라는 코돈을 보고 단백질 합성 '시작'과 '메싸이오닌' 중 어떤 지시를 따를까? 정확한 답은 나도 모른다. 다만 이 코돈이 단백질 합성 지시문 중간에 있고 '종결' 코돈을 만나기 전이라면, 세포는 그것을 '메싸이오닌'으로 받아들인다고 추측할 뿐이다. 반대로 이 코돈이 그런 지시문 중간에 있는 게 아니라면 세포는 그것을 '시작'으로 해석할 가능성이 크다. 그렇다면 어떤 코돈이 지시문의 중간인지 아닌지는 또 어떻게 알까? 이에 관한 한 가지 답으로, 모든 단백질이 메싸이오닌으로 시작하지만, 단백질 제조 공정 후반에 첫 번째 메싸이오닌이 제거되는 가능성을 들 수 있다. 남는 코돈도 많은데 자연은 왜 굳이 메싸이오닌의 코돈을 단백질 합성의 '시작' 신호로 정했을까? 그 이유는 아직 아무도 모른다.

생명의 중심원리

이제 우리는 DNA가 단백질을 만들기 위해 아미노산 서열을 지시하는 코드를 알게 되었다. 그렇다면 세포는 어떻게 이 지침을 따라 단백질을 만들까? 크릭은 그 과정을 중심원리Central Dogma(센트럴 도그마)라고 불렀다. 이 과정의 핵심은 RNA이며, 세 가지 형태로 존재한다. 첫 번째는 전령 RNA(mRNA)이다. mRNA는 핵 속에서 DNA의 '시작' 코드와 '종결' 코드 사이에 존재하는 염기들의 상보적인 염기(예를 들어 C, G에 대한 상보적인 염기는 각각 A, T이다. 단 T는 U가 대체한다. 일례로 DNA 염기서열의 GA는 mRNA에서 CU가 된다) 가닥을 만들어 원하는 단백질에 관한 지침을 복사해 나온다. 이처럼 DNA를 mRNA로 베끼는 과정을 전사transcription라고 부른다. 두 번째는 운반 RNA(tRNA)이다. 각각의 tRNA는 20가지 아미노산 중 하나를 할당받아 이를 달고 다니다가 단백질 공장인 리보솜에서 합성 중인 아미노산 사슬 끝에 해당 코드에 맞는 아미노산을 운반해 준다. 이 과정을 번역translation이라고 부른다. 세 번째는 리보솜 RNA(rRNA)이다. 공장의 조립 설비처럼 이 RNA의 복합체 안에서 단백질 합성이 일어난다. 리보솜의 구조는 극도로 복잡하여 이 안에서 단백질이 어떻게 합성되는지 알기란 결코 쉬운 일이 아니다.

　이 과정을 모두 속속들이 아는 사람이 있을까? 개인이 아닌 과학계 전체로 보면 내가 여기서 설명할 수 있는 것보다 훨씬 자세하게 알고 있다. 예를 들어 DNA에서 단백질을 만드는 지시문은 엑손exon과 인트론intron으로 구성되는데, 인트론은 대체로 엑손보다 더 많지만 단백질 제작의 실질적인 정보가 없는 부분이라 단백질 제조 공장인 리보솜으로 가기 전에 그 부분이 잘려 나간다. 그리고 엑손에서 어떤 부분이 선택되느냐에 따라 서로 다른 mRNA가 만들어지므로 하나의 DNA 서열에서 여러 종류의 단백질을 만들 수 있다.

　미래에는 또 어떤 사실들이 밝혀질까? 앞으로 연구에 도움이 될 기술을 한 가지 소개하자면, 이런 과정을 아토초(10^{-18}초) 수준에서 찍는 초정밀 고속 촬영 기법이 이제 막 개발되었다. 그러면 이로부터 쏟아져 나올 데이터들은 또 어떻게 소화할 것인가? 대용량 초고속 컴퓨터와 소프트웨어의 발전에 그 답이 있다. 한편 세포 내에서 일어나는 일들의 공간적 해상도를 높이는 데도 비슷한 논의를 적용할 수 있다. 하지만 가장 큰 진전은 지금의 나로서는 생각하지도 못할 기술 발달에서 나올 가능성이 크다.

　단백질 제작 과정에도 아직 우리가 답하지 못한 문제들이 많지만, 그 너머에도 또 다른 근본적인 질문들이 있다. 세포에서 일어나는 다양한 과정은 어떻게 조율될까? 세포는 복제 시기를 어떻게 알고,

또 이런 정보는 어떻게 전달될까? 합성에 사용되는 재료들이 언제 어디서 어떻게 필요한 장소까지 갈까? 세포의 다양한 구성 요소가 만들어지는 속도와 순서는 어떻게 통제될까? 세포의 공급망은 구체적으로 어떻게 운용될까? 이런 질문들이 현재 분자생물학의 일차적인 관심거리가 되지는 못할지라도 시간이 지나면 통찰력 있는 해답으로 이어지리라 믿는다.

DNA 난제

인간 DNA의 기능 중에서 우리가 아는 것은 고작 5%에 불과하다. 이 5%도 주로 인간 세포에서 최대 1만 가지의 단백질을 만드는 지침에 관한 부분이다(이 수치는 세포 유형마다 다르고 평균 10배 정도의 불확도가 있다). DNA 중에서도 단백질 제조 지침을 제공하는 이 부분을 유전자라고 하며, 이것이 통상 유전 물질이라 여겨지는 것들이다. 하지만 DNA에는 다양한 유전자의 발현을 켜고 끄는 역할을 하는 등 세포 기능을 조절하는 구간도 있다. 그럼 그 나머지는 무엇을 할까? 추측이야 할 수 있지만 아직 알려진 지식이 많지는 않다. 마치 우주의 질량-에너지의 95%가 무엇으로 이루어졌는지 모르는 것과 비슷하다. 둘 다 아주 커다란 퍼즐이다. 양으로 따지면 우주에 비할 수 없지만 DNA는 우리 삶에 좀 더 직접적인 영향을 준다.

DNA에 관한 좀 더 작은 퍼즐도 있다. 예를 들어 (비록 여러 염색체에 흩어져 있지만) 한 생물의 총 DNA 길이 같은 것 말이다. 참고로 염색체는 핵 속의 DNA가 단백질에 포장된 상태이며, 염색체의 개수는 생물마다 다르다. 인간은 아버지와 어머니에게서 각각 23개의 염색체를 물려받는데, 부모가 절반씩 주는 DNA를 반수체라고 하며 둘을 합치면 이배체가 된다. DNA의 길이와 생물의 복잡성이 비례한다고 단순하게 생각할 수도 있겠지만, 자연의 생각은 다르다. 몇 가지 생물에서 반수체 DNA에 들어 있는 염기쌍의 개수를 비교해 볼까.

    양파 200억 쌍
    폐어 1339억 쌍
    도롱뇽 1220억 쌍
    인간 30억 쌍

이 수치가 사실이라면 이런 궁금증이 들 수밖에 없다. 왜 양파는 DNA 염기쌍의 수가 인간의 거의 일곱 배나 되는가? 그 답을 완벽하게 이해하게 되는 날이면 우리는 의심의 여지 없이 훨씬 현명해져 있을 것이다.

이 장은 여러분 몸속의 전체 DNA 길이를 계산해 보며 마무리 짓겠다. 5장에서 지구를 후추 한 알 크기로 보고 태양계 크기를 비유했던 것의 역 버전이라고 생각하면 된다. 원한다면 바로 3번으로 넘어가도 좋다.

1. 한 세포 안에 있는 DNA의 길이는 DNA 염기쌍 하나의 길이에 전체 염기쌍 개수를 곱한 것과 같다. 그 수는 반수체의 두 배다

(즉, 어머니와 아버지가 준 것을 합한 것). 18장의 DNA 엑스선 이미지 분석 내용에서 각 염기쌍은 축을 따라 0.34×10^{-9} m씩 늘어난다고 했던 것을 떠올리자. 염기쌍의 개수는 약 6×10^9개이므로 두 수를 곱하면 약 2m가 된다. 즉, 세포 한 개에 들어 있는 DNA의 길이가 대략 2m이다.

2. 몸속에 있는 세포의 수를 구하기 위해 몸의 부피를 세포 한 개의 평균 부피로 나눈다. 몸의 부피는 아주 대략 $0.1 \times 0.2 \times 2$ m³이고, 세포 한 개의 평균 부피는 아주 대략 $10^{-5} \times 10^{-5} \times 10^{-5}$ m³이다. 따라서 세포의 총수는 4×10^{13}개, 대략 40조 개다.

3. 그렇다면 한 사람이 지니는 DNA의 총길이는 세포 한 개에 들어 있는 DNA 길이를 전체 세포 수와 곱한 값으로, 대략 10^{14} m라는 결과가 나오며, 이 값을 천문단위로 바꾸면 700AU다. 이 길이는 태양계 전체의 지름과 맞먹는다. 한 발 더 나가서 지구에 사는 80억 인구의 총 DNA 길이를 계산하면, 약 7500만 광년으로 우리은하의 긴지름의 1,000배가 넘는다.

비교는 이 정도만 하고 다음 장으로 넘어가 전혀 다른 맥락에서 DNA를 살펴보자.

20장

생명의 기원과 진화의 경로

이 장에서는 생명의 기원과 생명의 나무(계통수), 그리고 포유류 두 종의 진화 과정을 통해 매우 근본적인 문제들을 다룬다. 사실 우리는 생명의 기원에 관해 자세히 알지 못하고, 생물의 계통이나 진화에 대해서도 제법 안다고는 하나 아직 알아야 할 것이 더 많다. 이렇게 방대한 분야에서 어떤 주제를 얼마나 깊이 다룰지 선택하는 일은 주관적일 수밖에 없으며, 내가 선택한 주제는 다른 책들과 다를 수도 있다. 하지만 과학 발전의 핵심이 올바른 질문을 던지는 데 있다는 교훈은 이 주제를 탐구하는 과정에도 똑같이 적용된다.

생명의 기원

그나저나 이 책에서는 왜 이제야 생명의 기원을 다루는 것일까? 3부를 시작하면서 제일 먼저 생명의 시작부터 이야기했어야 하는 것 아닌가? 그 이유는 생명의 기원을 다루려면 생명에 관해 최소한의 배경지식을 갖춰야 했기 때문이다. 물론 생명의 시작을 찾아가는 수색 과정만 이 책에서 다룰 수도 있었지만, 나는 인류가 이 거대한 의문을 해소해 나간 과정을 여러분이 다만 조금이라도 충분히 맛보길 바랐다.

그럼 먼저, 생명이 무엇인지부터 정의하고 가자. 그러기 위해 생물과 무생물을 구분하는 속성을 중심으로 생명의 가장 큰 특징을 찾아보면, 정보의 저장과 전달(DNA와 중심원리), 그 정보의 발현('적절한' 단백질 제조), 그리고 진화('유리하게' 변형된 자손)가 있다.

다음으로 생명이 시작된 장소를 찾아야 한다. 생명이 저 우주 어디에선가 기원하여 이런저런 곡절 끝에 지구에 도달했다는 생각이 한 세기 넘게 이어졌다. 생명이 다른 먼 곳에서 왔다는 주장은 기원의 문제를 미지의 장소로 돌리는 것밖에 안 된다. 그럼에도 22장에서 이 가능성을 다시 검토할 예정이다. 우선 지금은 지구에서 생명이 어떻게 기원했는지만 논의하기로 하자. 생명은 땅에서 시작됐을까? 아니면 물속에서? 대기에서? 그 중간 지점에서? 그 구분은 명확하지 않다. 가령 생명은 대기가 있는 땅과 물이 만나는 지점에서 생겨났을 가능성이 있다. 그러나 장소가 어디든 물과 같은 기본적인 물질에서 출발해 (우리가 아는) 생명에 필수적인 화학물질 생산이 우선되어야 한다.

기원의 문제에 답하기 위한 실험적 접근은 1952년, 당시 시카고 대학교 화학과 대학원생이었던 스탠리 밀러Stanley Miller에 의해 시작되었다. 그는 수십억 년 전 지구 대기의 성분이었다고 추정되는 재료에서 아미노산 같은 화학물질이 자연적으로 발생할 수 있는지를 실험했다. 밀러는 메테인, 암모니아, 물, 수소를 '적절한' 양만큼 준비해 밀봉 상태의 유리 용기에 집어넣고, 번개 대신 방전을 가해 원시 대기에 에너지가 유입되는 상황을 재현했다. (이 실험에 산소는 제외되었는데, 못해도 25억 년 전에는 대기에 산소가 거의 없었기 때문이다. 지구 대기의 약 20%라는 현재의 수치까지 산소를 축적한 것은 식물이 산소를 내뱉는 생물학적 활동이었다.) 화학물질이 축적되려면 반드시 에너지가 필요하다. 일주일 동안 전기 스파크(인공 번개)를 가한 후 용기에 생성된 물질을 식별한 결과, 아미노산인 글리신과 두 가지 형태의 알라닌이 발견되었다. 밀러는 재료가 오염되지 않게 하려고 애를 썼기 때문에 오직 용기 속 기체들과 전기 방전으로 유입된 에너지가 화학반응을 일으켜 이 소량의 아미노산들을 생산했다고 확신할 수 있었다. 후속으로 진행된 유사한 실험에서는 핵산, 당, 그리고 생체에서 사용되는 것들을 포함한 20개 이상의 아미노산이 생성되었다. 하지만 생명의 기초가 되는 화학물질의 형성 과정을 실험으로 모방한 이 새로운 분야는 아쉽게도 밀러의 실험과 함께 종료되었거나 적어도 휴면 상태에 들어갔다. 이유가 무엇일까? 아마 이어서 진행할 실험이 명확하지 않았던 것 같다.

만약 이런 시뮬레이션을 통해 원시 지구에서 생물을 구성하는 모든 화학 재료가 생산된 것을 확인했다고 하더라도 그것으로 생명을 만들 수 있을까? 그렇지 않다. 예를 들어 세포는 스스로 조립할 수 있어야 하고, 외부와 분리하는 막을 통해 해로운 환경에서 자신을 보호하며, 동시에 세포의 생장과 번식에 필요한 화학물질을 흡수할 수 있어야 한다. 또 세포 내부에는 필요할 때 에너지를 공급하는 적절한 에너지원이 있어야 하는데, 현재 우리가 알기로 대부분 아데노신삼인산adenosine triphosphate(ATP)이라는 분자에 의해 에너지가 공급된다.

생명체 안에서는 단백질 합성은 물론이고 RNA와 DNA의 형성과 복제가 이루어져야 한다. 여기서 한 가지 난제를 맞닥뜨리게 된다. 단백질과 DNA 중에서 어떤 것이 먼저 생겼을까? 단백질은 유기체 안에서 엄청난 양의 생물학적 작업을 도맡아 하지만 정보를 저장하거나 전달할 수는 없다. 반면 DNA는 정보를 저장하고 전달하지만 생물학적 작업에 직접 투입되지는 않는다. 전형적인 닭이 먼저냐, 달걀이 먼저냐의 문제다.

어쩌면 이 문제의 답은 다른 데 있을 수도 있다. 단백질과 DNA보다 단일 가닥의 RNA가 먼저 시작되었을 가능성이다. RNA처럼 DNA와 단백질의 특징을 결합하는 물질이 필요하다. 즉, 복제와 기능 수행에 필요한 기계 말이다. 복잡하게 접히고 결합할 수 있는 RNA 분자라면 얼마든지 화학 변화의 촉매가 될 수 있다. 그렇다면 어떻게 무생물적 과정이 RNA를 만들 수 있을까? 이 훌륭한 질문에 답하기 위해 RNA의 진화 과정을 시험관에서 연구하는 분야가 탄생했다. 여기서 끝이 아니다. RNA에서 DNA로 이어지는 단계를 설명할 경로도 발견해야 한다. DNA는 RNA와 비교했을 때 더 튼튼한 이중나선 형태이고 열 저항성도 크며(17장에서 그리피스의 형질전환 실험 참고) 산과 염기의 작용 같은 화학 분해에도 안정적이다. 그러나 실제로 DNA가 RNA에서 진화한 것인지는 알 수 없다. 물론 가능성이 크기는 하지만 다른 기원이 있을 수도 있다.

생명이 시작된 후에도 단세포 생물에서 다세포 생물이 되려면 극복해야 할 문제들이 또 산더미처럼 많다. 사실 해결할 문제의 목록은 다 상상할 수 없을 정도로 끝도 없이 계속된다.

생명이 기원한 장소로 바닷속도 거론되고 있다. 10장에서 살펴봤듯이 바다 한복판의 해령에는 지구 내부에서 뿜어져 나오는 에너지가 충만한데, 그 힘이 생명의 창조에 사용되었을지도 모른다. 비교적 최근에 바닷속에서는 각종 호극성 균extremophile(매우 극단적인 환경에서 살아가는 미생물)도 발견되었다. 만약 생명이 저 깊은 열수구에서 시작되었다면, 필요한 화학물질을 생산하는 방식은 밀러가 실험한 것과는 전혀 달랐을 것이다(아닐 수도 있고).

불만족스러운 결론이지만 생명의 기원에 관한 이야기는 현재 세포의 안팎을 구별하는 막의 기원을 포함해 최전선에서 많은 연구가 활발하게 진행되고 있다는 소식과 함께 이쯤에서 마무리해야겠다.

생명의 나무

생명의 나무 또는 계통수란 무엇인가? 이 나무는 우리 상상의 산물로서, 단일 기원에서 출발해 오늘날과 같은 놀라운 다양성을 이루어 낸 생물의 진화를 나무에 빗댄 것이다. 이 비유에서 뿌리는 가장 초기의 원시 생물을 나타내고 거기서 가지가 갈라져 뻗어 나가며, 잎은 현생 생물을 나타낸다.

생물의 진화를 반영하는 나무는 어떻게 만들까? 현생 생물의 표본과 과거의 화석, 그리고 DNA 정보를 활용한다. 오늘날에는 생물이 크게 세균역, 고균역(대부분이 호극성 균), 진핵생물역(동물, 식물, 균류, 점균류 등 핵이 있는 세포를 가진 모든 생물)으로 갈라진다고 본다. 이 중 고균과 나머지 두 역域, domain을 구분하는 특징이 무엇일까? 세균처럼 고균도 핵이 없는 단세포 생물이다. 그러나 고균은 세포막의 조성이 세균이나 진핵생물과 다르게 좀 더 안정적이다(아마도 극한 환경을 좋아하는 특성과도 연관되었을 것이다). 또 고균은 메테인을 생산한다. 그럼 이 나무의 가지에 바이러스의 자리도 있을까? 생물학자들은 계통수를 논할 때 바이러스는 논외로 치는데, 그건 기본적으로 바이러스가 스스로 번식할 수 없기 때문이다. 그러나 바이러스도 진짜 생명체 안에서는 문제없이 번식한다. 그렇다면 오직 숙주 안에서만 번식하는 이들을 계통수의 어디에 둘 것인가? 현재로서는 마땅한 자리가 없다. 하지만 언젠가는 이들에게 네 번째 역의 자리를 주어 해결할지도 모르겠다.

다양한 생물의 DNA 염기서열 정보가 빠르게 늘어남에 따라 앞으로 생명의 나무를 그릴 때 자의적 결정이 줄어들어 문제가 크게 개선될 것으로 기대된다. 염기서열 정보는 시퀀싱sequencing(DNA의 염기서열을 읽는 기술 — 옮긴이) 속도의 증가와 비용 감소 덕분에 더욱 늘어날 전망이다. 비용 추세의 예를 들자면, 인간 게놈genome(유전체, 한 생물의 전체 DNA)의 경우 금세기의 첫 21년 동안 시퀀싱 비용이 약 10만분의 1로 감소했다. 물론 과거의 추세가 미래에도 계속될 것이라고 장담할 수는 없지만 무리한 기대는 아닐 것이다.

진화의 경로: 북극곰

아주 최근까지도 북극곰의 역사에 대해서는 알려진 것이 거의 없었다. 화석이 부족해서다. 북극곰이 사는 환경은 화석이 형성되기도, 화석을 회수하기도 어렵다. 북극곰은 사실상 평생을 얼음 위에서 살아간다. 따라서 죽으면 바다에 수장되어 청소동물에게 먹히거나, 설령 화석이 된다고 해도 쉽게 발굴할 수가 없다. 또 상대적으로 개체 수가 적다는 문제도 있다. 개체 수가 적으니 화석도 적게 만들어질 수밖에 없다. 물론 소수의 화석을 발견해 조사하기는 했지만, 이 분야 연구는 대부분 곰의 DNA 분석으로 이루어졌다.

북극곰의 계통발생은 큰 관심거리였다. 그 이유는 일반적인 호기심 외에도 이 동물이 극지의 극한 환경에 진화적으로 얼마나 빨리 적응했는지 알고 싶기 때문이다. 이런 지식은 대형 포유류의 진화 속도를 연구할 때 유용한 기준이 될 수 있다.

북극곰의 진화에 관해 지금까지 추론한 정보를 알아보자. 첫째, 북극곰은 진화적으로 불곰(큰곰)에서 갈라져 나왔다. 하지만 현재 이 두 곰은 서로 전혀 다른 특성을 띤다. 일례로 불곰은 잡식성이지만, 북극곰은 대개 바다표범의 지방을 먹고 사는 육식동물이다. 북극곰의 체지방률은 50%라는 놀라운 수준을 유지하지만, 불곰이나 인간은 대략 20% 정도다. 북극곰의 혈액 내 콜레스테롤 수치는 밀리리터당 385g 정도로 인간의 기준으로 보면 천문학적 수준이라 할 만하다(참고로 내 수치는 180이다). 그런데도 북극곰은 심혈관 질환에 걸리지 않는 것 같다. 이런 특성은 인간의 심혈관 질환을 일으키는 근본적인 유전적 원인을 찾는 연구자의 조사 대상이 되고 있다. 어떤 유전적 변화가 이런 차이를 불러왔을까? 또 어떤 유전자 조합이 북극곰의 흰털을 만들었을까? 북극곰이 불곰과 갈라진 후로 이런 특성을 갖기까지는 얼마나 걸렸을까? 이런 질문에 대해서는 대략의 상한선만 알 수 있다. 그 이유를 생각해 보기 바란다.

현재 지구가 더워지는 추세가 북극곰에게는 무척이나 위험하다. 북극의 빙하라는 이들의 서식지가 빠르게 사라지면서 인간에게 잡힐 위험이 크고, 그 밖에도 각종 화학 오염 등 인간에 의해 다양한 방식으로 해를 입는다. 이런 이유로 총 개체 수가 고작 2만 5,000마리 정도로 추산되는 북극곰은 전례 없는 위기에 처해 있다(그림 20.1). 북극곰의 진화적 역사를 알게 되면 멸종을 예방하는 전략을 세우는

그림 20.1. 북극곰 어미와 새끼 두 마리.

데 도움이 될지도 모른다. 예컨대 치명적으로 낮은 유전자 다양성을 개선함으로써 가능할 수도 있지 않을까.

화석이 희귀한 상황에서 북극곰의 역사를 정량적으로 추적하기 위해 사용할 수 있는 도구는 DNA다. DNA를 이용한 북극곰 연구는 1990년대 초중반에 시작되었고, 특히 미토콘드리아 DNA를 사용했다. 미토콘드리아는 핵 밖의 세포질에 있는 소기관으로, 자체적인 DNA가 있고 대개 핵 DNA보다 훨씬 짧다. 미토콘드리아 DNA는 모계를 통해 유전된다. 세포 내 미토콘드리아의 양은 인간의 적혈구 세포처럼 미토콘드리아가 하나도 없는 것부터 간세포처럼 수천 개가 들어 있는 것까지 다양하다. 미토콘드리아 DNA는 핵 DNA와 같은 방식으로 분석되어 생물의 진화적 역사를 유추하는 데 쓰인다. 미토콘드리아 DNA 분석 결과, 북극곰은 불곰과 가장 근연 관계에 있으며 서로 교접한 적도 있었다. 종간 교접은 간빙기에 활동 범위가 겹치면서 일어났다고 예상되며 또 실제 그랬을 가능성도 크다. 누군가는 온난한 시기에 북극곰이 육지를 찾아 남쪽으로 이동했다고도 하고, 또 누군가는 불곰이 자신의 생활 방식에 더 적합한 기후를 좇아 북쪽으로 이동했다고도 한다. 두 시나리오가 다 일어났을 수도 있다.

이쯤에서 중요한 질문 하나. 북극곰은 진화적으로 얼마나 오래 됐을까? 그러니까 이 곰은 언제 처음 불곰과 분리되었을까? 또 다르게 표현하면 북극곰과 불곰은 언제 마지막 공통 조상last common ancestor(정의상 가장 최근까지 공유했던 조상을 의미한다. '마지막'이라는 말을 사용하는 이유는, '최초의' 공통 조상은 지구에서 딱 한 번 일어났다는 생명의 기원으로까지 거슬러 가기 때문이다)에서 갈라졌을까? 북극곰이 얼마나 오래 이 땅에 살았는가에 대한 답은 화석과 DNA 분석으로 접근할 수 있다. 이 중에 화석 분석은 DNA 분석을 통한 추론보다 뚜렷한 이점이 있다. 화석 분석에 쓰이는 방사성 연대 측정법의 신뢰도가 높고, 방사성 원소가 포함된 당시의 주변 물질과 화석을 합리적으로 연관 지을 수 있기 때문이다. 그러나 북극곰 화석을 불곰의 화석과 구분할 수 있다고 치더라도 그것이 최초의 북극곰 화석이라고 확신할 수는 없다.

DNA 분석 역시 난해한 측면이 있다. 그저 불곰 DNA와 북극곰 DNA에서 염기서열의 차이를 찾아내 분자시계(DNA의 변화 속도를 기준으로 시간 경과를 추정하는 방법 — 옮긴이)에 적용해서 두 종이 갈라진 시간을 추정할 수는 없다. 왜 그럴까? 내가 아는 한, 일정한 속도로 움직이는 분자시계는 아직 없다. 또 두 종이 최초로 분기된 시점부터 현재까지 알 수 없는 기간 동안 알 수 없는 수준으로 교접한 전력 때문에 그 역사가 복잡해진다. 교접으로 두 종이 서로 유전 정보를 주고받기 때문이다. 게다가 미토콘드리아 DNA에 바탕을 둔 분석에서도 성별에 관련된 유전적 변이로 인한 편향이 상황을 더 복잡하게 만들 수 있다.

이런 문제를 어떻게 극복할 수 있을까? 쉽지는 않다. DNA 염기서열의 다양한 측면을 적절히 처리하는 정교한 통계 기법들이 개발되었지만, 방법이 달라지면 결과도 달라진다는 문제가 있다. 때로는 그 차이가 무척 커서 중요한 효과를 간과하게 될 수도 있다. 예를 들면 DNA의 특정 구역에서 일어난 염기쌍의 변화 때문에 3차원 구조가 달라질 가능성 같은 것 말이다. 물론 현재로서는 DNA의 3차원 구조 변화가 불러오는 효과에 대해서 깊은 이해는커녕 얕은 지식도 없는 형편이다. 하지만 불과 몇몇 염기의 변화가 DNA의 3차원 구조에 상대적으로 큰 변화를 일으킬 수도 있다(단, 정량적 데이터가 반영되지 않은 정성적 추측임).

미토콘드리아 DNA 분석 결과, 북극곰과 불곰의 마지막 공통 조상이 살았던 시기는 13만 5,000년 전이라는 최대 추정치를 포함해 다양한 범위가 나왔다. 이어서 발표된 핵 DNA 분석 결과에서는 최대 60만 년 전까지로 시기가 거슬러 올라갔다(신뢰 구간은 ±20만 년). 게다가 최근의 추정은 400만~500만 년 전으로 껑충 뛰었다. 이런 차이를 설명하고 보정할 방법이 있을까? 몇 년 안에 좋은 답이 나올 것 같으니 평소 뉴스를 잘 살피시길.

그렇다면 현재까지의 결과로 불곰과 북극곰의 분기 시점에 대해 확실한 결론을 내릴 수 있을까? 내 생각에 답은 부정적이다. 하지만 적어도 곰들이 성적으로 활발해지는 나이(약 4~5년)는 명확히 알고 있으므로, 분기 시점만 손에 넣으면 현재 두 곰의 차이를 만들어 내기까지 걸린 세대 수를 합리적으로 추정할 수 있다. 물론 아직은 그 시점이 밝혀지기를 기다리는 형편이다.

지난 간빙기에 그랬듯이, 북극곰과 불곰의 교접이 한 번 더 북극곰을 구원할 수도 있다. 더 나아가 북극곰 DNA 분석의 현주소와 별개로 과거에 대해 더 많은 것을 알게 될 전망은 밝다. 또 운 좋게 더 많은 과거 화석이 발견될지도 모를 일이고.

진화의 경로: 고래

고래는 현존하는 가장 거대한 동물이다. 일부는 가장 거대했던 공룡보다도 크지만, 바다에 살고 있다는 점에서 색다른 생물이다. 이 바다의 공룡을 아프리카코끼리와 비교하면 크기와 무게를 가늠하는 데 도움이 되겠다. 큰 대왕고래는 길이가 약 30m에 몸무게가 최대 180t까지 나간다. 반면에 가장 큰 아프리카코끼리는 코끝에서 꼬리 끝까지 쟀을 때 몸길이가 약 10m이고 몸무게는 최대 6t을 조금 넘는다. 가장 큰 고래는 가장 큰 코끼리보다 몸무게가 30배 더 나가는 셈이다.

현재 물속에 살고 있지만 고래는 포유동물이지 어류가 아니다. 고래는 물고기와 달리 알이 아닌 새끼를 낳아서 돌보고, 해부학적으로도 아가미가 아닌 허파가 있다. 기원전 4세기에 이미 아리스토텔레스가 고래는 공기로 숨을 쉬고 새끼를 돌본다고 했을 정도로 그 사실이 잘 알려졌는데도, 고래를 포유류로 분류하는 것이 대중에게 보편적으로 받아들여지지는 않았다. 일례로 허먼 멜빌Herman Melville의 소설 《모비딕》(1851년)에서 이스마엘은 고래를 가리켜 "가로로 평평한 꼬리가 달리고 물을 내뿜는 물고기"라고 했다.

고래는 어디서 왔을까? 애초에 육지 동물이 바다에서 진화했다는 사실이 아이러니하긴 하지만, 고래는 육지 생물이 바다로 역진화한 최종 결과물이다. 고래는 약 3500만 년 전, 육지에서 살았던 고래의 조상으로부터 진화했다.

생물 계통수의 이런 흥미로운 부분을 채우는 작업은 100여 년 전에 처음 시작되었다. 다윈도 《종의 기원》 초판에서 고래의 기원을 추측했다. 그는 곤충 떼를 삼키려고 물속에 들어간 곰이 고래의 육지 조상이라고 보았다. 바다로 돌아간 동물이 무엇이었는지는 잘못 짚었으나 육지 동물이 바다로 돌아갔다는 사실만큼은 다윈의 생각이 옳았다. 이런 진화적 경로를 두고 중요하지만 답을 찾지 못한 문제들이 아직 남아 있다. 이 책에서는 이 과정을 DNA가 아니라 거의 전적으로 화석 기록을 통해 살펴보려 한다. 고래의 화석 기록은 앞서 북극곰의 화석이 거의 없는 것과 같은 이유로 흔하지 않지만, 그래도 제법 있는 편이다.

오늘날 고래, 돌고래, 쇠돌고래가 포유류라는 사실을 아는 사람은 많지만 어떻게 그렇게 되었는지 아는 사람은 많지 않다. 구체적으로 어떤 육지 포유류가 바다로 돌아가 해양 포유류로 진화했으며, 또 어떤 단계를 거쳤을까? 그 이야기는 약 6000만 년 전부터 시작한다. 고생물학자들은 이런 흥미진진한 전환을 어떤 식으로 파헤쳤을까? 이 책에서는 그들이 가장 큰 노력을 기울인 고래를 중심으로 그 과정을 알아보겠다.

고생물학자들에게 가장 중요한 정보원이 화석인 것은 분명하다. 그러나 화석 뼈를 측정하고 분석하려면 일단 화석을 찾아야 한다. 고래의 화석은 짐작하기에도 크고 실제로도 크다. 그러니 어느 곳에서 찾아야 할까? 고래 화석을 찾으려면 '적절한' 연대의 지층이 드러나 있고, 또 쉽게 접근할 수 있는 암석층을 알아야 한다. 그리고 무엇보다 고래의 조상인 원시 고래를 찾으려면 해당 시기에 육지와 바다의 접점을 보아야 한다. 이런 일에는 운도 무시할 수 없다.

발굴에 나선 고생물학자들의 목표는 핵심적인 진화 단계를 대표하는 완전한 화석 뼈대를 찾는 것이었다. 현생 고래의 뼈대는 양이 충분했으므로 고생물학자들은 그 뼈들을 머리에서 꼬리까지 찬찬히 훑어보면서 오늘날 육지 포유류의 특징에서 가장 덜 벗어난 부분을 찾으려 애썼다. 그들은 차근차근 시간을 거슬러 올라가며 많은 화석을 살펴보았고, 과거에 확립된 규칙들을 적용해 최대한 연대순으로 정리했다. 이런 식으로 마침내 뒷다리에 우제류(발굽이 있는 포유류를 유제류라 하고, 그중에서도 낙타와 하마처럼 발굽이 짝수 개인 것을 우제류라 한다)와 닮은 발굽이 달린 화석을 찾게 되었다.

따라서 우제류의 발가락은 그에 대응하는 고래의 뼈와 닮았다고 볼 수 있다. 다른 유사점들도 이런 기원과 일치한다. 그동안 증거 수집 및 추론에 사용한 방법을 모두 설명할 수는 없으므로 여기서는 고래의 기원이 포유류라는 증거와 고래의 조상과 포유류의 조상 간 연관성을 개체발생의 측면에서 다루어 보겠다.

고래가 육지 포유류에서 기원했다는 사실은 발생 과정에서부터 확인할 수 있다. 어미의 몸속에서 발달하는 고래의 태아는(개체발생) 진화 과정을 반복하는 단계를 거친다(계통발생). "개체발생은 계통발생을 반복한다"는 유명한 말처럼 말이다. 예를 들어 고래는 태아일 때 몸에 있던 털이 출생 전에 사라지고, 콧구멍 역시 일반적인 포유류와 같은 위치에 있다가 발달 과정에서 정수리로 올라가 분수공이 된다. 이처럼 고래의 개체발생 과정은 육지 포유류에서 진화해 왔음을 비교적 명확히 보여 준다.

돌파구는 지금으로부터 약 20년 전인 2001년에 나왔다. 오언 진저리치의 먼 사촌인 필립 진저리치Philip Gingerich와 그의 동료들이 현재의 파키스탄 땅에 해당하는 인도 아대륙에서 약 4000만 년 된, 거의 완전한 고래 조상의 화석을 발견한 것이다. 이 화석은 조르주 퀴비에가 고생물학을 창시한 이후로 약 200년간 축적된 연구를 바탕으로, 오늘날의 고생물학자들이 놀랍고도 정확한 결론을 내릴 수 있게 진화 과정의 커다란 공백을 메워 주었다. 구체적으로 말하면, 이 화석으로 고래의 육상 조상이 우제류였고 그 후손은 하마라는 대단히 확실한 결론을 내리게 된 것이다.

하마처럼 짝수 개의 발굽을 가진 우제류가 고래의 육지 조상이라는 주장을 뒷받침한 핵심 증거는 무엇이었을까? 그것은 발목뼈였다! 2001년에 진저리치와 동료들이 발견한 거의 완전한 원시 고래 유해에서 발목뼈는 이중 도르래의 특성을 띠었는데, 이것은 현재 우제류에서만 볼 수 있는 특징이기도 하다(그림 20.2). 반면에 예컨대 곰의 발목뼈는 단일 도르래의 구조만 지니고 있었다.

이것은 (적어도 고생물학자들에게는) 설득력 있는 연관성이 드러난 대단한 발견이었다. 그 결과는 2001년 9월에 두 연구팀이 하루 차이로 발표했는데, 하나는 미국의 저명한 학술지 《사이언스》에, 다른 한 편은 똑같이 저명한, 어쩌면 세계적으로 좀 더 권위 있는 영국 학술지 《네이처》에 하루 먼저 발표되었다. 놀라운 우연이 아닌가? 여기에는 과학 연구의 인간적 면모가 잘못된 방식으로 드러난 사건이 있었다. 《사이언스》 논문의 주요 저자 필립 진저리치는 2001년 6월 초, 그 논문의 초안을 당시 다른 기관 소속의 제자에게 보내 의견을 물었다. (곧 밝혀질 이유로 제자의 이름은 익명으로 처리하겠다.)

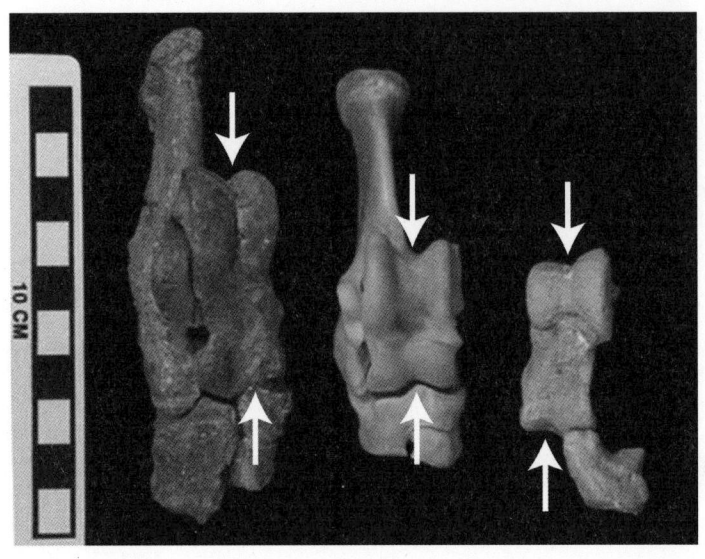

그림 20.2. 현재까지의 증거에 따르면, 이중 도르래 형태의 구조는 우제류와 원시 고래에서만 발견되는 특징이다.

진저리치는 일반적인 절차에 따라 《사이언스》 논문 말미에 초안을 읽고 의견을 보태 준 제자에 대한 감사의 말을 적었다. 그러나 스승 진저리치와 같은 분야를 연구하고 있던 그 제자는 이 발견의 중요성을 깨닫고서, 자신의 고래 화석 뼈 컬렉션을 수색해 진저리치 논문의 근거가 된 것과 같은 특징을 지닌 표본을 찾은 뒤, 거의 동일한 결론의 논문을 써서 《네이처》에 투고했다. 그걸로도 모자라 논문을 신속하게 출판하도록 《네이처》 편집자에게 직간접적으로 손을 써서, 결국 이 중요한 고생물학적 결과의 《네이처》 버전이 《사이언스》보다 하루 먼저 나오게 된 것이다. (《네이처》와 《사이언스》 모두 주간 간행물로 앞엣것은 목요일, 뒤엣것은 금요일에 발행되므로 하루 차이가 있다.) 하루 차이는 사소해 보이지만 그 영향력은 그렇지 않다. 하루라도 먼저 출판된 논문이 더 많은 언론의 관심을 받게 마련이고 학계에서도 공로를 인정받는다.

이 이야기는 신뢰할 수 있을까, 아니면 깊은 오해로 왜곡되었을까? 추론할 수밖에 없는 사건에 대해서는 함부로 확신하기가 어렵다. 그렇다면 이 경우에는 무언가 객관적인 증거가 있는가? 많다.

《사이언스》 논문은 2011년 6월 28일에 투고되었고, 《네이처》 논문은 같은 해 8월 10일에 투고되어 8월 28일에 게재 승인을 받았다. 투고에서 게재 승인까지 18일밖에 걸리지 않았다는 것은 확실히 이례적이며, 당겨진 출판일 역시 편집자가 개입했음을 시사한다. 《사이언스》 논문에는 저자인 진저리치가 《네이처》 논문의 주 저자인 제자에게 논문 초안에 의견을 내준 데 감사를 표하는 말이 실려 있다. 반면에 《네이처》 논문에는 진저리치의 연구에 대한 언급은 없고, 대신 '최후 교정 중 추가된 주석'이 포함되었는데, 이것은 논문이 이미 게재 허가를 받고 출판 직전에 최종 교정본을 검토하는 중에 저자가 주석을 추가했다는 뜻이다. 그 주석은 "고래목-우제류의 밀접한 관계는 곧 발표될 논문에서 소개할 프로토케투스 화석 연구를 통해서도 암시된다"고 명시하면서 《사이언스》에 발표될 진저리치의 논문을 참조했다. 진저리치의 제자가 논문 출판 직전에 추가한 이 주석은, 제자가 스승이 쓴 《사이언스》 논문의 초안을 읽고 한참 뒤에, 그리고 《사이언스》 논문의 저자인 스승이 《네이처》 논문의 주요 저자인 제자로부터 의견을 받고 한참 뒤에 제자가 이 논문을 투고했음을 암시한다. 따라서 그 '최후 교정 중 추가된 주석'으로 우리는 제자가 떳떳하지 못하게 논문을 냈다는 결론을 내리게 된다. 당연한 결말일지 모르지만 과거에 제자와 스승이었던 두 사람의 관계는 이제 돈독하지 않다. (지금은 이 분야에 있는 사람들 대부분이 속사정을 알고 있다.)

인간 행동의 한 단면을 보여 주는 이 선취권 문제는 여기서 끝이 난 것으로 알고 있다. 나 역시 지금까지 총 250여 명의 동료와 400편 이상의 과학 논문을 발표하면서 딱 한 번 이런 종류의 속임수로, 그러나 더 지독한 방식으로 피해를 본 경험이 있다.

과학 이야기로 돌아오면, 진저리치와 동료들이 사용한 표본은 파키스탄에서 발견된 것으로, 상태가 거의 완벽했고 우제류 발목뼈와의 직접적인 연관성을 보였다. 《네이처》 논문을 낸 제자의 표본은 그보다 전에 다양한 동물의 유해가 섞여 있는 장소에서 발견된 것으로, 완전히 분리된 개별 뼈들이었다(그런 표본은 진저리치도 오래전부터 가지고 있었다). 그러나 고래의 발목뼈와 육상에 사는 (현생) 우제류 발목뼈의 연관성은 진저리치와 동료들이 2001년에 온전한 뼈대를 발견하기 전에는 쉽게 증명할 수 없었다. (이것은 그리스어와 이집트 상형 문자로 된 글들이 서로 다른 바위에 새겨져 있다가 로제타석이 발견된 후에야 서로 연결되어 해독된 사건과 유사하다.)

내가 알기로 이 분야에서 최근에 발견된 아주 멋진 화석도 필립 진저리치의 공로였다. 고래에 근접하게 진화한 원시 고래의 거의 완벽한 뼈대 두 점을 그가 2009년에 파키스탄에서 발견했다. 이 두 화석은 서로 나란히 놓여 있었고, 그중 하나는 안에 또 다른 생물을 품고 있었다. 안에 들어 있는 생물이 잡아먹힌 것이라는 가설은 이빨 자국이 없다는 사실로 배제되었다. 그렇다면 유일하게 합리적인 해석은 출산 직전의 태아라는 것이다. 이 사실을 알게 되었을 때 얼마나 흥분되었을지 상상이 가는가?

이 태아는 머리가 먼저 나오도록 자리를 잡고 있었다. 그리고 뼈는 고래의 뼈와 매우 닮았다. 게다가 (약한 주장이지만) 둘 중 나머지 하나는 확실히 크기가 더 컸는데, 현생 고래의 암수 크기 차이를 생각하면 수컷일 가능성이 크다. 이 화석 고래는 수생 생물의 구조적 특징을 거의 완전하게 갖고 있었다. 그러나 주목할 만한 차이가 있었다. 온전히 수생인 현생 고래는 바다에서 새끼를 낳고 꼬리가 먼저 나온다. 지상에서의 출산은 포유류에서 보듯이 머리가 먼저 나오는데, 출산이 임박한 이 화석의 태아가 그랬다(마지막 순간에 몸을 거꾸로 돌리는 것이 출산 과정의 일부가 아니라면 말이다).

왜 바다에 사는 고래는 머리가 아닌 꼬리가 먼저 나올까? 확실하지는 않지만 꽤 그럴듯한 이론이 있다. 지상에서 포유류는 자궁에서 나온 새끼가 바로 숨을 쉴 수 있을 때 생존할 가능성이 크다. 발이 먼저 나왔다가 그 상태로 몸이 걸려서 나오지 못하게 되면 그 시간이 잠시만 지체되어도 새끼는 질식한다. 그때는 이미 양수가 빠진 후라 태아는 스스로 호흡해야 하기 때문이다. 탯줄이 여전히 연결되어 있어도 질식 위험이 있다. 반면 물속에서는 머리가 먼저 나올 경우, 새끼 고래는 태어나기도 전에 익사할 수 있다. 그런데 왜 태어난 직후의 새끼 고래는 익사하지 않을까? 적어도 일부 고래 종에서 새끼는 태어나자마자 약 10초 안에 수면으로 올라와 숨을 쉰다. 그러면 고래는 얼마나 오래 숨을 참을 수 있을까? 일부 성숙한 개체는 한 번 숨을 들이마신 후 물속에서 거의 두 시간을 버틴다. 그럼 잠을 자는 동안에는 어떻게 숨을 쉴까? 고래는 절반은 깨어 있는 상태로 자다가 필요할 때마다 수면으로 올라와 호흡한다.

　마지막으로 좀 더 일반적이고 기본적인 문제 한 가지만 더 생각해 보자. 왜 애초에 우제류는 물로 돌아갔고, 대부분의 다른 동물은 전적으로 육상에 남았을까? 그 답을 추측해 보면, 먼저 우제류가 지상의 포식자들을 피해서 물로 돌아갔을 가능성이 있다. 당시는 악어가 번성하던 때라 우제류가 물에 가는 것을 방해했을 수도 있지만, 그렇다고 통과하지 못할 정도는 아니었을 것이다. 또 다른 이유로는 먹이가 더 필요했기 때문일 수도 있는데, 이것은 가능성이 희박하다. 증거에 따르면 당시 육지에는 먹이가 넘쳐났기 때문이다. 아니면 먹이를 두고 경쟁을 피하고 싶었는지도 모른다. 그럴 수도 있지만 증거는 확실하지 않다. 그렇다면 왜 다른 종들은 물로 가지 않았을까? 가장 오래된 화석이 발견된 장소에 이 문제의 단서가 있을지도 모르지만 확실하지는 않다.

　이렇게 불확실한 이야기로 이 장을 마무리하는 대신 희망적인 문장을 덧붙인다. 미래에 발견될 화석과 더욱 정교해진 DNA 분석법이 이 진화 이야기를 더 충실하게 채워 줄 것이며, 어쩌면 대단히 새롭고 흥미로운 면을 발견하게 될지도 모른다고 말이다.

21장

DNA 연구의 활용

이 장에는 '기타 등등'이라는 제목을 붙여도 좋을 만한 내용을 모아 보았다. 각 주제를 위해 따로 장을 만들기는 어중간하지만, DNA 연구와 연관 지어 생각해 볼 만한 소재들이니 함께 살펴보자.

완보동물

완보동물('느리게 걷는 동물')은 '물곰'이라고도 하며, 1773년에 독일 동물학자 요한 괴체Johann Goeze가 발견하고 3년 뒤 이탈리아 생물학자 라차로 스팔란차니Lazzaro Spallanzani가 명명했다. 생물 분류 체계에서 완보동물은 혼자서 완보동물문이라는 독립된 문門, phylum을 차지한다. 얼마나 대단한 동물이길래 굳이 다루려고 하는지 궁금할 수도 있겠다. 이 동물은 생존 능력이 타의 추종을 불허하는데, 그중 일부만 예를 들어 보겠다. 완보동물은 우주, 그러니까 우주선 밖에

그림 21.1. 완보동물. 몸길이는 0.5mm.

서도 며칠씩 살아남고 1K에서 420K까지의 극한 온도에서도 몇 분은 버틸 수 있다. 30년 동안 꽁꽁 얼어 있다가도 부활하여 번식하며, 체내의 수분 함량이 3% 미만으로 떨어졌다가도 멀쩡하게 살아난다 (인체에는 대략 60%의 물이 있다). 6,000기압에 달하는 고압에서도, 인간에게 치명적인 양보다 1,000배 높은 전리 방사선에서도 생존했다. 이런 극한 환경에서 살아남는 특징이 있는데도, 완보동물을 호극성 균으로 취급하지는 않는다. 왜 그럴까? 그건 이 동물이 그런 극한의 환경을 그저 '견딜' 수 있을 뿐, '활용하며' 살아가지는 않기 때문이다. 듣고 보니 많은 사람이 그 존재를 몰랐다는 사실이 놀랍지 않은가?

완보동물은 5억 3000만 년 전부터 지구에서 살아왔다. 현재는 1,000여 종이 식별되었다. 완보동물은 열대지방에서부터 남극대륙까지 지구 어디에나 산다. 바람을 타고 먼 거리를 이동하며, 폴란드의 최신 연구에 따르면 달팽이 몸에 들러붙어 짧은 거리를 이동하기도 한다. 난생으로, 종에 따라 다르지만 짧게는 4~5일 만에, 보통은 14일 만에 부화한다. 조류藻類, 작은 벌레 등을 먹고 산다. 몸길이는 0.1~1.5mm이며 휴면기를 제외한 수명은 역시 종에 따라 3~4개월에서 2년까지 다양하다. 그림 21.1의 완보동물을 보면 눈도, 귀도, 코도 없다. 완보동물 세계에서는 안과나 이비인후과 전문의가 따로 필요 없겠다. 완보동물의 DNA 염기쌍 수는 7500만~8억 개까지 다양하며, 손상 억제 단백질damage suppressor(Dsup)이 있어서 엑스선으로부터 몸을 보호한다. 그리고 다른 어떤 동물보다도 DNA 수선 유전자의 복사본이 많다.

완보동물은 어떤 대멸종 사건에서도 살아남으리라 예상되며 또 실제로도 그래 왔다. (물론 현재 살아 있는 모든 생물 역시 그들의 조상이 멸종 사건에서 살아남아 번식해 왔지만.) 그러니 이 동물의 재주와 기술을 잘 이해하면 언젠가 그중 일부를 인간에게 적용할 수 있을지도 모른다. 실제로 일부 생물학 실험실에서는 이러한 연구를 활발히 수행하고 있다.

완보동물에 대해서는 이런 질문을 던질 수 있다. 이 동물은 어떻게 그렇게 믿기 힘든 생존 능력을 갖추게 되었을까? 그 능력은 지구상의 어떤 환경 조건을 견디기 위해서라도 필요 이상으로 과한 것인데, 어떻게 자연선택으로 이런 특성들이 진화했을까? 질문은 좋지만, 아직 입증된 정답은 없다.

진화 실험

진화를 검증하는 실험이 드물었던 이유는 무엇일까? 자연선택으로 종이 바뀌기까지 걸리는 시간은 대개 수백만 년이다. 인간의 수명은 보통 100년을 넘지 않으니 한 사람이 평생을 바친다고 해도 한 종이 다른 종으로 바뀌는 과정을 볼 수 있는 실험을 하려면 수명이 1만 배나 늘어나도 부족하다.

이런 근본적인 문제로 장기적인 실험이 전무한 상황에도 예외는 있다. 대장균처럼 한 세대가 짧고 실험실에서 다루기 쉬운 모델 생물의 진화 연구다. 대장균은 길이 $1\mu m$ 정도의 단세포 세균으로, 일반적으로는 인간에게 해롭지 않다. 실제로 사람의 장에는 아주 많은 수의 대장균이 산다. (물론 특정 대장균이 식중독이나 기타 달갑지 않은 사건을 일으킬 때가 있다.) 대장균은 20분 정도면 한 세대가 번식한다. 현재 미시간주립대학교에 있는 리처드 렌스키 Richard Lenski가 1988년에 대장균으로 실험을 시작했다. 실험의 목적은 이 실험을 장기간 계속했을 때 어떤 진화적 변화가 일어나는지 보는 것이다.

실험은 비교적 단순하지만 개념은 명확하다. 렌스키는 대장균 세포 하나를 배양해 다수의 딸세포를 키운 다음, 12개의 개체군으로 나누었다. 각 개체군을 배지 10mL에 넣고 키우면서 포도당만 먹이로 주었다. 대장균이 들어 있는 플라스크는 산소가 충분히 공급되도록 수시로 저어 주었고, 온도도 37°C로 일정하게 유지했다. 개체군 안에서 대장균 세포들은 포도당을 두고 경쟁했고, 그 결과 포도당은 약 여섯 시간 만에 바닥이 났다. 다음 먹이는 18시간 뒤에 제공되었다. 렌스키는 매일 12개의 개체군에서 각각 1%씩 추출해 9.9mL짜리 새 배지로 옮겼다. 이렇게 해서 12개의 개체군 모두 같은 크기로 다시 시작하고, 여섯 시간짜리 먹이 공급을 받았다. 그리고 500세대마다 각 개체군에서 시료를 채취해 -80°C의 초저온 냉동고에 얼려서 보관했다. 냉동된 대장균은 필요할 때 녹여서 다시 실험에 투입할 수 있다. 원칙은 간단하지만 과정은 엄격했다. 이 실험은 주말도 공휴일도 없이 매일매일 세대를 거듭해 같은 조건을 철저히 유지하는 방식으로 되풀이되었다.

이렇게 해서 무엇을 발견했을까? 약 1만 세대가 지나자 12개 개체군이 모두 처음보다 생장 속도가 빨라졌고 세포의 크기도 더 커졌다. 게다가 모든 개체군이 당의 일종인 D-리보스 용액에서는 자랄 수 없게 되었다. 이 실험을 처음 시작할 때 이들의 시조였던 대장균은 이 능력을 갖추고 있었는데 말이다. 그렇다면 이 12개 개체군은 일종의 '평행 진화parallel evolution'를 보인 것이다. 즉, 서로 근연 관계가 아닌 유기체가 동일하거나 아주 비슷한 환경에 적응하면서 비슷한 형질이 독립적으로 진화했다는 뜻이다. 환경 조건이 달라지자 대장균은 새로운 조건에 적응하는 방향으로 진화했다. 능력을 잃는 것이 어째서 적응이냐고? 이는 비용 절약 측면에서 도움이 된다. 이 경우 대장균은 D-리보스를 소화하는 단백질을 생산하는 데 드는 에너지를 절약할 수 있다.

현재까지 가장 흥미로운 발견은 약 3만 세대 후에 나타났다. 12개 개체군 중 한 개체군이 새로운 능력을 갖추어 다른 대장균들은 소화하지 못하는 것을 먹고 살 수 있게 된 것이다. 게다가 이 능력은 다음 세대에 대물림되었다. 어떻게 이런 일이 일어났을까? 그 답은 아직 전적으로 확실하지는 않지만 아마 (희귀한) 돌연변이가 한 개 이상 일어나 대장균이 그 물질을 먹을 수 있게 되었고, 실제로도 그렇게 적응했다고 보인다. 그럼 돌연변이로 대장균이 먹을 수 있게 된 음식은 무엇이고, 어떤 환경 조건에서 그렇게 됐을까? 바로 대장균이 자라는 배지에 들어 있던 구연산염이다. 원래 구연산염은 이 실험에서처럼 유산소 환경에서는 대장균이 쳐다보지도 않는 물질이다. 그러나 돌연변이로 인해 마치 무산소 환경에 있을 때처럼 대장균이 구연산염을 소화하는 (과거에는 불가능했던) 일이 일어나게 되었다. 이 결과는 진화에 대한 중요한 발견이다.

이런 진화가 다시 일어날 가능성은 얼마나 될까? 이 형질은 동일한 대장균으로 구성된 12개의 개체군 가운데 오직 한 개체군에서만 일어났으므로 재현 가능성이 '별로 없다'는 답이 나온다. 진화에 관한 한 가지 쟁점은 동일한 환경에서 동일한 진화가 재현될 것인가, 그렇다면 어느 정도까지 반복되며 또 얼마나 무작위적(예측 불가능하다는 뜻)인가 하는 점이다. 이 실험 결과로는 진화는 '예측할 수 없고' '무작위적이다'라는 쪽에 무게가 실린다. 반복해서 발생한 진화는 실험 초기에 12개 개체군 전체에서 대장균이 더 빨리, 더 크게 자라는 현상 정도였다.

실험을 얼마나 더 계속해야 종에서 명백한 변화가 관찰될까? 그건 아무도 알 수 없고, 또 꼭 새로운 종이 나타난다는 보장도 없다. 그러나 그런 결과가 일어난다면 대단한 성취가 될 것이다. 왜냐고? 인간이 동식물의 품종을 개량해서 커다란 변화를 일으켰음에도 불구하고 새로운 종이 나타난 적은 없다는 이유로 진화를 부정하는 사람들의 주장(말은 오직 말만 낳고, 개는 개만 낳는다는 그 주장)에 심각한 흠집을 낼 수 있기 때문이다.

과연 이 대장균 실험은 얼마나 더 계속될까? 2021년에 이미 7만 세대가 지났는데, 언제까지 갈지는 아직 결정되지 않았다. 렌스키는 언젠가 은퇴하겠지만 그는 유능한 후계자들을 여럿 양성했다. 게다가 다른 실험실도 이 실험실 속 진화 프로젝트에 동참하면서 활기차게 확장되고 있다. 그러나 이런 장기적인 프로젝트에 연구비가 언제까지 지원될지는 알 수 없다. 진화에 관한 근본적인 문제를 다루는 실험이니만큼 계속되길 바랄 뿐이다.

DNA 지문 분석

오늘날 사람들은 DNA 지문 분석을 당연하게 여긴다. 마치 원래부터 그랬던 것처럼 말이다. 하지만 이 역시 처음 발명한 사람이 있다. 그 발명가는 알렉 제프리스 Alec Jeffreys로, 1983~1984년에 이 아이디어와 기술을 개발했다. 이게 뭐 그리 대단한 일이냐고 생각할지도 모르겠다. 그저 사람의 DNA 염기서열을 확인해서 비교하면 끝 아닌가. 모든 사람의 DNA는 다른 사람과 다르고 각자에게 고유할 테니까(일란성 쌍둥이도 예외는 아닌 것 같다). 하지만 예전이나 지금이나 시퀀싱에 드는 비용과 시간 때문에 게놈의 전체 염기서열을 공장에서 찍어 내듯이 뚝딱뚝딱 분석해 내기는 어렵다. 따라서 영리하게 접근해야 한다.

제프리스의 시대에 이미 46개 염색체에 퍼져 있는 사람 DNA의 전체 60억 염기쌍 대부분이 인류 전체에 공통된다는 것이 잘 알려졌다. 개인별로 차이가 나는 부분은 상대적으로 적은 비율인 0.1%에 불과하다. 그중에 지금 이야기하려는 목적에 특히 유용한 두 유형이 있다. 단연쇄반복short tandem repeat(STR)과 단일염기다형성single nucleotide polymorphism(SNP)이다. STR은 짧은 염기서열이 DNA에서 연속적으로 반복되는 것을 말한다. 예를 들어 CTGCTGCTGCTG는 C, T, G가 짧은 염기서열을 이루고 DNA 이중나선의 한쪽 가닥에서 네 번 반복된다(다른 쪽 가닥에서는 상보적으로 GAC가 반복된다). 이런 STR은 개인에 따라 반복되는 횟수가 다르고, 단백질을 만드는 데 직접 관여하지 않는 DNA에서만 나타난다. 반면에 SNP는 DNA의 단일 위치에 있는 염기가 사람마다 다른 것을 말한다. 예를 들면 같은 위치에 당신은 C가 있고, 나에게는 T가 있는 식이다.

그렇다면 DNA의 이런 특징이 왜 유용할까? 이런 서열은 사람마다 다르므로 개인을 식별하는 데 사용할 수 있다. 어떻게 보면 SNP의 경우 특정 지점에 올 수 있는 염기가 A, T, C, G, 이렇게 네 개밖에 없는데, 그게 과연 유용할지 의문이 들 수도 있다. 맞는 말이다. 그러나 그런 SNP는 한 개가 아니다. 인간에게는 이런 지점이 수백만 개가 있고, 염색체 곳곳에 있는 다수의 SNP를 조사하면 실제로 아주 유용한 식별 도구가 된다. 예를 들어 SNP 15개에 대해 무작위적으로 선택된 한 사람이 각 지점에 대해 네 종류의 염기 중에서 하나의 염기를 가질 확률이 동일하다고 가정해 보자. 그러면 무작위적으로 선별된 그 사람이 15개 SNP 지점에 대해 특정 염기 조합을 가질 확률은 $(1/4)^{15}$으로, 약 10^{-9}이다. 따라서 15개의 SNP를 조사하면 저 위치에 똑같은 염기를 가지는 사람은 평균 10억 명 중에서 한 사람꼴이 된다. 물론 무작위성의 가정을 확인하려면 해당 인구 집단에서 충분히 많은 사람의 DNA 샘플을 조사해야 한다. 만약 결과가 이런 가정과 일치하지 않으면 해당 집단에서 개인을 식별하는 해상도를 높이기 위해 확률을 수정하고, 필요에 따라 조사하는 SNP의 개수를 늘릴 수도 있다.

제프리스는 이런 기술로 일부 선별된 구역의 염기서열만 밝혀도 높은 정확도로 사람을 식별할 수 있다고 제안했다. 하지만 어떤 상황에서는 구할 수 있는 DNA 조각이 너무 작을 수도 있다. 그런 상황에서 여러 SNP를 분석하려면 해당 DNA 조각의 복제본을 만들어야 한다. 현재 널리 쓰이는 DNA 염기서열 판독 방식은 각 염기에 서로 다른 형광 화학물질을 붙여 구별하기 때문이다. 분석할 DNA 시료가 부족하면 인간이든 기계든 이런 방식으로 염기서열을 안정적으로 판독하기가 몹시 어렵다.

제프리스가 DNA 지문 분석을 제안한 것과 비슷한 시기에 복제 문제를 해결할 기술이 개발되었다. 이 기술은 중합효소 연쇄반응 polymerase chain reaction(PCR)이라고 하며, 1983년에 캐리 멀리스Kary Mullis가 발명했다. 이 기술을 이용하면 DNA 조각을 빠르고 정확하게 여러 번 복제할 수 있다. 지금은 염기쌍 40~2,000개에 이르는 길이의 DNA 조각을 단 몇 분 안에 수백만 개로 복제할 수 있다. 물론 더 긴 조각을 복제할 때는 시간이 더 걸리지만, 특별한 기술을 사용해서 염기쌍 5만 개까지도 복제할 수 있다.

이 놀라운 기술의 작동 원리가 무엇일까? DNA는 물의 끓는점보다 약간 낮은 약 95°C에서 이중가닥이 쉽게 분리된다. 이 온도에서 분리되어 두 가닥이 된 DNA를 다시 약 60°C까지 식히면 프라이머primer가 복제 대상 DNA의 끝에 가서 붙는다. 프라이머는 20개 안팎의 염기쌍으로 이루어진 짧은 DNA 조각으로, 염기서열이 복제하려는 DNA의 제일 끝에 있는 염기에 상보적이다. 프라이머가 복제 대상 DNA에 붙고 나면 DNA 중합효소가 그 자리에서부터 DNA를 복제해 나간다. 이 효소는 높은 온도에서도 작용하는 특성이 있는데, 멀리스가 미국 옐로스톤국립공원의 온천에서 발견한 세균 테르무스 아쿠아티쿠스 Thermus aquaticus에서 추출했다. PCR 기계가 DNA를 복제하느라 여러 온도를 차례로 번갈아 가며 몇 사이클을 돌아도 이 효소는 문제없이 버틴다.

현대식 PCR에서는 나란히 있는 두 오븐을 하나는 높은 온도로, 다른 하나는 낮은 온도로 설정하고 필요한 재료를 모두 넣는다. 복제할 DNA는 두 오븐 사이를 오가면서, 각 온도에서 필요한 반응이 일어나는 데 걸리는 몇 초 동안 머물게 된다. 한 번 사이클이 돌 때마다 해당 DNA가 두 배로 증가한다. 20회의 사이클을 돌고 나면 처음에 한 개로 시작했던 것이 2^{20}개, 즉 1백만 개 이상으로 복제된다. 그래서 이것을 연쇄반응이라고 한다. 구체적인 방법은 복잡하지만 어쨌든 아주 잘 작동하는 기술이라, 거의 모든 분자생물학 실험실에서 PCR이 일상적으로 쓰인다.

DNA 지문 분석 기법이 일찍 적용된 분야의 하나는 법의학으로, 범죄에 관련된 사람을 특정하는 것이 목적이었다. 법원은 이 새로운 형태의 증거를 받아들였다. 이 방법은 고작 몇 년 만에 서구 국가와 일부 동양 국가에서 합법적 수단으로 인정받았다. 현재 '결백 프로젝트Innocence Project'라는 조직이 활약하고 있는데, 이 단체의 유일한 목적은 유죄 판결을 받은 사람의 신원 확인이 적절했는지를 DNA 증거로 확인하는 것이다. 이 프로젝트가 출범한 지 약 20년 만에 300여 명 이상의 판결이 뒤집혔고 해당 범죄의 최초 수사에서 용의자가 아니었던 사람이 유죄 판결을 받기도 했다.

DNA 분석과 흑사병 연구

지난 2,000년 동안 최소한 세 번의 대규모 역병(페스트, 흑사병)이 지구의 일부 지역을 강타했다. 6~8세기 사이에는 유스티니아누스 역병이 유럽을 휩쓸었고, 14세기 중반의 대역병도 주로 유럽에서 발생했다. 19세기 후반에 일어난 역병은 중국과 인도에 영향을 미쳤다. 모두 양상도 방식도 제각각이었다. 여기서 질문. DNA 분석은 이 사건들에 대해 무엇을 알려 줄까?

페스트는 크게 세 가지 형태로 인지되는데, 각각은 (일부 겹치기는 하지만) 고유한 증상이 있다. 가래톳 페스트bubonic plague(선페스트, 림프샘 페스트)의 증상은 극심한 통증, 림프샘 비대, 오한, 두통, 고열, 쇠약감이다. 패혈성 페스트septicemic plague는 고열, 무력감, 복통, 오한, 조직의 출혈을 보였다(죽은 조직이 검게 보여서 '흑사병'이라고 불렸다고도 한다). 폐렴형 페스트pneumonic plague는 가슴 통증, 호흡 곤란, 기침, 고열, 오한, 메스꺼움, 구토, 설사를 유발했다.

페스트의 원인으로는, 이 병에 걸린 설치류(특히 선박에 숨어들어 장거리를 이동하고 다닌)에 기생하던 벼룩이 쥐를 물고 그 벼룩이 다시 사람을 물면서 병이 옮는다는 것이 통념이다. 소수이긴 하지만, 벼룩이 이렇게 빠른 속도로 병을 퍼트릴 수는 없으므로 공기를 통해 사람 간에 전염된다고 주장하는 이들도 있었다. 공기 감염의 여부는 아직 정확히 밝혀지지 않았지만, 적어도 폐렴형 페스트는 비말을 통해 옮을 수 있다고 알려졌다.

현재는 대다수 학자가 페스트의 근본적인 원인으로 페스트균을 꼽는다. 페스트균의 학명은 예르시니아 페스티스*Yersinia pestis*인데, 1894년에 홍콩에서 발발한 역병의 환자로부터 이 세균을 처음 식별한 알렉상드르 예르생Alexandre Yersin의 이름을 딴 것이다. 학명의 페스티스*pestis*는 말 그대로 전염병을 뜻한다. 이 세균이 유스티니아누스(역병이 절정이 달한 541년 당시 동로마제국의 황제) 시대부터 근대까지 진화한 과정은 여전히 논의 중이다.

물론 중세 시대에는 세균의 존재를 몰랐으므로 역병이 돌면 사람들은 다른 원인을 찾아야 했다. 그중 두 가지만 예를 들어 보면, 먼저 프랑스에서는 페스트가 1345년에 일어난 세 행성의 합 conjunction(하늘에서 행성들이 한 줄로 정렬하거나 서로 근접하는 현상. 실제로는 행성들이 각각의 궤도를 돌고 있을 뿐이지만 상대적인 위치 변화로 인해 지구에서 볼 때 특별하게 정렬한 것처럼 보이는 일종의 착시 현상이다 — 옮긴이)으로 인해 '공기에 발생한 역병'이라는 이야기가 왕의 귀에까지 들어갔다. 점성술이 여전히 활발했음을 보여 주는 사례이기도 하다. 한편 유대인들이 우물에 독을 탔다는 소문도 있었다. 교황 클레멘스 6세는 유대인들도 가톨릭교도들과 마찬가지로 이 병으로 죽어 가고 있으므로 그런 혐의는 터무니없다고 주장했다. 하지만 그때나 지금이나 진실이 사람들의 마음을 돌리지는 못한다. 수백 곳의 유대인 공동체가 공격을 받아 파괴되었다. 점성술처럼 반유대주의도 여전히 살아 있었다.

세 유형의 페스트 모두 처음 감염되고 2~7일 만에 증상이 나타나고 회복 또는 사망까지 걸리는 시간은 대략 비슷하다.

일부 역사가들은 14세기 중반에 부활한 흑사병으로 3년 동안 전체 유럽 인구의 약 3분의 1이 사망했다고 추정한다. 총 5000만 명 정도로 추산되는 이 수치는 사실 부정확하다. 끔찍할 정도로 많은 사람이 죽어가는 상황에서 시체를 묻기에도 바빴을 테니 통계 자료를 제대로 수집하기가 어려웠을 것이다. 실제로 사망률은 유럽 내에서도 지역에 따라 크게 달랐고 전체 사망자 수는 훨씬 적었다는 최신 연구 결과가 있다. 그렇다고는 해도 이 대역병은 20세기에 일어난 두 차례의 세계대전이나 21세기의 코로나19 팬데믹과 비교하면 사망 인구의 비율 면에서 상대적으로 훨씬 더 심각했던 것으로 보인다.

1980년대에 런던탑 근처의 한 묘지에서 1348년 페스트 희생자의 유해 네 구가 발굴되었다. 수십 년 뒤, 커스틴 보스Kirsten Bos와 요하네스 크라우제Johannes Krause 연구팀은 치아의 치수강에서 채취한 시료로 페스트균의 게놈을 분리했다. 그 과정에 기술적 어려움이 많았는데, 그중에서 두 가지만 강조하면, 첫째는 발견된 DNA가 작은 가닥으로 수없이 잘려 있었고, 둘째는 사체에 침투한 다른 세균의

DNA가 너무 많았다. 그러나 연구자들은 조각을 이어 맞춰 페스트균의 전체 DNA를 완성했고, 그렇게 최초로 유골에서 채취한 시료로 병원체의 게놈 전체를 재구성하는 데 성공했다. 이후 유럽 다른 지역의 묘지에서 발굴된 유해에서도 유사한 재구성이 이루어졌다. 이 결과로 중세의 흑사병은 페스트균에 의한 것임이 사실상 증명되었다.

흑사병을 일으킨 페스트균의 게놈은 14세기 중반부터 현재까지 얼마나 변했을까? 이 질문에 답하려면 과거 게놈을 현재의 게놈과 비교하고, 이를 확인하기 위해 여러 개의 과거 게놈을 서로 비교하고, 또 여러 개의 현재 게놈을 서로 비교해야 한다. 그럼 지금까지 어떤 비교가 이루어졌을까? 페스트균의 게놈은 염색체가 한 개이고 DNA의 길이는 460만 염기쌍이다. 현재의 게놈과 14세기 게놈을 비교했더니 고작 97개의 염기쌍이 달랐는데, 그중에서도 유전자, 즉 이 세균에서 단백질 제조법을 암호화하는 염기쌍에 생긴 변화는 12개로 아주 적었다. 그 차이는 무엇이고 세균에 어떤 영향을 미쳤을까? 또 현재의 페스트균 게놈은 얼마나 다양하고, 14세기의 페스트균 게놈끼리는 서로 얼마나 달랐을까? 이 문제는 아마 일부 과학자들이 이미 다루었거나, 곧 다룰 것이며, 그게 아니라면 다루지 않을 만한 이유가 있을 것이다.

다른 부분에서도 진전이 있었다. 기원후 500~800년 사이에 수천만 명이 목숨을 잃었다고 추정되는 유스티니아누스 역병의 희생자 두 명의 치아에서 채취한 DNA가 분석되었다. 이 두 사람은 독일 바이에른에 묻혀 있었다. 이들의 치아 DNA를 분석한 결과, 중세 시대

흑사병을 일으킨 페스트균 또는 그것의 근연종이 유스티니아누스 역병도 일으켰음이 밝혀졌다.

페스트균의 어떤 변종은 인간에게 치명적이고, 어떤 변종은 그렇지 않은 이유가 뭘까? 이 중요한 질문에 대해 밝혀진 내용은 아직 없다. 또 역병은 어째서 어느 날 갑자기 발병했다가 사라지고 이후 800여 년 동안 다시 나타나지 않았을까? 이 역시 아무도 모른다. 그렇다면 페스트균에 의한 대역병이 또 일어날 가능성이 있을까? 과학자들은 크게 두 가지 이유에서 그 가능성을 낮게 보고 있다. 첫째, 위생 상태가 훨씬 개선되어 사방에 감염된 쥐들이 돌아다니지 않는다(물론 생각이 다른 사람도 있겠지만). 둘째, 페스트균에 효과적인 항생제가 있다. 따라서 현재로서는 안심할 수 있지만, 그렇다고 너무 마음을 놓아서도 안 된다.

끝으로 동로마제국이 멸망하는 과정에 유스티니아누스 역병이 어떤 역할을 했는지에 대한 새롭고 흥미로운 연구가 진행되고 있다는 말을 덧붙이며, 다음 주제로 넘어가겠다.

크리스퍼-카스9과 그 영향력

오늘날 크리스퍼-카스9(크리스퍼 유전자 가위)은 모두의 입에 오르내리고 있다. 물론 '크리스퍼'까지만 유명하고, 또 말 그대로 '모두'의 입에 오르내리는 것은 아닐 수도 있다. 그러나 적어도 많은 생물학자의 입에 오르내리는 것은 사실이다. 이유가 무엇일까? 크리스퍼-카스9은 생물학자들이 가장 최근에 개발한 소위 가장 '핫한' 도구이며 인간에게 근본적으로 응용할 수 있는 큰 잠재력이 있기 때문이다. 그 응용 영역의 대부분은 아직 구상조차 되지 않았다.

그런데 크리스퍼CRISPR가 구체적으로 무엇인가? 이 어려운 질문에 대해서는 완벽히 설명하기도, 또 완전히 이해하기도 어려우므로 이 책에서는 전반적인 개념과 현재까지의 역사적 발전 과정 정도만 훑어보겠다.

먼저, 크리스퍼는 세균에서 진화한 분자 시스템으로, 이 놀라운 시스템을 발견한 인간이 생물의 DNA를 다시 작성할 도구로 빌려 왔다. CRISPR는 'Clustered Regularly Interspaced Short Palindromic Repeats'의 약자로, '일정한 간격을 두고 분포하는 짧은 회문 반복 서열'이라는 뜻인데, 전체 명칭을 안다고 해서 이해에 도움이 되는 것은 아니다. 카스9Cas9은 크리스퍼와 협력하여 기능을 수행하는 단백질 이름이다. 자연에서 카스9의 기능은 침입한 바이러스의 DNA를 절단하여 감염을 막는 것이다. 곧 설명하겠지만, 이 방식을 응용한 유전자 편집에서 이 기능은 숙주 세포가 특정 부위에서 DNA를 절단하고 정확히 그 위치의 염기서열을 '직접 선택한' 다른 부분으로 대체함으로써 DNA를 편집하는 것이다. 이처럼 간략한 설명만으로도 이 기술의 잠재적 응용 분야와 그에 따른 윤리적, 도덕적 딜레마를 쉽게 상상할 수 있다.

크리스퍼-카스9의 역사부터 간략히 살펴보자. 크리스퍼는 1987년에 일본 과학자 이시노 요시즈미Ishino Yoshizumi가 세균에서 발견했다. 당시에는 그 기능은커녕 정체도 제대로 몰랐다. 이시노와 동료들이 아는 것은 대장균의 DNA에 약 30개 염기쌍으로 된 이상한 염기서열이 있는데, 같은 염기서열이 다섯 번 반복되고(이시노의 최초 논문에서는 5회였으나 나중에 전체 게놈을 분석한 결과는 14회 반복 — 옮긴이) 각 반복 서열 사이에는 30~33개 염기로 된 '간격 서열'이 있다는 것이었다.

크리스퍼는 세균이 바이러스 침입으로부터 자신을 보호하는 면역 작용에 핵심적인 역할을 했다. 알고 보니 크리스퍼의 반복된 서열 사이에 끼워진 간격 서열은 세균에 침입한 바이러스의 DNA에서 유래한 것이었다. 특정 바이러스의 DNA를 품고 있는 크리스퍼는 대장균에게 그 바이러스에 대한 면역을 주었다. 이 간격 서열은 해당 바이러스 DNA의 특정 부분과 상보적이며, 카스9 단백질이 올바른 위치에서 바이러스 DNA를 절단할 수 있게 안내함으로써 면역 기능을 수행한다.

이어서 약 10년 동안에 과학자들은 크리스퍼 서열의 또 다른 핵심 특징을 밝혀냈다. 크리스퍼에는 카스9이 가이드 RNA와 결합하고 그 안내를 받아 DNA를 자를 때, 미리 선택된 지점에서 그 일을 수행하도록 크리스퍼 시스템을 프로그래밍할 수 있는 놀라운 속성이 있었다.

세포핵이 있는 생물(가령 모든 포유류)에 대해 이 작업을 수행하려면 크리스퍼-카스9과 가이드 RNA를 세포 안에 집어넣어야 했다. 이 조합을 세포 안에 넣는 문제는 비교적 빨리 해결되었다. 일단 세포 안에 들어가면 가이드 RNA가 크리스퍼-카스9에 결합한 다음 그 세포의 DNA에서 상보적인 염기서열을 찾아서 그 위치에 결합한다. 그러면 카스9이 그 부위를 절단한다.

2012년, 제니퍼 다우드나Jennifer Doudna, 에마뉘엘 샤르팡티에 Emmanuelle Charpentier와 동료들이, 사용자가 원하는 가이드 RNA 분자 조합을 효율적으로 구성하는 방법을 개발한 덕분에 앞에서 설명한 기술을 좀 더 간단하게 사용할 수 있게 되었다. 더 중요하게는 유전자 편집에 크리스퍼 시스템을 활용하자는 아이디어도 그들이 제시했다. 이들이 도입한 방식으로 크리스퍼 기술을 더 쉽고 빠르고 저렴하게 사용할 수 있게 되자, 이전에 사용하던 유전자 편집 기술 두 가지는 잘 쓰이지 않게 됐다. 크리스퍼-카스9 기술은 생물학계의 열렬한 관심을 끌어 2015년경에는 관련 실험실의 표준 도구가 되었다. 다우드나와 샤르팡티에는 이 연구로 2020년에 노벨 화학상을 받았다.

이 기술은 얼마나 신뢰할 수 있을까? 다시 말해, 이 기술이 작동하지 않거나 DNA를 잘못 절단할 가능성은 얼마나 될까? 내가 알기로는 잘 설계된 가이드 RNA를 사용하면 결과를 매우 신뢰할 수 있고, 오차율은 0.1% 이하로, 현재 기술로는 감지되지 않을 정도라고 한다. 관련 질문이 하나 더 있다. DNA의 표적 구간이 잘려 나간 후 세포는 그 DNA를 어떻게 복구할까? 세포가 DNA를 재부착하는 방법은 여러 가지가 있지만 아직 확실하게 예측하거나 제어할 방법은 없다. 이 답은 미래의 과제로 남아 있다.

장기적으로 이런 기술은 무엇에 도움이 될까? 우리는 어떻게 이 기술을 사용해 생물학에 대한 기본 지식을 넓히고 인간 삶의 조건을 개선할까? 생물학자를 비롯해 많은 이들이 이 가능성이 실현되기를 손꼽아 기다리지만, 그렇게 되려면 수년이 걸릴 것이다. 또 넘어야 할 윤리적·법적 문제가 많고, 대부분은 세계적인 수준에서 다루어야 한다. 질병을 예방하거나 치료한다는 일반적인 목표 외에도 생물의 난자나 정자의 DNA를 수정하여 원하는 대로 유전자를 바꿀 가능성도 있다. 이런 방식으로 라임병의 매개체인 쥐가 라임병에 면역이 생기도록 만들거나, 말라리아를 옮기는 모기의 번식 능력을 조작하여 개체군을 박멸하는 등 여러 용도로 사용할 수 있다. 그러나 의도치 않은 해로운 결과를 항상 염두에 두고 주의해야 한다. 아직은 고안되지 않은 기발한 활용법이 앞으로 등장할 것이며, 그 한계는 우리의 상상력에 달렸다. 우리는 인류의 집단적 두뇌가 이루어 낼 결실을 기다리기만 하면 된다. 한 가지 초기 성과를 이야기하자면, 크리스퍼 유전자 편집 기술로 낫모양적혈구빈혈의 심각한 증상을 제거하는 데 이미 성공을 거두었다. 아주 고무적인 결과다.

이 기술을 인간에게 적용하는 방식과 관련된 특허를 두고 격렬한 법적 분쟁이 진행되는 것을 보면 크리스퍼-카스9 기술이 경제적으로도 얼마나 중요한지 알 수 있다.

인류의 확산

우리 호모 사피엔스와 호모속의 다른 인간들은 아프리카에서 처음 진화해 지구 전역으로 퍼져 나갔다. 이 주장에 대한 몇 가지 증거를 여기에 간단히 소개한다. (이 분야는 너무 방대하여 전체적인 요약만 하기도 버겁다.)

비교적 최근에 아프리카 외 지역에서 발견된 가장 오래된 현생인류의 화석은 사우디아라비아에서 나왔다. 그것은 손가락뼈였고, 방사성 연대 측정 결과 8만 8,000년 전 것으로 밝혀졌다. 또 다른 지역인 오스트레일리아에서 발견된 인간의 유해 중 가장 오래된 것은 약 6만 5,000년 전 것으로 알려진 화석이다. 이 결과는 인간이 아랍에서 오스트레일리아로 이동하는 데 고작 2만 3,000년밖에 걸리지 않았음을 시사한다. 하지만 정확한 값은 아니다. 현재까지 발견된 가장 오래된 화석이 꼭 인류가 그 지역에 처음 진출한 시기를 나타낸다고 볼 수는 없기 때문이다.

아프리카가 아닌 곳에서 현생인류를 닮은 더 오래된 유해가 발견되기도 했다. 예를 들면 인도네시아의 한 섬에서 발견된 호모 플로레시엔시스 Homo floresiensis의 유해는 연대가 약 10만 년 전으로 추정되었다. 그런데 근처에서 발견된 석기는 19만 년 전 것으로 밝혀졌다. 이는 호모속의 일부 종이 10만 년 전보다 훨씬 전부터 인도네시아에 살았음을 시사한다. 호모 플로레시엔시스는 키가 106cm, 몸무게가 27kg으로 몸집이 왜소한 난쟁이 형질을 보였다는 점이 특이하다. 이런 표본들은 멸종한 인류의 새로운 발견일까, 아니면 현생인류가 병리학적으로 왜소증에 걸린 것일까? 두 번째라면 사우디아라비아에서 발견된 손가락 화석에 대한 설명은 무효가 된다.

현생인류와 좀 더 근연 관계에 있던 종은 네안데르탈인과 데니소바인이다. 화석 분석에 따르면 네안데르탈인은 적어도 40만 년 전에 처음 나타났고, 약 3만 년 전에 자취를 감추었다. 유럽 서부에서 발견된 네안데르탈인의 DNA를 연구해 보니 재주 많은 이 인류는 현생인류와 접촉하여 DNA를 남겼는데, 우리 DNA의 약 4%가 그들에게서 왔다. 대부분 신진대사나 인지 능력과 관련된 유전자였다. 데니소바인에 대해서는 알려진 지식이 많지 않다. 현생인류가 데니소바인과 접촉했다는 유일한 증거는 시베리아 동부에서 발견된 치아 화석으로, 멜라네시아 사람, 오스트레일리아 원주민, 파푸아인에게 데니소바인의 DNA가 5% 정도 있는 것으로 보인다. 단, 이러한 추론은 아직 초기 단계의 연구 결과다.

2019년 4월에는 칼라오 원인 *Homo luzonensis*에 관한 연구가 발표되었다. 두 명의 성인과 아이 한 명에게서 나온, 총 13개의 뼈(치아 7점, 손뼈 2점, 발뼈 3점, 허벅지뼈 1점)를 조사해 보니 연대가 약 6만 5,000년 전으로 추정되었다. 이 뼈들은 아시아 대륙에서 640km쯤 떨어진 필리핀 루존섬에서 발견되었다. 칼라오 원인은 그렇게 오래전에 이렇게 먼 곳까지 어떻게 갈 수 있었을까? 바다가 넓게 얼어붙은 빙하기에도 이런 이동은 불가능했을 것으로 보인다. 과학자들이 현생인류와 호모속의 다른 인간들이 아프리카를 벗어나 전 세계로 확산하는 과정에 대해 앞으로 무엇을 더 알아내는지 관심 있게 지켜보자.

아프리카 너머 전 세계에 인간이 살게 된 과정은 연구자들의 창고에 DNA 도구가 추가되면서 활발하게 연구되고 있다. 앞으로 미디어를 통해 더 많은 진전 상황을 확인할 수 있으리라 기대한다.

22장

외계 생명체를 찾아서

마지막 장은 꽤 재밌는 주제를 다룬다. 진지한 연구 대상이자 과학소설의 소재로서 외계 생명체를 수색하는 이야기다. 그 탐사 과정을 태양계(다른 행성과 그 위성), 성간 우주(생명을 일으키는 분자 수준의 전구물질), 다른 항성 주변의 행성(그리고 그 위성)이라는 세 부분으로 나누어 소개한다. 추가로 다음의 두 가지 복합적인 질문을 고려하여 '외계 지적 생명체 탐사search for extraterrestrial intelligence(SETI)' 프로그램을 논의한다. 첫 번째 질문, 만약 '그들'이 존재한다면 우리에게 신호를 보낼까, 그렇다면 어떤 방식일까? 두 번째 질문, 그들이 우리를 방문할까, 그렇다면 언제일까?

태양계

태양계 어딘가에서 생명체의 존재를 찾을 가능성이 얼마나 될까?

먼저, 행성부터 조사해 보자. 수성은 지표 위아래, 극지방, 어디를 보아도 생명이 살 만한 곳이 못 된다. 기온이 너무 높고 사실상 대기가 존재하지 않기 때문이다. 태양계 역사 초기에도 수성에 생명이 있었을 가능성은 희박하다. 하지만 아예 불가능했다고 단정할 수는 없다. 과거에는 태양계 내에서의 위치를 포함해 지금의 상태와 상당히 달랐을 테니까.

그럼 금성은 어떨까? 적어도 이 행성의 표면에서는 도저히 생명이 살 수 없어 보인다. 평균 표면 온도가 700K 이상이어서 그 대단한 완보동물도 버티지 못한다. 그렇다면 금성의 아표면에 생명체가 있을 확률은? 온도가 적당한 대기 위쪽에는 생명체가 있을 수도 있지 않을까? 그건 알 수 없다. 최근까지 미국 과학자 가운데 그 가능성을 조사한 사람은 없었고, 다른 나라나 국제 조직이 이 과제에 도전하지 않는 한, 그런 수색이 이루어질 가망은 없어 보였다. 그러다가 몇 년 전, 금성의 대기에서 인 원자 한 개와 수소 원자 세 개로 구성된 인화수소(포스핀) 분자가 발견되면서 상황이 급변했다. 이 분자는 세균의 활동으로 생긴다고 알려진 만큼, 인화수소 탐지 결과에 대한 신뢰성에 의문이 제기되면서도 한편으로는 금성의 대기 수색이 시급해졌다. 인화수소를 발견했다는 보고가 완전한 거짓으로 드러나지 않는 한, 금성 탐사가 곧 이루어질지도 모른다.

이제 화성으로 가 보자. 이탈리아 천문학자 조반니 스키아파렐리 Giovanni Schiaparelli가 천체망원경으로 화성의 표면을 연구하던 중 운하의 존재를 언급한 이후로, 화성에 생명체가 존재할 가능성을 두고 관심이 폭발했다. 특히 20세기 초에는 보스턴 상류층 인물 퍼시

벌 로웰Percival Lowell에 의해 언론의 관심과 연구비가 온통 화성에 집중되었다. 우주 시대에 접어들어 바이킹호가 최초로 본격적인 화성 탐사 임무를 맡았다. 미국 독립 200주년이 되는 1976년 7월 4일에 두 착륙선이 화성 표면에 내렸다. 40여 년 전 당시에는 실로 뛰어난 기술이었다. 그리하여 한때는 긍정적 전망을 제시하는 모호한 결과도 얻었지만, 이후 생명의 증거가 전혀 발견되지 않았다는 결론에 이르렀다. 현재 화성 표면을 탐사 중인 착륙선들은 지구에서 생명체가 만들어질 때 필요한 일부 화학물질의 흔적을 발견한 것으로 보인다. 이에 따라 언론에서는 화성에서 과거 생명체의 증거를 찾을 가능성을 이야기하며 대중의 관심을 유도하고 있다. 아직 긍정적인 결과는 없지만, 미래는 또 모를 일이다.

화성을 넘어서면 소행성과 기체로 이루어진 차가운 외행성들이 나온다. 목성은 태양에서 받는 양보다 더 많은 에너지를 발산한다고 알려졌다. 소행성 또는 명왕성 같은 소행성체는 대기가 충분히 두껍게 형성되었음에도 생명체에 필요한 원재료는 없어 보인다. 하지만 적어도 하나의 예외가 있다. 지구에 충돌한 어느 소행성의 운석에서 미량의 아미노산이 발견되었다. 하지만 지구에서 사람들이 운석을 다루던 중에 오염되었을 가능성을 어찌 배제하겠는가? 그 대답은 또 한 번 과학의 통합을 예시하는 '생명의 화학'에서 들을 수 있다. 사실상 지구상의 모든 생물체에서 발견된 아미노산은 모두 왼손잡이였다. 반대로 운석에서 발견된 아미노산의 거의 절반은 왼손잡이, 나머지 절반은 오른손잡이라 지구에 착륙한 이후 오염된 것이 아니라고 증명했다.

그런데 왼손잡이, 오른손잡이 분자가 다 무슨 말인가? 분자는 서로의 거울상이 되는 두 가지 구조로 존재한다. 쉽게 설명하면 분자를 이루는 원자들의 종류와 개수는 똑같지만 구조적으로는 거울에 비친 모습처럼 방향이 반대인 상태를 말한다. 거울상인 분자들은 화학적 성질이 같지만, 이 구조는 어떻게 회전시켜도 동일한 형태로 서로 포개지지 않으므로 각각을 구분할 수 있다.

하지만 이렇게 생물학적 분자가 확인되었어도 소행성에서 생명체를 찾게 되리라 기대하는 사람은 없다. 마찬가지로 목성, 토성, 천왕성, 해왕성 같은 기체형 외행성들도 외계 생명 수색의 우선 대상으로 생각하지 않는다. 명왕성처럼 외태양계에 있고, 좀 더 지구를 닮은 천체는 어떨까? 그런 천체에 생명체가 있을 가능성이 제안된 적도, 또 일부 현실적인 시나리오가 구상된 적도 있으나 일반적으로는 승산이 없다고 본다.

외행성의 위성들은 어떨까? 누군가는 얼음장같이 차가운 온도를 근거로 들어 그곳을 외계 생명체의 발원지에서 제일 먼저 제외할지도 모른다. 그러나 그건 너무 성급한, 사실상 부정확한 결론이다. 왜냐고? 일부 외행성의 위성은 지표 바로 밑의 아지표가 예상과 달리 따뜻해서 생명의 보금자리가 될 가능성이 점쳐졌기 때문이다. 왜 태양의 열기를 받지 못하는데도 따뜻한 걸까? 그 답은 조석 가열tidal heating에 있다. 우리는 지구의 바다에서 일어나는 밀물과 썰물에 익숙하다. 이것은 일차적으로는 달 때문에, 이차적으로는 태양 때문에 일어나는 조수 현상이다. 그런데 주기적으로 바다의 높이가 오르내리는 과정에 지구의 일부분인 땅과 물이 서로를 문지르게 되고, 그 결과로 열이 발생한다. 이 현상은 두 개의 막대기를 서로 열심히 문질렀을 때와 비슷다고 보면 된다. 즉, 둘 사이의 마찰로 인하여 물질이 가열된다.

일부 위성의 궤도는 원형이 아니어서 그에 상응하는 조석 현상이 생긴다. 즉, 위성이 궤도상에서 (밀물과 썰물처럼) 행성에 가까워졌다가 멀어지기를 반복하면서 팽창과 수축을 거듭하게 되는데, 바로 이 때문에 그 위성을 구성하는 물질이 따뜻하게 데워진다. 이 온기의 에너지는 대부분 위성의 공전 운동에서 온다. 이런 궤도 운동에 담긴 에너지가 조석력에서 오는 것보다 훨씬 더 크기 때문에, 그 위성들의 궤도 운동에서 조석으로 발생한 열이 발산되는 효과를 눈에 띄게 확인하지는 못한다. 이 논의는 안타깝게도 미완성이지만, 어떻게 위성이 행성과의 조석 상호작용으로 따뜻해질 수 있는지 조금이라도 감은 잡을 수 있게 해 준다.

거의 모든 과학자가, 특히 1970년대 후반에 보이저호가 목성과 그 위성을 근접 통과할 때 관여했던 과학자들조차, 조석 가열로 위성에 온기가 생길 가능성을 제대로 깨닫지 못했다. 그리고 보이저호가 처음 보내온 사진들을 들여다보기에 바빠서 가장 안쪽에 있는 위성인 이오의 표면에서 분출되는 기체들을 미처 보지 못했다. 제트추진연구소 기술자 린다 모라비토Linda Morabito는 이오의 표면 사진을 보다가 이상한 얼룩을 발견하고는 스티븐 시놋Stephen Synnott에게 보여 주었다. 과거에 내 박사과정 제자였던 그는 그 얼룩이 무엇인지 바로 알아보았다. 그리고 생명체에 적대적이라고 알려진 아황산가스가 가득 찬 그 분출물을 연구하기 시작했다. (당시 린다는 몰랐지만, 목성의 안쪽 갈릴레이 위성들에서 조석 상호작용으로 화산 활동이 일어날 가능성은 UC 샌타바버라의 스탠 필레와 동료들이 보이저호가 목성을 마주하기 직전에 발표한 논문에서 예측된 바 있었고, 그들은 이 예측으로 명성을 얻게 되었다.)

그러나 현재 행성과학자들은 외계 생명체의 존재 가능성을 찾기 위한 대상으로 목성의 갈릴레이 위성(1610년에 갈릴레이가 발견한 네 개의 위성으로, 이오·유로파·가니메데·칼리스토를 말한다 — 옮긴이) 중 안쪽에서 두 번째인 유로파에 집중하고 있다. 유로파도 조석에 의해 데워진다. 유로파의 표면에는 (천체의 충돌에 의한) 충돌구가 별로 없는 편인데 이 말은 아직 상대적으로 젊다는 뜻이다. 따라서 현재의 표면 상태는 비교적 최근에 일어난 해빙의 결과일 가능성이 있다. 또 유로파의 (희박한) 대기에서 산소가 검출되었으며, 목성계의 궤도를 돈 우주선이 전파를 추적해 알아낸 내부 중력장은 유로파의 표면 아래 어딘가에 액체 상태의 바다가 존재한다는 가설과 일치했다. 이런 단서들을 조합한 결과로 행성과학계는 유로파를 대상으로 대규모 우주 탐사를 추진하라는 압박을 가하고 있다. 그런 임무는 수십억 달러가 들어가는 초대형 프로젝트라서 과연 실현될지, 그렇다면 언제가 될지는 더 기다려 봐야 알 수 있다. 내가 그때까지 살아 있을 가능성은 별로 없지만 그렇게 되면 정말 좋을 것 같다.

태양계의 다른 위성 중에서 생명체가 있을 만하다고 합리적으로 추정할 다른 곳이 또 있을까? 현재까지 유로파의 주요 경쟁 상대로 거론되는 것은 토성의 위성인 엔셀라두스다. 카시니호가 엔셀라두스의 표면에서 화산 활동으로 뿜어져 나온 기체를 포착했기 때문이

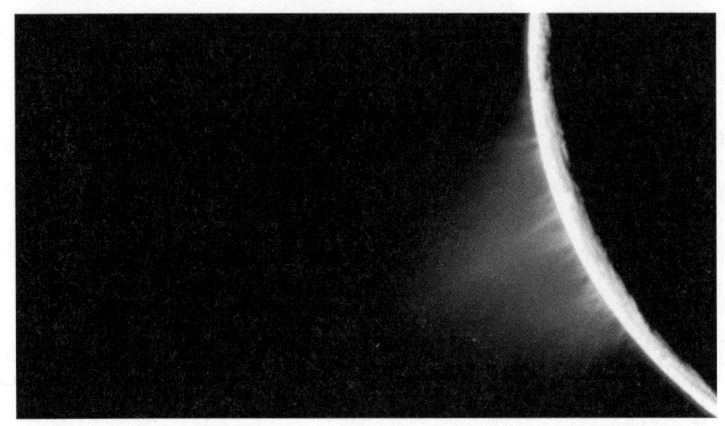

그림 22.1. 엔셀라두스의 표면에서 쏟아지는 대량의 기체가 우주의 추위에 얼음으로 변했다.

다(그림 22.1). 이 물질은 얼음이고, 그 원천은 지표 아래의 바다일 가능성이 있다. 우주선에서 측정한 엔셀라두스의 중력장을 분석하여 상당한 깊이의 물이 존재한다는 결과를 얻긴 했으나 아직 확실하지는 않다. 이 기체 방출에 연관된 에너지가 너무 커서 그저 산발적인 현상에 불과하다는 견해도 있다. 모두 시간이 말해 줄 것이다.

태양계에서 판돈이 걸려 있는 또 다른 천체는 토성의 가장 큰 위성인 타이탄이다. 타이탄에도 지표 아래에 액체가 있는 것처럼 보이고, 혹은 표면에 있을 가능성도 있다. 최근 타이탄의 대기에서 아크릴로나이트릴acrylonitrile이 식별되었는데, 몇몇 전문가는 이 분자가 생명의 핵심 요소인 세포막을 형성하는 데 결정적인 역할을 할 거라고 믿는다.

태양계의 상황을 요약하자면, 지구 바깥에 생명체가 존재할 가능성은 분명히 있다. 그중에서도 행성의 위성이 가장 유력한 후보다.

그곳에서 생명체를 수색하기 위해 (수십억 달러짜리) 기함旗艦 임무가 시작될지도 모른다. 현재와 미래의 탐사는 화성에서 현재 또는 과거의 생명체 흔적을 수색할 것이고, 가까운 미래에는 금성의 대기에서도 생명의 증거를 탐색하게 될 것이다. 하지만 결과가 어떻든 태양계 어딘가에서 인간과 비슷한 존재를 찾을 확률은 극도로 낮아 보인다.

우주화학

이제 시선을 태양계 바깥으로 확장해 보자. 우주의 다른 지역을 생각할 때, 생명체의 존재를 뒷받침할 만한 것에는 무엇이 있을까? 긍정적인 말로 시작하자면, 이 분야는 '천체생물학'이라고 불린다. 그러나 내가 알기로 이 과학은 지금까지 데이터가 하나도 없는 유일한 분야다. 그러니까 나는 생물학적으로 절반은 허튼소리를 하는 셈이다.

천체생물학을 우주화학으로 시작해 보겠다. 이 하위 분야는 우주 공간에 어떤 원소와 분자가 존재하는지를 묻는다. 그곳에 무엇이 있는지는 어떻게 알 수 있을까? 제일 먼저 전파망원경을 들여다본다. 왜 전파일까? 우주는 대부분 아주 차갑다는 것이 기정사실이다. 차가워서 어떻다는 것인가? 이 책의 1부에서 배운 것처럼, 차가운 흑체 복사의 피크(최대 복사 강도)는 스펙트럼의 전파 부분에 있다. 따라서 차가운 물질에서 나오는 복사선을 찾으려면 스펙트럼의 전파 구역을 보면 된다. 특히 수소는 우주에서 절대적으로 가장 흔한 원소이므로 처음에는 수소를 찾는 것이 자연스럽다.

제2차 세계대전이 끝난 후, 네덜란드의 연구진이 우주에서 수소의 증거를 찾으려면 전파 스펙트럼의 어디를 보아야 하는지를 양자역학적 계산을 통해 알아냈다. 이 계산은 네덜란드 물리학자 헨드릭 판 더 휠스트Hendrik van de Hulst가 같은 나라 사람인 천문학자 얀 오르트Jan Oort의 제안으로 수행했다. 그러나 우주 공간에 존재하는 수소의 신호가 처음 탐지된 것은 1951년 하버드대학교에서였다. 에드 퍼셀Ed Purcell과 '닥' 에윈'Doc' Ewen이 하버드 물리학과 4층 창문 밖에 남쪽을 향해 설치한 수신용 혼 안테나와 당시의 첨단 수신기를 사용해 우주에서 오는 수소의 신호를 포착하는 데 성공한 것이다. 그들은 네덜란드와 오스트레일리아 연구팀을 앞섰지만, 너그럽게도 다른 연구팀이 각각 수소 신호를 포착할 때까지 기다렸다가 《네이처》의 같은 호에 세 연구팀이 공동으로 발표했다.

이후 1963년에 당시 박사과정에서 이 프로젝트를 연구했던 MIT 대학원생 샌더 와인렙Sander Weinreb이 하이드록실 라디칼hydroxyl radical(OH·)을 포착했다. 그리고 5년 뒤에는 UC 버클리의 찰스 타운스Charles Townes와 연구팀이 물과 암모니아를 탐지했다. 그 뒤로 탐지 속도는 점점 빨라졌다. 분자들은 대부분 별이 형성된 지역에서 발견되었다. 이런 발견이 가능했던 것은 기본적으로 고유한 스펙트럼 덕분이었다. 이 분자들의 복사 스펙트럼 값을 정확히 계산하기는 여전히 어려운 문제여서 보통은 실험실에서 측정하여 예측하거나 확인하는 과정을 거친다. 이때 측정이 먼저일 수도 있고, 예측이 먼저일 수도 있다. 우주에서 검출됐으나 현재까지도 식별하

분자를 이루는 원자의 수	발견된 분자의 수
2	43 (대부분이 탄소 포함)
3	43 (대부분이 탄소 포함)
4	27
5	19
6	16 (탄소가 지배적)
7	10 (탄소가 지배적)
8	11 (탄소가 지배적)
9	10 (탄소가 지배적)
10	15 (탄소가 지배적)
합계	194

표 22.1. 2016년 3월까지 우주 공간에서 발견된 분자들의 요약

지 못한 스펙트럼선도 있다. 정체가 밝혀진 스펙트럼선의 20% 이상은 당시 하버드-스미스소니언 천체물리학센터에서 식별되었다. 이 성과는 패트릭 태디어스Patrick Thaddeus가 개발하고 이후 마이크 매카시Mike McCarthy가 넘겨받은 프로그램 덕분으로, 이들은 관측과 실험실 측정을 병행하며 다양한 분자들의 스펙트럼선을 정밀하게 연구했다.

지금까지 우주에서 식별된 분자는 200여 가지다(표 22.1). 최근에 우주에서 발견된 분자 가운데 하나는 60개의 탄소 원자로 이루어졌고, 겉면이 축구공처럼 오각형과 육각형으로 구성되어 있었다. 이 분자는 발견자인 버크민스터 풀러Buckminster Fuller의 이름을 따서 버크민스터풀러렌buckminsterfullerene, 또는 버키볼이라고 부른다. 중요

한 것은 탄소 기반 분자가 지배적이라는 사실이다. 이것이 실제 현상인지, 아니면 관찰 과정에 발생한 편향인지, 아니면 두 가지가 혼합된 현상인지는 아직 명확하지 않다.

외계 행성

수십 년 동안 사람들은 다른 항성 주변을 도는 행성(외계 행성)의 존재를 궁금해해 왔다. 외계 행성의 존재를 어떻게 확인할 수 있을까? 그저 커다란 천체망원경으로 지켜보면 될까? 이 방법에는 두 가지 문제가 있다. 행성은 어두침침하고 항성은 눈부시다는 것인데, 그 항성은 지구에서 볼 때 행성과 매우 가까운 각도에 있다. 이런 이유로 행성을 직접 관측하기 어려운 만큼 간접적인 탐지 방식이 주목받게 되었다. 현재 사용하는 방법으로는 시선속도radial velocity(도플러 편이 또는 도플러 요동), 행성 통과transit, 펄서 타이밍pulsar timing, 중력렌즈 효과gravitational-lensing, 위치천문학astrometry의 다섯 가지가 있다.

이 책에서는 처음 두 방법만 자세히 살펴보겠다. 먼저, 시선속도 방식은 두 물체가 우주에서 서로 공전할 때, 각 물체는 그들의 공통된 질량중심center of mass 주위를 돈다는 원리에 바탕을 둔다. 그렇다면 질량중심을 어떻게 정의하는지 궁금하겠지. 두 질점을 예로 들면, 질량중심은 두 질점을 연결하는 선 위에 있으며, 각 질량과 질량중심까지 거리의 곱이 같다. 따라서 행성이 항성을 공전하면, 항성도 행성을 공전하게 된다.

시선속도 방식에서는 항성의 시선속도(항성에 대한 우리의 시선 방향 속도)가 주기적으로 변하는지를 관측하는데, 주기적인 변동이 있다는 것은 항성이 행성과 함께 공통된 질량중심 주위를 돈다는 의미다. 시선속도의 변동 주기는 행성이 항성 주위를 도는 공전 주기와 같다. 시선속도의 주기적 변화 폭은 지구가 이 항성-행성 운동의 궤도면에 있을 때 최댓값으로 관측된다. 반대로 지구에서의 시선 방향이 이 궤도면에 수직이면 시선속도 변화가 전혀 감지되지 않으므로, 이 방법으로는 그 항성 주위를 공전하는 행성이 있는지 알아낼 수 없다. 이렇게 달라지는 시선속도 곡선에서 행성에 관해 무엇을 알 수 있을까? 가장 중요한 것은 행성 질량의 하한선(최솟값)을 추정할 수 있다는 것이다.

외계 행성을 탐지하는 두 번째 방법은 통과 방식이다. 이 방법을

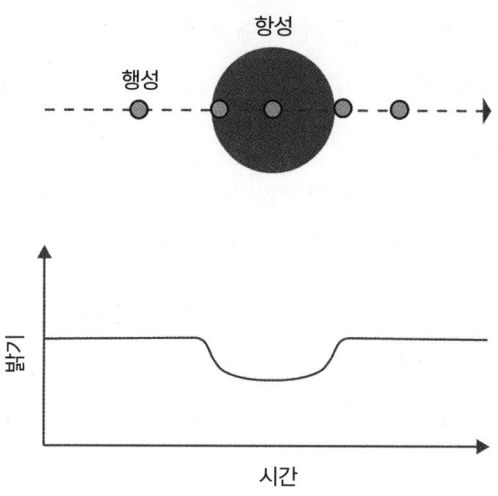

그림 22.2. 행성이 항성 앞을 지나갈 때 항성의 겉보기 밝기의 변화.

사용하려면 행성이 항성 앞을 통과하는 것을 지구에서 볼 수 있어야 한다. 행성이 항성 앞을 통과할 때는 항성에서 나오는 빛이 일부 가려져 지구까지 도달하지 못한다. 따라서 항성에서 나오는 빛의 강도를 모니터링하면서 밝기가 (미약하게) 감소하는지 확인해 행성의 통과 여부를 탐지할 수 있다(그림 22.2). 밝기가 감소하는 비율을 알고 관측 자료와 항성 모형을 조합해 별의 크기를 추정하면, 그것으로 행성의 크기(반지름)도 추정할 수 있다.

이 두 방법의 강점과 약점을 비교해 보자. 시선속도 방식은 질량이 크고 항성 가까이에 있는 행성을 잘 탐지하며, 지구에서 시선 방향이 행성의 공전 궤도면에 일치하거나 가까울 때 유리하다. 적절한 보조 측정과 계산을 거치면 행성의 질량을 알 수 있다. 하지만 크기는 알 수 없다. 통과 방식은 크기가 큰 행성을 잘 탐지하며, 항성 가까이 있는 행성에 더 유리하다. 이 방법 역시 지구에서 시선 방향이 행성의 공전 궤도면에 가까울 때 효과적이다. 통과 방식과 더불어 항성에 관한 추가적인 관측과 모형을 통해 행성의 (질량이 아닌) 크기를 추정할 수 있다.

지금까지 외계 행성 수색은 어떻게 진행되어 왔을까? 1989년, 하버드-스미스소니언 천체물리학센터에서 데이브 레이섬Dave Latham, 츠비 피란Tsevi Piran 등이 시선속도 방식으로 항성 주위를 공전하는 행성일 가능성이 있는 천체를 발견했다. 왜 '가능성'이 있다고만 했을까? 지구에서의 시선과 잠정적 행성의 공전 궤도면 사이의 각도를 알 수 없었기 때문이다. 이 각도가 적절한지 아니면 거의 90°에 가까운지 확신할 수 없었는데, 후자의 경우라면 그 천체의 질량은 매우 커서 행성이 아니라 예컨대 갈색왜성일 수 있다. 그렇다면 그 것은 행성-항성 시스템이 아니라 쌍성계였을 수도 있다는 뜻이다.

1992년에는 알렉산데르 볼슈찬Aleksander Wolszczan과 데일 프레일 Dale Frail이 펄서pulsar 주위를 공전하는 두 개의 행성을 발견했다. 펄 서는 지름이 약 10km로 매우 작으면서 극도로 밀도가 높은 항성으로, 초고속으로(어떤 펄서는 1초에 최대 1,000번 이상) 자전하면서 특정한 방향으로 복사선(주로 전파)을 방출한다. 만약 그 방향과 지구 사이의 위치 관계가 옳다면, 이 복사선은 펄스pulse(주기적인 신호) 형태로 지구에 도달하며, 신호의 주기가 펄서의 자전 속도에 따라 매우 규칙적이다. 물론 신호가 지구에 도착하는 시간은 지구를 기준으로 한 펄서의 상대적인 움직임에 의해 변할 수 있다. 당시 이 펄서에서 방출되는 신호가 지구에 도달하는 시점의 미세한 변화를 분석한 결과는, 그 펄서가 자신과 두 개의 행성으로 이루어진 3체 시스템에서 질량중심 주위를 공전한다고 암시했다. 이는 전혀 예상치 못한 발견이라 많은 사람이 의심의 눈길을 보냈다. 그러나 각 행성이 서로에게 미치는 중력의 효과로 지구에 신호가 도착하는 시간에 변화가 나타난 것이 명확히 확인되면서 회의적인 시선은 모두 사라졌다. 이런 식의 펄서-행성 시스템은 다른 사례가 발견된 적이 없다.

3년 뒤인 1995년에는 시선속도 방식으로 태양과 비슷한 항성 주위를 도는 행성이 처음으로 명확히 발견되었다. 이 발견은 미셸 마요르Michel Mayor와 디디에 쿠엘로Didier Queloz에게 2019년 노벨 물리학상을 안겨 주었다. 또다시 4년이 지나 1999년에는 통과 방식으로 태양과 비슷한 항성 주위를 도는 행성이 처음으로 탐지되었다.

이렇듯 1995년 이후로 둑이 무너지기 시작해 현재까지 5,000개 이상의 외계 행성이 발견되었다. 주로 케플러 위성 덕분인데, 케플러 위성은 통과 방식으로 행성을 찾아낸다. 2009년 3월에 발사된 이 위성은 지름 1m짜리 반사망원경을 장착했고, 100deg²(제곱도)의 시야를 가졌다. (제곱도는 천문학에서 하늘의 면적을 나타낼 때 사용하는 입체각 단위로, 1deg² = 1° × 1°이다.) 케플러 위성은 약 373일을 주기로 지구를 뒤따르는 궤도를 돌며 15만 개의 항성을 지속해서 관측했다. 나중에 일부 장치가 고장 나자 과학자들은 케플러의 임무를 변경했는데, 항성 하나하나를 관측하는 대신 위성의 궤도면을 따라 하늘의 넓은 영역을 띠 모양으로 훑는 방식으로 조사하게 했다. 외계 행성 탐색 외에 다양한 천문학적 대상을 탐사하던 이 임무도 현재는 종료되었다.

그러면 후속 탐사는 어떻게 되고 있을까? 2018년에 발사된 '테스 Transiting Exoplanet Survey Satellite(TESS)'라는 위성이 하늘 전체에 퍼져 있는 항성 수백만 개를 관측하고 있다. TESS는 행성의 통과 신호와 유사한 데이터를 이미 5,000개 이상 수집했는데, 대부분 행성이 맞을 가능성이 크다. 하지만 이를 확인할 후속 관측이 필요하다. 그 데이터 중에는 지구 크기의 행성도 수백 개 있다. 굳이 지구 크기의 행성 수를 언급한 이유는 우리가 지금 외계 생명체의 증거를 찾고 있기 때문이다. 우리의 유일한 경험에 근거하여, 그러니까 아주 편협하고 지역주의적인 관점에서 볼 때, 우리는 생명체가 우리와 비슷한 환경에 존재할 가능성이 크다고 생각한다. 물론 미래에는 이것이 과도하게 제한된 생각이었음이 드러날지도 모른다. 아이러니하게도 태양계 내에서는 유로파, 엔셀라두스, 타이탄에서 생명체를 수색할 준비를 함으로써 오히려 큰 제한을 두지 않고 있다.

지금까지 발견한 외계 행성을 통해 알게 된 것은 무엇일까? 우리는 여러 외계 행성의 질량과 반지름(그에 따라 밀도)을 추정할 수 있고, 일부 행성의 대기에 관한 정보도 갖고 있다. 그러나 그곳에 생명체가 존재할 가능성을 따지는 데 필요한 정보는 그것만이 아니다. 게다가 매일 새로운 정보가 유입되고, 그중 일부는 놀라울 정도로 기존의 예상과 전혀 다른 내용이다. 이 분야 연구는 급속히 발전하고 있어서 따라잡기가 어려울 지경이다.

그중에서도 매우 놀라운 정보 중 하나는 이런 행성 중 다수가 목성만 하거나 그보다 크다는 것이다. 게다가 많은 수가 놀라울 정도로 짧은 공전 주기를 갖고 있는데, 일부는 주기가 며칠에 불과하고 겨우 4.2시간인 것도 있다(4시간 조금 넘는 정도가 우리의 1년에 해당한다). 따라서 태양계와는 대조적으로 다른 많은 항성계에서는 행성들이 항성에 아주 가까운 거리에서 공전하고 있음을 알 수 있다(공전 주기와 케플러의 세 번째 법칙에 따라 계산할 수 있다). 또 이들 행성 중 일부는 태양계의 여느 행성과도 다르게 이심률이 매우 큰 궤도로 움직인다. 지금까지 발견된 행성 중 궤도 이심률이 가장 큰 것은 한 곗값인 1에 가까운 0.97이었다. 이 결과는 분명 우리의 관찰 도구에 의해 왜곡되는 측면도 있다. 앞에서 설명한 두 방법으로는 공전 주기가 긴 행성보다는 공전 주기가 짧은 행성을 발견할 가능성이 훨씬 크다. 왜 그런지 생각해 보시길.

외계 생명체 수색

외계 생명체에 관해서는 아직 감지된 것이 없다. 있었다면 그 소식을 듣고도 남았겠지. 그럼 우리는 무엇을 찾고 있을까? 앞에서 언급했듯이 우리는 지구와 비슷한 행성을 찾는다. 지구와 비슷한 크기는 물론이고, 항성까지의 거리로 보아 생명체가 거주할 수 있는 범위 안에서 공전하는 행성을 찾는다. 거주 가능한 범위란 기본적으로 행성의 표면에 액체 상태의 물이 존재할 수 있는 거리만큼 항성에서 떨어진 지역을 말한다. 이런 조건을 따지는 것은 생명체에 물이 가장 필요하다는 짐작 때문이다. 또 대기 스펙트럼에 산소처럼 생명과 연관된 분자의 신호가 나타나는 행성을 찾는데, 이 역시 인간 중심적 접근이다.

하지만 태양계 내에서는 외계 생명체를 수색하는 이런 원칙을 이미 위배했다는 사실에 다시 한번 주목하자. 유로파, 엔셀라두스, 타이탄은 모두 우리 항성계의 거주 가능한 영역에서 벗어나 있다. 다른 항성을 도는 행성들의 위성은 어떨까? 아직 탐지된 것은 없는데, 이는 시도가 부족해서 그런 것이 아니라, 기술적으로 매우 어려운 일이기 때문이다. 그러나 내 짐작으로 지금부터 10년 안에 분명 성공할 것 같다. 태양계에서 위성이 형성된 조건과 과정이 다른 항성계라고 해서 완전히 다르지는 않을 테니까 말이다. 이렇게 멀리 있는 행성-위성 시스템이 좀 더 민감한 장비를 통해 발견되면 거주 가능한 세계를 찾는 탐색 범위 역시 상상을 초월할 정도로 확장될 것이다.

기억하시라, 외계 생명체를 최초로 발견하는 일은 인류 역사에서 딱 한 번 가능하다는 것을. 여러분 세대가 이 역사적 위업을 달성하게 될 수도 있다.

외계 지적 생명체 수색

자, 이제 마지막 질문으로 넘어가 보자. 과연 우주 어딘가에 지적 생명체가 있을까? 그렇다면 '그들이' 우리와의 교신이나 더 나아가 지구 방문을 시도할까? 1950년대 말로 돌아가면, 코넬대학교의 주세페 코코니Giuseppe Cocconi와 필립 모리슨Philip Morrison은 수소의 스펙트럼선 주파수를 사용해 우주에서 누군가가 보냈을지 모를 신호를 찾자고 제안했다. 전파천문학자들이 그 제안을 받아들였고, 이 연구를 위한 장비는 정교함과 민감도가 꾸준히 발전했다. 여기에는 'SETI를 집에서SETI at Home'(전 세계 사람들이 집에서 자신의 컴퓨터를 활용해 외계 신호 탐색에 참여하는 분산 컴퓨팅 프로젝트 — 옮긴이)도 포함된다. 현재 가장 큰 규모의 연구는 북부 캘리포니아에서 42대의 전파망원경으로 구성된 앨런망원경배열Allen telescope array(ATA)을 통해 수행되고 있다. 아직은 외계 지적 생명체가 보냈다고 알려진 메시지는커녕 의심되는 신호조차 포착된 적이 없지만, 곧 '브레이크스루 리슨Breakthrough Listen'(1억 달러 규모의 막강한 지원, 전 세계적 망원경 인프라, 초고성능 컴퓨팅, 열린 과학 철학을 기반으로 하는 진화된 SETI 프로젝트 — 옮긴이)이라는 이름의 새로운 사업으로 차원이 달라질 전망이다.

1970년대에 UC 버클리의 찰스 타운스Charles Townes는 협대역 레이저 신호로 외계 지적 생명체의 메시지를 찾자고 제안했다. 그 결과로 하버드대학교는 지름 1.8m짜리 광학망원경을 설치했고, 물리학과 폴 호로비츠Paul Horowitz가 주도하여 그런 신호의 징후를 찾아 하늘을 관측하고 있다. 이 관측에는 아주 정교한 데이터 처리 알고리즘이 사용된다. 그러나 지금까지는 소식이 없다.

"대체 외계인들은 다 어디에 있는 것일까?" 이런 심오한 질문이 또 있을까. 직접 찾아오든 전파를 이용하든 왜 외계인들은 우리를 방문하거나 우리에게 연락을 취하지 않을까? 이 질문은 저명한 이탈리아계 미국 물리학자 엔리코 페르미Enrico Fermi가 1950년의 어느 날 점심 모임에서 무심코 던지면서 유명해졌고, '페르미 역설'이라고 알려졌다. 2017년, 한 물체가 지구 근처를 지나간 다음 태양계를 떠났다. 그 물체의 궤도에 태양광의 압력이 미치는 영향을 분석한 결과, 과학자들은 그것이 극도로 얇으며, 따라서 지적 생명체에 의해 만들어졌을지도 모른다고 추정했다. 이 가능성은 내 하버드 동료 아비 로엡에 의해 널리 알려지고 확산되어서 전 세계적으로 화제가 되었다. 그러나 이 이야기는 하나의 가능성일 뿐, 이 물체가 다른 지적 생명체에 의해 만들어졌다고 결론 내릴 만한 데이터는 하나도 없다. 그래도 우리는 미래에 그런 물체가 올 가능성을 염두에 두어 미리미리 경계하고 그때의 기술이 허락하는 한 상세하게 관찰할 수 있도록 준비해야 한다. 필요하다면 조심스럽게 지구 쪽으로 유도해 볼 수도 있는 일이다.

지금까지 외계인의 방문이나 연락을 받지 못한 이유로 알려진 주장이 몇 가지 있다. 그들은 존재하지 않는다, 그들은 필요한 기술을 아직 발달시키지 못했다(빛의 속도를 고려했을 때), 그들은 우리와의 교신에 관심이 없거나 우리에게 올 생각이 없다, 그들은 다 죽었거나 소통 능력을 잃어버려 우리 시대와 중첩되지 못했다(역시나 빛의 속도를 고려했을 때).

언젠가 미래에 외계 지적 생명체가 보낸 신호를 탐지하는 날이 왔다고 가정해 보자. 그런 다음에는 어떻게 해야 할까? 그만큼 짜릿한 일도 없겠지만 문제는 복잡하다. '가능성 있음'이라는 말을 어떻게 정의하더라도, 그런 신호는 적어도 수백 광년은 떨어진 곳에서 왔을 가능성이 크기 때문이다. 따라서 서로의 언어나 소통 방식을 이해하는 문제뿐 아니라, 우리가 보낸 메시지에 대답을 받으려면 최소한 그 거리를 빛이 왕복하는 시간만큼은 기다려야 한다. 우리가 보낼 메시지에는 원주율의 숫자(3.141592) 같은 보편적인 것을 포함해야 할지도 모른다. 문제는 어떻게 그 메시지를 '명확하게' 보낼 것인가이다. 여러분도 그 방법을 생각해 보길 바란다. 현재 인간의 수명으로는 이런 대화에 수세대가 걸릴 것이다. 지금처럼 모든 것이 즉각적으로 반응하는 문화에서는 충격적인 기다림이겠지만, 나는 가치가 있다고 생각한다. 여러분의 생각은 어떤가?

그림 출처

그림 1.1	David Shapiro
그림 2.1	David Shapiro
그림 2.2	David Shapiro
그림 2.3	David Shapiro
그림 2.4	David Shapiro
그림 2.5	David Shapiro
그림 3.1	Owen Gingerich
그림 3.2	Ole Rømer, "Demonstration touchant le mouvement de la lumière trouvé par M. Roemer de l'Academie Royale des Sciences", *Journal des Sçavans* 269 (1676): 233-236.
그림 4.3	David Shapiro
그림 5.1	David Shapiro
그림 5.3	Adapted by David Shapiro from ESA/Hubble & ESO Astronomy Exercise Series, CC BY 4.0.
그림 5.4	David Shapiro
그림 5.5	Edwin Hubble, "A Relation between Distance and Radial Velocity among Extra-Galactic Nebulae", *Proceedings of the National Academy of Science* 15, no. 3 (1929): 168-173. Courtesy Carnegie Institution for Science.
그림 6.1	Unc.hbar.
그림 6.2	Nokia Corporation and AT&T Archives
그림 7.1	Richard Pogge, The Ohio State University
그림 7.2	David Shapiro
그림 7.3	© 2010 The Regents of the University of California, through the Lawrence Berkeley National Laboratory
그림 8.1	Aerialpete, CC BY-SA 2.0
그림 8.2	David Shapiro
그림 9.1	David Shapiro
그림 9.2	Wikimedia Commons, User: Crickett
그림 9.3	Geological Survey, Department of the Interior/USGS
그림 9.4	Adapted from data published in Stephen Earle, *Physical Geology* 2nd ed. (Victoria, B.C.: BCcampus Open Education, 2019), 300. CC BY 4.0.
그림 9.5	David Shapiro
그림 9.6	David Shapiro
그림 9.7	U.S. Geological Survey, Department of the Interior/USGS
그림 10.1	David Shapiro
그림 10.2	Illinois State Geological Survey

그림 10.3	Adapted from U.S. Geological Survey, Department of the Interior/USGS.
그림 10.4	© Henry R. Frankel 2012, published by Cambridge University Press. Reproduced with permission of the Licensor through PLSclear.
그림 10.5	Peter Reid(peter.reid@ed.ac.uk), University of Edinburgh
그림 10.6	David Shapiro
그림 10.7	Steven Earle, *Physical Geology* (Victoria, B.C.: BCcampus Open Education, 2015). CC BY 4.0.
그림 10.8	NOAA
그림 10.9	Adapted from U.S. Geological Survey, Department of the Interior/USGS.
그림 10.10	© The University of Waikato Te Whare Wananga o Waikato. All rights reserved. www.sciencelearn.org.nz.
그림 10.11	W. C. Pitman III and J. R. Heirtzler, "Magnetic Anomalies over the Pacific Antarctic Ridge", *Science* 154 (1966): 1164-1171. Reprinted with permission from AAAS.
그림 10.12	U.S. Geological Survey, Department of the Interior/USGS
그림 10.13	Won-Young Kim, Lamont-Doherty Earth Observatory of Columbia University
그림 10.14	U.S. Geological Survey, Department of the Interior/USGS
그림 10.15	U.S. Geological Survey, Department of the Interior/USGS
그림 10.16	U.S. Geological Survey, Department of the Interior/USGS
그림 10.17	Thomas Herring
그림 11.1	David Shapiro
그림 11.2	David Shapiro
그림 12.1	James I. Kirkland, Utah Geological Survey
그림 13.1	Wikimedia Commons, User: DanielCD
그림 13.2	Virtual Fossil Museum, CC BY-NC 4.0
그림 13.3	Anders Leth Damgaard, http://www.amber-inclusions.dk/ CC BY-SA 4.0
그림 13.4	Kim Alaniz, CC BY 2.0
그림 14.1	W. I. Sellers, L. Margetts, R. A. Coria, and P. L. Manning, "March of the Titans: The Locomotor Capabilities of Sauropod Dinosaurs", *PLoS ONE* 8, no. 10 (2013): e78733. Image copyright Phillip L. Manning.
그림 14.2	Sinclair Stammers / Science Photo Library
그림 14.3	Diane Scott
그림 15.1	Alain Couette, http://www.arenophile.fr/Pages_IMG/P991d.html, CC BY-SA 3.0
그림 15.2	Milan Studio
그림 15.3	David Shapiro
그림 15.4	Mark Richards
그림 15.5	© 2009 Ted Rall, All Rights Reserved. www.RALL.com
그림 16.1	David Shapiro
그림 17.1	David Shapiro
그림 17.2	David Shapiro
그림 18.1	MolecularExpressions.com at Florida State University Research Foundation.

그림 18.2	Rosalind Franklin and Raymond Gosling in 1952. King's College London, College Archives, KCL Department of Biophysics records KDBP/1/1.
그림 18.3	David Shapiro
그림 20.1	Steven Amstrup/Polar Bears International
그림 20.2	Philip Gingerich
그림 21.1	Eye of Science / Science Source
그림 22.1	NASA
그림 22.2	David Shapiro

참고 문헌

Alberts, Bruce, Dennis Bray, Julian Lewis, Martin Raff, Keith Roberts, James D. Watson, Nigel Orme, and Kay Hesketh-Moore. *Molecular Biology of the Cell*. 3rd ed. New York: Garland, 1994.

Alexander, Robert McNeill. "Estimates of the Speeds of Dinosaurs." *Nature* 261 (1976): 129-130.

Alvarez, Walter. *A Most Improbable Journey*. A Big History of Our Planet. New York: W. W. Norton, 2017.

———. *T. rex and the Crater of Doom*. Princeton, N.J.: Princeton University Press, 1997.

Amend, Jan P., and Everett L. Shock. "Energetics of Amino Acid Synthesis in Hydrothermal Ecosystems." *Science* 281 (1998): 1659-1662.

Amiot, Romain, Christophe Lécuyer, Eric Buffetaut, and Gilles Escarguel. "Oxygen Isotopes from Biogenic Apatites Suggest Widespread Endothermy in Cretaceous Dinosaurs." *Earth and Planetary Science Letters* 246 (2006): 41-54.

Amiot, Romain, Xu Wang, Zhonghe Zhu, Xiaolin Wang, Eric Buffetaut, Christophe Lécuyer, Zhongli Ding, et al. "Oxygen Isotopes of East Asian Dinosaurs Reveal Exceptionally Cold Early Cretaceous Climates." *Proceedings of the National Academy of Sciences* 108 (2011): 5179-5183.

Avery, Oswald T., Colin M. MacLeod, and Maclyn McCarty. "Studies on the Chemical Nature of the Substance Inducing Transformation of Pneumococcal Types: Induction of Transformation by a Desoxyribonucleic Acid Fraction Isolated from Pneumococcal Type III." *Journal of Experimental Medicine* 79 (1944): 137-158.

Barnhart, Edwin L. "Reconstructing the Heavens: Archaeoastronomy and the Ancient Maya World." *Mercury* (January-February 2004): [22]-29.

Barondes, Samuel H., and Marshall W. Nirenberg. "Fate of a Synthetic Polynucleotide Directing Cell-Free Protein Synthesis II. Association with Ribosomes." *Science* 138 (1962): 813-817.

Baucon, Andrea. "Da Vinci's Paleodictyon: The Fractal Beauty of Traces." *Acta Geologica Polonica* 60 (2010): 3-17.

———. "Italy, the Cradle of Ichnology: The Legacy of Aldrovandi and Leonardo." *Studi Trentini di Scienze Naturali, Acta Geologica* 83 (2008): 15-29.

———. "Leonardo da Vinci, the Founding Father of Ichnology." *Palaios* 25 (2010): 361-367.

Beaudry, Amber A., and Gerald F. Joyce. "Directed Evolution of an RNA Enzyme." *Science* 257 (1992): 635-641.

Becker, George F. "Halley on the Age of the Ocean." *Science* 31 (1910): 459-461.

Bedini, Silvio A. *The Pulse of Time: Galileo Galilei, the Determination of Longitude, and the Pendulum Clock*. [Florence]: L. Olschki, 1991.

Benton, Michael J. "Dinosaurs." *Current Biology* 19 (2009): R318-R323.

———. "Fossil Quality and Naming Dinosaurs." *Biology Letters* 4 (2008): 729-732.

———. "Fossil Record: Quality." In *Encyclopedia of Life Sciences*. New York: John Wiley and Sons, 2005.

———. "How to Find a Dinosaur, and the Role of Synonymy in Biodiversity Studies." *Paleobiology* 34 (2008): 516-533.

———. *Introduction to Paleobiology and the Fossil Record*. Hoboken, N.J.: Wiley-Blackwell, 2009.

———. "Naming Dinosaur Species: The Performance of Prolific Authors." *Journal of Vertebrate Paleontology* 30 (2010): 1478-1485.

———. "Phylocode: Beating a Dead Horse?" *Acta Palaeontologica Polonica* 52 (2007): 651-655.

———. "The Red Queen and the Court Jester: Species Diversity and the Role of Biotic and Abiotic Factors through Time." *Science* 323 (2009): 728-732.

———. "Studying Function and Behavior in the Fossil Record." *PLoS Biology* 8 (2010): e1000321.

Benton, Michael J., and Philip C. J. Donoghue. "Paleontological Evidence to Date the Tree of Life." *Molecular Biology and Evolution* 24 (2007): 26-53.

Bernstein, Max P., Jason P. Dworkin, Scott A. Sandford, George W. Cooper, and Louis J. Allamandola. "Racemic Amino Acids from the Ultraviolet Photolysis of Interstellar Ice Age Analogues." *Nature* 416 (2002): 401-403.

Binzel, Richard P., Alessandro Morbidelli, Sihane Merouane, Francesca E. DeMeo, Mirel Birlan, Pierre Vernazza, Cristina A. Thomas, Andrew S. Rivkin, Schelte J. Bus, and Alan T. Tokunaga. "Earth Encounters as the Origin of Fresh Surfaces on Near-Earth Asteroids." *Nature* 463 (2010): 331-334.

Blundell, Derek J., and Andrew C. Scott, eds. *Lyell: The Past Is Key to the Present*. London: Geological Society, 1998.

Bobis, Laurence, and James Lequeux. "Cassini, Rømer, and the Velocity of Light." *Journal of Astronomical History and Heritage* 11 (2008): 97-105.

Bochkarev, Nikolai G., Eugenia A. Karitskaia, and Nikolai I. Shakura. "Calculation of the Ellipsoidality Effect in Close Binaries with a Single Optical Component." *Soviet Astronomy* 23 (1979): 8-16.

Bohr, Niels. "Atomic Models and X-Ray Spectra." *Nature* 92 (1914): 553-554.

———. "On the Constitution of Atoms and Molecules I." *Philosophical Magazine* 26 (1913): 1-25.

———. "On the Constitution of Atoms and Molecules II." *Philosophical Magazine* 26 (1913): 476-502.

———. "On the Constitution of Atoms and Molecules III." *Philosophical Magazine* 26 (1913): 857-875.

Boorstin, Daniel J. *The Discoverers*. New York: Random House, 1983.

Bowditch, Nathaniel. "An Estimate of the Weight, Direction, Velocity and Magnitude of the Meteor That Exploded over Weston in Connecticut, December 14, 1807. With Methods of Calculating Observations Made on Such Bodies." *Memoirs of the American Academy of Arts and Sciences* 3 (1815): 213-236.

Boyko, Adam R., Pascale Quignon, Lin Li, Jeffrey J. Schoenebeck, Jeremiah D. Degenhardt, Kirk E. Lohmueller, Keyan Zhao, et al. "Simple Genetic Architecture Underlies Morphological Variation in Dogs." *PLoS Biology* 2010, https://doi.org/10.1371/journal.pbio.1000451.

Brasier, Martin D., Owen R. Green, Andrew P. Jephcoat, Annette K. Kleppe, Martin J. Van Kranedonk, John F. Lindsay, Andrew Steele, and Nathalie V. Grassineau. "Questioning the Evidence for Earth's Oldest Fossils." *Nature* 416 (2002): 76-81.

Brenner, Sydney. "New Directions in Molecular Biology." *Nature* 248 (1974): 785-787.

Briggs, Derek E. G. "The Role of Decay and Mineralization in the Preservation of Soft-Bodied Fossils."

Annual Review of Earth and Planetary Sciences 31 (2003): 275-301.

Brown, Guy C. "NO Says Yes to Mitochondria." *Science* 299 (2003): 938-939.

Browne, Janet. *Charles Darwin*. Vol. 2: Power of Place. Princeton, N.J.: Princeton University Press, 2002.

Bryant, J. Daniel, and Philip N. Froelich. "A Model of Oxygen Isotope Fractionation in Body Water of Large Mammals." *Geochimica et Cosmochimica Acta* 59 (1995): 4523-4537.

Bryson, Bill. *A Short History of Nearly Everything*. New York: Broadway Books, 2003.

Buffetaut, Eric, David Martill, and François Escuillé. "Pterosaurs as Part of a Spinosaur Diet." *Nature* 430 (2004): 33.

Burchfield, Joe D. "Darwin and the Dilemma of Geological Time." *Isis* 65 (1974): 301-321.

———. *Lord Kelvin and the Age of the Earth*. New York: Science History Publications, 1975.

Burney, William. "Marine Chair." In *Falconer's New Dictionary of the Marine: 1815 Edition*, by William Falconer, edited by William Burney. London: Chatham, 2006.

Capra, Fritjof. *The Science of Leonardo: Inside the Mind of the Great Genius of the Renaissance*. New York: Doubleday, 2007.

Carrano, Matthew T. "Body-Size Evolution in the Dinosauria." In *Amniote Paleobiology: Perspectives on the Evolution of Mammals, Birds, and Reptiles; a Volume Honoring James Allen Hopson*, 225-268. Edited by Matthew T. Carrano et al. Chicago: University of Chicago Press, 2006.

Cassini, Jean Dominique. "Monsieur Cassini and His New and Exact Tables for the Eclipses of the First Satellite of Jupiter, Reduced to Julian Stile, and Meridian of London." *Philosophical Transactions* 18 (1694): 237-256.

Casson, Lionel. *Travel in the Ancient World*. London: Allen and Unwin, 1974.

Chakrabarti, Sonali, and Sandeep K. Chakrabarti. "Can DNA Bases Be Produced during Molecular Cloud Collapse?" *Astronomy and Astrophysics* 354 (2000): L6-L8.

Champoux, James J., and Renato Dulbecco. "An Activity from Mammalian Cells That Untwists Superhelical DNA: A Possible Swivel for DNA Replication (Polyoma/ Ethidium Bromide/Mouse-Embryo Cells/Dye Binding Assay)." *Proceedings of the National Academy of Sciences* 69 (1972): 143-146.

Chargaff, Erwin. "Building the Tower of Babble." *Nature* 248 (1974): 776-779.

———. "Chemical Specificity of Nucleic Acids and Mechanism of Their Enzymatic Degradation." *Experientia* 6 (1950): 201-209.

———. "In Dispraise of Reductionism." *BioScience* 47 (1997): 795-797.

———. "Preface to a Grammar of Biology: A Hundred Years of Nucleic Acid Research." *Science* 172 (1971): 637-642.

Chiappe, Luis M., Laura Codorniú, Gerald Grellet-Tinner, and David Rivarola. "Ar- gentinian Unhatched Pterosaur Fossil." *Nature* 432 (2004): 571-572.

Clayden, Jonathan. *Organic Chemistry*. Reprint ed. Oxford: Oxford University Press, 2001.

Cleland, Timothy P., Kristyn Voegele, and Mary H. Schweitzer. "Empirical Evaluation of Bone Extraction Protocols." *PLoS ONE* 7 (2012): e31443.

Clementz, Mark T. "New Insight from Old Bones: Stable Isotope Analysis of Fossil Mammals." *Journal of Mammalogy* 93 (2012): 368-380.

Clementz, Mark T., Anjali Goswami, Philip D. Gingerich, and Paul L. Koch. "Isotopic Records from Early Whales and Sea Cows: Contrasting Patterns of Ecological Transition." *Journal of Vertebrate Paleontology* 26 (2006): 355-370.

Cloern, James E., Elizabeth Canuel, and David Harris. "Stable Carbon and Nitrogen Isotope Composition of Aquatic and Terrestrial Plants of the San Francisco Bay Estuarine System." *Limnology and Oceanography* 47 (2002): 713-729.

Cobb, Matthew. *Life's Greatest Secret: The Race to Crack the Genetic Code.* New York: Basic Books, 2015.

Cocconi, Giuseppe, and Philip Morrison. "Searching for Interstellar Communications." *Nature* 185 (1959): 844-846.

Cohen, Jack S., and Franklin H. Portugal. "The Search for the Chemical Structure of DNA." *Connecticut Medicine* 38 (1974): 551-557.

Colbert, Edwin H. "Feeding Strategies and Metabolism in Elephants and Sauropod Dinosaurs." *American Journal of Science* 203A (1993): 1-19.

Colson, Francis Henry. *The Week: An Essay on the Origin and Development of the Seven-Day Cycle.* Westport, Conn.: Greenwood, 1974.

Courtillot, Vincent. *Evolutionary Catastrophes: The Science of Mass Extinction.* New York: Cambridge University Press, 1999.

Crick, Francis. "The Double Helix: A Personal View." *Nature* 248 (1974): 766-769.

———. *What Mad Pursuit: A Personal View of Scientific Discovery.* New York: Basic Books, 1988.

Curry, Gordon B. "Molecular Palaeontology." In *Palaeobiology: A Synthesis*, edited by Derek G. Briggs and Peter R. Crowther, 95-100. Oxford: Blackwell Scientific, 1990.

———. "Molecular Palaeontology: New Life for Old Molecules." *Trends in Ecology and Evolution* 2 (1987): 161-165.

Curry Rogers, Kristina. *Sauropods: Evolution and Paleobiology.* Berkeley: University of California Press, 2005.

Dahm, Ralf. "The First Discovery of DNA." *American Scientist* 96 (2008): 320-327.

———. "Friedrich Miescher and the Discovery of DNA." *Developmental Biology* 278 (2005): 274-288.

———. "From Discovering to Understanding." *EMBO Reports* 11 (2010): 153-160.

Dalrymple, G. Brent. *The Age of the Earth.* Stanford, Calif.: Stanford University Press, 1991.

Darnell, J. E., Jr. "The Origin of mRNA and the Structure of the Mammalian Chromosome." *Harvey Lectures* 69 (1973-1974): 1-47.

Darwin, Charles. *From So Simple a Beginning: The Four Great Books of Charles Darwin.* Edited, with introductions, by Edward Osborne Wilson. New York: W. W. Norton, 2006.

———. *On the Origin of Species* [1859]. Reprint of 1st ed. with an introduction by Ernst Mayr. Cambridge, Mass.: Harvard University Press, 1975.

———. *On the Origin of Species by Means of Natural Selection; or, The Preservation of Favoured Races in the Struggle for Life* [1872]. Facsimile reprint of 6th ed. N.p.: Elibron Classics, 2005.

Davies, Kevin. *Cracking the Genome: Inside the Race to Unlock Human DNA.* New York: Free Press, 2001.

Davison, Charles. *Founders of Seismology.* New York: Arno Press, 1978.

Dawkins, Richard, and Yan Wong. *Ancestor's Tale: A Pilgrimage to the Dawn of Evolution*. Boston: Houghton Miffl in, 2004.

"A Demonstration concerning the Motion of Light; Communicated from Paris, in the *Journal des Scavans*, and Here Made English." Philosophical Transactions 12 (1676): 893-894.

Deng, Tao, Xiaoming Wang, Mikael Fortelius, Qiang Li, Yang Wang, Zhijie J. Tseng, Gary T. Takeuchi, Joel E. Saylor, Laura K. Säilä, and Guangpu Xie. "Out of Tibet: Pliocene Wooly Rhino Suggests High-Plateau Origin of Ice Age Megaherbivores." *Science* 333 (2011): 1285-1288.

Denton, Francis M. "Einstein's Theory." *Times* (London), November 14, 1919.

Di Giulio, Massimo, and Mario Medugno. "Physiochemical Optimization in the Genetic Code Origin as the Number of Codified Amino Acids Increases." *Journal of Molecular Evolution* 49 (1999): 1-10.

Dietz, Robert S. "Continent and Ocean Basin Evolution by Spreading of Sea Floor." *Nature* 190 (1961): 854-857.

Donoghue, Philip C. J., and Jonathan B. Antcliffe. "Origins of Multicellularity." *Nature* 466 (2010): 41-42.

Donoghue, Philip C. J., and Michael J. Benton. "Rocks and Clocks: Calibrating the Tree of Life Using Fossils and Molecules." *Trends in Ecology and Evolution* 22 (2007): 424-431.

Doppler, Christian. "On the Coloured Light of Double Stars and Certain Other Stars of the Heavens: An Attempt at a General Theory Which Incorporates Bradley's Theorem of Aberration as an Integral Part." In *The Search for Christian Doppler*, by Alec Eden, 101-133. New York: Springer-Verlag, 1992.

Doudna, Jennifer, and Samuel H. Sternberg. *A Crack in Creation: Gene Editing and the Unthinkable Power to Control Evolution*. Boston: Houghton Mifflin Harcourt, 2017.

Drake, Stillman. *Discoveries and Opinions of Galileo*. Garden City, N.Y.: Doubleday, 1957.

Dutka, Jacques. "Eratosthenes' Measurement of the Earth Reconsidered." *Archive for History of Exact Sciences* 26 (1993): 55-66.

Du Toit, Alexander Logie. "Tertiary Mammals and Continental Drift: A Rejoinder to George G. Simpson." *American Journal of Science* 242 (1944): 145-163.

Eagle, Robert A., Edwin A. Schauble, Aradhna K. Tripati, Thomas Tütken, Richard C. Hulbert, and John M. Eiler. "Body Temperatures of Modern and Extinct Verte- brates from ^{13}C-^{18}O Bond Abundances in Bioapatite." *Proceedings of the National Academy of Sciences* 107 (2010): 10377-10382.

Eagle, Robert A., Thomas Tütken, Taylor S. Martin, Aradhna K. Tripati, Henry C. Fricke, Melissa Connely, Richard I. Cifelli, and John M. Eiler. "Dinosaur Body Temperatures Determined by Isotopic (^{13}C-^{18}O) Ordering in Fossil Biominerals." *Science* 333 (2011): 443-445.

Edwards, Anthony William Fairbank. "Are Mendel's Results Really Too Close?" *Biological Reviews* 61 (1986): 295-312.

Ehret, Charles F. "Organelle Systems and Biological Organization: Structural and Developmental Evidence Leads to a New Look at Our Concepts of Biological Organization." *Science* 132 (1960): 115-123.

Einstein, Albert. *The Collected Papers of Albert Einstein*. Vol. 6: *The Berlin Years: Writings*, 1914-1917. Edited by A. J. Knox, Martin J. Klein, and Robert Schulmann. Princeton, N.J.: Princeton University Press, 1996.

———. "On the Theory of the Static Gravitational Field," March 23, 1912, and "Note Added in Proof."

In *The Collected Papers of Albert Einstein*, Vol. 4: *The Swiss Years: Writings*, 1912-1914, 107-120. Translated by Anna Beck. Princeton, N.J.: Princeton University Press, 1996.

El Albani, *Abderazzak*, Stefan Bengston, Donald E. Canfield, Andrey Bekker, Roberto Macchiarelli, Arnaud Mazurier, Emma U. Hammerlund, et al. "Large Colonial Organisms with Coordinated Growth in Oxygenated Environments 2.1 Gyr Ago." Nature 466 (2010): 100-104.

Erickson, Gregory M., Peter J. Makovicky, Philip J. Currie, Mark A. Norell, Scott A. Yerby, and Christopher A. Brochu. "Gigantism and Comparative Life-History Parameters of Tyrannosaurid Dinosaurs." *Nature* 430 (2004): 772-775.

Erwin, Douglas H. *Extinction: How Life on Earth Ended 250 Million Years Ago*. Princeton, N.J.: Princeton University Press, 2006.

Evans, James. *The History and Practice of Ancient Astronomy*. New York: Oxford University Press, 1998.

Eve, Arthur Stewart. *Rutherford: Being the Life and Letters of the Rt. Hon. Lord Ruther- ford, O.M.* New York: Macmillan, 1939.

Fahie, John Joseph. *Galileo, His Life and Work* [1903]. Dubuque, Iowa: W. C. Brown Reprint Library, [1972].

Fairbrother, Trevor J. *Leonardo Lives: The Codex Leicester and Leonardo da Vinci's Leg- acy of Art and Science*. Seattle: Seattle Art Museum in association with University of Washington Press, 1997.

Farquhar, James, Huiming Bao, and Mark Thiemens. "Atmospheric Influence of Earth's Earliest Sulfur Cycle." *Science* 289 (2000): 756-758.

Farlow, James O., and Michael K. Brett-Surman, eds. *The Complete Dinosaur*. Bloomington: Indiana University Press, 1997.

Felsenstein, Joseph. "Cases in Which Parsimony or Compatibility Methods Will Be Positively Misleading." *Systematic Zoology* 27 (1978): 401-410.

———. "Confidence Limits on Phylogenies: An Approach Using the Bootstrap." *Evolution* 39 (1985): 783-791.

———. "Evolutionary Trees from DNA Sequences." *Journal of Molecular Evolution* 17 (1981): 368-376.

———. *Inferring Phylogenies*. Sunderland, Mass.: Sinauer Associates, 2004.

———. "Parsimony in Systematics: Biological and Statistical Issues." *Annual Review of Ecology and Systematics* 14 (1983): 313-333.

Fischer, Irene. "Another Look at Eratosthenes' and Posidonius' Determinations of the Earth's Circumference." *Quarterly Journal of the Royal Astronomical Society* 16 (1975): 152-167.

Fisher, Ronald A. "Has Mendel's Work Been Rediscovered?" *Annals of Science* 1 (1936): 115-137.

Forbes, Eric G., Arthur Jack Meadows, and Derek Howse. *Greenwich Observatory: The Royal Observatory at Greenwich and Herstmonceux, 1675-1975*. London: Taylor and Francis, 1975.

Forest, Felix. "Calibrating the Tree of Life: Fossils, Molecules and Evolutionary Time-scales." *Annals of Botany* 104 (2009): 789-794.

Frankel, Henry. "The Development, Reception, and Acceptance of the Vine-Matthews-Morley Hypothesis." *Historical Studies in the Physical Sciences* 13 (1982): 1-39.

Frankfort, H., H. A. Frankfort, John A. Wilson, Thorkild Jacobsen, and William A. Irwin. *The Intellectual Adventure of Ancient Man: An Essay on Speculative Thought in the Ancient Near East*. Chicago:

University of Chicago Press, 1946.

Freeman, Scott, and John C. Herron. *Evolutionary Analysis*. 4th ed. Upper Saddle River, N.J.: Pearson Prentice Hall, 2007.

Futuyma, Douglas J. *Evolution*. 3rd ed. Sunderland, Mass.: Sinauer Associates, 2013.

Galilei, Galileo. *Dialogue on the Great World Systems: In the Salusbury Translation*. Revised, annotated, and with an introduction by Giorgio de Santillana. Abridged text ed. Chicago: University of Chicago Press, 1955.

Gatesy, John, and Maureen O'Leary. "Deciphering Whale Origins with Molecules and Fossils." *Trends in Ecology and Evolution* 16 (2001): 562-570.

Geikie, Archibald. *Charles Darwin as Geologist: The Rede Lecture Given at the Dar- win Centennial Commemoration 24 June 1909*. Cambridge: Cambridge University Press, 1909.

Gellert, Martin, Kiyoshu Mizuuchi, Mary H. O'Dea, and Howard A. Nash. "DNA Gyrase: An Enzyme That Introduces Superhelical Turns into DNA." *Proceedings of the National Academy of Sciences* 73 (1976): 3872-3876.

Gesteland, Raymond F., Thomas R. Cech, and John F. Atkins, eds. *The RNA World: The Nature of Modern RNA Suggests a Prebiotic RNA*. 2nd ed. Cold Spring Harbor, N.Y.: Cold Spring Harbor Laboratory Press, 1999.

———. *The RNA World: The Nature of Modern RNA Suggests a Prebiotic RNA*. 3rd ed. Cold Spring Harbor, N.Y.: Cold Spring Harbor Laboratory Press, 2006.

Gingerich, Owen. *The Eye of Heaven: Ptolemy, Copernicus, Kepler*. New York: American Institute of Physics, 1993.

———. "Foreword." In *Ptolemy's Almagest*, translated and annotated by Gerald J. Toomer, vii-x. London: Duckworth, 1984.

———. "Islamic Astronomy." *Scientific American* 254 (1986): 74-83.

Gingerich, Philip D. "Land-to-Sea Transition in Early Whales: Evolution of the Eocene Archaeoceti (Cetacea) in Relation to Skeletal Proportions and Locomotion of Living Semiaquatic Mammals." *Paleobiology* 29 (2003): 429-454.

Gitschier, Jane. "The Eureka Moment: An Interview with Sir Alec Jeffreys." *PLoS Genetics* 5 (2009): e1000765.

Glen, William. *The Road to Jaramillo: Critical Years of the Revolution in Earth Science*. Stanford, Calif.: Stanford University Press, 1982.

Gohau, Gabriel. "Chapter 10: Use of Fossils." In *A History of Geology*, 125-137. New Brunswick, N.J.: Rutgers University Press, 1991.

———. "Chapter 11: Uniformitarianism versus Catastrophism." In *A History of Geology*, 139-149. New Brunswick, N.J.: Rutgers University Press, 1991.

Goldstein, Bernard R. "Eratosthenes on the 'Measurement' of the Earth." *Historia Mathematica* 11 (1984): 411-416.

Gould, Stephen Jay. *Bully for Brontosaurus: Reflections in Natural History*. New York: W. W. Norton, 1991.

———. *Leonardo's Mountain of Clams and the Diet of Worms: Essays on Natural History*. New York: Harmony Books, 1998.

Gray, Michael W. "Mitochondrial Evolution." *Cold Spring Harbor Perspectives in Biology* 4 (2012): a011403.

Gregory, T. Ryan, ed. *The Evolution of the Genome*. Burlington, Mass.: Elsevier Academic, 2005.

Grellet-Tinner, Gerald, Stephen W. Wroe, Michael B. Thompson, and Qiang Ji. "A Note on Pterosaur Nesting Behavior." *Historical Biology* 19 (2007): 273-277.

Griffith, Fred. "The Significance of Pneumococcal Types." *Journal of Hygiene* 27 (1928): 113-159.

Griffiths, Anthony J. S., Susan R. Wessler, Richard C. Lewontin, and Sean B. Carroll. *Introduction to Genetic Analysis*. 9th ed. New York: W. H. Freeman, 2008.

Gulbekian, Edward. "The Origin and Value of the Stadion Unit Used by Eratosthenes in the Third Century B.C." *Archive for History of Exact Sciences* 37 (1987): 359-363.

Gurdon, John B. "Molecular Biology in a Living Cell." *Nature* 248 (1974): 772-776.

Hall, Barry G. "Comparison of the Accuracies of Several Phylogenetic Methods Using Protein and DNA Sequences." *Molecular Biology and Evolution* 22 (2005): 792-802.

Hall, Brian K., and Benedikt Hallgrimsson. *Strickberger's Evolution: The Integration of Genes, Organisms and Populations*. 4th ed. Sudbury, Mass.: Jones and Bartlett, 2008.

Halley, Edmund. "Proposal of a Method for Finding the Longitude at Sea, within a Degree or Twenty Leagues; with an Account of the Progress He Hath Made Therein, by a Continued Series of Accurate Observations of the Moon, Taken by Himself at the Royal Observatory at Greenwich." *Philosophical Transactions* 37 (1731): 185-195.

———. "A Short Account of the Cause of the Saltness of the Ocean, and of the Several Lakes That Emit No Rivers; with a Proposal, by Help Thereof, to Discover the Age of the World." *Philosophical Transactions of the Royal Society of London* 29 (1714): 296-300.

———. *The Three Voyages of Edmund Halley in the Paramore*, 1698-1701. Edited by Norman J. W. Thrower. London: Hakluyt Society, 1981.

Hartl, Daniel L., and Bruce Cochrane. *Genetics: Analysis of Genes and Genomes*. 7th ed. Sudbury, Mass.: Jones and Bartlett, 2009.

Hazen, Robert M. *Symphony in C: Carbon and the Evolution of (Almost) Everything*. New York: W. W. Norton, 2017.

Heath, Thomas Little. *Aristarchus of Samos, the Ancient Copernicus: A History of Greek Astronomy to Aristarchus, Together with Aristarchus's Treatise on the Sizes and Dis- tances of the Sun and Moon*. Oxford: Clarendon Press of Oxford University Press, 1913.

———. *Greek Astronomy* [1932]. Reprint ed. New York: Dover, 1991.

Henry, Allison A., and Floyd E. Romesberg. "The Evolution of DNA Polymerases with Novel Activities." *Current Opinion in Biotechnology* 16 (2005): 370-377.

Herbert, Sandra. *Charles Darwin, Geologist*. Ithaca, N.Y.: Cornell University Press, 2005.

Hess, Harry Hammond. "The History of Ocean Basins." In *Petrologic Studies: A Volume in Honor of A. E. Buddington*, edited by A. E. J. Engel, Harold L. James and B. F. Leonard, 599-620. New York: Geological Society of America, 1962.

———. "Nature of Great Oceanic Ridges." In *Preprints of the First International Oceanic Congress, New York, August 31-September 12*, 1959, 33-34.

———. "Reply." *Journal of Geographical Research* 20 (1968): 6569.

Hokkanen, Jyrki E. I. "The Size of the Largest Land Animal." *Journal of Theoretical Biology* 118 (1986): 491-499.

Holmes, Arthur. "Radioactivity and Earth Movements." *Transactions of the Geological Society of Glasgow* 18 (1929): 559-606.

Holton, Gerald. "On the Origins of the Special Theory of Relativity." *American Journal of Physics* 28 (1960): 627-636.

Hopkins, William. "On the Phenomena of Precession and Nutation, Assuming the Flu- idity of the Inside of the Earth." *Philosophical Transactions of the Royal Society* 129 (1839): 381-423.

Huelsenbeck, John P., Frederik Ronquist, Rasmus Nielsen, and Jonathan P. Bollback. "Bayesian Inference of Phylogeny and Its Impact on Evolutionary Biology." *Science* 294 (2001): 2310-2314.

Hunter, Graeme K. "Phoebus Levene and the Tetranucleotide Structure of Nucleic Acids." *Ambix* 46 (1999): 73-103.

Hwang, Koo-Geun, Min Huh, Martin Lockley, and David M. Unwin. "New Pterosaur Tracks (Pteraichnidae) from the Late Cretaceous Uhangri Formation, Southwestern Korea." *Geological Magazine* 139 (2002): 421-436.

Illy, József. *Albert Meets America: How Journalists Treated Genius during Einstein's 1921 Travels*. Baltimore: Johns Hopkins University Press, 2006.

Jeffreys, Alec J. "Genetic Fingerprinting." *Nature Medicine*, 11 (2005): 1035-1039.

Jeffreys, Alec J., Victoria Wilson, and Swee Lay Thein. "Individual-Specific Fingerprints of Human DNA." *Nature* 316 (1985): 76-79.

———. "Hypervariable 'Minisatellite' Regions in Human DNA." *Nature* 314 (1985): 67-73.

Jeffreys, Alec J., Maxine J. Allen, Erika Hagelberg, and Andreas Sonnberg. "Identification of the Skeletal Remains of Josef Mengele by DNA Analysis." *Forensic Science International* 56 (1992): 65-76.

Jérôme Lalande, *Diary of a Trip to England*, 1763. Translated from the original manu- script by Richard Watkins. 2014. https://www.watkinsr.id.au/Lalande.pdf.

Ji, Qiang, Shu-An Ji, Yen-Nien Cheng, Hai-Lou You, Jun-Chang Lü, Yong-Qing Liu, and Chong-Xi Yuan. "Pterosaur Egg with a Leathery Shell." *Nature* 432 (2004): 572.

Jianu, Coralia-Maria, and David B. Weishampel. "The Smallest of the Largest: A New Look at Possible Dwarfing in Sauropod Dinosaurs." *Geologie en Mijnbouw* 78 (1999): 335-343.

Jim, Susan, Stanley H. Ambrose, and Richard P. Evershed. "Stable Carbon Isotopic Evidence for Differences in the Dietary Origin of Bone Cholesterol, Collagen and Apatite: Implications for Their Use in Palaeodietary Reconstruction." *Geochimica et Cosmochimica Acta* 68 (2004): 61-72.

Johns, Adrian. "Miscellaneous Methods: Authors, Societies and Journals in Early Mod- ern England." *British Journal for the History of Science* 33 (2000): 159-186.

Johnston, Wendy K., Peter J. Unrau, Michael S. Lawrence, Margaret E. Glasner, and David P. Bartel. "RNA-Catalyzed Polymerization: Accurate and General RNA-Templated Primer Extension." *Science* 292 (2001): 1319-1325.

Judson, Horace Freeland. *The Eighth Day of Creation: Makers of the Revolution in Biology*. 25th anniversary expanded ed. Plainview, N.Y.: Cold Spring Harbor Press, 1996.

Kearey, Philip, Keith A. Klepeis, and Frederick J. Vine. *Global Tectonics*. 3rd ed. Hoboken, N.J.: Wiley-Blackwell, 2009.

Kimura, Motoo. "A Simple Method for Estimating Evolutionary Rates of Base Substitutions through Comparative Studies of Nucleotide Sequences." *Journal of Molecular Evolution* 16 (1980): 111-120.

Kirschner, Marc W., and John C. Gerhart. *The Plausibility of Life: Resolving Darwin's Dilemma*. New Haven, Conn.: Yale University Press, 2005.

Klein, Nicole, and Martin Sander. "Ontogenetic Stages in the Long Bone Histology of Sauropod Dinosaurs." *Paleobiology* 34 (2008): 247-263.

Klein, Nicole, Kristian Remes, Carole T. Gee, P. Martin Sander, Oliver Wings, Andrá Borbély, Thomas Breuer, et al. *Biology of the Sauropod Dinosaurs: Understanding the Life of Giants*. Bloomington: Indiana University Press, 2011.

Klug, Aaron. "Rosalind Franklin and the Discovery of the Structure of DNA." *Nature* 219 (1968): 808-810.

Knoll, Andrew H. *Life on a Young Planet: The First Three Billion Years of Evolution on Earth*. Princeton, N.J.: Princeton University Press, 2003.

Koch, Paul L., Noreen Tuross, and Marilyn L. Fogel. "The Effects of Sample Treatment and Diagenesis on the Isotopic Integrity of Carbonate in Biogenic Hydroxylapatite." *Journal of Archaeological Science* 24 (1997): 417-429.

Koga, Shogo, David S. Williams, Adam W. Perriman, and Stephen Mann. "Peptide-Nucleotide Microdroplets as a Step towards a Membrane-Proof Protocell Module." *Nature Chemistry* 3 (2011): 720-724.

Kohn, Matthew J. "Predicting Animal $\delta^{18}O$: Accounting for Diet and Physiological Adaptation." *Geochimica et Cosmochimica Acta* 60 (1996): 4811-4829.

Kopal, Zdenek. "Ole Rømer." In *Dictionary of Scientific Biography*, edited by Charles Coulston Gillispie, 11:525-527. New York: Scribner, 1970.

Lalueza-Fox, Carles, Antonio Rosas, Almudena Estalrrich, Elena Gigli, Paula F. Campos, Antonio Garcia-Tabernero, Samuel Garcia Vargas, et al. "Genetic Evidence for Patrilocal Mating Behavior among Neandertal Groups." *Proceedings of the National Academy of Science* 108 (2011): 250-253.

Lane, Nick. *Power, Sex, Suicide: Mitochondria and the Meaning of Life*. Oxford: Oxford University Press, 2005.

Lawrence, Michael S., and David P. Bartel. "Processivity of Ribozyme-Catalyzed RNA Polymerization." *Biochemistry* 42 (2003): 8748-8755.

Lehman, Thomas M., and Holly N. Woodward. "Modeling Growth Rates for Sauropod Dinosaurs." *Paleobiology* 34 (2008): 264-281.

Levene, Phoebus A., and Lawrence W. Bass. *Nucleic Acids*. New York: Chemical Catalog, 1931.

Lewis, Ricki. "DNA Fingerprints: Witness for the Prosecution." *Discover*, June 1988, 44-52.

Li, Mei, David C. Green, J. L. Ross Anderson, Bernard P. Binks, and Stephen Mann. "*In Vitro* Gene Expression and Enzyme Catalysis in Bioinorganic Protocells." *Chemical Science* 2 (2011): 1739-1745.

Lingham-Soliar, Theagarten, and Joanna Glab. "Dehydration: A Mechanism for the Preservation of Fine

Detail in Fossilized Soft Tissue of Ancient Terrestrial Animals." *Palaeogeography, Palaeoclimatology, Palaeoecology* 291 (2010): 481-487.

Livio, Mario. *Brilliant Blunders: From Darwin to Einstein—Colossal Mistakes by Great Scientists That Changed Our Understanding of Life and the Universe.* New York: Simon and Schuster, 2013.

Lu, Junchang, David M. Unwin, Denis Charles Deeming, Xingsheng Jin, Yongqing Liu, and Qiang Ji. "An Egg-Adult Association, Gender, and Reproduction in Pterosaurs." *Nature* 331 (2011): 321-324.

Lyell, Charles. *Principles of Geology*. 3 vols. Chicago: University of Chicago Press, 1990-1991.

Mackay, Andrew. "The Method of Finding the Longitude of a Place, by the Eclipses of the Satellites of Jupiter." In *The Theory and Practice of Finding the Longitude at Sea or Land; to Which Are Added, Various Methods of Determining the Latitude of a Place and Variation of the Compass; with New Tables*, 193-198. London: Sewell, Cornhill, P. Elmsly, Strand and J. Evans, 1793.

Maddox, Brenda. "The Double Helix and the 'Wronged Heroine.'" *Nature* 421 (2003): 407-408.

Malthus, Thomas R. *An Essay on the Principle of Population; or, A View of Its Past and Present Effects on Human Happiness.* 9th ed. London: Reeves and Turner, 1888.

———. *An Essay on the Principle of Population; or, A View of Its Past and Present Effects on Human Happiness: with an Inquiry into Our Prospects respecting the Future Removal or Mitigation of the Evils Which It Occasions.* Vols. 1, 2. Cambridge: Cam- bridge University Press for the Royal Economic Society, 1989.

———. *The Works of Thomas Malthus.* Edited by E. A. Wrigley and David Souden. Vols. 1, 2. London: W. Pickering, 1986.

Manning, Phillip L., Peter M. Morris, Adam McMahon, Emrys Jones, Andy Gize, Joe H. S. Macquaker, George Wolff, et al. "Mineralized Soft-Tissue Structure and Chemistry in a Mummified Hadrosaur from the Hell Creek Formation, North Dakota (USA)." *Proceedings of the Royal Society B: Biological Sciences* 276 (2009): 3429-3437.

Martin, Anthony J. *Dinosaurs without Bones: Dinosaur Lives Revealed by Their Trace Fossils*. New York: Pegasus Books, 2014.

Martins, Zita, Conel M. O'D. Alexander, Graznya E. Orzechowska, Marilyn L. Fogel, and Pascale Ehrenfreund. "Indigeneous Amino Acids in Primitive CR Meteorites." *Meteoritics and Planetary Science* 42 (2007): 2125-2136.

Marvin, Ursula B. *Continental Drift: The Evolution of a Concept.* Washington, D.C.: Smithsonian Institution Press, 1973.

Marvin, Ursula. "Meteorites in History: An Overview from the Renaissance to the 20th Century." In *The History of Meteoritics and Key Meteorite Collections: Fireballs, Falls and Finds*, edited by G. J. H. McCall, A. J. Bowden, and R. J. Howarth, 15-71. London: Geological Society, 2006.

Maskelyne, Nevil. "Directions for Observing the Beginning and Ending of an Eclipse of the Moon, and an Immersion or Emersion of the Satellites of Jupiter." In *The British Mariner's Guide: Containing Complete and Easy Instructions for the Discovery of Longitude at Sea and Land, within a Degree, by Observations of the Distance of the Moon from the Sun and Stars, Taken with Hadley's Quadrant. ... ,* 86-91. London: Printed for the author, 1763.

Maxmen, Amy. "Evolution: A Can of Worms." *Nature* 470 (2011): 161-162.

Mayor, Adrienne. *The First Fossil Hunters: Paleontology in Greek and Roman Times*. Princeton, N.J.: Princeton University Press, 2000.

McBride, Heidi M., Margaret Neuspiel, and Sylwia Wasiak. "Mitochondria: More Than Just a Powerhouse." *Current Biology* 16 (2005): R551-R560.

McElhinny, Michael W. *Paleomagnetism: Continents and Oceans*. San Diego, Calif.: Academic Press, 2000.

McNab, Brian K. "Resources and Energetics Determined Dinosaur Maximal Size." *Proceedings of the National Academies of Sciences* 106 (2009): 12184-12188.

Mehra, Jagdish. *Einstein, Hilbert, and the Theory of Gravitation: Historical Origins of General Relativity Theory*. Dordrecht: Reidel, 1974.

Mendel, Gregor. "Experiments in Plant Hybridization." *Journal of the Royal Horticultural Society* 26 (1901): 1-32.

Miller, Stanley Lloyd. "A Production of Amino Acids under Possible Primitive Earth Conditions." *Science* 117 (1953): 528-529.

———. "Production of Some Organic Compounds under Possible Primitive Earth Conditions." *Journal of the American Chemical Society* 77 (1955): 2351-2361.

———. "Which Organic Compounds Could Have Occurred on the Prebiotic Earth?" *Cold Spring Harbor Symposia on Quantitative Biology* 52 (1987): 17-27.

Mills, Donald R., Roger L. Peterson, and Sol Spiegelman. "An Extracellular Darwinian Experiment with a Self-Duplicating Nucleic Acid Molecule." *Proceedings of the National Academy of Science* 58 (1967): 217-224.

Morgan, Thomas Hunt. *The Mechanism of Mendelian Heredity*. Rev. ed. New York: H. Holt, 1923.

Mukherjee, Siddhartha. *The Gene: An Intimate History*. New York: Scribner, 2016.

Muñoz Caro, Guillermo Manuel, Uwe J. Meierhenrich, Winfried A. Schutte, Bernard Barbier, Angel Arcones Segovia, Helmut Rosenbauer, Wolfram H.-P. Thiemann, André Brack, and Jerome Mayo Greenberg. "Amino Acids from Ultraviolet Irradiation of Interstellar Ice Analogues." *Nature* 416 (2002): 403-406.

Nersessian, Nancy J. *Creating Scientific Concepts*. Cambridge, Mass.: MIT Press, 2008.

Neugebauer, Otto. "The Egyptian 'Decans.'" *Vistas in Astronomy* 1 (1955): 47-51.

———. *The Exact Sciences in Antiquity*. 2nd ed. Providence, R.I.: Brown University Press, 1957.

———. *A History of Ancient Mathematical Astronomy*. New York: Springer-Verlag, 1975.

Nikaido, Masato, Alejandro P. Rooney, and Norihiro Okada. "Phylogenetic Relationships among Cetartiodactyls Based on Insertions of Short and Long Interspersed Elements: Hippopotamuses Are the Closest Extant Relatives of Whales." *Proceedings of the National Academies of Sciences of the United States* 96 (1999): 10261-10266.

Norell, Mark A. "Tree-Based Approaches to Understanding History: Comments on Ranks, Rules, and the Quality of the Fossil Record." *American Journal of Science* 293-A (1993): 407-417.

North, John David. *Cosmos: An Illustrated History of Astronomy and Cosmology*. Chicago: University of Chicago Press, 2008.

Novelline, Robert A. *Squire's Fundamentals of Radiology*. 6th ed. Cambridge, Mass.: Harvard University

Press, 2004.

Novistki, Edward. "On Fisher's Criticism of Mendel's Results with the Garden Pea." *Genetics* 166 (2004): 1133-1136.

Numbers, Ronald L., and Kostas Kampourakis, eds. *Newton's Apple and Other Myths about Science*. Cambridge, Mass.: Harvard University Press, 2015.

Olby, Robert C. "DNA before Watson-Crick." *Nature* 248 (1974): 782-785.

———. *The Path to the Double Helix: The Discovery of DNA*. New York: Dover Publications, 1994.

Oldroyd, David Roger. *Thinking about the Earth: A History of Ideas in Geology*. Cambridge, Mass.: Harvard University Press, 1996.

O'Leary, Maureen A., and Mark D. Uhen. "The Time of Origin of Whales and the Role of Behavioral Changes in the Terrestrial-Aquatic Transition." *Paleobiology* 25 (1999): 534-556.

Orgel, Leslie E. "The Origin of Life on Earth." Scientific American 271 (1994): 76-83. Pääbo, Svante. *Neanderthal Man: In Search of Lost Genomes*. New York: Basic Books, 2014.

Pais, Abraham. *"Subtle Is the Lord": The Science and the Life of Albert Einstein*. Oxford: Clarendon Press of Oxford University Press, 1982.

Pauling, Linus C. *Molecular Architecture and the Processes of Life*. Nottingham, U.K.: Sir Jesse Boot Foundation, 1948.

———. "Molecular Basis of Biological Specificity." *Nature* 248 (1974): 769-771.

Perry, John. "On the Age of the Earth." *Nature* 51 (1895): 224-227.

Phinney, Robert A., ed. *The History of the Earth's Crust: A Symposium*. Princeton, N.J.: Princeton University Press, 1968.

Pierazzo, Elisabetta, and Christopher F. Chyba. "Amino Acid Survival in Large Cometary Impacts." *Meteoritics and Planetary Science* 34 (1999): 909-918.

Pontzer, Herman, Vivian Allen, and John R. Hutchinson. "Biomechanics of Running Indicates Endothermy in Bipedal Dinosaurs." *PLoS ONE* 4, no. 11: e7783.

Poole, Anthony M., and Derek T. Logan. "Modern mRNA Proofreading and Repair: Clues That the Last Universal Common Ancestor Possessed an RNA Genome?" *Molecular Biology and Evolution* 22 (2005): 1444-1455.

Portugal, Franklin H., and Jack S. Cohen. *A Century of DNA: The History of the Discovery of the Structure and Function of the Genetic Substance*. Cambridge, Mass.: MIT Press, 1977.

Pyron, R. Alexander. "A Likelihood Method for Assessing Molecular Divergence Time Estimates and the Placement of Fossil Calibrations." *Systematic Biology* 59 (2010): 185-194.

Quammen, David. *The Tangled Tree: A Radical New History of Life*. New York: Simon and Schuster, 2018.

Reisz, Robert R., Dianne Scott, Hans-Dieter Sues, David C. Evans, and Michael A. Raath. "Embryos of an Early Jurassic Prosauropod Dinosaur and Their Evolutionary Significance." *Science* 909 (2005): 761-764.

Reston, James, Jr. *Galileo: A Life*. London: Cassell, 1994.

Roche, John J. "Harriot, Galileo, and Jupiter's Satellites." *Archives Internationales d'Histoire des Sciences* 32 (1982): 9-51.

Rogers, Everett M. *Diffusion of Innovations*. 5th ed. New York: Free Press, 2003.

Romer, M., and I. Bernard Cohen. "Roemer and the First Determination of the Velocity of Light." *Isis* 31 (1940): 327-379.

Rowan-Robinson, Michael. *The Cosmological Distance Ladder: Distance and Time in the Universe*. New York: W. H. Freeman, 1984.

Rudwick, Martin J. S. *Bursting the Limits of Time: The Reconstruction of Geohistory in the Age of Revolution*. Chicago: University of Chicago Press, 2005.

———. *Georges Cuvier, Fossil Bones, and Geological Catastrophes: New Translations and Interpretations of the Primary Texts*. Chicago: University of Chicago Press, 1997.

Rutherford, Ernest. "Radioactive Change." *Philosophical Magazine* 6 (1903): 576-591.

Rutledge, James. "De la chaise marine." In *Nouvelle théorie astronomique ou servir à la determination des longitudes*, 98-103. Paris: Chez Volland, 1788.

Ruxton, Graeme D., and David M. Wilkinson. "The Energetics of Low Browsing in Sauropods." *Biology Letters* 7 (2011): 779-781.

Rømer, Ole. "Demonstration touchant le mouvement de la lumière trouvé par M. Roemer de l'Academie Royale des Sciences." *Journal des Scavans* 269 (1676): 233-236.

San Antonio, James D., Mary H. Schweitzer, Shane T. Jensen, Raghu Kalluri, Michael Buckley, and Joseph P. R. O. Orgel. "Dinosaur Peptides Suggest Mechanisms of Protein Survival." *PLoS ONE* 6 (2011): e20381.

Sander, P. Martin, Andreas Christian, Marcus Clauss, Regina Fechner, Carole T. Gee, Eva-Maria Griebler, Hanns-Christian Gunga, et al. "Biology of the Sauropod Dinosaurs: The Evolution of Gigantism." *Biological Reviews* 86 (2011): 117-155.

Sander, P. Martin, and Marcus Clauss. "Sauropod Gigantism." *Science* 322 (2008): 200-201.

Schechner, David M., and David P. Bartel. "The Structural Basis of RNA-Catalyzed RNA Polymerization." *Nature Structural and Molecular Biology* 18 (2011): 1036-1042.

Scheffler, Immo E. *Mitochondria*. 2nd ed. Hoboken, N.J.: Wiley-Liss, 2008.

Scherer, Stewart. *A Short Guide to the Human Genome*. Cold Spring Harbor, N.Y.: Cold Spring Harbor Press, 2008.

Schindler, Samuel. "Model, Theory and Evidence in the Discovery of the DNA Structure." *British Journal for the Philosophy of Science* 59 (2008): 619-658.

Schopf, J. William. *Cradle of Life: Discovery of Earth's Earliest Fossils*. Princeton, N.J.: Princeton University Press, 1999.

———. "Deep Divisions in the Tree of Life: What Does the Fossil Record Reveal?" *Biological Bulletin* 196 (1999): 351-355.

———, ed. *Major Events in the History of Life*. Boston: Jones and Bartlett, 1992.

———. "Microfossils of the Early Archean Apex Chert: New Evidence of the Antiquity of Life." *Science* 260 (1993): 640-646.

Schultes, Erik A., and David P. Bartel. "One Sequence, Two Ribozymes: Implications for the Emergence of New Ribozyme Folds." *Science* 289 (2000): 448-452.

Schultz, Peter G., and Richard A. Lerner. "From Molecular Diversity to Catalysis: Lessons from the Immune

System." *Science* (1995): 1835-1842.

Schwartz, James. *In Pursuit of the Gene: From Darwin to DNA*. Cambridge, Mass.: Harvard University Press, 2008.

Schweitzer, Mary Higby, Jennifer L. Wittmeyer, and John R. Horner. "Soft Tissue and Cellular Preservation in Vertebrate Skeletal Elements from the Cretaceous to the Present." *Proceedings of the Royal Society B: Biological Sciences* 274 (2007): 183-197.

Seymour, Roger S., Sarah L. Smith, Craig R. White, Donald M. Henderson, and Daniela Schwarz-Wings. "Blood Flow to Long Bones Indicates Activity Metabolism in Mammals, Reptiles and Dinosaurs." *Proceedings of the Royal Society B: Biological Sciences* 279 (2012): 451-456.

Shapley, Harlow, and Heber Doust Curtis. "The Scale of the Universe." *Bulletin of the National Research Council* 11 (1921): 171-217.

Sharp, Phillip A. "Split Genes and RNA Splicing." *Cell* 77 (1994): 805-815.

Shubin, Neil. *Your Inner Fish: A Journey into the 3.5-Billion-Year History of the Human Body*. New York: Pantheon, 2008.

Silliman, Benjamin. "Memoir on the Origin and Composition of the Meteoric Stones Which Fell from the Atmosphere." *Transactions of the American Philosophical Society* 6 (1809): 235-245.

Simpson, George Gaylord. "Mammals and the Nature of Continents." *American Journal of Science* 241 (1943): 1-31.

Sitter, Willem de. "Jupiter's Galilean Satellites (George Darwin Lecture)." *Monthly Notices of the Royal Astronomical Society* 91 (1931): 706-738.

Sivin, Nathan. *Granting the Seasons: The Chinese Astronomical Reform of 1280, with a Study of Its Many Dimensions and a Translation of Its Records*. New York: Springer, 2009.

Smith, Vincent S., Tom Ford, Kevin P. Johnson, Paul C. D. Johnson, Kazunori Yoshizawa, and Jessica E. Light. "Multiple Lineages of Lice Pass through the K-Pg Boundary." *Biology Letters* 7 (2005): 782-785.

Solow, Andrew R., and Michael J. Benton. "On the Flux Ratio Method and the Number of Valid Species Names." *Paleobiology* 36 (2010): 516-518.

Spicer, Robert A., and Alexei B. Herman. "The Late Cretaceous Environment of the Arctic: A Quantitative Reassessment Based on Plant Fossils." *Palaeogeology, Palaeoclimatology, Palaeoecology* 295 (2010): 423-442.

Spotila, James R., Michael P. O'Connor, Peter Dodson, and Frank V. Paladino. "Hot and Cold Running Dinosaurs: Body Size, Metabolism and Migration." *Modern Geology* 16 (1991): 203-227.

Stachel, John. *Einstein from "B" to "Z"*. Boston: Birkhäuser, 2002.

Stent, Gunther S. "Molecular Biology and Metaphysics." *Nature* 248 (1974): 779-781.

Stone, Marcia. "Life Redesigned to Suit the Engineering Crowd." *Microbe* 1 (2006): 566-570.

Struve, Otto. "First Determinations of Stellar Parallax-I." *Sky and Telescope* 11 (1956): 9-11.

———. "First Determinations of Stellar Parallax-II." *Sky and Telescope* 11 (1956): 69-72.

Tarver, James E., Philip C. J. Donoghue, and Michael J. Benton. "Is Evolutionary History Repeatedly Rewritten in Light of New Fossil Discoveries?" *Proceedings of the Royal Society B: Biological Sciences* 278 (2011): 599-604.

Taton, René, and Curtis Wilson. *Planetary Astronomy from the Renaissance to the Rise of Astrophysics*. New York: Cambridge University Press, 1989.

Taylor, Eva Germaine Rimington. *Mathematical Practitioners of Hanoverian England*, 1714-1840. London: Cambridge University Press, 1966.

Theobold, Douglas L. "A Formal Test of the Theory of Universal Formal Ancestry." *Nature* 465 (2010): 219-222.

Thomas, Roger D. K., and Everett C. Olson, eds. *A Cold Look at the Warm-Blooded Dinosaurs*. Boulder, Colo.: Westview, 1980.

Thomson, William. "On the Secular Cooling of the Earth." *London, Edinburgh and Dublin Philosophical Magazine and Journal of Science* 25 (1863): 1-14.

Tian, Feng, Owen B. Toon, Alexander A. Pavlov, and Hans De Sterck. "A Hydrogen- Rich Early Earth Atmosphere." *Science* 308 (2005): 1014-1017.

Toomer, Gerald J. "Addenda and Corrigenda." In *Ptolemy's Almagest*, xi-xiv. London: Duckworth, 1984.

Trifonov, Edward N. "The Triplet Code from First Principles." *Journal of Biomolecular Structure and Dynamics* 22 (2004): 1-11.

Upchurch, Paul. "The Evolutionary History of Sauropod Dinosaurs." *Philosophical Transactions: Biological Sciences* 349 (1995): 365-390.

Vaiden, Robert. *Plate Tectonics: Mysteries Solved!* Illinois State Geological Survey, Geobit 10, 2004.

Valleriani, Matteo. *Galileo Engineer*. Dordrecht: Springer, 2010.

Van Helden, Albert. *Measuring the Universe: Cosmic Dimensions from Aristarchus to Halley*. Chicago: University of Chicago Press, 1985.

Vanpaemel, Geert. "Science Disdained: Galileo and the Problem of Longitude." In *Italian Scientists in the Low Countries in the XVIIth and XVIIIth Centuries*, edited by C. S. Maffeoli and L. C. Palm, 111-129. Amsterdam: Rodopi, 1989.

Vinci, Leonardo da. *The Codex Leicester: Notebook of a Genius*. Sydney, N.S.W.: Powerhouse, 2000.

———. *The Notebooks of Leonardo da Vinci*. Compiled and edited from the original manuscripts by Jean Paul Richter. 2 vols. New York: Dover, 1970.

Vine, Frederick J. "Spreading of the Ocean Floor: New Evidence." *Science* 154 (1966): 1405-1415.

Vine, Frederick J., and Drummond H. Matthews. "Magnetic Anomalies over Ocean Ridges." *Nature* 199 (1963): 947-949.

Vischer, Ernst, and Erwin Chargaff. "The Separation and Characterization of Purines in Minute Amounts of Nucleic Acid Hydrolysates." *Journal of Biological Chemistry* 168 (1947): 781.

Wacey, David, Matt R. Kilburn, Martin Saunders, John Cliff, and Martin D. Brasier. "Microfossils of Sulphur-Metabolizing Cells in 3.4-Billion-Year-Old Rocks of Western Australia." *Nature Geoscience* 4 (2011): 698-702.

Wagner, Robert P. "Genetics and Phenogenetics of Mitochondria." *Science* 163 (1969): 1026-1031.

Wallace, Alfred Russell. "On the Tendency of Varieties to Depart from the Original Type." *Proceedings of the Linnaean Society of London* 3 (1858): 53-62.

Wang, James C. "Interaction between DNA and an Escherichia coli Protein Omega." *Journal of Molecular*

Biology 55 (1971): 523-533.

Wang, Lei, Jianming Xie, and Peter G. Schultz. "Expanding the Genetic Code." *Annual Review of Biophysics and Biomolecular Structure* 35 (2006): 225-249.

Wang, Xiaolin, and Zhonghe Zhou. "Pterosaur Embryo from the Early Cretaceous." *Nature* 429 (2004): 621.

Watson, James Dewey. *DNA: The Secret of Life*. New York: Alfred A. Knopf, 2003.

———. *Molecular Biology of the Gene*. 6th ed. Cold Spring Harbor, N.Y.: Cold Spring Harbor Laboratory Press, 2008.

Watson, James Dewey, and Francis Harry Compton Crick. "Genetical Implications of the Structure of Deoxyribonucleic Acid." *Nature* 171 (1953): 964-967.

———. "Molecular Structure of Nucleic Acids: A Structure for Deoxyribose Nucleic Acid." *Nature* 171 (1953): 737-738.

Wegener, Alfred. "Entstehung der Kontinente." *Geologische Rundschau* 3 (1912): 276-292.

———. *The Origin of Continents and Oceans*. Translated from the 4th rev. German ed. by John Biram. New York: Dover, [1966].

Weishampel, David B., Peter Dodson, and Halszka Osmólska, eds. *Dinosauria*. Berkeley: University of California Press, 1990.

———. *Dinosauria*. 2nd ed. Berkeley: University of California Press, 2004.

Westall, Frances, Maarten J. de Wit, Jesse Dann, Sjerry van der Gaast, Cornel E. J. de Ronde, and Dane Gerneke. "Early Archean Fossil Bacteria and Biofilms in Hydrothermally-Influenced Sediments from the Barberton Greenstone Belt, South Africa." *Precambrian Research* 106 (2001): 93-116.

Wilford, John Noble. "Giants Who Scarfed Down Fast Food." *New York Times*, April 11, 2011.

Wilkins, Maurice Hugh Frederick, Alec Rawson Stokes, and Herbert Rees Wilson. "Molecular Structure of Nucleic Acids: Molecular Structure of Deoxypentose Nucleic Acids." *Nature* 171 (1953): 738-740.

Williams, Robert Joseph Paton, and João J. R. Frausto da Silva. *Bringing Chemistry to Life: From Matter to Man*. Oxford: Oxford University Press, 1999.

Wiltschi, Birgit, and Nediljko Budisa. "Natural History and Experimental Evolution of the Genetic Code." *Applied Microbiology and Biotechnology* 74 (2007): 739-753.

Woese, Carl R. "Bacterial Evolution." *Microbiological Reviews* 51 (1987): 221-271.

Wong, Jeffrey Tze-Fei. "Coevolution of the Genetic Code at Age Thirty." *BioEssays* 27 (2005): 416-425.

Xu, Xing, Zhi-Lu Tang, and Xiao-Lin Wang. "A Therizinosaurid Dinosaur with Integumentary Structures from China." *Nature* 399 (1999): 350-354.

Xu, Xing, Kebai Wang, Ke Zhang, Qingyu Ma, Lida Xing, Corwin Sullivan, Dongyu Hu, Shuqing Cheng, and Shuo Wang. "A Gigantic Feathered Dinosaur from the Lower Cretaceous of China." *Nature* 484 (2012): 92-95.

Xu, Xing, and Guo Yu. "The Origin and Early Evolution of Feathers: Insights from Recent Paleontological and Neontological Data." *Vertebrata PalAsiatica* 47 (2009): 311-329.

Yaffe, Michael P. "The Machinery of Mitochondrial Inheritance and Behavior." *Science* 283 (1999): 1493-1497.

찾아보기

ㄱ

가이아 우주망원경 116, 121
갈릴레오 갈릴레이 62~67, 69, 83, 92
개기일식 29, 102
게놈(유전체) 378, 399, 405, 406
격변설 198, 268
고래 384~392; 원시 고래 385, 387, 388, 390
공룡 271~289; 공룡알 화석 286; 공룡의 멸종 290~309
과학의 통합 5, 10, 11, 13, 14, 21, 70, 82, 103, 197, 284, 314, 363, 416
광합성작용 262; 몰드-캐스트 263; 호박 262, 265, 308
그레고어 멘델 325~331, 336, 337; 완두콩 교배 실험 326~328
기디언 맨텔 271

ㄴ

내핵, 외핵, 맨틀, 지각 185~187
네안데르탈인 412
니콜라우스 코페르니쿠스 50~55, 64
닐스 보어 233~235

ㄷ

단백질 제조 코드 364~368; 코돈 367, 368; 염기서열 368, 378, 382, 399~402, 408, 409
달력 31~35; 율리우스력 45, 51, 245; 그레고리력 33~35
대류 세포 205
대서양 중앙 해령 211~215

대장균 363, 366, 408, 409
대장균 진화 실험, 리처드 렌스키 396~399
데니소바인 412~413
데모크리토스 226
데칸 트랩 302, 305~307
동위원소 236, 237, 240, 284, 295, 297, 349, 363
등가 원리 83, 100

ㄹ

라이너스 폴링 351, 354~359
레오나르도 다빈치 265, 266
레이더 103, 107~112
로버트 브라운, 브라운 운동 226, 334
로절린드 프랭클린 351~361
리처드 오언 271
릭터 규모 190, 191; 지진 모멘트 191

ㅁ

마리 퀴리 239
마지막 공통 조상 381, 383
매리 애닝 268~270
모리스 윌킨스 351, 353~356, 359, 361
목성의 위성 64, 66, 69; 갈릴레이 위성 419; 이오의 일식 70~74
미셸 마요르, 디디에 쿠엘로 427
미토콘드리아 DNA 381~383

ㅂ

바빌로니아 30, 35, 37, 49
바이킹호 416

방사능 199, 239~241, 255, 258, 259
방사성 열원 199, 242
방사성 원소의 붕괴 230, 240~243, 257, 259, 260; 반감기 237, 240~242, 255~257, 295~297; 방사성 연대 측정 208, 215, 216, 256~259, 275, 292, 302, 306, 307, 382, 412
버크민스터 풀러 423
범지구위치결정시스템(GPS) 223, 224
베라 루빈, 켄트 포드 151~153
베르너 하이젠베르크 235
보이저호 418, 419
북극곰 379~383
브레이크스루 리슨 431
빛의 속도 66, 67, 72, 73, 75, 97, 98, 123, 128, 129, 147, 165, 433

ㅅ

사진 B51 354, 356~358
삼각측량법 106, 113, 188, 189
생명의 기원 실험, 스탠리 밀러 374, 375
생명의 나무(계통수) 373, 377, 378
생체인회석(탄산수산화인회석) 284
샤피로 시차 효과 103
세페이드 변광성 118~120, 122, 125, 130, 132
세포핵 334, 336, 409
소행성 충돌 290~309; 이리듐 296~299; 칙술루브 300, 307~309
솔 펄머터, 애덤 리스, 브라이언 슈미트 161
수성의 근일점 93, 94, 96, 99, 101
수압파쇄법(프래킹 공법) 193~196
스벤 퓌르베리 352, 353
스펙트럼 102, 125, 126, 129, 130, 134, 138~141, 144~147, 150, 151, 158, 227, 229, 234, 346,
421, 422, 423, 430, 431
시선속도 129, 151~154, 424~427
시차 106, 113~117, 120, 121
시퀀싱 378, 399

ㅇ

아노 펜지어스, 로버트 윌슨 142, 144, 145
아리스토텔레스 42~46, 48, 50, 67, 73, 179, 244, 321, 384
아미노산 340, 341, 352, 364~368, 375, 416
아서 홈스 204, 205, 244
아이작 뉴턴 76~85, 88, 93, 94, 96, 97, 99~103, 152, 157, 165, 177, 204, 246; 뉴턴의 중력 법칙 77, 80, 82, 83, 99, 178; 뉴턴의 운동 법칙 80, 83, 178; 중력상수(만유인력상수) 81, 165, 179
아폴로호 83
알베르트 아인슈타인 18, 83, 97~103, 124, 125, 129, 148, 152, 157, 227; 특수상대성이론 97~100, 123; 일반상대성이론 99~102, 124, 125, 148, 161, 162, 235; 우주상수 125, 162
알프레트 베게너 199, 201~205, 315; 대륙이동설 199, 201, 204, 210, 211, 215, 315; 판게아 201
암흑물질, 프리츠 츠비키 150, 151, 154~157, 162
암흑에너지 157, 161, 162
앙리 베크렐 239, 255
앨런망원경배열(ATA) 431
앨프리드 러셀 월리스 317~325
약하게 상호작용하는 무거운 입자(WIMP) 155
어니스트 러더퍼드 197, 229~231, 236, 239, 255, 256, 258, 260, 358; 산란 실험 229,230, 236~238, 358
어윈 샤가프 333, 346~348, 358, 359; DNA 염기 비율 346, 347

에드윈 허블 125, 126, 130~133; 허블상수 136, 157~160; 팽창률 136, 157~159, 161
에라토스테네스, 지구 둘레 길이 173~177
에르빈 슈뢰딩거 235, 345, 346
엔셀라두스 419, 420, 429, 430
엘타닌호 213
역제곱 법칙 54, 76~80, 96, 108
역행 운동 42, 46~52, 55, 57, 58, 60
열잔류자화 206, 208, 209, 213
염기 206~209, 213, 338, 339, 346, 347, 352, 355, 358~361, 365, 367, 368, 400, 401; 아데닌, 구아닌, 시토신, 티민 338, 339, 346, 359; 유라실 338, 365, 366
오즈월드 에이버리, 형질전환 실험 333, 343~346, 348
올레 뢰메르 70~75, 127
완보동물(물곰) 393~395, 415
외계 지적 생명체 탐사(SETI) 414, 431
외계 행성 424~429
왼손잡이, 오른손잡이 분자 416, 417
요하네스 케플러 56~60; 케플러의 제3법칙 60, 61, 82, 106, 110, 152, 153, 429
용각류 이빨 279~281; 에브너 선 280, 286
용각류 화석 275, 277, 284, 289; 아르헨티나 277, 286
우제류 386, 387, 389, 390, 392
우주 거리 사다리 105~135; 천문단위 61, 106, 110~112, 372; 파섹 115, 120, 135; 주기-광도 관계 117, 120, 121; 적색편이-거리 관계 122, 132, 133, 136; 1a형 초신성(SN1a) 133, 134, 159, 161
우주 마이크로파 배경 복사(CMB) 142~149
우주배경탐사선(COBE) 146~148

우주측지학 177
우주화학 421
원자 모형 228~235; 건포도 푸딩 모형(톰슨) 228, 229, 232; 미니 태양계 원자 모형(러더퍼드) 232, 233; 보어의 모형 234, 235; 양자역학 235, 345
월터 앨버레즈, 루이스 앨버레즈 291~298, 303, 306
위르뱅 J. J. 르베리에 88~91, 93~96, 139
윌리엄 베이트슨 329, 337
윌리엄 애스트버리 352, 354
윌리엄 톰슨(켈빈 경) 250~260
윌리엄 허셜 86
윌킨슨 마이크로파 비등방성 탐색기(WMAP) 148
유공충 293, 294
유스티니아누스 역병 403, 406, 407
이심률 102, 429
이중 도르래 구조 발목뼈 387
인공위성 레이저 추적(SLR) 219, 220, 221, 224
인화수소(포스핀) 415
입자, 반입자 163

ㅈ

자기 역전 208, 209
자연선택 249, 316~323, 395, 396
전자 163~165, 228~239, 241; 양성자 163, 164, 236~239, 242, 295, 335, 349; 중성자 149, 236, 238, 242, 296, 335, 349, 363; 원자핵 231, 233, 236~238, 240~242, 260, 358
전파망원경 220, 421, 431
제니퍼 다우드나, 에마뉘엘 샤르팡티에 410
제리 도너휴 351, 359
제임스 브래들리, 광행차 114, 115

제임스 왓슨, 프랜시스 크릭 337, 347, 351~361, 364
조르주 르메트르 125, 132, 133, 136, 137
조르주 퀴비에 267, 268, 387
조석 가열 417, 418; 조석 상호작용 32, 418, 419
조지프 존 톰슨 228, 229, 232, 234, 237, 241
존 돌턴 226
존 쿠치 애덤스 88, 89, 91, 139
주전원, 동시심 46~48, 51, 57, 58, 85
중성자별 148, 149, 169
중심원리(센트럴 도그마) 368, 374
중합효소 연쇄반응(PCR), 캐리 멀리스 401, 402
지구의 형성 169~171
지진계 180~183, 186, 188~191
지층의 연대 248, 249, 275
진앙 188~191, 216
질량중심 424, 425, 427

ㅊ

찰스 다윈 200, 249, 250, 316~325, 385
찰스 라이엘 198, 268, 318; 동일과정설 198, 268
천왕성 발견 86
천체 운동의 모형 41~61; 아리스토텔레스의 모형 44, 45; 히파르코스의 모형 46; 프톨레마이오스의 모형 45~49, 51, 54, 85; 코페르니쿠스의 모형 50~54, 56, 57; 케플러의 모형 58
천체망원경 62~66, 69, 117, 122, 415, 424; 오키알레 63
초장기선 전파간섭계(VLBI) 102, 117, 219~224

ㅋ

칼라오 원인 413
케플러 위성 428

크룩스관 228
크리스티안 도플러 127; 도플러 편이 127, 128, 131, 146, 151, 152, 424; 적색편이 130~132, 147
크리스퍼-카스9(크리스퍼 유전자 가위) 407~411; 가이드 RNA 409, 410
클라우디오스 프톨레마이오스 45~52

ㅌ

탄소 기반 분자 424
태양일과 항성일 37~39
테스(TESS) 428
토머스 맬서스 320
토머스 체임벌린 204, 254, 255
토머스 헉슬리 254, 325
통약불가능성 31, 33
퇴적잔류자화 291
튀코 브라헤 55~57, 60, 62, 70, 75

ㅍ

판 구조론 215, 224, 314
팽창하는 우주 125, 132, 136, 137, 161; 우주의 가속 팽창 160~162
퍼넷 사각형, 레지널드 퍼넷 329
펄서 149, 424, 427
페르게의 아폴로니오스 44
페르미 역설 432
페스트, 흑사병, 역병 403~407
표준촛불 134, 135
프레더릭 그리피스, 폐렴구균, 형질전환 333, 342, 343, 345, 348
프리드리히 미셔, 뉴클레인 333~338, 344, 346, 362

플랑크우주망원경 148
피버스 레빈 333, 337~339, 341; 퓨린, 피리미딘 338, 339, 358, 359; 뉴클레오타이드 339, 352, 359; 테트라뉴클레오타이드 339~341, 347
필립 진저리치 387~390

ㅎ

하인리히 루트비히 다레스트 90
해왕성 발견 87~93
해저확장설 212
핵융합 169, 259, 260
행성의 통과 94, 424~428
허시-체이스 실험, 박테리오파지 348~351
헨리에타 레빗 118~121
현생인류 412, 413
호극성 균 377, 378, 394
호모 플로레시엔시스 412
혼 안테나 143, 144, 422
흑체 복사 139~141, 147, 148, 421
히파르코스 30, 44, 45, 47, 49
히파르코스 위성 117
힉스 보손 12, 230

《생명이란 무엇인가》 345
《시데레우스 눈치우스》 66
《알마게스트》 45, 49
《종의 기원》 249, 318, 322, 323, 385
《천구의 회전에 관하여》 54
《프린키피아》 77, 80

A~Z, 《》

DNA 복제 방식 362, 363
DNA 이중나선 구조 356, 358, 362, 376
DNA 지문 분석, 알렉 제프리스 399~402
DNA(디옥시리보핵산) 333, 338
KT층 292~297
P파, S파 183~188, 190
RNA(리보핵산) 338
《대륙과 해양의 기원》 201, 203
《새로운 두 과학》 67

하버드 문과생의 과학 수업
우주, 지구, 생명을 향한 질문과 탐구

1판 1쇄 펴냄 2025년 11월 11일

지은이 | 어윈 샤피로
옮긴이 | 조은영

펴낸이 | 박미경
펴낸곳 | 초사흘달
출판신고 | 2018년 8월 3일 제382-2018-000015호
주소 | (11624) 경기도 의정부시 의정로40번길 12, 103-702호
이메일 | 3rdmoonbook@naver.com
네이버블로그, 인스타그램, 페이스북 | @3rdmoonbook

ISBN 979-11-989656-4-6 03400

* 이 책은 초사흘달이 저작권자와의 계약에 따라 펴낸 것이므로
  책 내용의 전부 또는 일부를 재사용하려면 반드시 양측의 동의를 받아야 합니다.
* 잘못된 책은 구매하신 곳에서 바꾸어 드립니다.